BERICHTE UND ABHANDLUNGEN

der Wissenschaftlichen Gesellschaft für Luftfahrt

(Beihefte zur „Zeitschrift für Flugtechnik und Motorluftschiffahrt")

SCHRIFTLEITUNG:

Wissenschaftliche Gesellschaft f. Luftfahrt

vertreten durch den Geschäftsführer Hauptmann a. D. **G. KRUPP**
Berlin W 35, Blumeshof 17 pt.

WISSENSCHAFTLICHE LEITUNG:

Dr.-Ing. e. h. Dr. **L. Prandtl** und Dr.-Ing. **Wilh. Hoff**

Professor a. d. Universität Göttingen

a. o. Prof. a. d. Techn. Hochschule Berlin,
Direktor d. Deutschen Versuchsanstalt
für Luftfahrt, Adlershof

12. Heft   **Juli 1925**

Jahrbuch der
Wissenschaftlichen Gesellschaft für Luftfahrt 1924

(Ordentliche Mitglieder-Versammlung in Frankfurt a. M.)

INHALT:

Verlag von R. Oldenbourg / München und Berlin / 1925

GESCHÄFTLICHES

I. Mitgliederverzeichnis.

1. Vorstand und Vorstandsrat.

[Nach dem Stande vom 1 Juni 1925.]

Ehrenvorsitzender:

Seine Königliche Hoheit, Heinrich Prinz von Preußen, Dr.-Ing. e. h.

Vorstand:

Vorsitzender: Schütte, Geh. Reg.-Rat, Prof. Dr.-Ing. e. h., Zeesen b. Königswusterhausen, Schütte-Lanz-Straße.
Stellv. Vorsitzender: Wagenführ, Oberstlt. a. D., Berlin W 10, Friedrich-Wilhelmstr. 18.
Stellv. Vorsitzender: Prandtl, Prof., Dr. Dr.-Ing. e. h., Göttingen, Bergstr. 15.

Vorstandsrat:

Baeumker, Adolf, Hptm., Berlin-NW, Brückenallee 5.
Baumann, A., Prof., Stuttgart, Danneckerstr. 39a.
Berson, A., Prof., Berlin-Lichterfelde-West, Fontanestr. 2 b.
Bleistein, Dir., Dr.-Ing., Königswusterhausen, Bahnhofstr.
Boykow, Hans, Korv.-Kapitän a. D. Berlin-Schöneberg, Hauptstr. 85.,
Caspar, Dr., Berlin W 10, Tiergartenstr. 34a.
Dorner, H., Dir., Dipl.-Ing., Hannover, Hindenburgstr. 25.
Dornier, Dir., Dr.-Ing. e. h., Friedrichshafen a. B., Königsweg 55.
Dörr, Dipl.-Ing., Überlingen a. B.
Dröseler, Reg.-Baurat a. D., Berlin-Lankwitz, Zietenstr. 32 b.
Engberding, Marinebaurat a. D., Berlin-Schöneberg, Grunewaldstr 59.
Ernst Ludwig von Hessen und bei Rhein, Königliche Hoheit, Großherzog, Darmstadt, Neues Palais.
Everling, Emil, Prof. Dr., Berlin-Cöpenick, Lindenstr. 10.
Hahn, Willy, Justizrat, Dr., Rechtsanwalt und Notar, Berlin W 62, Lützowplatz 2.
Hoff, Wilh., Prof. Dr.-Ing., Direktor der Deutschen Versuchsanstalt für Luftfahrt E.V., Adlershof.
Hopf, Prof., Dr., Techn. Hochschule, Aachen, Eupenerstr 129.
Junkers, Prof., Dr.-Ing. e. h., Dessau, Kaiser-Platz 21
Kármàn v., Prof. Dr. a. d. Techn. Hochschule Aachen, Aerodynamisches Institut.
Kasinger, Dir., Berlin W 50, Culmbacherstr 14.
Klemperer, Dr.-Ing., Akron (Ohio) U S A., 379 Power Street.
Kober, Dipl.-Ing., Friedrichshafen a. B.
Koschel, Oberstabsarzt a. D., Dr med. et phil., Berlin W 57, Mansteinstr 5.
Kotzenberg, Karl, Generalkonsul, Dr.-Ing. e. h., Dr. jur. h. c., Frankfurt a. M., Viktoria-Allee 16.
Linke, Prof., Dr., Frankfurt a. M., Mendelssohnstr 77.
Mader, Dr.-Ing., Dessau, Kaiserplatz 23.
Martens, Dipl.-Ing., Wasserkuppe Rhön, Fliegerlager
Naatz, Hermann, Dipl.-Ing., Berlin W 50, Schwäbischestr. 19.
Parseval, von, Prof., Dr. e. h., Dr.-Ing. e. h., Charlottenburg, Niebuhrstr. 6.
Pröll, Prof., Dr.-Ing. e. h., Hannover, Welfengarten 1.
Rasch, Felix, Amsterdam, Rokin 84.
Reißner, Prof., Dr.-Ing., Charlottenburg 9, Ortelsburgallee 8.
Rohrbach, Dr.-Ing., Berlin-Wilmersdorf, Ruhrstr. 12.
Rumpler, Edmund, Dr.-Ing., Berlin NW 7, Friedrichstr. 100.
Schlink, Prof., Dr.-Ing., Magnifizenz, Rektor der Techn. Hochschule Darmstadt, Olbrichsweg 10.
Schubert, Dipl.-Ing. Prokurist der Albatroswerke, Berlin-Friedrichshagen, Seestr. 63.

Schwager, Otto, Dipl.-Ing., Deutsche Werke-Haselhorst, Spandau, Berliner Chaussee.
Süring, Geh Reg.-Rat, Prof., Dr, Potsdam, Telegraphenberg.
Tschudi, Major a. D. von, Berlin-Schöneberg, Apostel Paulusstraße 16.

2. Geschäftsführender Vorstand.

Schütte, Geh. Reg.-Rat, Prof., Dr.-Ing. e. h., Zeesen b. Königswusterhausen, Schütte-Lanz-Straße.
Wagenführ, Oberstlt. a. D., Berlin W, Friedrich-Wilhelmstraße 18, zugleich Schatzmeister.
Prandtl, Prof., Dr. phil., Dr.-Ing. e. h., Göttingen, Bergstr. 15.

Geschäftsführer:

Krupp, Hauptmann a. D.
Geschäftsstelle: Berlin W 35, Blumeshof 17 pt., Flugverbandhaus.
Bankkonto: Deutsche Bank, Rohstoff-Abtlg. Berlin W 8, Mauerstr.
Postscheckkonto: Berlin Nr. 22844; Telephon: Amt Lützow Nr. 6508.
Telegrammadresse: Flugwissen.

3. Mitglieder.

a) Ehrenmitglieder:

Seine Königliche Hoheit Großherzog Ernst Ludwig von Hessen und bei Rhein, Darmstadt, Neues Palais.
Kotzenberg, Karl, Generalkonsul, Dr.-Ing., e. h., Dr. jur. h. c., Frankfurt a. M., Viktoria-Allee 16.

b) Lebenslängliche Mitglieder:

Barkhausen, Ernst, Dr., Berlin NW 40, In den Zelten 19.
Bassus, Konrad Frhr. von, München, Steinsdorfstr. 14.
Hagen, Karl, Bankier, Berlin W 35, Derfflingerstr. 12.
Hormel, Walter, Kptlt. a. D, Hamburg, Fahrenkamp 22.
Krupp, Georg, Hauptmann a. D., Geschäftsführer der WGL, Berlin-Halensee, Kurfürstendamm 74/III.
Madelung, Georg, Dr.-Ing., Deutsche Versuchsanstalt für Luftfahrt, Berlin-Adlershof.
Müller, Arthur, Berlin SW 68, Friedrichstr. 209.
Pohl, Heinz, München, Widenmayerstr. 35.
Reißner, H., Prof. Dr.-Ing., Charlottenburg 9, Ortelsburgallee 8.
Selve, Walter von, Dr.-Ing. e. h., Fabrik- und Rittergutsbesitzer, Altena i. W.
Schütte, Geh. Reg.-Rat, Prof. Dr.-Ing. e. h., Zeesen b. Königswusterhausen, Schütte-Lanz-Straße.
Wilberg, Major im Reichswehrministerium, Berlin-Wilmersdorf, Prinzregentenstr. 84.
Zorer, Wolfgang, Berlin W 62, Landgrafenstr. 11.
Deutsche Versuchsanstalt für Luftfahrt E. V., Adlershof.
Sächs. Automobil-Klub E. V., Dresden-A., Waisenhausstraße 29I.
Siemens-Schuckert-Werke G. m. b. H., Siemensstadt b. Berlin.

1*

c) Ordentliche Mitglieder:

Abercron, Hugo von, Oberst a. D., Dr. phil., Charlottenburg, Dahlmannstr. 34.

Abthoff, Ludwig, Breslau, Hohenzollernstr. 47/49.

Achenbach, W., Dr.-Ing., Berlin W 50, Culmbacherstr. 3.

Ackeret, Jakob, Dipl.-Ing., Göttingen, Schillerstr. 52.

Ackermann-Teubner, Alfred, Hofrat, Dr.-Ing., Gundorf b. Böhlitz-Ehrenberg.

Adam, Fritz, Dr.-Ing. e. h., Berlin W 10, Tiergartenstr. 8.

Adami, Hauptmann a. D., Berlin-Schöneberg, Innsbruckerstraße 11.

Ahlborn, Friedrich, Prof. Dr., Hamburg, Uferstr. 23.

Alberti, Hermann, Kartograph bei der Landesaufnahme, Berlin-Dahlem, Goßlerstr. 5.

Amstutz, Eduard, stud. ing., Thun, Kreis Bern, Blümlisalpstr. 11.

Andresen, Hans B., Hirschberg, Schles., Contessastr. 6a.

Apfel, Hermann, Kaufmann, Leipzig, Nikolaistr. 36.

Arnim, Volkmar von, Deutscher Aero-Lloyd, Berlin W. 10, Friedrich Wilhelmstr. 17.

Arnstein, Karl, Dr. techn., Akron (Ohio) U.S.A., Goodyear Zeppelin Co.

Aumer, Hermann, Fabrikdir., München, Pettenkoferstr. 23.

Baatz, Gotthold, Marinebaumeister a. D., Chefkonstrukteur d. L. F. G. Stralsund, Frankendamm 39 e.

Bader, Hans Georg, Dr.-Ing., Mannheim-Lindenhof, Kalmitplatz 8.

Bartels, Friedrich, Oberingenieur, Berlin W. 15, Pariserstr. 7 b. Bark.

Barth, Heinr. Th., Großkaufmann, Nürnberg, Gut Weigelshof.

Basenach, Nikolaus, Direktor, Kiel, Feldstr. 113.

Baßler, Kurt, Charlottenburg, Helmstr. 3.

Bauch, Kurt, Dipl.-Ing., Akron (Ohio) U. S. A., Goodyear Zeppelin Co.

Bauer, M. H., Direktor, Berlin-Friedrichshagen, Hahnsmühle.

Bauer, Richard, Ing., Firma Grohmann, Maschinenfabrik, Ratzeburg i. L.

Bauersfeld, W., Dr.-Ing., Jena, Sonnenbergstr. 1.

Baumann, A., Prof., Stuttgart, Danneckerstr. 39a.

Baumbach, Wilhelm, Hauptmann, Stettin, Deutschestr. 6.

Baumeister, Hans, Ing., Friedrichshafen a. B., Friedrichstr. 15.

Baumgart, Max, Ing., Berlin W 57, Winterfeldstr. 15.

Baeumker, Adolf, Hauptmann, Berlin NW, Brückenallee 5.

Baur de Betaz, Wilhelm, Major a. D., Berlin-Steglitz, Friedrichsruherstr. 41.

Becker, Gabriel, Dr.-Ing., Prof. a.d. Techn. Hochschule Charlottenburg, Charlottenburg, Stülpnagelstr. 20.

Beckmann, Paul, Dr., Solingen, Birkestr. 42.

Behm, Hptm. a. D., Berlin W 30, Bayerischer Platz 11.

Berlit, Baurat, Wiesbaden, Gutenbergplatz 3. Mittelrhein. Verein für Luftfahrt.

Berndt, Geh. Baurat, Prof. a. d. Techn. Hochschule Darmstadt, Darmstadt, Martinstr. 50.

Berner, Kurt, Kaufmann, Berlin SW 11, Schönebergerstr. 11.

Bernhardt, C. H., Fabrikbesitzer, Dresden-N., Alaunstr. 21.

Berson, A., Prof., Berlin-Lichterfelde-West, Fontanestr. 2b.

Berthold, Korv.-Kap. a. D., Berlin, Rüdesheimerplatz 5.

Bertrab, von, Exz., General d. Inf. a. D., Dr., Berlin-Halensee, Kurfürstendamm 136.

Bertram, Kapitänleutnant a. D., Berlin SW, Belle-Alliance-Platz 16 I.

Bertram, Gerhard, Dipl.-Ing., Patentanwalt, Berlin SW 61, Waterlooufer 15.

Besch, Marinebaurat, Friedrichshafen a. B., Luftschiffbau Zeppelin.

Betz, Albert, Dipl.-Ing., Dr. phil., Abteilungsleiter der Modell-Versuchsanstalt, Göttingen, Böttingerstr. 8.

Beyer, Hermann, Dresden, Wienerstr. 33.

Beyer, L., Landwirt, Koschütz Nr. 14 b. Schneidemühl (Grenzmark).

Bienen, Theodor, Hptm. a. D., Dipl.-Ing., Aachen, Melatenerstr. 44.

Bleistein, Walter, Direktor, Dipl.-Ing., Königswusterhausen, Bahnhofstr. 11/12.

Blenck, Hermann, Dr. phil., Berlin-Adlershof, Radickestr. 9.

Blume, Walter, Dipl.-Ing., Berlin-Friedenau, Kaiserallee 216/18.

Bock, Ernst, Prof., Dr.-Ing., Chemnitz, Würzburgerstr. 52.

Bockenheimer, J. H., Berlin W 50, Regensburgerstr. 30 a.

Boklewsky, Constantin, Prof. und Dekan der Schiffsbau-Abt. i. Polytechnikum, Petrograd-Sosnovka (Rußland), Polytechnikum, Nr. 22.

Bolle, Oberlt. a. D., Berlin W 10, Viktoriastr. 2.

Bongards, H., Dr. phil., Göttingen, Schillerstr. 20.

Borchers, Max, Hauptmann a. D., Berlin-Wilmersdorf, Regensburgerstr. 29.

Borck, Hermann, Dr. phil., Berlin NW 23, Händelstr. 5.

Borsig, Conrad von, Geh. Kommerzienrat, Berlin N4, Chausseestraße 13.

Borsig, Ernst von, Geh. Kommerzienrat, Berlin-Tegel, Reiherwerder.

Botsch, Albert, Darmstadt, Pankratiusstr. 15.

Boykow, Hans, Korv.-Kap. a. D., Berlin-Schöneberg, Hauptstraße 85.

Braun, Carl, Rittmeister a. D., Prien a. Chiemsee, Haus Bucheneck.

Breitung, Walter, Regierungsbaumeister, Berlin-Südende, Oelertstr. 22.

Brenner, Paul, Dipl.-Ing., Deutsche Versuchsanstalt für Luftfahrt, E. V., Adlershof, Flugplatz.

Bröking, Marinebaurat, Berlin-Wilmersdorf, Kaiserallee 169.

Bruns, Walter, Hptm. a. D., Berlin-Friedenau, Stierstr. 18.

Bucherer, Max, Ziviling., Berlin-Reinickendorf-West, Scharnweberstr. 108.

Bücker, Carl Cl., Oberlt. z. S. a. D., Direktor, Stockholm, Brunnsgatan 4.

Buddeberg, Karl, Ing., Berlin W 35, Schöneberger Ufer 35.

Budig, Friedrich, Ing., Falkenberg b. Grünau (Mark), Schirmerstr. 15.

Büll, Willy, Dipl.-Ing., Gevelsberg, Jahnstr. 10.

Burmeister, Hans, Direktor, Berlin N.O. 43, Neue Königstraße 65.

Busch, Hermann, Ministerialrat, Berlin-Südende, Seestr. 8.

Buttlar, von, Hptm. a. D., Berlin W 9, Budapesterstr. 21. Bayerische Motorenwerke A.-G.

Büttner, Ing., Glatz, Georgstr. 6.

Carganico, Major a. D., Berlin-Neutempelhof, Berlinerstraße 5.

Caspar, Dr., Berlin W 10, Tiergartenstr. 34a.

Colsmann, Alfred, Kommerzienrat, Generaldirektor des Luftschiffbau Zeppelin, Friedrichshafen a. B.

Cornelius, German, Dipl.-Ing., Charlottenburg, Marchstraße 15.

Cornides, Wilhelm von, Dipl.-Ing., Verlagsbuchhändler, München, Glückstr. 8.

Coulmann, W., Marinebaurat a. D., Hamburg, Wandsbecker Chaussee 76.

Cramér, C. R., Kamrer, Göteborg (Schweden), Gustav Adolfstorg 3.

Damm, Ernst A., Fabrikbesitzer, Velbert, Rhld.

Davidoff, Berlin NW 7, Sommerstr. 4.

Degen, Wilhelm, Dipl.-Ing., Berlin-Adlershof, Bismarckstr. 6.

Degn, P. F., Dipl.-Ing., Neumühlen-Dietrichsdorf, Heckendorferweg 23.

Delliehausen, Karl, Dipl.-Ing., Berlin W 50, Geisbergstr. 16.

Denninghoff, Paul, Geh. Reg.-Rat, Mitglied des Reichspatentamtes, Berlin-Dahlem, Parkstr. 76.

Deutrich, Johann, Dipl.-Ing., Bad Oeynhausen, Bismarckstraße 14.

Dewitz, Ottfried von, Oberlt. z. S. a. D., Berlin W. 35, Am Karlsbad 28.

Dickhuth-Harrach, von, Major a. D., Berlin W 50, Nürnbergerplatz 3.

Dieckmann, Max, Prof. Dr., Privatdozent, Gräfelfing bei München, Bergstr. 42.

Diemer, Franz Zeno, Ing., Seemoos b. Friedrichshafen a. B., Jägerhaus.

Dierbach, Ernst, Dipl.-Ing., Berlin NO 43, Am Friedrichshain 34.

Diesch, Oberbibl. Dr., Techn. Hochschule Berlin, Charlottenburg, Berlinerstr. 170/71.

Dietrich, Richard, Direktor, Cassel, Dietrich-Flugzeugwerk.

Dietzius, Hans, Ing., Berlin-Pichelsdorf.

Dittrich, Otto, Kaufmann, Schönau a. K.

Doepp, Philipp von, Dipl.-Ing., Dessau, Blumenthalstr. 8.

Döring, Hermann, Dr. jur., Berlin-Wilmersdorf, Markgraf-Albrecht-Str 13.

Dorner, H., Dipl.-Ing., Direktor, Hannover, Hindenburgstraße 25.

Dornier, Claude, Dipl.-Ing., Friedrichshafen a. B., Königsweg 55.

Dörr, W. E., Dipl.-Ing., Direktor des Luftschiffbau Zeppelin, Überlingen a. B., Bahnhofstr 29.

Dreisch, Th., Dr. phil., Assistent am Physikalischen Institut der Universität, Bonn, Lessingstr. 20.

Dröseler, Regierungsbaurat a. D., Berlin-Lankwitz, Zietenstraße 32 b.

Dubs, Hugo, Dipl.-Ing., Charlottenburg, Schlüterstr. 72 pt.

Duckert, Paul, Dr. phil., Lindenberg Kr. Beeskow, Observatorium.

Dürr, Oberingenieur, Direktor, Dr.-Ing. e. h., Friedrichshafen a. B., Luftschiffbau Zeppelin.

Eberhardt, C., Prof. a. d. Techn. Hochschule Darmstadt, Darmstadt, Inselstr. 43.

Eberhardt, Walter von, Generallt. a. D., Exzellenz, Wernigerode a. Harz, Hillebergstr. 1.

Ebert, Kurt, Berlin W. 9, Linkstr. 18.

Eddelbüttel, Walter, Kaufmann, Hamburg 13, Mittelweg 121.

Edelmann, R., Patentanwalt und Dipl.-Ing., Charlottenburg, Hertzstr. 7.

Ehlers, Otto, Bankier, Hildesheim, Humboldtstr. 16.

Eichberg, Friedrich, Berlin NW. 6, Luisenplatz 2—4.

Eisenlohr, Roland, Dr.-Ing., Karlsruhe i. Baden, Jahnstr. 8.

Eisenmann, Kurt, o. Prof. Dr., Braunschweig, Hagenstr. 17.

Elias, Dr., Charlottenburg 9, Stormstr. 7.

Endras, Clemens, Dipl.-Ing., Augsburg, Steingasse 264 III.

Engberding, Marinebaurat a. D., Berlin W 50, Grunewaldstraße 59.

Enoch, Otto, Dr.-Ing., Charlottenburg, Fredericiastr. 20.

Ernst, Julius, Major a. D., Leipzig, Waldstr. 78.

Essers, Ernst L., Dipl.-Ing., Aachen, Rütscherstr. 35.

Euler, August, Unterstaatssekretär z. D., Dr. e. h., Frankfurt a. M., Forsthausstr. 104.

Everling, Emil, Prof., Dr., Berlin-Cöpenick, Lindenstr. 10.

Ewald, Erich, Regierungsbaumeister, Dr.-Ing., Berlin-Charlottenburg, Goethestraße 62.

Fehlert, C., Patentanwalt, Dipl.-Ing., Berlin SW 61, Belle-Alliance-Platz 17.

Feige, Rudolf, Meteorologe, Direktor, Krietern b. Breslau.

Fényes, Kornél von, Obering., Budapest IX, Uelloi ut 71.

Fette, R., Berlin-Dahlem, Werderstr. 12.

Fetting, Dipl.-Ing., Dresden A. 16, Prinzenzenstr. 3.

Fick, Roderich, Herrsching am Ammersee.

Fier, Guido, Dr.-Ing., Attaché bei der italienischen Botschaft, Berlin, W.. Kurfürstendamm 59/60.

Finsterwalder, Geh. Reg.-Rat, Prof., Dr., München-Neuwittelsbach, Flüggenstr. 4.

Fischer, Willy, Geschäftsführer des Ostpreuß. Vereins für Luftfahrt E. V., Königsberg i. Pr., Mitteltragheim 23.

Florig, Fritz, Dipl.-Ing., Dresden-A., Rietschelstr. 3/II.

Focke, Henrich, Dipl.-Ing., Direktor, Bremen, Vasmerstr. 25.

Förster, Hermann, Breslau 17, Frankfurterstr. 91.

Föttinger, Prof., Dr.-Ing., Berlin-Wilmersdorf, Berlinerstr. 61.

Franken, Regierungsbaumeister, i. Fa. Stern & Sonneborn, Berlin-Wilmersdorf, Wittelsbacherstr. 22.

Frantz, Max, Bad Tölz, Bahnhofstr. 7.

Fremery, Hermann von, Direktor, Stuttgart, Reinsburgstr. 39.

Freudenreich, Walter, Ing., Hennigsdorf b. Berlin, Siedlungsbüro.

Freyberg-Eisenberg-Allmendingen, Frhr. von, Hauptmann, Berlin W. 62, Kurfürstenstr. 63/69.

Friedensburg, Walter, Kaplt. a. D., Deutscher Aero-Lloyd A.-G., Hamburg-Fuhlsbüttel, Flugplatz.

Fritsch, Georg, Kaufmann, Hildesheim, Hornemannstr. 10.

Fritsch, Walter, Bonn, Beethovenstr. 8.

Froehlich, Generaldirektor a. D., Berlin-Wannsee, Tristanstraße 11.

Fromm, Dr.-Ing., Brooklyn, New York, Undershill Avenues.

Fuchs, Richard, Dr. phil., Prof. a. d. Techn. Hochschule Charlottenburg, Berlin-Halensee, Ringbahnstr. 7.

Fueß, Paul, Fabrikant, Berlin-Steglitz, Fichtestr. 45.

Galbas, P. A., Dr., Berlin-Oberschöneweide, Schillerpromenade 12, I.

Garn, Wilhelm von, Chemiker der Fürstl. Pleß'schen Bergwerksdirektion, Waldenburg i. Schles., Mathildenstr. 14.

Gassmann, Fritz, cand. mach., Karlsruhe i. B., Roonstr. 3.

Gebauer, Curt, Reg.-Baurat, Charlottenburg, Schlüterstr. 80.

Gebers, Fr., Dr.-Ing., Direktor der Schiffbautechn. Versuchsanstalt, Wien XX., Brigittenauerlände 256.

Geerdtz, Franz, Hptm. a. D., Berlin-Wilmersdorf, Waghäuselerstr. 19.

Gehlen, K., Dr.-Ing., Villingen, Waldstr. 31.

Genthe, Karl, Dr. phil. nat., Berlin-Adlershof, Roonstr. 17 a.

Georgi, Joh., Dr., Hamburg-Großborstel, Borsteler-Chaussee 159.

Georgii, Walter, Prof. Dr., Hamburg, Deutsche Seewarte.

Gerdien, Hans, Prof. Dr. phil., Berlin-Grunewald, Franzensbaderstr. 5.

Gerhards, Wilhelm, Marine-Oberingenieur, Kiel, Lübecker-Chaussee 2.

Gettwart, Klaus, Dr., Charlottenburg, Havelstr. 3.

Geyer, Hugo, Major a. D., Charlottenburg 9, Reichsstr. 4.

Giegold, Hugo, Dipl.-Ing., Höchst a. M., Talstr. 5.

Gohlke, Gerhard, Ing., Regierungsrat im Reichspatentamt, Berlin-Steglitz, Stubenrauchplatz 5.

Goldfarb, Hans, Dr., Düsseldorf, Lindemannstr. 110.

Goldstein, Karl, Dipl.-Ing., Frankfurt a. M., Danneckerstr. 2.

Goltz, Curt Frhr. von der, Major a. D., Hamburg, Alsterdamm 25. (Hapag.)

Görlich, Curt, prakt. Zahnarzt, Breslau V, Tauentzienplatz 11.

Gößnitz, von, Vertreter des Reichsamtes für Landesaufnahme, Berlin-Lichterfelde West, Karlstr. 107.

Götte, Carl, Direktor der Dinos-Werke, Berlin W 35, Potsdamerstr. 103 a.

Goetze, Richard, Schloß Unterlind bei Sonneberg S.-M.

Grade, Hans, Ing., Bork, Post Brück i. d. Mark.

Grammel, R., Prof. Dr., Stuttgart, Techn. Hochschule.

Gretz, Heinz, Oblt. a. D., Südwestdeutsche Luftverkehrs-Gesellschaft m. b. H., Frankfurt a. M., Rebstock.

Griensteidl, Friedrich, Wien III., Ungargasse 48.

Grod, C. M., Dipl.-Ing., Essen-Bredeney, Frühlingstr. 54.

Gröger, Bankdirektor, Kattowitz, Dresdner Bank.

Gronau, Kurt, cand. mach., Danzig-Langfuhr, Gustav-Radde-Weg 7.

Grosse, Prof. Dr., Vorsteher des Meteorologischen Observatoriums, Bremen, Freihafen 1.

Grulich, Karl, Dr.-Ing., Charlottenburg, Kantstr. 111a.

Gsell, Robert, Dipl.-Ing., Eidgenössisches Luftamt, Bern (Schweiz), Eigerplatz 8.

Guaita, Eugen, Vorstandsmitglied der »Deruluft«, Berlin, NW 7, Sommerstr. 4.

Günther, Siegfried, cand. mach., Hannover, Königswortherstraße 29.

Günther, Walter, stud. mach., Hannover, Gustav Adolfstraße 15 II.

Gürtler, Karl, Dr.-Ing., München, Georgenstr. 51.

Gutbier, Walther, Direktor d. Fahrzeugwerke Rex G. m. b. H., Köln, Antwerpenerstr. 18.

Gutermuth, Ludwig, Dipl.-Ing., Stralsund, Fährhofstr. 30.

Haarmann, Dipl.-Ing., Braunschweig, Techn. Hochschule.

Haas, Rudolf, Dr.-Ing., Baden-Baden, Beuthenmüllerstr. 11.

Haber, Fritz, Geh. Reg.-Rat Prof. Dr., Direktor d. Kaiser Wilhelm-Instituts f. Chemie und Elektrochemie, Berlin-Dahlem, Faradayweg 8.

Hackmack, Hans, Dipl.-Ing., Berlin NW 87, Hansa-Ufer 7.

Hahn, Willy, Justizrat Dr., Rechtsanwalt und Notar, Berlin W 62, Lützowplatz 2.

Haehnelt, Oberstlt. a. D., Berlin-Zehlendorf, Wsb., Heidestraße 4.

Hall, Paul I., Luftfahrzeuging., Cassel, Wolfsangerstr. 6.

Hammer, Fritz, Ing., Berlin-Lichterfelde-West, Steglitzerstraße 39.

Hanfland, Kurt, Ing., Berlin SO 16, Schmidtstr. 35.

Hansen, Asmus, Dipl.-Ing., stud. phil., Berlin-Dahlem, Podbielsky-Allee 75.

Harlan, Wolfgang, Kfm. techn. Direktor, Charlottenburg 9, Akazienallee 17.

Harmsen, Conrad, Dr.-Ing., Berlin-Cöpenick-Wendenschloß, Fontanestr. 12.
Haw, Jakob, Ing., Haw-Propellerbau, Staaken b. Spandau.
Heidelberg, Viktor, Dipl.-Ing., Bensberg bei Köln, Kol. Frankenforst.
Heimann, Heinrich Hugo, Dr. phil., Dipl.-Ing., Berlin-Schöneberg, Martin Lutherstr. 51.
Heine, Fritz, Fabrikdirektor, Dipl.-Ing., Breslau-Kleinburg 18, Ebereschenallee 17.
Heine, Hugo, Fabrikbesitzer, Berlin O 34, Warschauerstr. 58.
Heinkel, Ernst, Direktor, Ingenieur, Warnemünde, Flugplatz.
Heinrich, Hermann, Ingenieur, Berlin SW 29, Fidicinstr. 18 I.
Heinrich, Prinz von Preußen, Königliche Hoheit, Dr.-Ing. e.h., Herrenhaus Hemmelmark, Post Eckernförde.
Helffrich, Josef, Dr. phil., Schwetzingen, Markgrafenstr. 19.
Heller, Dr. techn., Vertreter des Vereins deutscher Ingenieure, Berlin NW 7, Sommerstr. 4 a.
Helmbold, Heinrich, Dipl.-Ing., Siemens-Schuckert-Werke, Siemensstadt b. Berlin, Verwaltungsgebäude A. J. 8.
Henninger, Albert Berthold, Referent b. Reichsbeauftragten, Berlin W, Pfalzburgerstr. 72.
Hentzen, Friedrich Heinrich, Dipl.-Ing., Berlin-Johannisthal, Sternplatz 6.
Herr, Hans, Kontreadmiral a. D., Bremen-Neustadt, Contrescarpestr. 140, II.
Herrmann, Ernst, Ing., Halle a. S., Gr Bräuhausstr. 3.
Herrmann, Hans, Ing., München 9, Deisenhofenerstr. 16 a.
Herrmann, Rudolf, stud. mach., Karlsruhe i. B., Bunsenstr. 22.
Hesse, Hans, Hauptmann a. D., Dessau, Blumenthalstr. 6.
Heydenreich, Eugen, Obering., Charlottenburg 9, Kaiserdamm 44.
Heymann, Ernst, Hauptmann a. D., Berlin W 50, Tauentzienstr. 14.
Heyrowsky, Adolf, Hauptmann a. D., Berlin NW 7, Dorotheenstr. 43.
Hiedemann, Hans, Fabrikbesitzer, Köln a. Rh., Mauritiussteinweg 27.
Hiehle, K., Obering., Direktor der Rhemag, Berlin W, Hohenzollernstr. 5 a.
Hinniger, Werner, Dipl.-Ing., Charlottenburg, Cauerstr. 12.
Hirschfeld, Willi, Dipl.-Ing., Amsterdam, Stadhouderskade 103.
Hirth, Hellmuth, Obering., Cannstatt b. Stuttgart, Pragstr. 34.
Hoen, M., Rechtsanwalt Dr., Düsseldorf, Königsallee 22.
Hof, Willy, Generaldirektor, Frankfurt a. M.-Süd.
Hoff, Wilh., Prof., Dr.-Ing., Direktor der Deutschen Versuchsanstalt für Luftfahrt, E. V., Adlershof.
Hoffmann, Ludwig, cand. mach., Dessau, Großkühnauerweg 39.
Hofmann, Albert, Dipl.-Ing., München-Freimann, Föhringerallee 1.
Hohenemser, M. W., Bankier, Frankfurt a. M., Neue Mainzerstraße 25.
Holle, Hans, Ing., Neukölln, Berlinerstr. 16/17 b. Hoppe.
Holtmann, Anton, Dipl.-Ing., Gewerberat, Recklinghausen, Kunibertstr. 26.
Hönsch, Walter, Dr., Berlin-Zehlendorf-West, Forststr. 23.
Hopf, L., Prof., Dr. phil., Aachen, Eupenerstr. 129.
Horstmann, Marinebaumeister., Rüstringen i. Oldenburg, Ulmenstraße 1 c.
Horstmann, Willy, Ing., Charlottenburg, Spandauerstr. 3/III.
Hromadnik, Lt. a. D., Ing., Frankfurt a. M.-Ost, Rückertstraße 50.
Hübener, Wilhelm, Dr. med., Cincinnati (Ohio) U.S.A. 1801 Union Central Bldg.
Huppert, Prof., Direktor des Kyffhäuser Technikums, Frankenhausen a. Kyffhäuser.
Huth, W., Dr., Berlin-Dahlem, Bitterstr. 9.
Hüttig, Bruno, Hauptmann a. D., Zuffenhausen b. Stuttgart.
Hüttmann, Waldemar, Krietern b. Breslau, Observatorium.
Hüttner, Kurt, Fabrikdirektor, Grünau (Mark), Viktoriastraße 16.

Jablonsky, Bruno, Berlin W 15, Kurfürstendamm 18.
Jansen, Carl, Dipl.-Ing., Finkenwalde bei Stettin, Bahnhofstr. 4.
Jaretzky, Ing., Wildau, Kr. Teltow, Schwarzkopfstr. 111.
Joachimczyk, Alfred Marcel, Dipl.-Ing., Berlin W, Courbièrestr. 9b.
Johannesson, Hans, Lt., Adresse unbekannt.

Joly, Hauptmann a. D., Klein-Wittenberg a. d. Elbe.
Joseph, Justizrat Dr., Frankfurt a. M., Kettenhoferweg 111.
Junkers, Hugo, Prof. Dr.-Ing. e. h., Dessau, Albrechtstr. 47.

Kaffenberger, Ludwig, stud. ing., Cöthen i. A., Theaterstraße 1/I.
Kamm, Wunibald, Dipl.-Ing., Cannstatt, Schillerstr. 26.
Kämmerling, Fritz, Oberstlt. a. D., Berlin W 62, Bayreutherstraße 11.
Kandt, Albert, Geh. Komm.-Rat, Berlin W 35, Blumeshof 17.
Kann, Heinrich, Obering., Charlottenburg, Ilsenburgerstr. 2.
Kármàn, Th. von, Prof. Dr., Aachen, Technische Hochschule, Aerodynamisches Institut.
Kasinger, Felix, Direktor, Berlin W 50, Culmbacherstr. 14.
Kastner-Kirdorf, Gustav, Major a. D., Gräfelfing b. München, Haus „Siebenaich".
Kastner, Hermann, Major a. D., Charlottenburg, Niebuhrstraße 58.
Katzmayr, Richard, Ing., Wien IV/18, Apfelgasse 3.
Kaumann, Gottfried, Dr., Dessau-Ziebick, Junkers-Werke, Abt. Luftverkehr.
Kehler, Richard von, Major a. D., Charlottenburg, Dernburgstraße 49.
Keitel, Fred, Ing., Zürich (Schweiz), Weinbergstr. 95.
Kempf, Günther, Direktor der Hamburgischen Schiffbau-Versuchsanstalt, Hamburg 33, Schlicksweg 21.
Kercher, Rudolf, cand. mach., Dessau, Kurze Zeile 1.
Kiefer, Theodor, Direktor, Seddin, Posthilfsstelle Jeseritz, Kreis Stolp i. Pomm.
Kiffner, Erich, stud. rer. techn., Warnemünde, postlagernd.
Kindling, Paul, Ing., Friedrichshafen a. B., Luftschiffbau.
King, Oblt. a. D., Dipl.-Ing., Stuttgart, Kernbergstr. 35.
Kirchhoff, Frido, Dipl.-Ing., Bremen, Graf Moltkestr. 54.
Kjellson, Henry, Ziviling., Flygingeniör wid Svenska Armens Flygkompani, Malmslätt (Schweden).
Klages, Paul, Ing., Hannover, Kollenrodtstr. 56
Klefeker, Siegfried, Oberstlt. a. D., Prof. und Direktor der Deutschen Heeresbücherei, Berlin NW 7, Unter den Linden 74.
Kleffel, Walther, Berlin W 30, Heilbronnerstr. 8.
Kleinschmidt, E., Prof. Dr., Stuttgart, Landeswetterwarte.
Klemm, Hanns, Reg.-Bmstr., Direktor der Daimler Motorenwerke, Sindelfingen, Bahnhofstr. 148.
Klemperer, Wolfgang, Dr.-Ing., Akron (Ohio) U. S. A., 379 Power Street.
Klingenberg, G., Geh.-Rat, Prof. Dr.-Ing. e. h., Dr. phil., Direktor d. AEG, Charlottenburg 9, Alemannenallee 6.
Kloth, Hans, Regierungsbaumeister, I. Vorsitzender d. Kölner Bez.-Vereins deutscher Ingenieure, Köln-Marienburg, Marienburgerstr. 102.
Kloetzel, Hanns, Dr., prakt. Zahnarzt, Breslau, Schweidnitzer Stadtgraben 17.
Knipfer, Kurt, Reg.-Rat, Charlottenburg, Windscheidstr. 3.
Knobloch, Gert von, Albatroswerke, Berlin-Johannistal.
Knöfel, Fritz, Kaufmann, München, Fürstenstr. 19.
Knoller, R., Prof., Wien VI, Röstlergasse 6.
Kober, Th., Dipl.-Ing., Friedrichshafen a. B.
Koch, Erich, Dipl.-Ing., Charlottenburg, Neue Kantstr. 25.
Kölzer, Joseph, Dr., Berlin W 30, Nollendorfstr. 29/30.
König, Georg, Obering., Berlin-Dahlem, Podbielsky-Allee 61.
König, Georg, Zahnarzt, Frankenstein i. Schles.
Könitz, Hans Frhr. von, Major a. D., Krailling bei München.
Köpcke, Otto, Geh. Baurat, Dresden, Liebigstr. 24.
Kopfmüller, August, Dr., Friedrichshafen a. B., Drachenstation.
Koppe, Heinrich, Dr. phil., Abteilungsleiter der Deutschen Versuchsanstalt für Luftfahrt Adlershof, Flugplatz.
Köppen, Joachim von, Oblt. a. D., Charlottenburg 2, Kantstraße 164.
Koschel, Ernst, Oberstabsarzt a. D., Dr. med. et phil., Berlin W 57, Mansteinstr. 5.
Koschmieder, H., Dr., Frankfurt a. M., Robert Mayerstr. 2.
Krause, Max, Fabrikbesitzer, Berlin-Steglitz, Grunewaldstr. 44.
Krauss, Julius, Dipl.-Ing., München, Gollierstr. 14.
Krayer, August, Direktor der Victoria zu Berlin, Berlin SW 68, Lindenstr. 20/21.
Krell, Otto, Prof., Direktor der Siemens-Schuckert-Werke, Berlin-Dahlem, Cronbergerstr. 26.

Kretschmer, Georg, Lehrer, Holzkirch a. Quais, Kr. Lauban i. Schles.

Krey, H., Regierungsbaurat, Leiter der Versuchsanstalt für Wasserbau u. Schiffbau, Berlin NW 23, Schleuseninsel im Tiergarten.

Krogmann jr., Adolf, Kaufmann, Dessau-Ziebigk, Friedrichstraße.

Kromer, Ing., Leiter d. Abt. Luftfahrzeugbau d. Polytechnikums Frankenhausen, Frankenhausen a. Kyffhäuser.

Kruckenberg, Fr., Direktor, Dipl.-Ing., Heidelberg, Unter der Schanz 1.

Krüger, Karl, Dr. phil., Mehlem, Rhld., Haus »Schlägel und Eisen«.

Krupp, Curt, Domänenpächter, Bienau b. Liebemühl, Ostpreußen.

Ksoll, Josef, Kfm., Schön-Ellgut, Kreis Trebnitz.

Kuchel, L., Berlin W 15, Duisburgerstr. 12.

Kühl, Willi, Dipl.-Ing., Berlin-Hohenschönhausen, Berlinerstraße 99.

Kuhn, Carl, Kaufmann, Hamburg 5, An der Alster 52.

Kuhnen, Fritz, cand. ing., Dessau, Waldweg 24.

Kummer, Reinhold, Dr., Berlin-Steglitz, Kantstr. 5.

Kutin, Josef, cand. ing., Adresse unbekannt.

Kutta, Wilhelm, Prof. Dr., Stuttgart-Degerloch, Römerstr. 138.

Kutzbach, K., Prof., Direktor des Versuchs- und Materialprüfungsamtes der Techn. Hochschule Dresden, Dresden-A. 24, Liebigstr. 22.

Lachmann, G., Dr.-Ing., Berlin W 30, Burggrafenstr. 14.

Lachmann, K. E., Berlin W 10, Hohenzollernstr. 12.

Lademann, K., cand. math. et astro., Berlin N. W. 23, Holsteiner Ufer 12.

Landmann, Werner, Kopenhagen, Oresondsvey 142.

Lascuxain y Osio, Angel de, Ing., Talleres Nacionales de Aviacion, Mexico-City.

Laudahn, Wilhelm, Marine-Oberbaurat, Berlin-Lankwitz, Meyer-Waldeckstr. 2 pt.

Leberke, Erich, Dr. phil., Berlin SW 47, Hagelbergerstr. 44.

Leonhardy, Leo, Major a. D., Berlin, Prinzessinnenstr. 1.

Leyensetter, Walther, Dr.-Ing., Cannstatt, Schillerstr. 21.

Lindenberg, Carl, Ministerialrat im Reichsschatzministerium, Charlottenburg, Knesebeckstr. 26.

Linke, F., Prof. Dr., Frankfurt a. M., Mendelssohnstr. 77.

Listemann, Fritz, Hauptmann a. D., Berlin-Grunewald, Hubertusallee 11 a.

Lorenz, Geh. Reg.-Rat Prof. Dr.-Ing. Dr., Danzig-Langfuhr, Johannisburg.

Lorenzen, C., Ing., Fabrikant, Berlin, Treptower Chaussee 2.

Löser, Max, Patentanwalt, Dresden, Ringstr. 23.

Lößl, Ernst von, Dipl.-Ing., Casparwerke m. b. H., Lübeck-Travemünde.

Löwe, W., Berlin W 62, Landgrafenstr. 3.

Lüdemann, Karl, wiss. Mitarbeiter, Freiberg i. Sa., Albertstraße 26.

Ludowici, Wilhelm, Dipl.-Ing., Karlsruhe i. B., Sophienstr. 7, b. Linsemann.

Lühr, Richard, Dipl.-Ing., Berlin-Halensee, Johann-Georgstraße 22.

Lürken, M., Obering., Dessau, Ringstr. 23.

Lutz, R., Prof. Dr.-Ing., Trondhjem, Techn. Hochschule.

Mackenthun, Hauptmann a. D., Berlin W 10, Tiergartenstraße 22.

Mader, O., Dr.-Ing., Dessau, Kaiserplatz 23.

Mades, Rudolf, Dr.-Ing., Berlin-Schöneberg, Kaiser-Friedrichstr. 6.

Mainz, Hans, Ing., Köln-Deutz, Arnoldstr. 23a.

Malmer, Ivar, Dr. phil., Privatdozent an der Techn. Hochschule Stockholm, Ingenieur bei dem Flugwesen der schwedischen Armee, Malmslätt [Schweden].

Mann, Willy, Ing., Suhl-Neundorf i. Thüringen.

Martens, Arthur, Dipl.-Ing., Wasserkuppe Rhön, Fliegerlager.

Marx, Otto, Direktor, Berlin W, Kurfürstendamm 3.

Maschke, Georg, Rentier, Berlin-Wannsee, Kleine Seestr. 31.

Maurer, Ludwig, Dipl.-Ing., Obering., Berlin-Karlshorst, Heiligenbergerstr. 9.

Maybach, Karl, Direktor, Friedrichshafen am Bodensee, Zeppelinstr. 11.

Meckel, Paul A., Bankier, Berlin NW 40, In den Zelten 13.

Mederer, Robert, Direktor, Berlin SW 48, Wilhelmstr. 42 a.

Melsbach, Erich, Oberregierungsrat Dr., Berlin-Grunewald, Hohenzollerndamm 86.

Merkel, Otto Julius, Deutscher Aero-Lloyd, Berlin NW 7, Sommerstr. 4.

Mertens, Walter, Hannover, Engelborstelerdamm 20.

Messerschmitt, Willy, Dipl.-Ing., Bamberg, Langestr. 14.

Messter, Oskar, Tegernsee, Haus 129.

Mestrum, Ernst, Kaufmann, Hamburg 6, Karolinenstr. 5.

Meycke, Ing., Frankfurt a. M., Kranichsteinerstr. 9/I.

Meyer, Eugen, Geh. Reg.-Rat Prof. Dr., Charlottenburg, Neue Kantstr. 15.

Meyer, Otto, Direktor, München-Freimann.

Meyer, P., Prof., Delft, Heemskerkstraat 19.

Meyer-Cassel, Werner, Hannover, Scheffelstr. 18 bei Haberland.

Milch, Erhard, Hauptmann a. D., Junkers-Luftverkehr, Dessau/Ziebigk.

Mises, von, Prof. Dr., Berlin W 30, Barbarossastr. 14.

Mittenwallner, Paul H. von, Dipl.-Ing., Friedrichshafen a. B., Dornier-Metallbauten G. m. b. H., Windhag.

Moll, Hermann, Travemünde, Casparwerke.

Möller, E., Dr.-Ing., Darmstadt, Alicestr. 18.

Möller, Harry, Major a. D., Berlin NW 87, Wullenweberstraße 8.

Morell, Wilhelm, Leipzig, Bitterfelderstr. 1.

Morin, Max, Patentanwalt, Dipl.-Ing., Berlin W 57, Yorkstr. 46.

Mossner, K. J., Architekt, Berlin W 10, Viktoriastr. 11.

Mühlig-Hofmann, Oberregierungsrat, Berlin W 66, Wilhelmstr. 80.

Müller, Friedrich Karl, Ing., Monschau (Eifel).

Müller, Fritz, Dr.-Ing., Berlin-Halensee, Küstrinerstr. 4.

Müller, Werner, Dipl.-Ing., Dessau, Mendelssonstr. 13.

Münzel, Alexander, Dipl.-Ing., Dessau, Junkerwerke, Abt. Bibliothek.

Muttray, Georg Justus, Dipl.-Ing., Dessau, Körnerstr. 9, bei Pauli.

Muttray, Horst, Dipl.-Ing., Deutsche Versuchsanstalt für Luftfahrt, E. V., Berlin-Adlershof.

Naatz, Hermann, Dipl.-Ing., Obering., Berlin W 50, Schwäbischestr. 19.

Nägele, Karl Fr., Ing., Berlin-Neukölln, Saalestr. 38.

Neuber, Dr., Frhr. von Neuberg, Schloß Schney, bei Lichtenfels, Oberbayern.

Neumann, Emil, Kaufmann, Meiningen, Sedanstr. 14.

Niemann, Erich, Hauptmann a. D., Direktor, Charlottenburg 9, Eichenallee 11.

Noack, W., Dipl.-Ing., Ing. i. Fa. Brown Boveri & Co., Baden b. Zürich (Schweiz), Rütistr. 12.

Nostiz, Otto Ernst von, Oblt. a. D., Berlin, Hektorstr. 6.

Nußbaum, Otto, Ing., Albatroswerke, Abt. Flugzeugbau, Berlin-Johannisthal.

Nusselt, W., Prof. Dr.-Ing., München, Arcisstr. 25.

Offermann, Erich, Ing., Berlin-Eichkamp, Königsweg 127.

Oertz, Dr.-Ing. h. c., Hamburg, an der Alster 84.

Ostwald, Walter, Chemiker, Bochum, Wittenerstr. 45.

Oxé, Werner, Polizei-Oblt., Magdeburg, Falkenbergstr. 7 I.

Pank, Paul Eduard, stud. ing., Berlin W 50, Schaperstr. 30.

Pape, Willy, Gleiwitz, Rybnikerstr. 44.

Parseval, A. von, Prof., Dr. h. c. Dr.-Ing., Charlottenburg, Niebuhrstr. 6.

Persu, Aurel, Prof., Dipl.-Ing., Direktor, Bukarest, Calea Viktoriei 202.

Pfister, Edmund, Dipl.-Ing., Berlin-Pankow, Mendelstr. 51 II.

Pilgrim, Max von, cand. mach., Karlsruhe i. B., Weinbrennerstr. 6 a.

Platen, Horst von, Obering., Berlin-Wilmersdorf, Deidesheimerstr. 11.

Plauth, Karl, Dipl.-Ing., Dessau, Ringstr. 21.

Pleines, Wilhelm, cand. ing., Berlin NW 21, Krefelderstr. 13.

Pohlhausen, Ernst, Dr., Privatdozent für Mathematik u. Mechanik a. d. Universität Rostock, Rostock i. Mecklbg., Augustenstr. 25.

Polis, P. H., Prof. Dr., Aachen, Monsheimsallee 62.

Postler, Heinz, Dr. rer. pol., Berlin-Lichtenberg, Am Stadtpark 12.
Prandtl, L., Prof. Dr.-Ing., Dr., Göttingen, Bergstr. 15.
Prill, Paul, Ziviling., Flugzeuging., München, Cuvilliesstr. 1.
Pröll, Arthur, Prof. Dr.-Ing., Hannover, Welfengarten 1.
Proske, Paul, Polizeioberwachtmeister, Glogau a. Oder, Friedrichstr. 3/I.
Puhača, Alexander, Major a. D., wiss. Mitarbeiter d. Opt. Anstalt C. P. Goerz, Charlottenburg. Knesebeckstr 27.

Quittner, Viktor, Dr., Dipl.-Ing., Wien I, Hohenstaufengasse 10.

Rackowitz, Karl, Gutsverwalter, Kochanietz, Kr. Cosel O/S.
Rahlwes, Kurt, Dipl.-Ing., Hannover-Münden, Questenberg 12.
Rasch, F., Amsterdam, Rokin 84.
Rahtjen, Arnold, Dr. chem., Berlin-Wilmersdorf, Jenaerstraße 17 II.
Raethjen, Paul, Dr. phil., Frankfurt a. M., Robert-Mayer-Straße 2.
Rau, Fritz, Obering. i. Fa. Fafnir-Werke, Aachen.
Redlin, Johannes, Syndikus, Gerichtsassessor a. D., Charlottenburg, Berlinerstr. 97 II.
Regelin, Hans, Ing., Berlin W 50, Marburgerstr. 17
Reiners, Hellmuth, Ingenieur, Berlin-Schöneberg, Cäciliengärten 23.
Reinhardt, Fr., Ing., Hennigsdorf b. Berlin, Parkstr. 2.
Reinhardt, Siegfried, Berlin-Friedenau, Niedstr. 7.
Reininger, Paul, Dipl.-Ing., Oberregierungsrat und Mitglied des Reichspatentamtes, Berlin-Friedrichshagen, Steinplatz.
Richthofen, Wolfram Frhr. von, Dipl.-Ing., Berlin W 66, Leipzigerstr. 5.
Ritter, Kaplt., Berlin W 10, Bendlerstr. 14, Reichswehrministerium, Marineleitung.
Ritter, Vorstandsmitglied der Hamburg-Amerika-Linie, Hamburg, Alsterdamm 25.
Ritter, Karl, Hptm. a. D., München, Konradstr. 2.
Rohrbach, Adolf K., Dr.-Ing., Berlin - Wilmersdorf, Ruhrstraße 12.
Rosenbaum, B., Dipl.-Ing. i. Fa. Erich F. Huth G. m. b. H., Berlin SW 48, Wilhelmstr. 130.
Rostin, Walter, Kaufmann, Charlottenburg 5, Holtzendorffstraße 14.
Roth, H., Dr. phil. nat., Frankfurt a. M., Gr. Gallusstr. 7.
Roth, Richard, Dipl.-Ing., Charlottenburg, Sybelstr. 40.
Rothgießer, Georg, Ing., Berlin W 30, Martin Lutherstr. 91.
Rothkirch und Panten, Jarry von, Schloß Massel, Kr. Trebnitz, Bez. Breslau.
Rotter, Ludwig, cand. ing., Flugzeugkonstrukteur, Budapest VIII, Rökk Szillard-u. 31. III. 12.
Rottgardt, Karl, Dr. phil., Direktor i. Fa. Erich F. Huth G. m. b. H., Berlin SW 48, Wilhelmstr. 130.
Roux, Max, Geschäftsleiter und Mitinhaber d. Fa. Carl Bamberg, Berlin-Friedenau, Kaiserallee 87/88.
Rühl, Karl, Dipl.-Ing., Berlin NO 55, Danzigerstr. 50.
Rumpler, Edmund, Dr.-Ing., Berlin NW., Friedrichstr. 100.
Ruppel, Carl, Ziviling., Charlottenburg, Dernburgstr. 24.
Rynin, Nicolaus, Prof., Petrograd, Kolomenskaja Straße 37, Wohn. 25.

Sander, Siegfried, Obering., Charlottenburg, Tegelerweg 102 II.
Seehase, Dr.-Ing., Berlin SO 36, Elsenstr. 1.
Seewald, Friedrich, Dr.-Ing., Berlin-Grünau, Bahnhofstr. 3.
Seiferth, Reinhold, Dipl.-Ing., Göttingen, Stegmühlenweg 8.
Seilkopf, Heinrich, Dr., Hannover, Vahrenwalder Heide, Flugwetterwarte.
Seppeler, Arnold, Ing., Neukölln, Saalestr. 38.
Seppeler, Ed., Dipl.-Ing., Neukölln, Zeitzerstr. 5.
Serno, Major a. D., Charlottenburg, Leonhardtstr. 5 II.
Silverberg, P., Generaldirektor, Dr., Köln, Worringerstr. 18.
Simon, Aug. Th., Kirn a. d. Nahe.
Simon, Robert Th., Kirn a. d. Nahe.
Simon, Th., Kommerzienrat, Kirn a. d. Nahe.
Soden-Fraunhofen, Graf von, Dipl.-Ing., Friedrichshafen a. B., Zeppelinstr. 10.
Sommer, Robert, Ziviling., Charlottenburg, Waitzstr. 12.
Sonntag, Richard, Dipl.-Ing., Privatdozent, Regierungsbaumeister a. D., Oberingenieur a. D., Beratender Ingenieur V. B. I., Friedrichshagen b. Berlin, Cöpenickerstr. 25.

Spiegel, Julius, Dipl.-Ing., Charlottenburg, Fredericiastr. 32.
Spies, Rudolf, Charlottenburg, Mommsenstr. 57.
Spiess, Albrecht, Oblt. a. D., Charlottenburg, Goethestr. 87.
Spieweck, Bruno, Dr. phil., Berlin-Adlershof, Kronprinzenstraße 14 I.
Springsfeld, Carl, Fabrikdirektor, Dipl.-Ing., Aachen, Fafnirwerke, A.-G.
Sultan, Martin, Dr. med. dent., Zahnarzt, Berlin-Schöneberg. Innsbruckerstr. 54.
Süring, R., Geh. Reg.-Rat, Prof. Dr., Vorsteher d. Meteorologischen Observatoriums, Potsdam, Telegrafenberg.
Schaffran, Dr., Versuchsanstalt für Wasser- und Schiffbau, Berlin NW 23, Schleuseninsel i. Tiergarten.
Schapira, Carl, Dr.-Ing., Direktor d. Ges. »Telefunken«, Berlin SW 61, Tempelhofer Ufer 9.
Schatzki, Erich, cand ing., Dessau, Askanischestr. 66.
Schellenberg, R., Dr.-Ing., Charlottenburg 9, Kaiserdamm 66.
Scherle, Joh., Kommerzienrat, Direktor der Ballonfabrik Riedinger, Augsburg, Prinzregentenstr. 2.
Scherschevsky, Alexander, stud. ing. et phil., Berlin-Zehlendorf-West, Beerenstr. 33, b. Schreiber.
Scherz, Walter, Ing., Friedrichshafen a. B., Seestr. 75.
Scheubel, N., stud. ing., Techn. Hochschule Aachen, Aerodynamisches Institut.
Scheuermann, Erich, Dipl.-Ing., Geschäftsführer der Udet-Flugzeugbau G. m. b. H., München, Rosenheimerstr. 249,
Scheurlen, Heinz, Berlin SW. 11, Schönebergerstr. 11.
Schieferstein, Heinrich, Obering., Charlottenburg, Kaiser-Friedrichstr. 1.
Schilhansl, Max, Dipl.-Ing., München, Schleißheimerstr. 87 II.
Schiller, Ewald, Pat.-Ing., Weimar, Schwanseestr. 24.
Schiller, Ludwig, Dr., Leipzig, Linnéstr. 5.
Schinzinger, Reginald, Junkerswerke, Dessau, Leipzigerstr. 45.
Schleinitz, Hans Frhr. von, Dr.-Ing., Bremen, Am Wall 187.
Schlink, Prof. Dr.-Ing., Rektor der Techn. Hochschule, Darmstadt, Magnifizenz, Darmstadt, Olbrichsweg 10.
Schlotter, Franz, Ing., Dessau, Friederikenstr. 55c.
Schmedding, Baurat, Direktor der Oertz-Werft A. G., Neuhof bei Hamburg, Wilhelmsburg-Elbe 4.
Schmid, C., Direktor, Dr.-Ing., Friedrichshafen a. B., Geigerstraße 3.
Schmiedel, Dr.-Ing., Berlin W 62, Lutherstr. 18.
Schmidt, E., Ing., Frankenstein i. Schles., Bahnhofstr. 15.
Schmidt, Georg, Ing., Berlin-Wilmersdorf, Paderbornerstr. 2.
Schmidt, J. G. Karl, Solingen, Dr. W. Kampschulte A. G.
Schmidt, K., Prof. Dr., Halle a. S., Am Kirchtor 7.
Schmidt, Richard Carl, Verlagsbuchhändler, Berlin W 62, Lutherstr. 14.
Schmidt, Werner, Dipl.-Ing., Dozent f. Flugzeugbau a. Kyffh. Technikum, Frankenhausen a. Kyffh., Bachweg 6.
Schneider, Franz, Direktor der Franz Schneider Flugmaschinenwerke, Berlin-Wilmersdorf, Konstanzerstr. 7.
Schneider, Helmut, Dipl.-Ing., Gaggenau, Hauptstr. 135.
Scholler, Karl, Dipl.-Ing., Hannover, Heinrichstr. 52.
Schoeller, Arthur, Hauptmann a. D., Berlin-Schöneberg, Bayer. Platz 4 III.
Schramm, Hans, Ing., Dessau/Ziebigk, Marienstr. 5.
Schramm, Josef, stud. techn., Klingenthal i. S., Auerbacherstraße b. Köstler.
Schreiber, Otto, Geh. Reg.-Rat Prof. Dr., Königsberg i. Pr., Hammerweg 3.
Schreiner, Friedrich W., Ing., Köln-Deutz, Karlstr. 46.
Schrenk, Martin, Dipl.-Ing., Sindelfingen, Wttbg., Daimlerwerke.
Schroeder, Joachim von, Hptm. a. D., Berlin W. 35, Blumeshof 17.
Schröder, Theodor, cand. mach., Kornthal bei Stuttgart, Saalplatz 1.
Schroth, Herrmann, Dipl.-Ing., Warnemünde, Strandweg 14.
Schubert, Rudolf, Dipl.-Ing., Berlin-Friedrichshagen, Seestraße 63.
Schüler, Max, Ing., Berlin NW., Heidestr. 55/57.
Schulte-Frohlinde, Dipl.-Ing., Marina di Pisa, Via del Fortino 2.
Schultz, Ortwin von, Kaufmann, Hannover, Rumannstr. 28.
Schumann, Herbert, Versicherungsbeamter, Leipzig-R.-Oststr. 2.

Schüttler, Paul, Direktor der Pallas-Zenith-Gesellschaft, Charlottenburg, Wilmersdorferstr. 85.

Schwager, Otto, Dipl.-Ing., Deutsche Kraftfahrzeug-Werke — Haselhorst-Spandau, Berliner Chaussee.

Schwartzenfeldt, Ottokar Kracker von, Techn. Postinspektor im Reichspostministerium, Berlin-Lichterfelde, Berlinerstraße 175.

Schwarz, Robert, Dipl.-Ing, Hannover, Voßstr. 32.

Schwengler, Johannes, Obering., Strelitz i. M., Fürstenbergerstr. 1.

Schwerin, Edwin, Dr.-Ing, Privatdozent, Berlin-Halensee, Eisenzahnstr. 6 bei Baumgärtner.

Stadie, Alfons, Dipl.-Ing., Obering., Berlin-Wilmersdorf, Kaiserplatz 1.

Stahl, Friedrich, Hauptmann, Cassel, Nebelthaustr. 12.

Stahl, Karl, Obering., Friedrichshafen a. B., Ailingerstr. 63.

Staiger, Ludwig, Ing., Birkenwerder, Bez. Potsdam, Briese Allee 28.

Staufer, Franz, Dipl.-Ing., München, Kaiserstr. 47.

Steffen, Major a. D., Berlin W 50, Tauentzienstr. 14.

Steinen, Carl von den, Marinebaurat, Dipl.-Ing., Hamburg, Erlenkamp 8.

Stelzmann, Josef, Köln a. Rh., Stollwerckhaus.

Stempel, Friedrich, Oberstleutnant a. D., Schachen/Bodensee, Landhaus Giebelberg.

Stender, Walter, Volontär, Mittweida i. Sa., Melanchthonstraße 5.

Stieber, W., Dr.-Ing., Deutsche Versuchsanstalt für Luftfahrt E. V., Berlin-Adlershof.

Stoeckicht, Wilh., Dipl.-Ing., München-Solln, Erikastr. 3.

Stöhr, Werner, Dipl.-Ing., Leipzig, Pößnerweg 2.

Straubel, Prof. Dr. med. et phil. h. c., Jena, Botzstr. 10.

Stuckhardt, Herbert, Oblt. a. D., Berlin W 15, Lietzenburgerstraße 15.

Student, Kurt, Hauptmann, Berlin-Pankow, Florastr. 89.

Taub, Josef, Dipl.-Ing., Berlin NW., Klopstockstr. 50.

Tauber, Ernst, Rechtsanwalt und Notar, Dr., Berlin W 9, Potsdamerstr. 131 c.

Tempel, Heinz, Dipl.-Ing., Charlottenburg, Schillerstr. 37/38.

Tetens, Hans, Major a. D., Direktor des Verbandes Deutscher Luftfahrzeug-Industriellen, Berlin-Halensee, Halberstädterstr. 2.

Tetens, Otto, Prof. Dr., Observator, Lindenberg, Kreis Beeskow, Observatorium.

Tietjens, Oskar, Dr. phil., Hamburg-Gr.-Borstel, Borsteler-Chaussee.

Thalau, K., Dipl.-Ing., Berlin-Schöneberg, Am Park 13 bei Noël.

Thelen, Robert, Dipl.-Ing., Hirschgarten b. Friedrichshagen-Berlin, Eschenallee 5.

Thiel, Raphael, cand. mach., Warnemünde, Flugzeugwerke Ernst Heinkel.

Thierauf, Adam, Ing., Fabrikbesitzer, Hof i. Bayern, Vorstadt 20.

Thilo, Daniel, Präsident der Oberpostdirektion Potsdam, Potsdam, Am Kanal 16/18.

Thoma, Dieter, Prof. Dr.-Ing., München, Prinzenstr. 10.

Thomas, Erik, Dipl.-Ing., Deutsche Versuchsanstalt für Luftfahrt E. V., Berlin-Adlershof.

Thomsen, Otto, Dipl.-Ing., Ziebigk b. Dessau, Luisenstr. 21 I.

Thüna, Frhr. von, Potsdam, Bertinistr. 17.

Tischbein, Willy, Direktor d. Continental-Caoutchouc und Guttapercha Comp., Hannover, Vahrenwalderstr. 100.

Tonn, Eberhard, Dipl.-Ing., Breslau 2, Buddestr. 11.

Töpfer, Carl, Ing., Dessau, Bismarckstr. 13.

Törppe, Ernst, Berlin SW 29, Zossenerstr. 53.

Trefftz, E., Prof. Dr., Dresden, Nürnbergerstr. 31 I.

Tritzschler, Fritz, Frankenstein i. Schles.

Tschudi, Georg von, Major a. D., Berlin-Schöneberg, Apostel-Paulusstr. 16.

Udet, Ernst, Oblt. a. D., München, Widenmayerstr. 46.

Uding, Rudolf, Dipl.-Ing., Berlin-Schöneberg, Am Park 13.

Unger, Eduard, Dipl.-Ing., Nürnberg, Birkenstr. 3.

Ungewitter, Kurt, Ing., Berlin W 15, Darmstädterstr. 9.

Ursinus, Oskar, Ziviling., Frankfurt a. M., Bahnhofsplatz 8.

Veiel, Georg Ernst, Dr. jur. et. rer. pol., Rittm. a. D., Dessau, Kaiserplatz 21.

Veith, Hermann, cand. ing., Rathenow, Bahnhofstr. 4.

Vierling, Direktor, Berlin W 9, Bellevuestr. 10.

Vietinghoff-Scheel, Karl Baron von, Berlin W 10, Tiergartenstr. 16.

Vogt, Richard, Dr.-Ing., Sowajama Aza Takaha, Rokkomuro (Mukogun), Kobe-shigai (Japan).

Voigt, Eduard, Dipl.-Ing., Berlin NW 23, Brückenallee 16.

Wagenführ, Felix, Oberstlt. a. D., Dir. d. Automobil-Verkehrs- u. Übungsstr. A.-G., Berlin W 10, Friedrich Wilhelmstr. 18.

Wagner, Arthur, Fürstl. Markscheider-Assistent, Ober-Waldenburg i. Schles., Chausseestr. 3a.

Wagner Edler von Florheim, Nikolaus, Major, Wien III, Kleistgasse 5/II.

Wagner, Rud., Dr., Hamburg, Bismarckstr. 105.

Waitz, Hans, Generalmajor a. D., Bad Homburg v. d. H., Gymnasiumstr. 8.

Wäller, Karl, Bremen, Am Wall 146.

Walter, M., Direktor des Norddeutschen Lloyd, Bremen, Lothringerstr. 47.

Wankmüller, Romeo, Direktor, Berlin W 15, Kurfürstendamm 74.

Wassermann, B., Patentanwalt, Dipl.-Ing., Berlin SW 68, Alexandrinenstr. 1 b.

Weber, M., Prof. a. d. Techn. Hochschule Charlottenburg, Berlin-Nikolassee, Lückhoffstr. 19.

Weidert, Franz, Prof. Dr., Fabrikdirektor bei C. P. Goerz, Berlin-Zehlendorf-West, Goethestraße 9.

Weidinger, Hans, Dipl.-Ing., Assistent a. d. Techn. Hochschule, München, Pasing b. München, Graefstr. 7.

Weil, Kurt H., Dipl.-Ing., Dessau-Ziebigk, Junkers-Luftverkehr.

Wendlandt, Fritz, Dipl.-Ing., Staaken bei Spandau, Deutscher Aero-Lloyd A.-G.

Wenke, Helmuth, Ing., Dessau, Siedlung, Kurze Zeile 1.

Wentscher, Bruno, Hauptm. a. D., Redakteur a. Berl. Lokalanzeiger, Charlottenburg I, Guerickestr. 41.

Westphal, Paul, Ing., Berlin-Dahlem, Altensteinstr. 33.

Weyl, Alfred Richard, Berlin W 30, Schwäbischestr. 28.

Wichmann, Wilhelm, Ing., „Ikarus" A. D. Toornica Aero i Hidroplana, Novi Sad (Jugoslavien).

Wiechert E., Geheimrat Prof. Dr., Göttingen, Herzberger Landstr. 180.

Wiener, Otto, Prof. Dr., Direktor des Physik. Instituts der Universität Leipzig, Linnéstr. 5.

Wigand, Albert, Dr., Prof. a. d. Universität Halle, Halle a. S., Kohlschütterstr. 9.

Wilamowitz-Moellendorf, Hermann von, Hauptm. a. D., Charlottenburg 9, Eichenallee 12.

Willmann, Paul, Fabrikbesitzer, Berlin SW 61, Blücherstr. 12.

Winter, Hermann, Dipl.-Ing., Berlin-Johannisthal, Waldstr. 7, Albatroswerke.

Winterfeldt, Georg von, unbekannt.

Wirsching, Jakob, Ing., Stuttgart-Gablenberg, Gaishämmerstr. 14.

Wischer, Marinebaumeister, Zehlendorf West, Georgenstr. 9.

Wittmann, Karl, Charlottenburg, Suarezstr. 55, b. Fiedler.

Wolf, Heinrich, Kaufmann, Leipzig, Löhostr. 21.

Wolff, E. B., Direktor, Dr., Amsterdam, Marinewerft.

Wolff, Ernst, Major a. D., Dipl.-Ing., Direktor, Berlin-Lichterfelde-Ost, Bismarckstr. 7.

Wolff, Hans, Dr. phil., Breslau VIII, Rotkretscham.

Wolff, Harald, Obering. d. Siemens-Schuckert-Werke, Charlottenburg, Niebuhrstr. 57.

Wolff, Jakob, Hamburg, Gr. Bleichen 23/IV.

Wronsky, Prokurist, Berlin-Lankwitz, Bruchwitzstr. 4.

Wulffen, Joachim von, stud. ing., Rittergut Walbruch, Macheim, Bez. Köslin.

Ysenburg, Dr. Ludwig Graf von, Frankfurt a. M., Robert Mayerstr. 2.

Zabel, Werner, Dr. med., Universitätsklinik, München, Mathildenstr. 2.

Zahn, Werner, Hauptmann a. D., Braunschweig, Rebenstr. 17.

Zeyssig, Hans, Dipl.-Ing., Berlin-Lichterfelde-West, Hol-
beinstr. 2.
Zimmermann, Karl, Ingenieur, Waren (Müritz), Kaiser
Wilhelm-Allee 52.
Zimmer-Vorhaus, Major a. D., Breslau, Palmstr. 28.
Zindel, Ernst, Dipl.-Ing., Dessau, Ruststr. 3, bei Ahrendt.
Zinke, Konrad, Fabrikbesitzer, Meißen 3 i. Sa., Zündschnur-
fabrik.
Zoller, Johann, Oberbaurat, Wien IX/2, ev Seringasse 7.
Zürn, W., Direktor der W. Ludolph A.-G., Bremerhaven,
Mühlenstr. 2.

d) Außerordentliche Mitglieder:

Aero-Club von Deutschland, Berlin W 35, Blumeshof 17.
Akademische Fliegergruppe, Techn. Hochschule Berlin, Char-
lottenburg, Berlinerstr. 170/71.
Albatros-Gesellschaft A.-G., Berlin-Johannisthal, Flugplatz.
Argentinischer Verein Deutscher Ingenieure, Buenos-Aires,
Moreno 1059.
Argus-Motoren-Gesellschaft m. b. H., Berlin-Reinickendorf.
Bahnbedarf Aktiengesellschaft, Darmstadt.
Bayerische Motoren-Werke A.-G., München, Lerchenauerstr. 76.
Benz & Cie., Mannheim.
Berliner Flughafen-Gesellschaft m. b. H., Berlin SW 29, Tempel-
hofer Feld.
Casparwerke m. b. H., Travemünde. (Berlin-Schöneberg, Me-
ranerstr. 2.)
Chemische Fabrik Griesheim-Elektron, Frankfurt a. M.
Chemisch-Technische Reichsanstalt, Berlin, Postamt Plöt-
zensee.
Daimler-Motoren-Gesellschaft, Werk Sindelfingen.
Deutsche Werke A.-G., Werk Haselhorst, Spandau, Berliner
Chaussee.
Deutscher Aero-Lloyd A.-G., Berlin NW 7, Sommerstr. 4.
Deutscher Luftfahrt-Verband, Ortsgruppe Hof E. V., Hof i. B.
Deutsches Museum, München, Museumsinsel 1.
Dornier-Metallbauten G. m. b. H., Friedrichshafen a. B. See-
moos.
Gandenbergersche Maschinenfabrik Georg Goebel, Darmstadt,
Mornewegstr. 77.
Gesellschaft für drahtlose Telegraphie m. b. H. (Telefunken),
Berlin SW 11, Hallesches Ufer 12/14.
Hamburg-Amerika-Linie, Hamburg.
Hannoversche Waggonfabrik A.-G., Hannover-Linden.
Erich F. Huth, G. m. b. H., Berlin SW 48, Wilhelmstr. 130.

»Inag«, Internationale Aerogeodätische Gesellschaft, Danzig-
Langfuhr, frühereTelegraphenkaserne, Kleinplatz.
Leipziger Verein für Luftfahrt und Flugwesen E. V., [D.L.V.]
Leipzig, Promenadenstr. 6.
Lepal-Hochfrequenz-Zündungs-Vertriebs-Ges. m. b. H., Char-
lottenburg 5, Windscheidstr. 1.
Ludolph, W., A.-G., Bremerhaven, Mühlenstr. 2.
Luftfahrtsektion d. Königl. Ungarischen Handelsministeriums,
Budapest I, Besci capu ter 4.
Luft-Fahrzeug-Gesellschaft m. b. H., Berlin W 62, Kleist-
straße 8.
Luft-Verkehrs-Gesellschaft, Arthur Müller, Berlin SW 68,
Friedrichstr. 203.
Magistrat Berlin, Dessauerstr. 1.
Maschinenfabrik Augsburg-Nürnberg A.-G., Augsburg.
Maybach-Motorenbau G. m. b. H., Friedrichshafen a. B.
Mehlich, J., Akt.-Ges., Zweigwerk Leipzig-Heiterblick vorm.
Automobil-Aviatik A.-G., Leipzig-Heiterblick. Adresse:
Generaldirektor Wilh. Pierburg, Berlin-Tempelhof, Ring-
bahnstr. 40.
Messter, Ed., G. m. b. H., Abt. Optikon, Berlin W 8, Kano-
nierstr. 1.
Nationale Automobil-Gesellschaft A.-G., Berlin-Oberschöne-
weide.
Reichsverband der Deutschen Automobilindustrie, Berlin N.-
W., Unter den Linden 12.
Rhön-Möbelwerke A.-G., Fulda.
Rohrbach-Metallflugzeugbau G. m. b. H., Berlin SW 68, Fried-
richstraße 203.
Sablatnig-Flugzeugbau G. m. b. H., Berlin W 9, Bellevuestr. 5a.
Segelflugvereinigung der Technischen Hochschule, Wien IV,
Karlsplatz 13.
Süddeutscher Aero-Lloyd A.-G., München, Liebigstr. 10a.
Schiffbauabt. im Polytechnikum Petrograd-Sosnovka (Ruß-
land), Polytechnikum.
Schütte-Lanz-Luftfahrzeugbau- und Betriebs-Ges. m. b. H.,
Zeesen b. Königswusterhausen.
Stahlwerk Mark A.-G., Berlin SW 48, Friedrichstr. 181.
Udet-Flugzeugbau G. m. b. H., München-Ramersdorf.
Verband Deutscher Flieger i. d. C. d. R., Ortsgruppe Mähr.-
Schönberg, Vorsitzender: Fritz Schuster, Mähr.-Schönberg.
Verein Dresden des Deutschen Luftfahrt-Verbandes E. V.,
Dresden-A. 16, Bertheltstr. 5.
Vereinigung ehem. Luftschiffbesatzungen, Berlin, Chaussee-
str. 94. Adresse: Hans Kuhnke, Berlin-Reinickendorf-
West, Berlinerstr. 113.

II. Satzung.

Neudruck nach den Beschlüssen der XIII. Ordentlichen Mitglieder-Versammlung vom 2. bis 5. September 1924.

I. Name und Sitz der Gesellschaft.

§ 1.

Die am 3. April 1912 gegründete Gesellschaft führt den Namen »Wissenschaftliche Gesellschaft für Luftfahrt E. V.«. Sie hat ihren Sitz in Berlin und ist in das Vereinsregister des Amtsgerichtes Berlin-Mitte eingetragen unter dem Namen: »Wissenschaftliche Gesellschaft für Luftfahrt. Eingetragener Verein.«

II. Zweck der Gesellschaft.

§ 2.

Zweck der Gesellschaft ist die Förderung der Luftfahrt auf allen Gebieten der Theorie und Praxis, insbesondere durch folgende Mittel:

1. Mitgliederversammlungen und Sprechabende, an denen Vorträge gehalten und Fachangelegenheiten besprochen werden.
2. Herausgabe einer Zeitschrift sowie von Forschungsarbeiten, Vorträgen und Besprechungen auf dem Gebiete der Luftfahrt.
3. Stellung von Preisaufgaben, Anregung von Versuchen, Veranstaltung und Unterstützung von Wettbewerben.

§ 3.

Die Gesellschaft soll Ortsgruppen bilden und mit anderen Vereinigungen, die verwandte Bestrebungen verfolgen, zusammenarbeiten.

Sie kann zur Bearbeitung wichtiger Fragen Sonderausschüsse einsetzen.

III. Mitgliedschaft.

§ 4.

Die Gesellschaft besteht aus:

ordentlichen Mitgliedern,
außerordentlichen Mitgliedern,
Ehrenmitgliedern.

§ 5.

Ordentliche Mitglieder können nur physische Personen werden, die in Luftfahrtwissenschaft oder -praxis tätig sind, oder von denen eine Förderung dieser Gebiete zu erwarten ist; die Aufnahme muß von zwei ordentlichen Mitgliedern der Gesellschaft befürwortet werden.

Das Gesuch um Aufnahme als ordentliches Mitglied ist an den Vorstand zu richten, der über die Aufnahme entscheidet. Wird von diesem die Aufnahme abgelehnt, so ist innerhalb 14 Tagen Berufung an den Vorstandsrat (§ 17) statthaft, der endgültig entscheidet.

§ 6.

Die ordentlichen Mitglieder können an den Versammlungen der Gesellschaft mit beschließender Stimme teilnehmen und Anträge stellen, sie haben das Recht, zu wählen und können gewählt werden; sie erhalten die Zeitschrift der Gesellschaft kostenlos geliefert.

§ 7.

Sämtliche Mitgliederbeiträge werden vom Vorstand verbindlich festgesetzt.

Ordentlichen Mitgliedern, die das 30. Lebensjahr noch nicht vollendet haben, ist gestattet, ein Drittel des Jahresbeitrages der für die ordentlichen Mitglieder, die das 30. Lebensjahr vollendet haben, festgesetzt ist, als Beitrag zu zahlen. Der Beitrag ist vor dem 1. Januar des Geschäftsjahres zu entrichten. Mitglieder, die im Laufe des Jahres eintreten, zahlen den vollen Beitrag innerhalb eines Monats nach der Aufnahme. Erfolgt die Beitragszahlung nicht in der vorgeschriebenen Zeit, so wird sie durch Postauftrag oder Postnachnahme auf Kosten der Säumigen eingezogen.

Mitglieder, die im Ausland ihren Wohnsitz haben, zahlen den Beitrag nach Vereinbarung mit der Geschäftsstelle.

Der Vorstand wird ermächtigt, den Beitrag auf Antrag in Ausnahmefällen bis auf ⅓ des ordentlichen Beitrages zu ermäßigen.

§ 8.

Ordentliche Mitglieder können durch eine einmalige Zahlung einer Summe, die vom Vorstand festgesetzt wird, lebenslängliche Mitglieder werden. Diese sind von der Zahlung der Jahresbeiträge, nicht aber von erforderlich werdenden Umlagen befreit.

§ 9.

Außerordentliche Mitglieder können Körperschaften, Firmen usw. werden, von denen eine Förderung der Gesellschaft zu erwarten ist; sie sind gleichfalls mit einer Stimme stimmberechtigt. Bei nicht rechtsfähigen Gesellschaften erwirbt ihr satzungsmäßiger oder besonders bestellter Vertreter die außerordentliche Mitgliedschaft.

Das Gesuch um Aufnahme als außerordentliches Mitglied ist an den Vorstand zu richten, der über die Aufnahme endgültig entscheidet.

§ 10.

Die außerordentlichen Mitglieder können an den Veranstaltungen der Gesellschaft durch einen Vertreter, der jedoch nur beratende Stimme hat, teilnehmen und auch Anträge stellen. Sie erhalten die Zeitschrift kostenlos geliefert.

§ 11.

Der Beitrag der außerordentlichen Mitglieder, welcher ein Vielfaches des Beitrages der ordentlichen Mitglieder beträgt, wird in gleicher Weise wie der der ordentlichen Mitglieder festgesetzt und entrichtet (vgl. § 7).

Sie können ebenfalls durch eine einmalige Zahlung der in gleicher Weise festgesetzten Summe auf 30 Jahre Mitglied werden.

Für außerordentliche Mitglieder, die ihren Sitz im Ausland haben, gelten in bezug auf die Höhe des Beitrages gleichfalls die Vorschriften des § 7, Abs. 3.

Der Vorstand ist berechtigt, auf Antrag in Ausnahmefällen den Beitrag der außerordentlichen Mitglieder bis auf 1½fachen Betrag der ordentlichen Mitglieder herabsetzen.

§ 12.

Ehrenmitglieder können Personen werden, die sich um die Zwecke der Gesellschaft hervorragend verdient gemacht haben. Ihre Wahl erfolgt auf Vorschlag des Vorstandes durch die Hauptversammlung.

§ 13.

Ehrenmitglieder haben die Rechte der ordentlichen Mitglieder und gehören überzählig dem Vorstandsrat (§ 21) an. Sie sind von der Zahlung der Jahresbeiträge befreit.

§ 14.

Mitglieder können jederzeit aus der Gesellschaft austreten[1]). Der Austritt erfolgt durch schriftliche Anzeige an den Vorstand; die Verpflichtung zur Entrichtung des laufenden Jahresbeitrages wird durch den Austritt nicht aufgehoben, jedoch erlischt damit jeder Anspruch an das Vermögen der Gesellschaft.

§ 15.

Mitglieder können auf Beschluß des Vorstandes und Vorstandsrates ausgeschlossen werden. Hierzu ist dreiviertel Mehrheit der anwesenden Stimmberechtigten erforderlich. Gegen einen derartigen Beschluß gibt es keine Berufung. Mit dem Ausschluß erlischt jeder Anspruch an das Vermögen der Gesellschaft.

§ 16.

Mitglieder, die trotz wiederholter Mahnung mit den Beiträgen in Verzug bleiben, können durch Beschluß des Vorstandes und Vorstandsrates von der Mitgliederliste gestrichen werden. Hiermit erlischt jeder Anspruch an das Vermögen der Gesellschaft.

IV. Vorstand und Vorstandsrat.

§ 17.

An der Spitze der Gesellschaft stehen:
der Ehrenvorsitzende,
der Vorstand,
der Vorstandsrat.

§ 18.

Der Ehrenvorsitzende wird auf Vorschlag des Vorstandes von der Hauptversammlung auf Lebenszeit gewählt.

§ 19.

Der Vorstand besteht aus drei Personen, dem Vorsitzenden und zwei stellvertretenden Vorsitzenden. Ein Vorstandsmitglied verwaltet das Schatzmeisteramt.

Der Vorsitzende kann gleichzeitig das Amt des wissenschaftlichen Leiters oder des Schatzmeisters bekleiden. Dann ist das dritte Vorstandsmitglied stellvertretender Vorsitzender.

§ 20.

Der Vorstand besorgt selbständig alle Angelegenheiten der Gesellschaft, insoweit sie nicht der Mitwirkung des Vorstandsrates oder der Mitgliederversammlung bedürfen. Er hat das Recht, zu seiner Unterstützung einen Geschäftsführer und sonstiges Personal anzustellen.

Der Vorstand regelt die Verteilung seiner Geschäfte nach eigenem Ermessen.

Urkunden, die die Gesellschaft für längere Dauer oder in finanzieller Hinsicht erheblich verpflichten, sowie Vollmachten sind jedoch von mindestens zwei Vorstandsmitgliedern zu unterzeichnen. Welche Urkunden unter diese Bestimmung fallen, entscheidet der Vorstand selbständig.

§ 21.

Der Vorstandsrat besteht aus mindestens 30, höchstens 35 Mitgliedern. Er steht dem Vorstand mit Rat und Anregung zur Seite. Seiner Mitwirkung bedarf:

1. die Entscheidung über die Aufnahme als ordentliches Mitglied, wenn sie vom Vorstand abgelehnt ist,
2. der Ausschluß von Mitgliedern und das Streichen von der Mitgliederliste,
3. die Zusammensetzung von Ausschüssen (§ 3),
4. die Wahl von Ersatzmännern für Vorstand und Vorstandsrat (§ 23).

§ 22.

Die Sitzungen des Vorstandsrates finden unter der Leitung eines Vorstandsmitgliedes statt. Der Vorstand beruft den Vorstandsrat schriftlich, so oft es die Lage der Geschäfte erfordert, mindestens aber jährlich einmal, ebenso, wenn fünf Mitglieder des Vorstandsrates es schriftlich beantragen Die Tagesordnung ist, wenn möglich, vorher mitzuteilen. Der Vorstandsrat hat das Recht, durch Beschluß seine Tagesordnung abzuändern. Er ist beschlußfähig, wenn ein Mitglied des Vorstandes und mindestens sieben Mitglieder anwesend sind, bzw. wenn er auf eine erneute Einberufung hin mit der gleichen Tagesordnung zusammentritt. Er beschließt mit einfacher Stimmenmehrheit Bei Stimmengleichheit entscheidet die Stimme des Vorsitzenden, bei Wahlen jedoch das Los.

§ 23

Der Vorsitzende, die beiden stellvertretenden Vorsitzenden, sowie der Vorstandsrat werden von den stimmberechtigten Mitgliedern der Gesellschaft auf die Dauer von drei Jahren gewählt. Nach Ablauf eines jeden Geschäftsjahres scheidet das dienstälteste Drittel des Vorstandsrates aus; bei gleichem Dienstalter entscheidet das Los. Eine Wiederwahl ist zulässig.

Scheidet ein Mitglied des Vorstandes während seiner Amtsdauer aus, so müssen Vorstand und Vorstandsrat einen Ersatzmann wählen, der das Amt bis zur nächsten ordentlichen Mitgliederversammlung führt. Für den Rest der Amtsdauer des ausgeschiedenen Vorstandsmitgliedes wählt die ordentliche Mitgliederversammlung ein neues Mitglied.

Wenn die Zahl des Vorstandsrates unter 30 sinkt, oder wenn besondere Gründe vorliegen, so hat der Vorstandsrat auf Vorschlag des Vorstandes das Recht der Zuwahl, die der Bestätigung der nächsten Mitgliederversammlung unterliegt.

§ 24.

Der Geschäftsführer der Gesellschaft hat seine Tätigkeit nach den Anweisungen des Vorstandes auszuüben, muß zu allen Sitzungen des Vorstandes und Vorstandsrates zugezogen werden und hat in ihnen beratende Stimme.

§ 25.

Das Geschäftsjahr ist das Kalenderjahr.

V. Mitgliederversammlungen.

§ 26.

Die Mitgliederversammlung ist das oberste Organ der Gesellschaft; ihre Beschlüsse sind für Vorstand und Vorstandsrat bindend.

Zu den ordentlichen Mitgliederversammlungen lädt der Vorstand mindestens drei Wochen vorher schriftlich unter Mitteilung der Tagesordnung ein.

Zu außerordentlichen Mitgliederversammlungen muß der Vorstand zehn Tage vorher schriftlich einladen.

§ 27.

Die ordentliche Mitgliederversammlung soll jährlich abgehalten werden. Auf derselben haben wissenschaftliche Vorträge und Besprechungen stattzufinden. Im besonderen unterliegen ihrer Beschlußfassung:

1. Die Entlastung des Vorstandes und Vorstandsrates (§ 24).
2. Die Wahl des Vorstandes und Vorstandsrates.
3. Die Wahl von zwei Rechnungsprüfern für das nächste Jahr.
4. Die Wahl des Ortes und der Zeit für die nächste ordentliche Mitgliederversammlung.

§ 28.

Außerordentliche Mitgliederversammlungen können vom Vorstand unter Bestimmung des Ortes anberaumt werden, wenn es die Lage der Geschäfte erfordert; eine solche Mitgliederversammlung muß innerhalb vier Wochen stattfinden, wenn mindestens 30 stimmberechtigte Mitglieder mit Angabe des Beratungsgegenstandes es schriftlich beantragen.

§ 29.

Anträge von Mitgliedern zur ordentlichen Mitgliederversammlung müssen der Geschäftsstelle mit Begründung 14 Tage, und soweit sie eine Satzungsänderung oder die Auflösung der Gesellschaft betreffen, vier Wochen vor der Versammlung durch eingeschriebenen Brief eingereicht werden.

§ 30.

Die Mitgliederversammlung beschließt, soweit nicht Änderungen der Satzung oder des Zweckes oder die Auflösung

---

[1]) Nach Beschluß des Vorstandsrats vom 8. Januar 1921 ist der Austritt von Mitgliedern bis spätestens 30. November des laufenden Jahres anzumelden, andernfalls der Beitrag auch noch für das nächste Jahr zu zahlen ist.

der Gesellschaft in Frage kommen, mit einfacher Stimmenmehrheit der anwesenden stimmberechtigten Mitglieder. Bei Stimmengleichheit entscheidet die Stimme des Vorsitzenden; bei Wahlen jedoch das Los.

§ 31.

Eine Abänderung der Satzung oder des Zweckes der Gesellschaft kann nur durch Mehrheitsbeschluß von drei Vierteln der in einer Mitgliederversammlung erschienenen Stimmberechtigten erfolgen.

§ 32.

Wenn nicht mindestens 20 anwesende stimmberechtigte Mitglieder namentliche Abstimmung verlangen, wird in allen Versammlungen durch Erheben der Hand abgestimmt. Wahlen erfolgen durch Stimmzettel oder durch Zuruf. Sie müssen durch Stimmzettel erfolgen, sobald der Wahl durch Zuruf auch nur von einem Mitglied widersprochen wird.

Ergibt sich bei einer Wahl nicht sofort die Mehrheit, so sind bei einem zweiten Wahlgange die beiden Kandidaten zur engeren Wahl zu bringen, für die vorher die meisten Stimmen abgegeben waren. Bei Stimmengleichheit kommen alle, welche die gleiche Stimmenzahl erhalten haben, in die engere Wahl. Wenn auch der zweite Wahlgang Stimmengleichheit ergibt, so entscheidet das Los darüber, wer nochmals in die engere Wahl zu kommen hat.

§ 33.

In allen Versammlungen führt der Geschäftsführer eine Niederschrift, die von ihm und dem Leiter der Versammlung unterzeichnet wird.

VI. Auflösung der Gesellschaft.

§ 34.

Die Auflösung der Gesellschaft muß von mindestens einem Drittel der stimmberechtigten Mitglieder beantragt werden.

Sie kann nur in einer Mitgliederversammlung durch eine Dreiviertel-Mehrheit aller stimmberechtigten Mitglieder beschlossen werden. Sind weniger als drei Viertel aller stimmberechtigten Mitglieder anwesend, so muß eine zweite Versammlung zu gleichem Zwecke einberufen werden, bei der eine Mehrheit von drei Vierteln der anwesenden stimmberechtigten Mitglieder über die Auflösung entscheidet.

§ 35.

Bei Auflösung der Gesellschaft ist auch über die Verwendung des Gesellschaftsvermögens zu beschließen; doch darf es nur zur Förderung der Luftfahrt verwendet werden.

III. Kurzer Bericht über den Verlauf der XIII. Ordentlichen Mitglieder-Versammlung der Wissenschaftlichen Gesellschaft für Luftfahrt (WGL)

vom 2.—5. September 1924 in Frankfurt a. M.

Die diesjährige Tagung der Wissenschaftlichen Gesellschaft für Luftfahrt fand vom 2. bis 5. September in Frankfurt a. M. statt. Der Vorstand, dem auf der vorjährigen Tagung in Berlin die Ermächtigung zur Festsetzung des jeweiligen Tagungsortes eingeräumt war, hatte mit Rücksicht auf den Rhön-Segelflug-Wettbewerb Frankfurt a. M. gewählt, da eine recht große Zahl der Mitglieder sich in dieser Zeit auf der Wasserkuppe aufhielt. Die Beteiligung von Mitgliedern und Gästen konnte als recht gut bezeichnet werden.

Neben den zahlreichen führenden Persönlichkeiten der Wissenschaft und der Luftfahrzeugindustrie sah man als Vertreter des Auswärtigen Amtes Frhr. von Lentz, des Reichsverkehrsministeriums, Abteilung Luftfahrt Ministerialrat Brandenburg und Oberregierungsrat Mühlig-Hofmann, des Reichspostministeriums Oberpostrat Gut, des Preuß. Ministeriums des Innern Polizeihauptmann Dahlmann, des Ministeriums für Wissenschaft, Kunst und Volksbildung Ministerialrat Dr. von Rottenburg, des Reichswehrministeriums Major Wilberg, der Marineleitung Marineoberbaurat Laudahn, der Stadt Berlin Stadtbaurat Dr.-Ing. Adler, der Oberpostdirektion Frankfurt a. M. Präsident Eick, der Stadt Frankfurt Stadtrat Dr Landmann und Stadtrat Dr. Saran, des Rektors der Universität Frankfurt Geh. Reg.-Rat zur Strassen, der bayerischen Regierung Oberregierungsrat Dr. Hellmann, der italienischen Botschaft Berlin Attaché Fier. Der Frankfurter Verein für Luftfahrt war durch seinen Vorsitzenden, Generalkonsul Dr.-Ing. e. h. Kotzenberg vertreten, der Deutsche Luftfahrt-Verband durch seinen Geschäftsführer, Admiral a. D. Herr, der Aero-Klub von Deutschland durch seinen Präsidenten, Major a. D von Kehler, und seinen Vize-Präsidenten, Major a. D. v Tschudi, der Verband Deutscher Luftfahrzeug-Industrieller durch seinen Geschäftsführer, Major a. D. Tetens. Ferner bemerkte man u. a. S. K. Hoheit den Großherzog Ernst Ludwig von Hessen und bei Rhein, Unterstaatssekretär Euler, Geheimrat Gans, Prof. Dr.-Ing. e. h. Junkers, Prof. Dr.-Ing. e. h. von Parseval, Dr.-Ing. Rumpler.

Es würde an dieser Stelle zu weit führen, die Namen aller derjenigen aufzuführen, die vermöge ihrer Stellung und ihrer Verdienste in der deutschen Luftfahrt einen Anspruch darauf haben, genannt zu werden. Sie waren alle da.

Die Tagung stand unter dem Zeichen erfreulichen Aufschwunges trotz schwerster wirtschaftlicher und politischer Hemmungen. Sie zeichnete sich aus durch eine Reihe gediegener, meist vorzüglich gesprochener, sorgfältig aufeinander abgestimmter Vorträge für Fachleute und durch verständnisvolle Anpassung an die Lage der deutschen Luftfahrt.

Die glatte Durchführung der diesjährigen Tagung verbürgte die Zusammenarbeit der Berliner Geschäftsstelle mit dem Frankfurter Verein für Luftfahrt. Den Vorsitz während der Vorträge führte der Ehrenvorsitzende der WGL, Seine Königliche Hoheit Prinz Heinrich von Preußen, die Leitung der Tagung selbst lag in Händen des 1. Vorsitzenden, Geh Reg.-Rat Prof. Dr.-Ing. e. h. Schütte, des stellvertretenden Vorsitzenden, Oberstleutnant a. D. Wagenführ, des 3. Vorsitzenden, Prof. Dr. phil. Dr.-Ing. e. h. Prandtl und des Geschäftsführers der WGL, Hptm. a. D. Krupp.

Die Tagung begann, wie üblich, mit einer Sitzung des Vorstandsrates, an die sich ein Begrüßungsabend im Kaisersaal des »Römer« anschloß. Stadtrat Dr. Landmann nahm Gelegenheit, der WGL in Frankfurt ein herzliches Willkommen zu bieten, indem er dem Wunsche Ausdruck gab, daß die Tagung den besten Verlauf nehme. Hierauf wurde vom Ehrenvorsitzenden mit Dankesworten erwidert.

Der 3. September vereinigte die Teilnehmer zu den wissenschaftlichen Vorträgen[1]) im großen Hörsaal des Physikalischen Vereins, Robert Mayerstr 2.

Als erster sprach Dr.-Ing. Adolf Rohrbach über »Neue Erfahrungen mit Großflugzeugen«.

Er führte aus, daß mit Rücksicht auf die Beschränkungen unserer Luftfahrt diese Flugzeuge bei der Kopenhagener Schwesterfirma seines Berliner Betriebes gebaut und mit Erfolg erprobt wurden. Welchen Vorteil die teilweise neuen oder neuartig gelösten Baugrundsätze — Ganzmetall mit volltragender Außenhaut, Vergrößerung nach dem Ähnlichkeitsgesetz der Schiffbauer — für die Entwicklung großer Einheiten sind, zeigte der Vortragende an Hand von Lichtbildern über Tragflügel, die aus einzelnen Kästen aus Blechhaut mit Gitterrippen zusammengefügt sind.

Darauf folgte der Vortrag von Dr. Heinrich Koppe über »Messungen an Luftfahrzeugen«.

Der Redner schilderte auf Grund seiner bei zahlreichen Versuchsflügen mit Rohrbach-Flugzeugen und verschiedenen anderen Flugzeugmustern gewonnenen Erfahrungen, daß es möglich ist, durch geschulte Beobachter und aufzeichnende Meßgeräte Daten zu gewinnen, die, den Modellversuchen noch überlegen, vollkommenen Aufschluß über die aerodynamischen Eigenschaften, sowie die flugtechnischen Leistungen der Flugzeuge geben. Wesentlich ist ein gutes Zusammenarbeiten zwischen Flugzeugführer und -beobachter. Als besonders zweckmäßig hat sich ein vom Vortragenden gebauter Dreifachschreiber — eine Zusammenstellung von Längsneigung-, Staudruck- und Höhenschreiber-Aufzeichnungen auf gemeinsamer Schreibtrommel — bewährt.

Anschließend sprach Professor Alexander Baumann über »Festigkeitsrechnung am Flugzeug«.

Er wies an Beispielen nach, daß die Ermittlung der Baufestigkeit nach der Streckgrenze auch im allgemeinen Maschinenbau zu geringen Sicherheiten führt. Bei wachsender Belastung treten dynamische Zusatzbeanspruchungen auf, die, mehr noch als die Ermüdbarkeit, den wirklichen Sicherheitsgrad herabdrücken, bis unter zwei. Die verhältnismäßig geringen Lastvielfachen im Flugzeugbau sind deshalb zulässig, weil die Streckgrenze sich bei Überbeanspruchung selbst erhöht. Besondere Aufgaben werden durch den neuzeitlichen Metallbau aufgeworfen. Der »Ausschuß der WGL für konstruktive Fragen« sollte sich mit diesen Fragen, die im Vortrag nicht endgültig beantwortet werden, beschäftigen, aber keine Vorschriften, sondern Vorschläge für den Konstrukteur bearbeiten Bei diesem Vortrage war die Aussprache recht lebhaft. Unter anderem stellte Professor Junkers, der Altmeister des Metall-

---

[1]) Die ausführlichen Vorträge mit Aussprachen erscheinen später in den Berichten und Abhandlungen der WGL, Jahrbuch 1924.

baues, fest, daß sich Ermüdungsbrüche auch bei Duralumin bei geeigneter Stoffauswahl und Bearbeitung stets vermeiden lassen.

Nach einem gemeinsam eingenommenen Frühstück in der Universität gelangte zunächst der neue Rhön-Film zum erstenmal zur Vorführung, der von dem Geschäftsführer der WGL Hpt. Krupp selbst aufgenommen war.

Darauf sprach Dipl.-Ing. Thalau über »Zur Berechnung der Verbundwirkung in Flugzeugflügeln«.

Ein oberster Grundsatz im Flugzeugbau heißt: »Leicht bauen«. Und doch werden Flugzeuge in manchen Teilen oft noch schwerer als notwendig konstruiert; zu den meist wohl seltener in Rechnung gestellten, materialsparend wirkenden Einflüssen gehören die Verbundwirkungen an Flugzeugkonstruktionen, speziell Flugzeugflügeln, obwohl hier die Vorbedingungen für das Auftreten derartiger Koppelwirkungen, wie auch die Hilfsmittel der Statik zur rechnerischen Bewältigung derselben, vorbildlich gegeben sind.

Der normale Flugzeugflügel baut sich im wesentlichen aus Holmen, Rippen und darüber liegender Bespannung oder Beplankung auf, die mehr oder weniger steif untereinander verbunden sind; je nach dem verwendeten Material, den Trägerformen und ihrer Verbindung untereinander, tritt eine entsprechende Entlastung der stärker belasteten Konstruktionsteile durch die schwächer belasteten ein: Es wird also bewirkt, daß der ganze, aus verschiedenen Elementen zusammengesetzte Tragwerk als in höherer oder geringerem Grade einheitliches Gebilde aufzufassen gestattet.

Einen wesentlichen Faktor für die gleichmäßige Verteilung der Lasten bilden zunächst die Rippen, welche die Holme unmittelbar und meist ziemlich steif miteinander verbinden; durch Aufstellung einfacher Elastizitätsgleichungen lassen sich bei Vernachlässigung der weniger wichtigen Größen leicht und ohne großen Zeitaufwand die reduzierenden Kräfte für jedes Tragwerk ermitteln, wobei schon— wie der Vortrag zeigt — bei überschläglicher Betrachtung die Größenordnung der Verbundwirkung erkennbar wird.

Ein weiteres, bei entsprechender Konstruktion nicht zu unterschätzendes Verbundmittel bildet die Beplankung. Wird diese als Platte aufgefaßt, und in einzelne Streifen zerlegt gedacht, so rufen letztere an den Holmen Auflagerreaktionen hervor, die außer von System- und Belastungsgrößen von den in jedem Punkt verschiedenen Holmsenkungen und -drehungen abhängig sind. Andererseits kann man diese Auflagerreaktionen, die hier nichts anderes bedeuten, als die laufenden Belastungen der Holme pro Längeneinheit, darstellen durch den vierten Differentialquotienten der Holmdurchbiegungen, so daß aus der damit gegebenen Differentialgleichung die Durchbiegungen des Tragwerkes, und daher alle Kräfte, Momente usw. gefunden werden.

Durch praktische Versuche sind einige Voraussetzungen der Rechnung zu erhärten. Der Zweck der letzteren wird jedoch dadurch nicht beeinträchtigt; die angeführten Zahlen über die Größenordnung der rechnerisch möglichen Entlastungen werden im Gegenteil das Interesse an ihnen und damit die Durchführung praktischer Versuche fördern.

Von vermehrter Wichtigkeit erscheint die Berücksichtigung der besprochenen Verbundwirkungen aber vor allem bei der Festigkeitsberechnung großer Flugzeuge, da die Gewichte der letzteren ja bekanntlich in stärker als geradliniger Funktion des Vergrößerungsverhältnisses anwachsen.

Als nächster berichtete Dipl.-Ing. Ackeret über »Neue Untersuchungen der Aerodynamischen Versuchsanstalt zu Göttingen«

Nach einer kurzen Einleitung über die gegenwärtige Lage der Anstalt und über die Art, wie sie die Nöte der Entwertungszeit überwunden hat, werden einige neue Untersuchungen, die für die Strömungslehre und für die Flugtechnik von Interesse sind, besprochen. Zuerst werden Untersuchungen an Serien von Tragflächenmodellen mit sogenannten Jukowskischen Flügelschnitten mitgeteilt, wobei der Einfluß von Wölbung und Dicke besonders hervortritt. Der Vergleich mit der Theorie ergibt zum Teil sehr gute Übereinstimmung.

Sodann werden Versuche mit vollständigen Flugzeugmodellen behandelt, die sich von dem üblichen dadurch unterscheiden, daß kleine Elektromotoren im Verhältnis zum Volumen sehr großen Leistungen in den Rumpf eingebaut sind und maßstabrichtige Schraubenmodelle antreiben. Man ist dadurch in der Lage, die bisher noch sehr wenig bekannten gegenseitigen Einflüsse von Schraube und Flugzeug zu studieren. An Hand eines Beispiels werden die erhaltenen Ergebnisse erörtert.

Die schon erwähnten Elektromotoren haben es ermöglicht, ein zwar schon lange bekanntes, aber seither wenig verfolgtes Phänomen mit neuen Mitteln zu untersuchen. Es handelt sich um den sogenannten Magnuseffekt, die Auftriebswirkung von rotierenden Zylindern, die quer zur Achse angeblasen werden. Die Versuchs-

ergebnisse sind insofern überraschend, als Hebewirkungen beobachtet worden sind, die ein vielfaches der mit gewöhnlichen Flügeln erreichbaren darstellen.

Als nächster Redner folgte Dr. Noth mit seinem Bericht über »Das Klima der Wasserkuppe«.

Seit 13 Monaten befindet sich auf der Wasserkuppe im Fliegerlager eine meteorologische Station, die ununterbrochen besetzt ist. Der Vortragende gibt einen Auszug aus den bisherigen Ergebnissen der Beobachtungen. An Hand von Zahlenkarten zeigt er, daß der Berg im Winter verhältnismäßig am meisten begünstigt ist in klimatischer Hinsicht, indem die Monatstemperatur um etwa 2⁰ niedriger ist als in Frankfurt, während der Unterschied im Sommer etwa 7⁰ beträgt. Die Beobachtungen zeigen ferner, daß die zum Fliegen günstigen West- bis Nordwestwinde im frühen Sommer am häufigsten sind und daß die Neigung zur Nebelbildung im September stark zunimmt, so daß von einer Späterlegung des Rhönwettbewerbs dringend abgeraten wird.

Die äußerst ungünstigen Verhältnisse des vergangenen Jahres sind eine wesentliche Ausnahmeerscheinung, durch die man sich nicht beeinflussen lassen darf. Einige Skizzen geben demnach die mittlere Verteilung von Wind und Böigkeit während der einzelnen Tagesstunden in den verschiedenen Monaten. Weiterhin zeigt der Vortragende, daß die Spitze der Wasserkuppe im Mittel kälter ist als dieselbe Höhe der freien Atmosphäre, daß jedoch an heißen Sommertagen die Verhältnisse umgekehrt liegen. Im ersten Falle wird der Aufwind gehemmt, im zweiten gefördert. So kann der Segelflieger aus den Temperaturverhältnissen im Tal und auf dem Berge einen Anhaltspunkt für die Größen des Aufwindes bekommen.

Zum Schluß sprach der Vortragende den Wunsch aus, daß die Wasserkuppe mit ihren zahlreichen Gebäuden im Frühling und Vorsommer mehr als seither zu Schul- und Probeflügen ausgenutzt werden möge.

Nach diesen interessanten Ausführungen wurden die Vorträge abgebrochen. Am Abend desselben Tages fanden sich die Teilnehmer der Tagung dann zu dem Festessen im »Frankfurter Hof« zusammen.

Die Vortragsreihe am 4. September begann mit einer Geschäftssitzung, in der die Entschließung gegen die Knebelung der deutschen Luftfahrt durch die »Begriffsbestimmungen« des Londoner Ultimatums, die Verletzung der deutschen Lufthoheit durch fremde Verkehrslinien und die Unterbindung des Luftverkehrs im besetzten Gebiet gefaßt wurde. Auch die Luftfahrtwissenschaft leidet schwer, wenn ihr die Möglichkeit zu großzügigen praktischen Versuchen genommen ist.

In der Geschäftssitzung wurden außerdem Seine Königliche Hoheit der Großherzog von Hessen und Generalkonsul Dr.-Ing. e. h. Kotzenberg für ihre ganz besonderen Verdienste um die WGL zu Ehrenmitgliedern ernannt.

Der nächste Tagungsort soll München sein.

Nach Erledigung des geschäftlichen Teiles sprach A. Baeumker über »Die politischen Ziele der ausländischen Luftfahrt«.

An Hand der wirtschaftlichen, geographischen und militärpolitischen Bedingungen in den einzelnen Mächtegruppen legte der Vortragende die Gründe zu deren Luftpolitik dar. Deutschland wird durch seine wirtschaftlichen Verhältnisse berechtigt, durch seine geographische Lage verpflichtet zu einer aktiven Luftpolitik. Es darf sich aber den zwischenstaatlichen Vereinbarungen erst dann anschließen, wenn es als völlig gleichberechtigt anerkannt wird.

Es folgte dann der Bericht von Professor Dr.-Ing. Schlink über »Die Abnahmetätigkeit des Technischen Ausschusses auf der Wasserkuppe«.

Der technische Ausschuß hatte wegen vielfach unzureichender Vorprüfung, mangelhafter Bauunterlagen und ungenügender Erprobung der Bewerberflugzeuge die größten Schwierigkeiten zu überwinden und schwere Verantwortlichkeit zu übernehmen; er wurde von den Teilnehmern längst nicht genug als Berater, sondern mehr als Polizei angesehen.

Anschließend daran sprach Dr. Harald Koschmieder über »Die verschiedenen Berechnungsverfahren für den Aufwind«.

Der Vortragende zeigte in Lichtbildern drei nach verschiedenen Theorien für einen Einzelfall zahlenmäßig berechnete Aufwindfelder und vergleicht sie mit gemessenen Aufwindwerten, die durch Segelflugbeobachtungen in Rossitten und in der Rhön ermittelt wurden. Der Vergleich gibt Bestätigung der hydrodynamischen Theorie, nur in geringer Höhe über dem Hange macht sich die Reibung der Luft am Erdboden durch eine Zunahme des Aufwindes mit der Höhe bemerkbar.

Als nächster Redner folgte Ing. Alfred Richard Weyl mit seinem Bericht: »Betrachtungen zur Weiterentwicklung der Heeresflugzeuge im Auslande«.

Bei der Erörterung von Fragen aus dem Gebiete des Militärflugbaues darf die militärische Seite sowohl beim Entwurf als auch bei der Kritik keineswegs unberücksichtigt bleiben. Das Flugzeug ist heute nicht mehr das Hilfsmittel des Luftkrieges oder des Seekrieges, sondern eine unabhängige Waffe, die der Kriegsführung zu Lande und der Kriegsführung zur See mindestens gleichgestellt werden muß. Abwehr und Bekämpfung der gegnerischen Luftstreitmacht ist Aufgabe der Jagd- und Bombenkräfte. Der eigentliche Luftkrieg hat die Niederringung des Erdgegners in dessen eignem Lande zur Herbeiführung einer Entscheidung zur Aufgabe. Ein Zwischenglied bilden die in Verbindung mit den Erdstreitkräften arbeitenden Flugzeuge (Aufklärungs-, Infanterie-, Schlacht- und Meldeflugzeuge).

Die technische Entwicklung des Heeresflugwesens seit dem Kriege darf nicht überschätzt werden. In erster Linie ist es die Verwendung von stärkeren, leichteren und leistungsfähigeren Motoren, die den heutigen Stand der Entwicklung kennzeichnet.

Bedeutungsvoller ist die durchgeführte Anpassung der einzelnen Flugzeugarten an eng begrenzte Verwendungszwecke. Als Beispiel dafür können die bestehenden Flugzeuggattungen der amerikanischen Fliegertruppe und der französischen Fliegertruppe dienen.

Jagdflugzeuge sind dasjenige, was eine Luftstreitmacht in Friedenszeiten in erster Linie bereitzustellen hat. Diese sind daher am weitesten entwickelt und sollen deswegen in einzelnen Punkten einer näheren Betrachtung unterzogen werden.

Der Frage der Baustoffe wird große Aufmerksamkeit geschenkt. Der Metallbau gewinnt im Heeresflugzeugbau mehr und mehr an Bedeutung, ohne vorläufig aber das Holzflugzeug in irgendeiner Weise ganz verdrängen zu können. Der Leichtmetallbau hat im Auslande sehr viele Anhänger, ist aber trotzdem noch umstritten. Hinsichtlich der Bauverfahren läßt sich keinerlei Einheitlichkeit feststellen. Die größte Verbreitung hat vorläufig noch die Fokkersche Bauweise mit Sperrholzflügeln und Stahlrohrrumpf. Daneben werden auch Schalenrümpfe aus Sperrholz, besonders in Frankreich viel bevorzugt. Einzigartig sind die Leichtmetall-Schalenrümpfe der Dornier-Flugzeuge.

Viel Beachtung wird einer schußsicheren Durchbildung des Tragwerkes geschenkt. Hierzu haben im Heeresflugzeugbau Flugzeuge mit statisch überbestimmtem Tragwerk und mit aufgelösten Holmen Eingang gefunden.

Der freitragende Eindecker hat sich im Jagdflugzeugbau nur in ganz geringem Umfange einzuführen vermocht. Der Grund hierfür liegt in den geforderten hohen Baufestigkeiten, die beispielsweise bei der französischen Fliegertruppe 14fache Last erreichen. Dreidecker sind schon heute bei Jagdflugzeugen ohne Bedeutung. Gitterflugzeuge sind ganz verschwunden.

Führend ist heute der verstrebte Eindecker und der Doppeldecker. Die mannigfachen Anforderungen an Jagdflugzeuge (Geschwindigkeit, Steigfähigkeit, Wendigkeit, große Gipfelhöhe, Geschwindigkeit im Sturzflug, Kampfkraft, Schußfeld, Betriebsbereitschaft, Schuß- und Brandsicherheit, leichtes Fliegen usw.) zwingen zur Schaffung von besonders getrennten Jagdflugzeugarten. Als solche sind zur Zeit zu nennen: der »Panzerjäger«, das gepanzerte Jagdflugzeug zur Bekämpfung von Panzerflugzeugen, das Nachtjagdflugzeug, der »Kurvenkämpfer« und der »Sturzflugjäger«. Daneben die Unterteilung in Jagdeinsitzer und Jagdzweisitzer, die aber mehr taktischer als konstruktiver Natur ist. Der »Kurvenkämpfer« verkörpert die defensive Seite des Luftkampfes und besitzt überlegene Steigfähigkeit und überlegene Wendigkeit. Der »Sturzflugjäger« ist der eigentliche Träger des Angriffs, besitzt einen Höhenmotor, der ihm eine möglichst hohe Gipfelhöhe verleiht und vor allen Dingen große Geschwindigkeit im Wagerechtflug und im Sturzflug.

Das Jagdflugzeug hat sich als Tiefdecker nur im geringen Umfange einführen können, da sich bei dieser Flügelanordnung nur schwer eine günstige Sicht erreichen läßt. Die normale Mitteldeckerbauart wird auch aus baulichen Gründen wenig gepflegt. Am häufigsten benutzt wird die Bauform des Hochdeckers, die in normaler Ausführung sicherlich das beste Sicht- und Schußfeld ergibt. Beim Doppeldecker findet man die zweistielige Bauart nur in Ausnahmefällen vertreten; normal ist die heute einstielige verspannte Bauart. Die Fokkerbauart ohne Verspannung hat nicht viel Nachahmung gefunden, steht aber mit ihren Leistungen an erster Stelle. Zu bemängeln ist bei ausländischen Heeresflugzeugen die Abstützung der Flügel gegen Teile des Fahrgestells. Besondere Bedeutung hat die Brandsicherheit des Flugzeuges. Ihr wird in allen Großmächten durch besondere Ausbildung der Benzinbehälter Rechnung getragen. Von Fahrgestelltanks wird heute kein Gebrauch gemacht, weil die Behälter bei harten Landungen zu leicht Beschädigungen ausgesetzt sind

Von hoher Wichtigkeit, aber wenig beachtet ist bei Heeresflugzeugen der Schutz der Insassen beim Bruch. Der Ersatz brauchbaren fliegenden Personals ist weitaus schwerer, als die Ergänzung von Flugmaterial. Ein Schutz der Insassen bei Brüchen kann durch Sollbruchstellen und durch geeignete Ausbildung der Rümpfe erreicht werden. In vorbildlicher Weise ist hierbei der Dornier-»Falke«-Jagdeindecker hervorzuheben.

Bei der Fahrgestellentwicklung ist man heute von einer Vereinheitlichung mehr als je entfernt. Beachtenswert ist das Bestreben zur Verwendung von Stoßdämpfern und zur Unterbringung der Federungen in nicht dem Flugwinde ausgesetzten Teilen.

Die Entwicklung der Kühler hat über den interessanten Lamblin-Kühler zu dem Tragflächenkühler von Curtiss geführt, dessen zusätzlicher Widerstand praktisch Null ist, dessen militärische Brauchbarkeit aber noch als umstritten gelten muß. Die Verwendung von schnellaufenden Motoren ist bei der Benutzung der neuartigen Reedluftschrauben ohne Untersetzung möglich. Diese Metallschraubenart besitzt für militärische Zwecke ganz besonderes Interesse.

Bewaffnung. Bei der Bewaffnung sind nicht allzuviel Fortschritte festzustellen. Man sucht eher die Zahl, als die Anordnung und Ausbildung der Schußwaffe zu steigern. Im großen und ganzen läßt sich aber ein Streben nach Kalibervergrößerung zum Zwecke des Angriffs von Panzerzielen, nicht aber zur Erhöhung der ballistischen Leistung feststellen. Flugzeuggeschütze haben eingehende Durchbildung gefunden und bieten manche interessante Neuheit, wie beispielsweise das rückstoßfreie Geschütz, das ausschließlich für Flugzeuge entwickelt worden ist.

Unserem deutschen Vaterlande hat das Versailler Diktat und seine Auslegung jede Möglichkeit zur Entwicklung einer Luftstreitmacht genommen. Gehässige Feinde haben ihm auch die Entwicklung der friedlichen Verkehrsluftfahrt zur Unmöglichkeit zu machen gesucht. Die Zukunft wird lehren, ob diese Unterdrückung einer Technik und die Wehrlosmachung eines Landes staatsmännische Klugheit verkörperte!

Den Schluß der Vorträge bildete der des Dr.-Ing. Lachmann über »Die Entwicklung kleiner und leichter Flugzeuge im In- und Auslande«.

Nach dem Kriege entstanden in fast allen Ländern Bestrebungen, Größe, Gewicht und Leistung der im Kriege entwickelten Flugzeuge zurückzubilden, um für private und sportliche Zwecke geeignete Bauformen heranzubilden. Es erscheint zweckmäßig, diese Bauarten nach Gewichtsgrenzen zu scheiden. Für Flugzeuge bis 220 kg Leergewicht wird der Ausdruck »Leichtflugzeuge« eingeführt. Unter diese Gewichtsgrenze fallen somit auch die sogen. »Segelflugzeuge mit Hilfsmotor«.

Flugzeuge mittleren Gewichts (bis 600 kg Leergewicht) sind unmittelbar nach dem Kriege besonders in Frankreich, England, Amerika, nach dem Erlöschen des Bauverbotes auch in Deutschland entstanden. Einer der bekanntesten und erfolgreichsten Vertreter dieser Bauart im Ausland ist das englische »Avro Baby«, ein normaler, verspannter, einstieliger Doppeldecker mit 35 PS wassergekühltem Groonmotor, der durch seine großen Flüge (London-Rom, London-Moskau, 1280 km quer durch Australien ohne Zwischenlandung) berühmt geworden ist. Es gelang im Auslande in ganz beschränktem Maße, privaten Absatz für derartige Maschinen zu finden, so daß sich diese Bauart nur dort halten konnte, wo eine Verbindung mit militärischen Zwecken, z. B. als Schul- oder Botenflugzeug, möglich war.

Deutschland ist das einzige Land, in dem sich derartige Maschinen eine größere praktische Bedeutung erringen konnten. Wenn man auch heute noch nicht von einem privaten Flugsport oder einem privaten Schnellreiseverkehr mit Hilfe derartiger Flugzeuge sprechen kann, so sind doch eine beträchtliche Anzahl derartiger Flugzeuge mit Motoren von 35 bis 70 PS als Ausbildungsmaschinen auf verschiedenen privaten Flugschulen in Anwendung. Daneben scheint die Anwendung als sog. »Zubringermaschinen« auf den Nebenstrecken der großen internationalen Luftlinien zu wachsender Bedeutung zu gewinnen, wie die neuerdings erfolgte Indendienststellung von Udet- und Focke-Wulf-Limosinen durch den Aero-Lloyd beweist. Diese Maschinen sind in der Lage, drei Personen ausschließlich des Führers in bequemer Kabine und Geschwindigkeiten von 130 bis 140 km pro Stunde bei einem Leistungsaufwand von nur 100 bzw. 70 PS zu befördern.

Die Entwicklung der eigentlichen Leichtflugzeuge nahm in Frankreich ihren Ausgangspunkt. Schon im Jahre 1919 brachte Farman einen kleinen Sport-Eindecker »Moustique« von nur 100 kg Leergewicht heraus, der mit einem 20-PS-ABC- und später einem 16-PS-Salmsonmotor ausgerüstet war. Während diese Maschine vom konstruktiven Standpunkt aus nur eine storchenschnabelmäßige Übersetzung der überkommenen Formen ins Winzige bedeuten, beanspruchen die von de Pischof ganz in Leichtmetall konstruierten leichten Doppeldecker »Estafette« und »Avionette« durch ihre neuartigen und selbständigen Bauformen größeres Interesse. Die heutige Entwicklung in Frankreich und den übrigen Ländern mit Ausnahme Englands steht noch im Stadium des Einsitzers.

Die deutsche im Jahre 1920 einsetzende Segelflugbewegung suchte die Züchtung des Leichtflugzeuges durch systematische praktische Forschungsarbeit an motorlosen Flugzeugen zu erreichen. Schon im Jahre 1922 hätte es nur eines kleinen Schrittes bedurft, um aus den damaligen erfolgreichen Segelflugzeugen durch geringe bauliche Veränderungen und durch Einbau eines geeigneten Leichtmotors Leichtflugzeuge zu schaffen. Leider fehlte es in Deutschland einerseits an einem geeigneten Leichtmotor, andererseits auch am nötigen Interesse für dieses angewandte Ziel der Segelflugbewegung. Im Jahre 1923 führte das von Klemperer konstruierte und von der Aachener Segelflug G. m. b. H. erbaute Leichtflugzeug (Hochdecker mit Mabeco-Motor) verschiedene erfolgreiche Flüge in der Rhön aus. Neben dieser Maschine sind der leichte Doppeldecker von Budig und der Daimler-Eindecker, der besonders durch die Flüge von Dipl.-Ing. Schrenk bekannt geworden ist, als erste deutsche Leichtflugzeuge zu nennen.

Die deutschen Erfahrungen im motorlosen Flug und im Bau der Segelflugzeuge wurden in England mit großem Interesse aufgenommen, jedoch erkannte man sehr schnell die geringen praktischen Möglichkeiten des reinen Segelfluges. Der Übergang zum Leichtflugzeug wurde besonders dadurch erleichtert, daß die hochentwickelte englische Leichtmotoren-Industrie geeignete Motoren (ABC, Douglas, Blackburn) für diese Zwecke zur Verfügung stellen konnte. Der erste englische Leichtflugzeug-Wettbewerb in Lymphe im Herbst 1923 war ein voller Erfolg und bedeutete einen starken Impuls für die weitere Entwicklung in den übrigen Ländern. (Erzielte Höchstleistungen: 141 km Flugstrecke bei einem Benzinverbrauch von 4,5 l, 123 km pro Stunde Höchstgeschwindigkeit, 4400 Meter Gipfelhöhe). Die Haupterfahrungen bestanden in der Erkenntnis, daß der Schwerpunkt der weiteren Entwicklung in der Verbesserung der Betriebssicherheit der Leichtmotoren beruht, und daß nur der leichte Zweisitzer Aussicht für allgemeine Anwendung bietet. Es sind z. B. in England bisher nur vier leichte Einsitzer verschiedener Bauart in private Hände übergegangen. Der diesjährige Wettbewerb ist daher ausschließlich auf die Schaffung einer geeigneten Zweisitzerbauart zugeschnitten, wobei der Motor ein Hubvolumen von 1100 cm³ nicht überschreiten darf. Man erhofft durch die sehr strengen Ausschreibungen der Züchtung leichter Ausbildungsmaschinen für militärische Zwecke. Daneben beab-

sichtigt das englische Luftministerium, mit Hilfe derartiger Flugzeuge eine starke Verbreitung des Flugsportes und eine Erweckung des »airsense« unter der Jugend durch Gründung zahlreicher Vereinigungen unter Subvention der Behörden.

Der technische Zweck des leichten Flugzeuges ist sicheres und billiges Fliegen bei geringstem Aufwand an Baugewicht und Leistung. Die Sicherheitsforderungen sind hierbei bewußt den Forderungen der Wirtschaftlichkeit vorangestellt. Die Sicherheit in der Luft wird in erster Linie durch die Zuverlässigkeit des Motors bedingt. Letztere wiederum wird durch die konstruktive Durchbildung einerseits (Verbesserung des Schmier- und Kühlproblems), andererseits durch genügenden Leistungsüberschuß erreicht. Ein Flugzeug, bei welchem der Motor im Normalflug dauernd mit der Höchstleistung beansprucht wird, wird nie Anspruch auf große Betriebssicherheit machen können. Zu den Sicherheitsforderungen treten die Erfüllung genügender Bausicherheit in allen Fluglagen, leichte und sichere Steuerbarkeit bei allen Geschwindigkeiten, kurzer An- und Auslauf durch genügend niedrige Minimalgeschwindigkeiten.

Die Forderungen der Wirtschaftlichkeit werden erfüllt durch geringe Gestehungskosten, die ihrerseits durch sachgemäße und wohldurchdachte Bauweise erreicht werden. Die geringste Rolle in der Wirtschaftsbilanz spielen die eigentlichen Betriebskosten in der Luft. Ein Vergleich lehrt, daß z. B. Leichtflugzeuge hinsichtlich der Betriebsstoffkosten für das km pro Person dem Motorrad oder Kleinauto gleichberechtigt, wenn nicht überlegen sind.

Der Metallbau hat das Holz wegen seiner wesentlich geringen Herstellungskosten bei kleinen Serien noch nicht verdrängen können. Allerdings sind die führenden Konstrukteure heute bestrebt, in der Ausnutzung der sog. »Gewichtsfestigkeit« des Materials bis an die äußerste Grenze zu gehen. Daher muß oft Leichtmetall an die Stelle von Stahl treten, z. B. bei der Motorlagerung, der Innenverstrebung des Flügels und bei den Beschlägen. Die Rümpfe werden meistens aus Sperrholz mit tragender Haut oder aus geschweißten Stahlrohren hergestellt. Die letztere Bauart erweist sich als billiger bei gleichem oder geringerem Baugewicht.

Ein privater Flugsport erscheint heute trotz des relativ geringen Anschaffungspreises der Leichtflugzeuge (M. 6000 bis 8000) in größerem Umfange nur auf vereinsmäßiger Grundlage möglich. Unter den ehemaligen Heeresfliegern und der Jugend ist hierfür ein sehr großes Interesse vorhanden, wie die rege Beteiligung in der Rhön erneut bewiesen hat, und es ist zu hoffen, daß Industrie und Behörden ähnlich wie in England diesen Bestrebungen weitgehendst entgegenkommen.

Der Nachmittag des 4. September und der Vormittag des 5. September waren für die Besichtigungen bei den Firmen Hartmann & Braun A.-G., Peters-Union A.-G und Adlerwerke A.-G. bestimmt. Am Nachmittag des 5. September fand bei schönstem Wetter ein Ausflug nach Homburg v. d. H. und der Saalburg statt. Durch die ganz hervorragende Führung von Studienrat Blümlein auf der Saalburg werden diese Stunden noch lange in angenehmer Erinnerung der Teilnehmer bleiben.

IV. Protokoll

über die geschäftliche Sitzung der XIII. Ordentlichen Mitglieder-Versammlung am 4. September 1924
im großen Hörsaal des Physikalischen Vereins Frankfurt a. M. vormittags 9 Uhr.

Vorsitz: Geh. Reg.-Rat, Prof. Dr.-Ing. e. h. Schütte.

Tagesordnung.

a) Bericht des Vorstandes (Geschäftsbericht, Rechnungslegung usw.),
b) Entlastung des Vorstandes und Vorstandsrates,
c) Wahl der Rechnungsprüfer,
d) Zuwahl in den Vorstandsrat,
e) Wahl des Ortes für die OMV 1925,
f) Verschiedenes.

Vorsitzender: Ich eröffne die heutige geschäftliche Sitzung der XIII. Ordentlichen Mitglieder-Versammlung und erkläre sie für beschlußfähig.

Bericht des Vorstandes.

Vorsitzender: Leider haben wir im verflossenen Geschäftsjahr den Tod unseres langjährigen Vorstandratmitgliedes, Herrn Geh. Reg.-Rat Prof. Dr.-Ing. Bendemann, zu beklagen. Er war Ministerialrat und Vortragender Rat im Reichsverkehrsministerium,

Abteilung für Luftfahrt. Die WGL hat durch Herrn Prof. Hoff einen Nachruf in dem Sonderheft der ZFM, dem »Bendemann-Erinnerungsheft«, veröffentlicht. Ich darf Sie bitten, sich zu Ehren des Toten von den Sitzen zu erheben. (Geschieht.) Ich danke Ihnen.

Mitgliederstand.

Im Laufe des Jahres hat sich trotz der schlechten allgemeinen Wirtschaftslage glücklicherweise die Anzahl unserer Mitglieder nicht vermindert, sondern erhöht. Wir sind zurzeit 781, trotzdem 21 Austritte und 1 Todesfall erfolgt sind. Wir haben demnach in diesem Jahre 52 Neuaufnahmen gehabt.

Rechnungslegung.

Die Herren Prof. Berson und Patentanwalt Fehlert haben die Bücher geprüft und richtig befunden. Die nachstehende Bilanz per 31. Dezember 1923 gibt ein Bild von dem Vermögen der WGL am Ende des vorigen Jahres. Nur durch Ankauf von Effekten und durch Eingang von Mitgliederbeiträgen in Devisen konnte dieser kleine Vermögensbestand erhalten werden.

Bilanz am 31. Dezember 1923.

Aktiva	Goldmark	Papiermark
1. Kassenbestand am 31. 12. 22.	209,51	209 504 973 854 545,07
2. Wertpapiere	1 224,—	
M. 36 000 Mitteldt. Kreditbank 34.—		
hierv. gehören M. 3 000,– dem Segelfl.		
M. 6 000 Dt. Atl. Telegr. 245,—	1 470,—	
„ 1 000 Pomm. Prov. .		
Zucker . . . . 160,—	160,—	
Devisen: 2,5 hfl 1,60	4,—	
5 franz. Frank. 0,20	1,—	
5,75 $ 4,20	24,15	
24,60 arg. Pesos 1,30	31,98	
192 600 öK . 0,059.	11,36	2 926 490 000 000 000,—
	2 926,49	
	3 136,—	3 135 994 973 854 545,07

Passiva	Goldmark	Papiermark
1. Deutsche Bank Restvortrag	0,50	500 000 000 000,—
2. Emden & Co. »	1,—	1 000 000 000 000,—
3. Segelflug Darlehen M. 3 000,— Mitteldt. Kreditbank	102,—	102 000 000 000,—
4. Flug und Hafen Darlehn	28,24	28 239 618 062 000,—
5. Vermögen am 31. Dez. 1923	3 004,26	3 004 255 355 792 545,07
	3 136,—	3 135 994 973 854 545,07

Gewinn- und Verlust-Konto.

Verlust	
1. Gehälter	860 641 168 170 106,—
2. Büro-Miete	189 711 725 433 655,50
3. Büro-Unkosten.	206 434 086 096 592,80
4. Flugtechnische Sprechabende	14 937 780 077 979,—
5. Reisegelder	240 000 000 149 962,—
6. Handlungsunkosten	1 443 525 363 878,50
7. Gewinn f. 1923	3 004 255 355 792 545,07
	4 517 428 641 084 718,87

Gewinn	
1. Gewinn-Vortrag aus dem Jahre 1922 .	668 504,87
2. Zinsen	154 382,—
3. Beihefte und ZFM	10 011 338 681 218,20
4. Ordentliche Mitglieder-Versammlung	15 009 148 676,30
5. Spenden	841 400 080 174 954,—
6. Mitglieder-Beiträge	740 320 346 923 801,—
7. Wohltätigkeitsfest	8 763 000,—
8. Wertpapiere	2 925 676 856 570 182,50
	4 517 428 641 084 718,87

Die Bücher geprüft und anhand derselben obige Bilanz aufgestellt.

Berlin, den 28. Januar 1924.   gez. H. Horstmann, Bücherrevisorin.

Nach den Büchern und Belegen geprüft und richtig befunden.

Berlin, den 8. Februar 1924.   gez. Berson, gez. C. Fehlert.

Der Schatzmeister: Für die Richtigkeit der Abschrift:
gez. Wagenführ.   Der Geschäftsführer: gez. Krupp.

Da die WGL naturgemäß mit diesem kleinen Betrag nicht weiterarbeiten konnte, veranstaltete sie am 29. März 1924 wieder ein Wohltätigkeitsfest, um mit dem Gewinn desselben und dem Eingang von Beiträgen die notwendigen Mittel zu beschaffen. Durch eine von Berliner und auswärtige Firmen und Gönnern der Gesellschaft sehr reichlich ausgestattete Tombola war es möglich, einen Reingewinn von ca. RM. 4000 zu erzielen.

Die Mitgliederbeiträge sind schätzungsweise bis zu ³/₄ richtig eingegangen.

Ende 1923, als die WGL nahezu ohne Mittel dastand, wurde ihr in liebenswürdiger Weise durch Herrn Prof. Junkers eine Stiftung von RM. 1000 überwiesen, womit wenigstens die allernötigsten Ausgaben gedeckt wurden. — Im Juli dieses Jahres wurde durch die dankenswerte Unterstützung des Herrn Ministerialrat Brandenburg der WGL durch das Reich eine einmalige Beihilfe von RM. 12000 gewährt, um den Ausbau der Luftfahrt-Rundschau und den Druck der Arbeiten des Navigierungsausschusses zu ermöglichen. Nur dadurch wird es überhaupt möglich sein, die bisher geleistete Arbeit auch nutzbringend zu verwerten.

Der augenblickliche Kassenbestand der WGL zeigt folgendes Bild:

	RM.	RM.	RM.
1. Effekten und Devisen ca.		3000	
2. Barguthaben ca.	6100		
3. für wissensch. Forsch. aus dem Wohltätigkeitsfest ca.			1500
4. Stift. Luftamt f. Zeitschr. und Luru . .			
5. für Navigierungsausschuß Drucklegung der Arbeiten			12000
6. noch aussteh. Mitgliederbeitr bis Ende ds. Js. ca. . .	6000		
	RM. 12100	RM 3000	RM. 13500

Die Mitgliederbeiträge wurden vom Vorstand für das Jahr 1924 auf monatlich RM. 2 für ordentliche und RM. 6 für außerordentliche Mitglieder festgesetzt. Außerdem wird ein Eintrittsgeld von RM. 10 für ordentliche und von RM. 30 für außerordentliche Mitglieder erhoben.

Der Vermögensbestand unserer Gesellschaft hat sich dank des Beschlusses der letzten geschäftsführenden Sitzung leidlich gehalten, besonders infolge der Tüchtigkeit unseres Herrn Schatzmeisters, dem ich an dieser Stelle den Dank der Gesellschaft zum Ausdruck bringen möchte. Ich hoffe zuversichtlich, daß es ihm weiter möglich sein wird, seines Amtes in gleich erfolgreicher Weise zu walten.

Prof. Berson: Herr Fehlert und ich haben die Bücher recht eingehend in der üblichen Weise geprüft. Die Bücher sind in Ordnung gefunden, und wir beantragen die Entlastung des Vorstandes und des Geschäftsführers.

Vorsitzender: Hat jemand gegen die Entlastung etwas vorzubringen? — Es geschieht nicht. Ich stelle also die Entlastung des Vorstandes fest und spreche der Versammlung dafür den Dank des Vorstandes aus.

Neuwahl der Rechnungsprüfer.

Vorsitzender: Ich möchte den Herren Rechnungsprüfern für ihre Tätigkeit im Namen der Versammlung danken und im Anschluß daran vorschlagen, die Herren wiederzuwählen, schon mit Rücksicht darauf, daß sie auf Grund ihrer langjährigen Tätigkeit in den Büchern genau Bescheid wissen. (Zustimmung.)

Ich stelle die Zustimmung der Versammlung zu meinem Vorschlage fest und glaube wohl annehmen zu dürfen, daß die Herren die Wiederwahl annehmen.

Prof. Berson: Ich danke Ihnen für die Wiederwahl. Ich nehme sie an, und ich kann Ihnen für den abwesenden Herrn Fehlert mitteilen, daß auch dieser die Wahl annimmt.

Ehrenmitglieder.

Vorsitzender. Ich darf nun die Aufmerksamkeit der Versammlung zu einen nicht auf der Tagesordnung stehenden Punkt erbitten.

Wir haben in der Vorstandsratssitzung einstimmig beschlossen, zwei Herren zu Ehrenmitgliedern der Wissenschaftlichen Gesellschaft für Luftfahrt zu machen. Seine Königliche Hoheit den Großherzog Ernst Ludwig von Hessen und bei Rhein und Herrn Generalkonsul Dr h. c Kotzenberg, Frankfurt a. M. Ich glaube, es ist unnötig, viele Worte über diese Ehrungen zu verlieren. Seine Königliche Hoheit der

Großherzog hat stets den luftwissenschaftlichen Bestrebungen in jeder Beziehung größtes Interesse entgegengebracht und sich auch nach dieser Richtung betätigt, und was Herr Dr. Kotzenberg der Luftfahrt war und ist, beweist am besten die Rhön. Hat jemand etwas einzuwenden? Es geschieht nicht.

Ich stelle Ihre einmütige Zustimmung fest. Ich danke Ihnen.

Die Ehrenurkunden werden demnächst überreicht werden.

Tätigkeit der Kommissionen.

Vorsitzender: Auf der letzten Jahresversammlung in Berlin wurde beschlossen, es dem Vorstand zu überlassen, den diesjährigen Tagungsort zu bestimmen. Wir erhielten, wie Sie wissen, bereits vor längerer Zeit von Frankfurt a. M., dem ersten Tagungsort der WGL, eine sehr freundliche Einladung, der wir gerne gefolgt sind. Den Zeitpunkt der Versammlung haben wir deshalb so gewählt, weil viele Herren der WGL bis Ende August in der Rhön waren und dann leicht nach Frankfurt kommen konnten. Der Frankfurter Verein für Luftfahrt, zusammen mit dem Physikalischen Institut der Universität und der Stadt Frankfurt haben folgenden Festausschuß gebildet:

Konsul Dr. Kotzenberg,
Geheimrat Prof. Dr. Wachsmuth,
Prof. Dr. Bestelmeyer,
Staatssekretär z. D. Euler,
Redakteur Gießen (Frankfurter Zeitung),
Prof. Dr. Linke,
Direktor Otto Ernst Sutter (Meßamt),
Graf Ysenburg,
Dr. Georgii,

In liebenswürdiger Weise hat dieser Ausschuß, zusammen mit Herrn Hptm. Krupp, der einige Male in Frankfurt war, die Vorbereitungen für unsere Tagung übernommen und die Vorarbeiten bestens durchgeführt.

Ganz besonderen Dank darf ich daher namens unserer Gesellschaft den vorgenannten Herren und den beteiligten Verbänden aussprechen. Aber auch der Stadt Frankfurt sei herzlicher Dank für den überaus freundlichen Empfang, den sie uns bereitete. Weiter danke ich den Firmen Hartmann & Braun, Peters Union, Adler Werke für die Erlaubnis zur Besichtigung ihrer Werke; ferner Herrn Dr. Lübbicke für die Führung der Damen.

Der Kommission für Vorträge auf der diesjährigen Mitglieder-Versammlung gehörten an die Herren:

Prof. Baumann,
Prof. Hoff,
Prof. Prandtl,
Prof. Reißner,
Dr. Rumpler und
Krupp.

In diesem Jahre waren so viele Anmeldungen eingelaufen, daß wir leider gezwungen waren, verschiedene Vorträge abzusetzen, da sonst die Zeit nicht gereicht hätte. — Auch dieser Kommission unseren besten Dank für ihre Mitwirkung.

Major v. Tschudi. Die Materialsammlung für die **Technischen Wörterbücher**, die von Herrn Schlomann im Verlage Oldenbourg herausgegeben und von mir für den Band »Luftfahrt« neu bearbeitet ist, wird bis Ende dieses Jahres abgeschlossen, und zwar nicht nur der deutsche Text, sondern im wesentlichen auch schon der fremdsprachliche.

Hptm. a. D. Krupp. Über den **Segelflug** ist folgendes zu berichten: Wie bereits auf der vorigen Mitglieder-Versammlung mitgeteilt wurde, hatte die Oberleitung der „**Ersten Österreichischen Segelflugwoche**" gebeten, mich als Vertreter der WGL als Gast zur Segelflugwoche zu entsenden. Der Wettbewerb fand in der zweiten Hälfte des Oktober 1923 statt. Ich war fast während der ganzen Zeit dort und kann nur sagen, daß das Gelände sich für Segelflüge eignet. Im übrigen wurden sehr nette Erfolge erzielt. Von deutschen Fliegern waren anwesend Spieß und Botsch von Darmstadt, Martens von Hannover, Stamer von Weltensegler, Espenlaub.

Wie im vorigen Jahre, so fand auch diesmal der „**Zweite Deutsche Küstensegelflug**" in Rossitten statt, in Verbindung mit dem „**Samland-Küstenflug**" in Königsberg. Bei dem ersteren ist auch der Weltrekord im Dauersegelflug von Herrn Lehrer Schulz aus Ostpreußen mit seiner alten Rhönmaschine mit 8 Stunden 42 Minuten gebrochen worden. Damit befindet sich der Weltrekord wieder in deutschen Händen. Auch sonst war die Veranstaltung recht befriedigend. Die WGL war gebeten worden, den Ehrenschutz wieder zu übernehmen. Außerdem wurden die Flugzeuge durch Herren der WGL geprüft und ebenso die Technische Kommission aus WGL-Mitgliedern zusammengestellt.

Der „Samland-Küstenflug" war nur für Motorflugzeuge und brachte Prüfungen für Geschicklichkeit, Handlichkeit, Schnelligkeit und Brennstoffverbrauch. Hieran beteiligten sich die Firmen

Albatros,
Junkers,
Dietrich-Gobiet,
Stahlwerk Mark,
Udet.

Die Erfolge sind ja ebenfalls bekanntgegeben. Von der WGL war ich selbst in der Organisation der Veranstaltung tätig.

Die „Segelflug-Gesellschaft" wurde von den Gesellschaftern aufgelöst. Der Aufsichtsrat der Segelflug-Gesellschaft bildet zum Teil jetzt den „Deutschen Luftrat". Die Gründung desselben als Oberste Sportbehörde wurde vom Reichsverkehrsministerium, Abteilung für Luftfahrt, sehr begrüßt. Beim Luftfahrertag in Breslau wurde auch vom Deutschen Luftfahrt-Verband der Deutsche Luftrat als Oberste Luftsportbehörde anerkannt. Die Vertreter der folgenden Verbände

Aero-Club von Deutschland,
Deutscher Luftfahrt-Verband,
Modell- und Segelflug-Verband,
Ring der Flieger
Verband Deutscher Luftfahrzeug-Industrieller,
Wissenschaftliche Gesellschaft für Luftfahrt

waren mit der Bildung des Luftrats einverstanden. Vorsitzender des Deutschen Luftrats ist Herr Konsul Dr. Kotzenberg, vorläufiger Geschäftsführer Herr Major a. D. von Tschudi.

Der Luftrat hat in seiner ersten Sitzung beschlossen, von einer Kommissionsbildung abzusehen. Es wurde festgestellt, daß eine wissenschaftliche Kommission im besonderen überflüssig ist, da die bezüglichen Angelegenheiten Sache der WGL sind. Der Vorsitzende des Luftrats wurde ermächtigt, Herren mit der Bearbeitung bestimmter Arbeitsgebiete zu beauftragen.

Der Deutsche Luftrat ist für folgende Angelegenheiten zuständig:

1. Gutachtliche Tätigkeit gegenüber Behörden,
2. Genehmigung von Veranstaltungen,
3. Förderung von Flugschulen,
4. Ausstellung und Entziehung von sportlichen Lizenzen,
5. Prüfungsinstanz für Preisgerichtsentscheidungen,
6. Erteilung von Lizenzen für Teilnahme an ausländischen Veranstaltungen,
7. Ernennung von Bevollmächtigten für internationale Luftfahrtfragen.
8. Verteilung von Stiftungen und staatlichen Zuschüssen soweit sie dem Luftrat zur Verfügung gestellt werden.
9. Aufsicht über die Luftfahrerfürsorge

Auch in diesem Jahre habe ich eine Zusammenstellung der „Ausschreibungen der Deutschen Segelflug-Wettbewerbe (mit und ohne Hilfsmotor) 1924" veröffentlicht, die auch die Bestimmungen des Luftrats enthalten.

Für die Segelflugpropaganda habe ich auch in diesem Jahre wieder viele Vorträge an mehreren Stellen gehalten. Ebenso ist der von mir aufgenommene Film und das umfangreiche Lichtbildmaterial des vorjährigen Wettbewerbes mit ausgearbeiteten Vorträgen vielfach verliehen worden. Die Vorführung des Rhönfilms stieß zuerst auf große Schwierigkeiten, da der Film von der Filmprüfstelle verboten wurde. Erst nach längerem Verhandeln war es dann gelungen, das Vorführungsrecht zu erhalten.

Der „Zweite Deutsche Fliegergedenktag" fand wieder am 31. August in der Rhön statt. Die WGL war auch hier vertreten durch ihren 2. Vorsitzenden, Herrn Oberstlt. Wagenführ, und durch mich als dem Geschäftsführer.

Für den diesjährigen Rhön-Wettbewerb wurde die WGL gebeten wieder den Ehrenschutz zu übernehmen. Außerdem sind die Prüfer für die Flugzeuge sowie die Technische Kommission von uns gestellt, für die Oberleitung bin ich selbst tätig gewesen.

Prof. Berson: Seit der letzten Ordentlichen Mitglieder-Versammlung in Berlin war die Tätigkeit des Navigierungs-Ausschusses hauptsächlich darauf gerichtet, die Fertigstellung der unter seine Mitglieder verteilten Referate über die einzelnen in das Gebiet schlagenden Fragen sicher zu stellen. Und zwar mußten jetzt

sowohl endgültige Ablieferungsfristen für die handschriftlichen Ausarbeitungen festgesetzt, als auch für die Beschaffung der nötigen Mittel für Drucklegung, Klischierung der Figuren usw gesorgt werden.

Dagegen mußte vom Ausschuß die im vorigen Bericht als eine seiner hauptsächlichsten Aufgaben bezeichnete Durchführung von Versuchskonstruktionen für den bereits mehrfach genannten Orientierungs- (im weiteren Sinne Ortsbestimmungs-) Apparat zunächst zurückgestellt werden. Es geschah dies nicht wegen mangelnder finanzieller Sicherung, für die sich nach vielen Verhandlungen eine durchaus annehmbare Unterlage gefunden hatte. Es hatten sich aber Schwierigkeiten sachlicher Natur eingestellt, auf die hier nicht näher eingegangen werden kann, um die spätere Ausführung des wichtigen Instrumentes nicht in Frage zu stellen.

Die oben angeführten Verhandlungen und die Bestrebungen, Besprechungen usw zum Zwecke der Bereitstellung von Mitteln für die Drucklegung bildeten im abgelaufenen Jahre die hauptsächlichste Arbeit des Ausschußleitung, und natürlich auf diesem Gebiete auch die Geschäftsführung der Wissenschaftlichen Gesellschaft für Luftfahrt. Nach Erledigung all der Vorarbeiten war nur eine Vollsitzung nötig, die am 4. Juni 1924 stattfand und auf welcher die obenerwähnten Termine für die Ablieferung der druckfertigen Berichte festgesetzt wurden. Ohne auf Einzelheiten einzugehen, sei nur mitgeteilt, daß sämtliche Arbeiten und zwar über

Astronomische Ortsbestimmung,
Ortsbestimmung mittels Funkpeilung,
Tabellen für solche Methoden,
Höhenmessung,
Kartenmaterial,
Terristrische Ortsbestimmung und Kreiselmethoden,
Kompasse,
Neigungsmesser und Signalwesen

durch die Herren:

Wedemeyer,
Koppe,
Baeumker,
Boykow,
Maurer,
Everling

vollständig druckfertig nebst gesamten Figuren- und Tabellenmaterial zu verschiedenen festen Terminen zwischen Oktober 1924 und März 1925 bestimmt abgeliefert werden. Der Geschäftsführung der Gesellschaft ist es außerdem gelungen, für diese Zwecke aus Reichsmitteln M. 6000 zu erlangen, welche Summe für alle obenerwähnten Drucklegungs- usw. Kosten als völlig ausreichend festgestellt worden ist.

In der obenerwähnten Sitzung vom 4. Juni 1924 hat außerdem Herr Kap. Boykow 2 Vorträge

a) über den Sonnenkompaß,
b) über die neueren Versuche auf dem Gebiete der Flugplatzsignalisierung

gehalten, an die sich sehr angeregte längere Aussprachen anschlossen.

Die nun erfolgende Drucklegung fachmännischer Berichte über den jetzigen Stand unseres Wissens und Könnens auf allen Gebieten der Luftfahrtnavigierung bedeutet einen wichtigen Markstein in den Arbeiten unseres Navigierungs-Ausschusses. Selbstverständlich wird der Ausschuß die weitere Entwicklung dauernd verfolgen und überall wo nötig nach seinen Kräften zur Förderung der einschlägigen Arbeiten und Instrumente eingreifen. Er ist nicht gesonnen, etwa sich auf die gedruckten Lorbeeren hinzusetzen und seine Existenz in sanftem Schlummer auszuhauchen.

Prof. Reißner: Der Konstruktions-Ausschuß hat sich bisher nur mit der Stellung von Aufgaben beschäftigt, die für die wissenschaftlich auf unserem Gebiet arbeitenden Ingenieure, insbesondere für den wissenschaftlichen Nachwuchs, gewisse wichtige Ziele angeben sollen. Aus den vielerlei gestellten Aufgaben haben sich drei bestimmte Themata herausgeschält. Das erste Thema betrifft die Vibrationserscheinungen an Flugzeugflügeln, die für die Festigkeitsberechnung und vielleicht auch den Wirkungsgrad Bedeutung haben und in der letzten Zeit in der Praxis sich öfter störend bemerkbar gemacht haben. Diese ursprünglich von Herrn Rohrbach gestellte Aufgabe könnte folgendermaßen formuliert werden.

»Die Eigenschwingungen und die erzwungenen Schwingungen von freitragenden Flugzeugflügeln verschiedener Bauarten im Fluge sollen berechnet und ihr Zusammenarbeiten mit den anderen am

Flugzeug tätigen Einflüssen, wie Motorfundamentkräften, aerodynamischen Kräften u. a. untersucht werden.

Dabei sind die tatsächlich öfters im Fluge auftretenden gefährlichen Schwingungszustände zu besprechen.«

Die zweite Aufgabe betrifft die noch nicht genügend entwickelte Statik der verspannungslosen Flugzeuge. Die ursprünglich mir gestellte Aufgabe wurde folgendermaßen formuliert:

»Für einen freitragenden Flugzeugflügel von trapezförmigem Grundriß mit einem Wurzelprofil von Dicke zu Tiefe 1:6 mit einem Traggerippe von etwa 9 Holmen soll ein zweckmäßiger Diagonal- und Querverband von nicht zu starker statischer Unbestimmtheit entworfen werden, der dennoch den Forderungen der möglichst gleichmäßigen Lastverteilung auf die Holme, der möglichst großen Verdrehungsfestigkeit des Flügels und der Unempfindlichkeit gegen die Verletzung einzelner Glieder gerecht wird.

Dieses System ist für Aufrichten nach Sturzflug, für Gleitflug, für Rückenflug und für Sturzflug durchzurechnen für eine Flächenbelastung von etwa 45 kg/m² und einen durch den Verfasser zu begründenden Sicherheitsfaktor für Zug, Druck und Knickung.

Außer den Spannungen sind auch die Formänderungen zu ermitteln.

Literatur: Report of Static Fest of the Junkers L 6 Monoplane, Air Service Inform. Circular Aug. 1. 1922. Berichte und Abhandlungen der WGL 1924, Heft 11. »Junkers, Eigene Arbeiten auf dem Gebiete des Metallflugzeugbaues.«

Die dritte Aufgabestellung wurde von den Herren Dorner und Seehase angeregt. Insbesondere Herr Dorner verlangte eine Untersuchung über das Wesen des Sicherheitsgrades in der Flugtechnik. Sollte die Aufgabe in einer zwecklosen literarischen Auseinandersetzung enden, so mußte die Fragestellung so scharf gefaßt werden, daß bestimmte zahlenmäßige Vorschriften oder Untersuchungen auszuarbeiten gewesen wären. Dieses Ziel ist von der Kommission bisher nicht einstimmig erreicht worden. Es ist vielleicht zweckmäßig, die ursprüngliche Aufgabestellung des Herrn Dorner und den von Herrn Dorner bekämpften Vorschlag der Kommission nebeneinanderzusetzen, um vielleicht von außenstehender Seite bessere Formulierungen dieses sehr wichtigen Problems zu erhalten:

1. »Nach den heute geltenden Bauvorschriften für Flugzeuge wird unter Zugrundelegung einer Sicherheit

a) eine rechnungsmäßige Durchführung aller Teile für diese Sicherheit verlangt,

b) müßte das Flugzeug eine praktische Prüfung auf die Sicherheit vertragen, nämlich, auf den Rücken gelegt, eine Sandlast, die dem Sicherheitsgrad entspricht, aushalten.

Der Sinn einer Sicherheitsvorschrift besteht zweifellos darin, daß das Flugzeug bei den praktisch im Flug vorkommenden Fällen unter allen Umständen hält, im übrigen aber so leicht wie möglich ist. Es kann kein Zweifel sein, daß ein schwerer Absturz im Nebel oder Sturm, bei dem sich das Flugzeug schließlich unversehrt fängt, mehrmalige Höchstbeanspruchungen mit Wechsel von + auf — und ein Auftreten von Schwingungserscheinungen zeigt.

Für fortschrittliche Konstruktionen müßten folgende Punkte berücksichtigt werden:

1. Müßte ein Flugzeug bei Prüfung unter Sandlast diese mehrfach aushalten oder nicht? Dürfen wesentliche und bleibende Deformationen auftreten?

2. Entspricht es dem Wesen der Sicherheit nicht besser, wenn bei einer Beanspruchung, welche in der Praxis vorkommen kann, alle Teile so dimensioniert sind, daß sie nahezu beliebig oft eine solche Beanspruchung aushalten? Das heißt, daß alle Teile nicht über die Elastizitätsgrenze beansprucht werden, soweit man von einer Elastizitäts- oder Proportionalitätsgrenze oder ähnlichem Begriff bei allen Materialien sprechen kann.

Daß sich hier Zug, Biegung und Knickung durchaus nicht gleichartig verhalten, liegt auf der Hand.

Es stehen also drei Hauptfragen zur Beantwortung:

1. Wie wird bei Flugzeugen das Wesen der Bausicherheit zweckmäßig festgestellt und definiert?

2. Wie ist der Einfluß der Belastungsart (Zug, Biegung, Knikkung usw.) auf die definierte Sicherheit?

3. Wie würde etwa eine Staffel-Tabelle für Belastungen bis zum Bruch aussehen, wenn sämtliche Teile im Flug einen gleichartigen Sicherheitsgrad haben?

Im Interesse höchster Sicherheit bei leichtester Konstruktion sind diese Fragen zu klären.«

2. »Unter Berücksichtigung der in- und ausländischen Literatur soll eine Darstellung der bisherigen und zukünftigen Maßnahmen zur Erreichung der Festigkeit und Leichtigkeit von Flugzeugen (und Luftschiffen) gegeben werden, wobei etwa die folgenden Hauptfragen zu behandeln sind.

I. Materialprüfung und Materialeignung.

Abgesehen von den als geklärt zu betrachtenden Verfahren der üblichen Materialprüfung sind die Fragen einer verfeinerten Materialprüfung unter Berücksichtigung der neueren Anschauung über die Elastizitätsgrenze, die Arbeitsfähigkeit, die Kerbschlagfestigkeit und die Zähigkeit bei oft wiederholten Belastungen und die Eignung von Holzarten, Stahllegierungen und -vergütungen, Aluminiumlegierungen und -vergütungen für die verschiedenen Bauteile unter Berücksichtigung gewichtsgleicher Probestäbe zu behandeln.

II. Belastungsprüfung von Bauteilen von Flugzeugen und Luftschiffen und ganzen Flugzeugen.

Es sind zu untersuchen:

1. Die Beziehungen zwischen den Sicherheitsfaktoren der statischen Berechnungen und der bei Belastungsprüfung erzielten Sicherheit auch unter Beachtung der neueren Metall- und Sperrholzbauweise.

2. Die Vorschläge zur Ergänzung der Belastungsprüfung zwecks Berücksichtigung der elastischen und bleibenden Formänderungen der Ermüdungserscheinungen bei wiederholter Beanspruchung und der Knickung.

Allgemein ist also die Frage zu beantworten, nach welchen Grundsätzen die Bausicherheit der Flugzeuge bzw. ihrer verschiedenen Hauptteile oder Einzelglieder am zweckmäßigsten erzielt und festgestellt wird.«

Als Mittel, tüchtige Bearbeitungen für die Aufgaben soweit sich die Kommission über ihre Formulierung geeignet hat, zu gewinnen, werden folgende Wege vorgeschlagen:

1. Die Aufgaben werden in der ZFM an geeigneter Stelle veröffentlicht mit einem Hinweis darauf, daß die WGL für Arbeiten, die bis zu einem gewissen Termin eingereicht sind, und von der Kommission günstig beurteilt werden, Geldpreise oder Ehrenpreise verleihen würde.

2. Die Versendung der Aufgabestellungen an die Lehrstühle für Mechanik, Statik der Baukonstruktion und Flugtechnik an den Technischen Hochschulen mit der Bitte, diese Aufgabestellungen zum Gegenstand von Vorträgen, Diplom- oder Doktorarbeiten zu machen und der WGL darüber gütigst zu berichten.

3. Desgleichen Versendung an die Flugzeugfirmen und gegebenenfalls an Motorenfabriken.

Vorsitzender: Die Berichte über die Tätigkeit der einzelnen Kommissionen sind beendet. Ich danke nochmals im Namen der Versammlung den Mitgliedern der verschiedenen Kommissionen für ihre sehr rege und selbstlose Mitarbeit. Gerade diese Tätigkeitsgebiete haben nicht zuletzt der WGL neue Mitglieder geworben.

Zeitschrift und Beihefte.

Hptm. a. D. Krupp: Im Jahre 1923 haben wir als Ersatz für die Hefte September, Oktober, November im November ein verstärktes „Rhön-Segelflug-Sonderheft" herausgegeben. Im Jahre 1924 erschien im Februar ein von Herrn Prof. Everling zusammengestelltes Sonderheft „Luftfahrt und Technik", im April das bereits genannte „Bendemann-Erinnerungsheft", im Mai ein „Schütte-Lanz-Heft". Vom Oktober dieses Jahres ab wird die ZFM wieder 14tägig erscheinen. Der „Luftweg", den unsere Mitglieder ebenfalls kostenlos erhalten, wird ebenfalls wieder 14tägig versandt. — Eine Rundfrage in der gesamten Fachpresse hat ergeben, daß überall das Verlangen besteht, sämtliche Fachzeitschriften in dem gleichen Format herauszugeben. Vom 1. Januar 1926 ab wird die ZFM im Normalformat, wie es der VdI vorschreibt, erscheinen.

Als Beiheft 11 erschien das Jahrbuch der WGL über die XII. Ordentliche Mitglieder-Versammlung in Berlin. Außer den Vorträgen der Versammlung waren noch extra Beiträge von Herrn Prof. Junkers über Metallflugzeugbau und Herrn Dr. Grulich über Verkehrsflugzeuge enthalten. Die Herausgabe dieses Heftes war nur durch die dankenswerte Unterstützung des Aero-Lloyd durchführbar,

Sitzungen des Vorstandsrats.

Eine Sitzung des Vorstandsrats fand am 2. September 1924 statt; außerdem waren sehr zahlreiche Besprechungen des Vorstandes mit der Geschäftsführung und der einzelnen Mitglieder und Kommissionen mit der Geschäftsführung.

Flugtechnische Sprechabende.

Seit der Ordentlichen Mitglieder-Versammlung in Berlin fanden folgende Sprechabende statt:

9. November 1923: Prof. Kurt Wegener über »Wissenschaftliche Flugergebnisse«.
10. Dezember 1923: Dr.-Ing. Lachmann über »Der englische Kleinflugzeugwettbewerb und seine Lehren«. Mit Lichtbildern.
11. Januar 1924: Direktor Burmeister über »Feuerlöschen mittels Schaum«. Mit praktischen Vorführungen.
8. Februar 1924: 1. Major Schlee über »Neuestes auf dem Gebiete der Radiotechnik«. Mit praktischen Vorführungen.
    2. Prof. Kurt Wegener über »Flüge über Spitzbergen mit Junkersflugzeugen«. Mit Lichtbildern und Film.
14. März 1924: Prof. Meldau »Der Kompaß im Luftfahrzeug«.

Im April fand ein Vortrag von Obering. König über das Thema »Leichtbau« im Berliner Bezirksverein Deutscher Ingenieure statt, zu dem unsere Mitglieder eingeladen waren.

Die Beteiligung bei unseren Vorträgen war an einzelnen Abenden so stark, daß die Räume kaum ausreichten. Wertvolle Aussprachen schlossen sich an die meisten Vorträge.

Arbeit mit anderen Vereinen.

Die WGL arbeitet auch weiterhin mit dem Verein Deutscher Ingenieure, dem Deutschen Verband Technisch-Wissenschaftlicher Vereine, dem Deutschen Luftfahrt-Verband, dem Deutschen Luftrat und der Preußischen Hauptstelle für den naturwissenschaftlichen Unterricht Hand in Hand. Zur Tagung des Vereins Deutscher Ingenieure in Hannover war als Vertreter der WGL Herr Geheimrat Schütte, zur Tagung des Deutschen Luftfahrt-Verbandes in Breslau Herr Hptm. a. D. Krupp entsandt.

Vorsitzender: Ich darf Sie nunmehr bitten, die Entlastung des Vorstandes und Vorstandsrates aussprechen zu wollen. Wenn jemand gegen die Geschäftsführung Bedenken hegt, so bitte ich, diese offen aussprechen zu wollen. — Es geschieht nicht. — Ich danke Ihnen für das Vertrauen. Wir werden uns bemühen, auch weiterhin die WGL in gleichem Sinne weiter zu führen.

Neuwahl von Vorstandsratsmitgliedern.

Satzungsgemäß scheiden mit dem heutigen Tage folgende 12 Herren aus dem Vorstandsrat aus:

Baeumker,
Prof. Berson,
Dr. Bleistein,
Prof. Dieckmann,
Prof. Emden,
Prof. Everling,
Dr. Gradenwitz,
Justizrat Dr. Hahn,
Dipl.-Ing. Klemperer,
Direktor Maybach,
Dr. Mader,
Prof. Kurt Wegener.

Die Wiederwahl folgender 8 Herren wird vom Vorstandsrat befürwortet:

Baeumker,
Prof. Berson,
Dr. Bleistein,
Prof. Everling,
Dr. Gradenwitz,
Justizrat Dr. Hahn,
Dipl.-Ing. Klemperer,
Dr. Mader.

Als Ersatz für die vier Herren werden vorgeschlagen:

Kapt. a. D. Direktor Boykow,
Dr. Caspar.

Diese beiden Herren sind bereits vom Vorstandsrat im Jahre 1923 gewählt worden mit der Maßgabe, daß sie, sobald Plätze im Vorstandsrat frei sind, zuerst gewählt werden.

Außerdem werden in Vorschlag gebracht:

Prof. Schlink,
v. Tschudi,
Schubert,
Martens.

Für den verstorbenen Herrn Geheimrat Bendemann, Vertreter des Reichsverkehrsministeriums, Abt. für Luftfahrt, wird Herr Oberreg. Rat Mühlig-Hofmann genannt.

Für Herrn Ministerialrat Thilo, Vertreter des Reichspostministeriums, der vom 1 Juli ab zum Präsidenten der Oberpostdirektion Potsdam ernannt wurde, ist Herr Oberpostrat Gut benannt worden.

Sind Sie damit einverstanden, daß die Zuwahl in den Vorstandsrat wie vorgeschlagen geschieht? — Da keine Bedenken erhoben werden, stelle ich fest, daß die Zusammensetzung des Vorstandsrates wie vorher vorgeschlagen einstimmig angenommen ist.

Wahl des Ortes für OMV 1925.

Von Herrn Oberreg.-Rat Dr Hellmann aus München ist uns in diesen Tagen die Einladung zugegangen, unsere nächste Versammlung wieder in München abzuhalten, wo sie bekanntlich vor drei Jahren stattfand. Begründet wird sie mit dem Umstand, daß die Deutsche Verkehrsausstellung nächstes Jahr in München eröffnet wird, und wir daher mit einer größeren Teilnehmerzahl für unsere Tagung rechnen können.

Außerdem beabsichtigt die WGL eine Sonderausstellung über »Luftfahrtwissenschaft und Praxis« in einer besonderen Halle der Deutschen Verkehrs-Ausstellung München 1925 zu veranstalten.

Der Einfachheit halber bitte ich, es dem engeren Vorstand in Fühlungnahme mit dem Vorstandsrat wieder zu überlassen, den Ort für die nächste Ordentliche Mitglieder-Versammlung festzulegen. Wir werden uns mit Herrn Oberregierungsrat Dr. Hellmann wegen der Tagung in München ins Benehmen setzen. Außerdem sei noch erwähnt, daß Seine Exzellenz Oskar von Miller, der Gründer und die Seele des Deutschen Museums im Mai 1925 seinen 70. Geburtstag feiert. Mit der Feier dieses Tages soll die Eröffnung des Deutschen Museums zusammenfallen. Kurzum, es sind allerhand große Dinge in München in Vorbereitung. Ist jemand gegen meinen Vorschlag?

Es erhebt sich kein Widerspruch. — Ich danke Ihnen für das Vertrauen. Wir werden die Angelegenheit weiter bearbeiten und uns mit München in Verbindung setzen.

Vorsitzender: Nachdem im Reichstag die erforderliche Mehrheit für die Annahme der Dawesgesetze vorhanden war und das Londoner Abkommen unterschrieben ist, und damit Gesetzeskraft auch für uns erhalten hat, glaubt die Wissenschaftliche Gesellschaft für Luftfahrt ihren Standpunkt dahin präzisieren und betonen zu sollen, daß sie, wie auch gestern der Vertreter des Reichsluftamtes so treffend hervorhob, sich in ihrer wissenschaftlichen Betätigung nicht beschränken lassen darf und kann. Es spräche ja jeder Kultur Hohn, wenn irgend welche Paragraphierung die Wissenschaft geknechtet und gefesselt würde. Wir haben infolgedessen im Vorstandsrat beschlossen, eine **Resolution** vorzulegen, die ich vorlesen darf, und für die ich um ihre Zustimmung bitte:

Die Resolution ist juristisch von Herrn Justizrat Dr. Hahn überprüft, und ich glaube, daß wohl alle Wünsche, die von den verschiedenen Herren in der Vorstandsratsitzung geäußert wurden, in der letzten Fassung zusammengetragen sind. Im übrigen ist sie auch im Einverständnis mit dem Reichsluftamt verfaßt. Sie lautet:

»Noch immer ist die deutsche Luftfahrt durch die über das Versailler Diktat noch hinausgehenden Begriffsbestimmungen des Londoner Ultimatums geknebelt. Eine der Entwicklung angepaßte Abänderung der Bestimmungen war für das verflossene Frühjahr in Aussicht gestellt, ist aber unterblieben.

Die dreizehnte Hauptversammlung der Wissenschaftlichen Gesellschaft für Luftfahrt stellt fest, daß diese Beschränkungen die wissenschaftliche, auf Versuche gestützte Weiterentwicklung der Luftfahrt unterbinden, losgelöst von staatlichen Grenzen, als Gemeingut den Verkehr aller Völker heben und erleichtern soll.

Die Wissenschaftliche Gesellschaft für Luftfahrt erhebt Einspruch dagegen, daß die deutsche Wissenschaft des Rechtes auf freie Forschung, eines Rechtsgutes aller Kulturvölker, beraubt wird.

Sie erhebt weiter Einspruch gegen die Unterbindung des deutschen Luftverkehrs im besetzten Gebiet und gegen die Verletzung der deutschen Lufthoheit durch fremde Verkehrslinien.

Sie erwartet von der Reichsregierung tatkräftige Maßnahmen, deutsche Luftgeltung zu wahren und die deutsche Luftfahrt von den ungerechten, untechnischen und kulturfeindlichen Fesseln zu befreien«

Herr Justizrat Hahn· Eure Königliche Hoheit! Meine Herren! Sie wissen, daß wir bereits einmal Stellung genommen hatten nach der Richtung hin, daß die Reichsregierung bzw das Reichsluftamt die Interessen der Luftfahrt nicht genügend wahrte. Infolgedessen stehen wir auf dem Standpunkte, daß wir nach unseren Satzungen durchaus berechtigt sind, zu allen Fragen, seien sie technischer, seien sie wirtschaftlicher, seien sie politischer Art oder seien es Fragen, die sich auf dem Rechtsgebiet bewegen, im Interesse der Luftfahrt Stellung zu nehmen haben. Ich möchte insbesondere zum Ausdruck bringen, daß die Reichsregierung sich daran erinnert, daß das Londoner Ultimatum den Charakter einer Sanktion gehabt hat und daß, wenn nun über das Dawes-Gutachten verhandelt wird, auch unsere Regierung sich auf den Standpunkt stellt, daß das eine ungerechtfertigte Sanktion war, und daß schon deswegen alle diese Beschränkungen fallen müssen. Ich möchte deswegen gerade betonen, daß wir als Wissenschaftliche Gesellschaft einmal mit aller Energie das Recht der freien Forschung beanspruchen und zweitens auch energische Vertretung gerade bezüglich der Aufhebung dieser Sanktion.

Ich möchte Sie bitten, diese Resolution ohne eine Besprechung im einzelnen, nachdem sie ja der Vorstandsrat durchberaten hat, einstimmig anzunehmen. (Bravo!)

Vorsitzender: Ein Widerspruch gegen die Resolution erhebt sich nicht. Ich glaube also annehmen zu dürfen, daß die Versammlung einmütig damit einverstanden ist. (Zustimmung.) Herrn Justizrat Dr. Hahn und seinen Mitarbeitern möchte ich für die Fassung dieser Resolution unseren besten Dank zum Ausdruck bringen.

Vorsitzender: Wird sonst noch das Wort zu dem geschäftlichen Teil gewünscht? — Es geschieht nicht. — Dann schließe ich die geschäftliche Sitzung der XIII. Ordentlichen Hauptversammlung.

V. Ansprachen während des Festessens

im Frankfurter Hof — Frankfurt a. M., am 3. September 1924.

Geheimrat Schütte: Eure Königliche Hoheit!

Meine sehr verehrten Damen und Herren!

Namens der Wissenschaftlichen Gesellschaft für Luftfahrt heiße ich Sie herzlichst willkommen und bitte Sie, in Ihrem Kreise bei einfachem Mahle einige anregende Stunden verleben zu wollen. Allen Freunden und Förderern der deutschen Luftfahrt, den Vertretern der hohen und höchsten Staatsbehörden, der Stadt Frankfurt, den Vereinen und der Presse für ihr altbewährtes lebhaftes Interesse besonderen Dank! Besonderen Dank auch dem Frankfurter Physikalischen Verein, Herrn Generalkonsul Dr. Kotzenberg und Herrn Professor Dr. Lincke, die ihre bewährte Kraft und ihre Zeit für die Vorbereitungen der diesjährigen Tagung, der XIII. unserer Gesellschaft, in liebenswürdiger, selbstloser Weise zur Verfügung gestellt haben. Aber auch Herr Hauptmann Krupp, der bekanntlich für derartige Tagungen hypothekarisch eingetragen und ohne den eine solche Tagung kaum noch denkbar ist, darf sich des aufrichtigen Dankes der Gesellschaft versichert halten.

Vor 13 Jahren, also zwei Jahre nach der hier in Frankfurt stattgefundenen »Ila«, der ersten derartigen Luftfahrtausstellung in Deutschland, der die »Ala« in Berlin folgte, ging in Berlin das Aviatikerdrama Karl Vollmüllers, »Wieland«, über die Bretter, die die Welt bedeuten. Seine in dieser Dichtung niedergelegten kühnen Gedankenflüge wurden als übertrieben und phantastisch ausgepfiffen.

Ob das Publikum heute noch so denken würde? Ich glaube kaum. Derselbe Autor verfaßte kurz darauf das ergreifende Gedicht: »Volare necesse est,« dessen letzter Vers lautet:

Der Sturmwind selber schmettert die Fanfare,
Hell wie ein Jagdruf, dumpf wie Orgelbässe,
Klingend wie kriegerisches Erz. Volare
Necesse est, vivere non est necesse!

Wer je im Flugzeug saß, wird diese herrlichen Worte des Dichters nachempfinden können. Sie enthalten eine Prophezeiung, die durch die Ereignisse der Folgezeit noch übertroffen sind. Die Luftfahrt ist inzwischen länderverbindend geworden, hoffen wir, daß sie auch völkervereinend wirkt.

Vor wenigen Tagen, am 28 August, waren es 175 Jahre her, daß der Altmeister Goethe in Frankfurt das Licht der Welt erblickte. Sein Genius prophezeite im »Faust« durch Mephisto: »Ein bischen Feuerluft, die ich bereiten werde, hebt uns behend von dieser Erde.« Seien wir nicht engherzig und erkennen wir diesem großen Deutschen den ersten Gedanken an ein mit Explosionsmotor versehenes Flugzeug zu.

Nichts liegt näher, als von Goethe auf die Stadt Frankfurt selbst zu kommen, die eine größere Rolle in der deutschen Geschichte gespielt hat, als wohl die meisten ahnen. Schon im Jahre 843 machte Ludwig der Fromme nach der Teilung des Reiches Karls des Großen Frankfurt zur Haupt- und Residenzstadt des Ostfränkischen Reiches, also Deutschlands.

In dieser altehrwürdigen Reichsstadt haben seitdem zahllose Tagungen deutscher Kaiser und Fürsten, haben Reichstage und Kirchenversammlungen stattgefunden. Durch die Goldene Bulle wurde es 1356 zur ständigen Wahlstatt der deutschen Kaiser gemacht.

Fürsten und Bürger berieten hier, wie man französischer Willkür und fremdländischen Bestrebungen, die der Einigkeit und Einigung des deutschen Volkes hinderlich waren, am wirksamsten entgegentreten könne. — Und so hat Frankfurt von altersher bedeutenden Einfluß auf die Entwicklung und Geschichte unseres deutschen Vaterlandes gehabt.

Auch die in Frankfurt tagende Nationalversammlung von 1848/49 wollte lediglich ein freies Staatsleben mit nationaler Einheit unter Wahrung der Selbständigkeit der Einzelstaaten schaffen. Die deutsche Nation sollte geordnete Freiheit im Innern, Kraft und Ansehen nach außen erlangen, um dadurch des Vaterlandes Größe, des Vaterlandes Glück von neuem zu begründen. Das war die große, schwierige Aufgabe, die damals in Frankfurt der Lösung harrte. Aber damals wie heute scheiterten diese idealen Bestrebungen an der politischen Zerrissenheit einzelner führender Männer und der politischen Parteien. Aber die allgemeine Sehnsucht nach der deutschen Einheit blieb.

In einer Parlamentsrede in Frankfurt schloß Uhland am 22. Januar 1849 seine Rede gegen die Erblichkeit der Kaiserwürde und den Ausschluß Österreichs: »Glauben Sie, meine Herren, es wird kein Haupt über Deutschland leuchten, das nicht mit einem vollen Tropfen demokratischen Öls gesalbt ist.« — Aber ein gesalbtes Haupt sollte es doch sein und dieses Haupt wurde am 18. Januar 1871 nach dem siegreichen Feldzug gegen Frankreich in Versailles zum Deutschen Kaiser gekrönt. In Frankfurt hatte man begonnen, was 1871 in Versailles so herrlich erfüllt und in demselben Versailles 48 Jahre später durch ein Schanddiktat so elend zertrümmert wurde.

Hoffen und wünschen wir, daß die Stadt Frankfurt auch in kommenden Zeiten, wie von altersher, das Ihre dazu beitragen möge, die Einigkeit unter den deutschen Stämmen und politischen Parteien herbeizuführen, und so bitte ich Sie, mit mir das Glas zu erheben und einzustimmen in den Ruf: Die altehrwürdige deutsche Stadt Frankfurt und unser geliebtes deutsches Vaterland sie leben hoch!

(Lebhafter Beifall und Händeklatschen.)

Ministerialrat Brandenburg: Eure Königliche Hoheit!

Verehrter Herr Präsident!

Sehr geehrte Damen und Herren!

Ich empfinde es als hohe Ehre, daß es mir obliegt, der Wissenschaftlichen Gesellschaft für Luftfahrt die besonders herzlichen Grüße der Reichsregierung zu übermitteln.

Von dem Herrn Reichsverkehrsminister bin ich beauftragt, sein bereits schriftlich ausgesprochenes Bedauern zu wiederholen, daß es ihm wegen anderweitiger, dringender Dienstgeschäfte unmöglich gewesen ist, an der Tagung teilzunehmen.

Auch Herr Staatssekretär Dr. Krohne, der die Absicht hatte, zu kommen, hat mich heute telegraphisch gebeten, ihn zu entschuldigen, da er durch eine Kabinettsitzung an der Abreise verhindert worden sei.

Meine Damen und Herren!

Die letzten Tage haben unter dem Zeichen von zwei Sternen der Luftfahrt gestanden:

1. dem Segelfluge und
2. der Wissenschaft.

Wenn heute in Deutschland auch die Meinungen darüber auseinander gehen, ob dem Segelfluge noch große Bedeutung zukommt oder nicht, so läßt sich eins wenigstens mit aller Bestimmtheit sagen:

Von der Segelfliegerei und ihrer bereits traditionellen Betätigungsstätte der Rhön ist ein neuer Impuls in das nach dem Kriege fast hoffnungslose Luftfahrwesen gedrungen. Der Gedanke des Fliegens hat sich über den Segelflug der akademischen Jugend bemächtigt und was sich dort festgesetzt hat, wird so leicht nicht mehr untergehen.

Noch kann niemand sagen, ob der Segelflug am Ende seiner Entwicklung angekommen ist und keine Zukunft mehr hat. Aber selbst wenn es so wäre, könnten wir auf ihn nicht verzichten wegen seiner hochwissenschaftlichen Bedeutung und seiner sportlichen Möglichkeiten, die deutsche Jugend Blut lecken zu lassen an der Fliegerei. Schließlich wird ja auch Latein an den höheren Lehranstalten nicht um seiner selbst willen getrieben, sondern um der Logik seiner Grammatik willen und zur Disziplinierung der Geister für Aufgaben, die mit dem Lateinischen an sich nichts mehr zu tun haben.

Aus diesem Grunde ist in diesen Tagen der Gedanke entstanden, die beiden berühmt gewordenen Stätten der Segelfliegerei, die Wasserkuppe und Rossiten, mit dauernden Anstalten zu versehen.

Es ist mir eine Freude, mitteilen zu können, daß der Herr Minister entschlossen ist, diese Unternehmen moralisch und materiell zu stützen.

Das zweite Zeichen, welches über diesen letzten Tagen geleuchtet hat, ist vielleicht das hellste, welches zur Zeit am Himmel unserer deutschen Luftfahrt steht: die Wissenschaft.

In einem Kreise, der den Namen Wissenschaftliche Gesellschaft führt, hieß es »Eulen nach Athen tragen«, wenn ein Ministerialbeamter die Bedeutung der Wissenschaft an festlicher Tafel preisen würde. Trotzdem ist es mir ein aufrichtiges Bedürfnis, hier als amtlicher Vertreter der deutschen Luftfahrt allen Mitarbeitern und Förderern der Wissenschaftlichen Gesellschaft den Dank der Reichsregierung in besonders herzlicher Weise auszusprechen.

Das Reich verfügt heute nicht über die finanziellen Mittel, um sich eine besondere Wissenschaft mit dem notwendigen Apparat von Anstalten für die Luftfahrt mit großen Mitteln usw. aufzuziehen. Es ist darauf angewiesen, daß der sprichwörtliche Idealismus des deutschen Gelehrten ein Geistesgebiet vorwärts treibt, ohne auf Belohnung zu rechnen, daß hier nun einmal wirklich eine Sache getan wird um ihrer selbst willen. Um so mehr empfinde ich es als Pflicht des Reiches, wissenschaftliche Gesellschaften und Institute materiell zu unterstützen, daß sie in dem verarmten Deutschland nicht zusammenbrechen.

Ich darf mich mit besonderem Danke an die Vertreter der Deutschen Versuchsanstalt für Luftfahrt und des Aerodynamischen Instituts in Göttingen sowie an alle jene Hochschullehrer und Gelehrten wenden, deren Namen heute von der deutschen Jugend bereits in einem Maße verehrt werden, wie es kaum irgendeinem anderen Stande in dieser liebe- und autoritätslosen Zeit beschieden ist. In Ihnen, meine Herren, sehen wir die Betreuer jener wertvollen Gebilde, der akademischen Fliegergruppen, in denen man keine Zeitbeschränkung der Arbeit kennt und — wie ich höre — lieber die Paletots verkauft, als daß man den Bau eines Segelflugzeuges versanden läßt.

Meine verehrten Herren!

Man hat nach dem Kriege oft ein Wort gehört, welches lautet: »Das Reich des Geistes ist frei. In die Sphären des Geistes reicht kein Versailler Vertrag.« Aber dieses Wort ist nur eine jener vielen optimistischen Phrasen, mit denen wir uns unser Elend selbst weglügen wollen.

Noch steht die deutsche Wissenschaft unter dem Druck der sog. Begriffsbestimmungen, welche uns in London, über den Versailler Vertrag hinausgehend, aufgezwungen worden sind. Diese Begriffsbestimmungen verhindern die deutsche Wissenschaft, zu experimentieren, verhindern sie, sich ungestört durch untechnische Hemmungen zu entfalten.

Hier werden wir alle einzusetzen haben: Behörden, Industrie, Wissenschaft, Luftverkehr und Sportflieger.

Ich halte es für unerträglich, daß die deutsche Wissenschaft wie ein Paria ausgeschlossen wird von der tätigen Mitarbeit an der Entwicklung eines Verkehrsmittels, welches dem vor uns liegenden Jahrhundert vielleicht seinen Charakter geben wird.

Ich habe in diesen Tagen die Ehre gehabt, eine Reihe der bedeutendsten Gelehrten des deutschen Luftfahrwesens persönlich kennen zu lernen. Sie alle waren beseelt von dem Vorwärtswillen.

Nun denn, meine Damen und Herren! Wo ein Wille ist, da ist ein Weg, und die Persönlichkeit des großen Kanzlers, der hier in Frankfurt seine diplomatische Laufbahn begann, lehrt uns, daß in der Welt nie etwas nicht erreicht wurde, was von charaktervollen Menschen ernstlich gewollt wurde. Nur wer sich selbst aufgibt, der ist verloren! Die Wissenschaftliche Gesellschaft, welche so viele leuchtende Namen in ihren Listen führt, wird, des bin ich gewiß, nie die deutsche Luftfahrt aufgeben, da das ja den Gedanken aufgeben hieße, der dieser Gesellschaft allein ihre Lebensberechtigung verheißt. Lassen Sie mich, meine Damen und Herren, alle Wünsche, welche die Reichsregierung für die deutsche Luftfahrt und für ihr hervorragendes Instrument, diese hochansehnliche Versammlung, hegt, in dem Ruf vereinigen, in den ich Sie einzustimmen bitte:

Die deutsche Luftfahrt und ihr wertvollstes Organ, die Wissenschaftliche Gesellschaft für Luftfahrt, sie leben hoch!

VORTRÄGE DER
XIII. ORDENTLICHEN MITGLIEDER-
VERSAMMLUNG

I. Neue Erfahrungen mit Großflugzeugen.

Vorgetragen von Adolf Rohrbach.

Königliche Hoheit, sehr geehrte Damen und Herren!

Vor zwei Jahren durfte ich in Bremen zu Ihnen über die Vorzüge von Großflugzeugen mit hoher Flächenbelastung sprechen. Ich danke der Wissenschaftlichen Gesellschaft für Luftfahrt dafür, daß sie mir heute Gelegenheit gibt, Ihnen zu zeigen, was in der seit der Bremer Tagung verflossenen Zeit in meinen beiden Firmen im Zusammenarbeiten mit meinen tüchtigen Mitarbeitern geschehen ist, um, nachdem die damals einzige nach jenem Grundsatz der hohen Flächenbelastung gebaute Maschine, der 1000 PS Eindecker der Zeppelinwerke Staaken, infolge des Eingriffes der interalliierten Kontrollkommssion nicht fertig hatte erprobt werden dürfen, durch den Bau anderer großer Flugzeuge die Richtigkeit meiner Anschauungen über die Vergrößerung der Flugzeuge praktisch zu beweisen.

I. Vorteile der hohen Flächenbelastung.

Um an den Bremer Vortrag anzuknüpfen, möchte ich Ihnen durch dieses Bild (Abb. 1) nochmals die Hauptvorteile der Großflugzeuge mit hoher Flächenbelastung in Erinnerung bringen. Das Bild zeigt, wie bei den Großflugzeugen alter Art, bei denen die Flächenbelastung dieselbe ist wie die entsprechender kleiner Flugzeuge, die zahlende Nutzlast mit der Größe der Flugzeuge nur

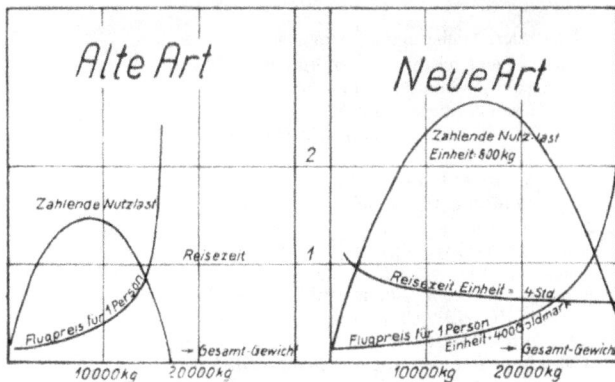

Abb. 1.

Vortrag noch erklären, in welcher Weise dieser Schraubenwirkungsgrad aus den im Fluge gemachten Beobachtungen ermittelt würde.

Ich möchte bei dieser Gelegenheit kurz einiges über die großen Schwierigkeiten, die wir mit den Propellern hatten, berichten. Durch die sehr guten Erfahrungen, die wir sonst überall mit der Übereinstimmung von Modellversuchen mit der Wirklichkeit gemacht haben, ließ ich mich leider dazu verleiten, den Ergebnissen von Propeller-Modellversuchen, die vom N.A.C.A. veröffentlicht wurden, zu sehr zu trauen. Wir wußten natürlich, daß die Arbeitsbedingungen für eine Schraube im freien Luftstrom, wie bei den Modellversuchen, grundverschieden von denen einer Schraube vor Kühler, Motorkabine und Flügel, wie am Flugzeug sind. Um der Wirklichkeit möglichst nahe zu kommen, ließen wir in Göttingen mit einer auf unseren Auftrag entwickelten Einrichtung durch viele Versuche die Wirkung des Schraubenstrahles auf das Modell unserer Maschine feststellen, und wir haben in dem Verhalten des Flugzeuges keinerlei Widerspruch gegen die Ergebnisse dieser Versuche gefunden. Da die Göttinger Versuchsanstalt aber keine Einrichtung besaß, um an genügend großen Modellschrauben die Rückwirkung des Flugzeuges auf den Propeller zu bestimmen, und da die Herstellung einer entsprechenden Versuchsvorrichtung zu lange gedauert hätte, haben wir uns damit begnügen müssen, die Verminderung des

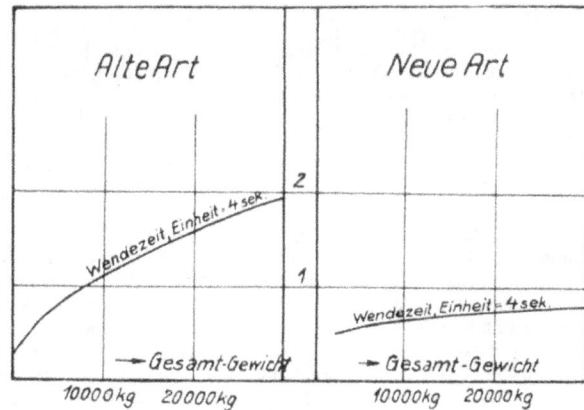

Abb. 2.

bis zu einem Gesamtgewicht von etwa 9 t zunimmt[1]) und wie sie bei weiterer Vergrößerung der Flugzeuge immer stärker abfällt. Im Gegensatz hierzu stehen die Großflugzeuge, bei welchen die Flächenbelastung entsprechend dem Ähnlichkeitsgesetz des Schiffbaues mit der Flugzeuggröße zunimmt. Infolge der auf diese Weise stark verringerten äußeren Abmessungen des Flugzeuges wächst der Flugwerkgewichtsanteil verhältnismäßig viel langsamer mit zunehmender Flugzeuggröße, und daher erreicht die zahlende Nutzlast erst bei einem Flugzeuggewicht von etwa 16 t ihren Höchstwert. Die Geschwindigkeit der Großflugzeuge mit niedriger Flächenbelastung ist nicht höher als die entsprechender kleiner Flugzeuge, dagegen nimmt, wie das Bild zeigt, die Geschwindigkeit der Großflugzeuge mit hoher Flächenbelastung mit der Flugzeuggröße wesentlich zu.

Wir haben bei unseren Flugversuchen mit der ersten Maschine eine Flächenbelastung von 88 kg/m² erreicht. Dabei hat uns die Deutsche Versuchsanstalt für Luftfahrt eine mittlere Fluggeschwindigkeit mit Vollast von 174 km/h bestätigt. Der Schraubenwirkungsgrad betrug nur 56 vH. Herr Dr. Koppe wird Ihnen in seinem

Schraubenwirkungsgrades an Hand früherer Göttinger Versuche abzuschätzen. Wir nahmen dabei an, daß verschiedene Propeller gleich stark beeinflußt würden, so daß die nach den amerikanischen Versuchen für die bei unserer Maschine vorliegenden Bedingungen geeignetste Schraube auch in Wirklichkeit die beste sein müßte. Es hat sich bei den Probeflügen gezeigt, daß diese Annahme völlig falsch ist. Verschiedene Propeller, die nach den amerikanischen Versuchen fast genau gleiche Flugleistungen erwarten ließen, ergaben ganz außerordentlich verschiedene Leistungen. Wir haben mit diesen Propellerfragen sehr viel Zeit verloren. Heute werden unsere Propeller wieder nach bewährten Erfahrungs-Faustformeln konstruiert. Aber hoffentlich wird die Göttinger Versuchsanstalt durch systematische Versuche bald so gut eingerichtet sein, daß die Ergebnisse von Propellerversuchen, bei denen auch die Rückwirkung zwischen Schraube und Flugzeug am Modell ermittelt ist, auch im Fluge ebenso gut mit der Wirklichkeit übereinstimmen, wie dies bei den auf unseren Auftrag von der Deutschen Versuchsanstalt für Luftfahrt, Adlershof, ausgeführten Standversuchen mit den naturgroßen Propellern bereits jetzt der Fall war.

Die hohe Flächenbelastung ergibt, wie dies Bild (Abb. 2), das gleichfalls dem Bremer Vortrag entnommen ist, zeigt, den weiteren

---

[1]) Unter den Voraussetzungen, die angegeben sind im Beiheft 10 der Zeitschrift für Flugtechnik und Motorluftschiffahrt, 1923.

Vorteil einer wesentlich besseren Wendigkeit. Die zum Durchfliegen eines vollen Kreises notwendige Wendezeit nimmt bei Großflugzeugen mit geringer Flächenbelastung stark mit der Flugzeuggröße zu, dagegen bei den Großflugzeugen mit erhöhter Flächenbelastung nur außerordentlich langsam. Die zum Durchfliegen einer bestimmten Kurve erforderliche Zeit ist ja, besonders im Luftkampf, entscheidend. Die Wendigkeit einer Maschine ist aber nur dann vollkommen, wenn sie sehr schnell in jede Kurve gebracht werden kann und diese Kurve dann schnell durchfliegt. Nachdem das schnelle Durch-die-Kurve-kommen mittels der hohen Flächenbelastung gesichert war, habe ich, um die Steuerbarkeit zu erhöhen, zum ersten Mal die aus diesem Bild (Abb. 3) ersichtliche, ungewöhnlich große, V-Stellung von 6° angewandt. Diese große V-Stellung erschien zunächst grade bei einer so großen und neuartigen Metallmaschine als ein gewisses Wagnis, da alle neueren Maschinen keine oder nur eine sehr geringe V-Stellung aufzuweisen hatten. Die V-Stellung ist aber einerseits mit Rücksicht auf die Seefähigkeit sehr erwünscht, da sie die Flügelenden hoch über das Wasser bringt,

Abb. 3.

und ich versprach mir andererseits von ihr wesentliche Vorteile für die Steuerbarkeit. Es ist ja bekannt, daß ein Flugzeug in der Längsrichtung nur dann gut steuerbar ist, wenn es entweder eine geringe Längsstabilität oder eine geringe Instabilität hat. Das gleiche mußte auch für die Quersteuerbarkeit gelten, d. h., man mußte danach streben, die Stabilität bzw. Instabilität in der Querrichtung möglichst gering zu machen, und der einfachste Weg hierzu war eine starke V-Stellung der Flügel. Um das Wagnis möglichst zu verringern, wurde eine sehr umfangreiche rechnerische Untersuchung angestellt unter der dankenswerten Aufsicht von Prof. Fuchs durch Dipl.-Ing. Brandt. Die Aufgabe dieser Rechnung bestand darin, festzustellen, wie sich der zeitliche Verlauf der Flugzeugbewegung durch Vergrößerung der V-Stellung ändert.

Eine allgemeine Lösung der Aufgabe stößt auf große Schwierigkeiten, da die in Betracht kommenden Funktionen sehr kompliziert und nicht explizit gegeben, zum Teil überhaupt noch nicht einwandfrei erforscht sind. Die Lösung der Aufgabe erfolgt in vereinfachter Weise unter Benutzung der Methode der kleinen Schwingungen als eine Stabilitätsuntersuchung.

Der Gedankengang ist dabei folgender:

Zuerst werden allgemein die Bewegungsgleichungen des Flugzeuges aufgestellt. Diese werden insofern vereinfacht, als nur kleine Abweichungen vom stationären Fluge und außerdem nur kleine Abweichungen vom gradlinigen Fluge untersucht werden. Die Bewegungsgleichungen werden nach den kleinen Abweichungen entwickelt und nur die Glieder 1. Ordnung berücksichtigt. Dann werden unter Annahme bestimmter Ruderausschläge und damit bestimmter Anfangsbedingungen die Differentialgleichungen integriert und man erhält den Verlauf der Flugzeugbewegung unter dem Einfluß der Ruderausschläge, und zwar Seitenwinkel, Querneigung und Winkelgeschwindigkeit um Hochachse als Funktion der Zeit.

Die Durchführung, die die Gleichungen von Fuchs-Hopf[1]) benutzt, gestaltet sich folgendermaßen:

Die Bewegungsgleichungen ergeben die Kraftgleichungen (Abb. 4):

$$x = \text{Achse}: \frac{G}{g} \cdot \frac{dv}{dt} = -G \cdot \sin\varphi + S \cdot \cos\tau \cdot \cos a - c_w \cdot q \cdot F \quad (1)$$

---

[1]) Fuchs-Hopf, Aerodynamik, S. 403 ff.

$$\mathfrak{y}_1 = \text{Achse}: O = \frac{G}{g} \cdot v \cdot \left(\omega_y \cdot \sin\mu - \frac{d\varphi}{dt} \cdot \cos\mu\right) -$$
$$- G \cdot \cos\varphi \cdot \cos\mu + S \cdot \cos\tau \cdot \sin a + c_a \cdot q \cdot F \quad (2)$$

$$\mathfrak{z}_1 = \text{Achse}: O = -\frac{G}{g} \cdot v \cdot \left(\omega_y \cdot \cos\mu + \frac{d\varphi}{dt} \cdot \sin\mu\right) +$$
$$+ G \cdot \cos\varphi \cdot \sin\mu - S \cdot \sin\tau - c_Q \cdot q \cdot F \quad (3)$$

Ferner die Momentengleichungen:

$$J_{\mathfrak{x}} \cdot \frac{d\omega_{\mathfrak{x}}}{dt} - (J_{\mathfrak{y}} - J_{\mathfrak{z}}) \cdot \omega_{\mathfrak{y}} \cdot \omega_{\mathfrak{z}} = -K \quad (4)$$

$$J_{\mathfrak{y}} \cdot \frac{d\omega_{\mathfrak{y}}}{dt} - (J_{\mathfrak{z}} - J_{\mathfrak{x}}) \cdot \omega_{\mathfrak{z}} \cdot \omega_{\mathfrak{x}} = -L \quad (5)$$

$$J_{\mathfrak{z}} \cdot \frac{d\omega_{\mathfrak{z}}}{dt} - (J_{\mathfrak{x}} - J_{\mathfrak{y}}) \cdot \omega_{\mathfrak{x}} \cdot \omega_{\mathfrak{y}} = -M \quad (6)$$

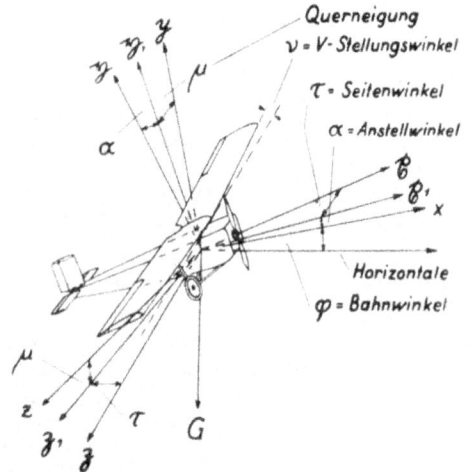

Abb. 4.

In diesen Gleichungen bedeutet:

G = Flugzeuggesamtgewicht in kg
g = Erdbeschleunigung m/sk²
v = Geschwindigkeit m/sk,
φ = Winkel der Flugbahn (x-Richtung) mit der Horizontalebene in arc-Maß,
S = Schraubenschub in kg,
q = Staudruck in kg/m²,
F = Flügelfläche in m²,
ω = Drehgeschwindigkeit in 1/s,
J = Trägheitsmoment in kgms²,
K = Quermoment der Luftkräfte einschl. Dämpfungsmomente um die x-Achse in kgm,
L = Seitenmoment um die y-Achse in kgm,
M = Längsmoment um die z-Achse in kgm,
x, y, z = bahnfestes Koordinatensystem,
$\mathfrak{x}, \mathfrak{y}, \mathfrak{z}$ = flugzeugfestes Koordinatensystem.

Die x-, y- und z-Achse mögen mit den Hauptsachen zusammenfallen, so daß keine Zentrifugalmomente zu berücksichtigen sind. K, L, M sind die Momente der Luftkräfte auf sämtliche Flugzeugteile; darin sind auch enthalten die Dämpfungsmomente, die an den vom Schwerpunkt entfernteren Flugzeugteilen durch die Drehung um die angenommenen Flugzeugachsen entstehen.

In den oben aufgestellten sechs Gleichungen sind unbekannt: v, ω, φ, μ, a, τ; ferner $\omega_{\mathfrak{x}}$, $\omega_{\mathfrak{y}}$ und $\omega_{\mathfrak{z}}$.

c_a, c_w und c_Q sind abhängig von a und τ.

Die Luftkraftmomente hängen von allen sechs Veränderlichen ab.

$\omega_{\mathfrak{x}}$, $\omega_{\mathfrak{y}}$ und $\omega_{\mathfrak{z}}$ müssen in Beziehung gesetzt werden zu den sechs Veränderlichen. Es ergibt sich dann in bezug auf das bahnfeste Koordinatensystem

$$\omega_x = \omega \cdot \sin\varphi \quad (7)$$
$$\omega_y = \omega \cdot \cos\varphi \quad (8)$$
$$\omega_z = \frac{d\varphi}{dt} \quad (9)$$

Für das flugzeugfeste Koordinatensystem ergibt sich:

$$\omega_{\mathfrak{x}} = \left[\left(\omega \cdot \cos\varphi \cdot \cos\mu + \frac{d\varphi}{dt} \cdot \sin\mu\right) \cdot \sin a + \right.$$

$$+ \left(\omega \cdot \sin\varphi + \frac{d\mu}{dt}\right) \cdot \cos a \bigg] \cdot \cos\tau - \bigg[\omega \cdot \cos\varphi \cdot \sin\mu +$$

$$+ \frac{d\varphi}{dt} \cdot \cos\mu + \frac{da}{dt}\bigg] \cdot \sin\tau \quad \ldots \ldots \ldots (10)$$

$$\omega_\mathfrak{v} = \left(\omega \cdot \cos\varphi \cdot \cos\mu + \frac{d\varphi}{dt} \cdot \sin\mu\right) \cdot \cos a -$$

$$- \left(\omega \cdot \sin\varphi + \frac{d\mu}{dt}\right) \cdot \sin a + \frac{d\tau}{dt} \quad \ldots \ldots (11)$$

$$\omega_z = \left[\left(\omega \cdot \cos\varphi \cdot \cos\mu + \frac{d\varphi}{dt} \cdot \sin\mu\right) \cdot \sin a +\right.$$

$$+ \left(\omega \cdot \sin\varphi + \frac{d\mu}{dt}\right) \cdot \cos a\bigg] \cdot \sin\tau +$$

$$+ \bigg[-\omega \cdot \cos\varphi \cdot \sin\mu + \frac{d\varphi}{dt} \cdot \cos\mu + \frac{da}{dt}\bigg] \cdot \cos\tau \; . \; .(12)$$

Bei Berücksichtigung nur stationärer Bewegung und nur kleiner Abweichungen vom gradlinigen Fluge werden die Gleichungen (10) bis (12):

$$\omega_\mathfrak{x} = \omega \cdot \sin(\varphi_0 + a_0) + \frac{d\mu}{dt} \cdot \cos a_0 \quad \ldots \ldots (13)$$

$$\omega_\mathfrak{y} = \omega \cdot \cos(\varphi_0 + a_0) - \frac{d\mu}{dt} \cdot \sin a_0 + \frac{d\tau}{dt} \quad \ldots (14)$$

$$\omega_z = \frac{d(\varphi_0 + a_0)}{dt} \quad \ldots \ldots \ldots \ldots (15)$$

wo v_0, a_0 und φ_0 Größen des stationären Fluges sind.

Nachdem die Gleichungen (1) bis (6) ebenso behandelt sind, also nur stationäre Bewegung und kleine Abweichungen vom Geradeausflug berücksichtigt sind, zerfällt das Gleichungssystem 1 bis 6 in zwei Gruppen zu je drei Gleichungen, in eine Gruppe, die die Längsbewegung und eine, die die Seitenbewegung darstellt.

Letztere drei Gleichungen für die Seitenbewegung lauten, nachdem auch die Luftkräfte nach den Veränderlichen entwickelt sind:

$$0 = \bigg[-\frac{S}{q \cdot F} - c_s' \cdot \frac{F_s}{F} - \frac{\varPhi'}{F} -$$

$$- \left(c_s' \cdot \frac{F_s}{F} \cdot \frac{s}{b} \cdot \cos a - c_s' \cdot \frac{F_s}{F} \cdot \frac{h}{b} \cdot \sin a\right) \frac{d}{dt}\bigg] \cdot \tau +$$

$$+ \bigg[\mathfrak{G} \cdot \cos\varphi - c_s' \cdot \frac{F_s}{F} \cdot \frac{s}{b} \cdot \cos\varphi -$$

$$- c_s' \cdot \frac{F_s}{F} \cdot \frac{h}{b} \cdot \sin\varphi\bigg] \cdot \bar\omega +$$

$$+ \bigg[c_a - c_s' \cdot \frac{F_s}{F} \cdot \frac{h}{b} \cdot \frac{d}{dt}\bigg] \cdot \mu \; . \; \ldots \ldots (16)$$

$$0 = \bigg[+\frac{1}{4} c_n' \cdot |\nu| + c_s' \cdot \frac{F_s}{F} \cdot \frac{h}{b} +$$

$$+ \left(\frac{1}{6} \cdot c_n \cdot \cos a - \frac{1}{12} \cdot c_n' \cdot \sin a\right)\frac{d}{dt}\bigg] \cdot \tau +$$

$$+ \bigg[\bar J_\mathfrak{x} \cdot \sin(\varphi + a) \frac{d}{dt} + \frac{1}{6} c_n \cdot \cos\varphi +$$

$$+ \frac{1}{12} c_n' \cdot \sin\varphi\bigg] \cdot \bar\omega + \bigg[\bar J_\mathfrak{x} \cdot \cos a \frac{d^2}{dt^2} +$$

$$+ \frac{1}{12} c_n' \cdot \frac{d}{dt}\bigg] \cdot \mu - \mathfrak{l}_s \; . \; \ldots \ldots (17)$$

$$0 = \bigg[+\frac{1}{4} \cdot c_t' \cdot |\nu| + c_s' \cdot \frac{F_s}{F} \cdot \frac{s}{b} + \bar J_\mathfrak{y} \cdot \frac{d^2}{dt^2} +$$

$$+ \left(c_s' \cdot \frac{F_s}{F} \cdot \frac{s^2}{b^2} \cdot \cos a - \frac{1}{12} \cdot c_t' \cdot \sin a\right)\frac{d}{dt}\bigg] \cdot \tau +$$

$$+ \bigg[\bar J_\mathfrak{y} \cdot \cos(\varphi + a) \frac{d}{dt} + c_s' \cdot \frac{F_s}{F} \cdot \frac{s^2}{b^2} \cdot \cos\varphi +$$

$$+ \frac{1}{12} c_t' \cdot \sin\varphi\bigg] \cdot \bar\omega + \bigg[-\bar J_\mathfrak{y} \cdot \sin a \frac{d^2}{dt^2} +$$

$$+ \frac{1}{12} c_t' \cdot \frac{d}{dt}\bigg] \cdot \mu + l_s \; . \; \ldots \ldots (18)$$

Hierin bedeuten:

S = Schraubenschub in kg,
q = Staudruck in kg/m²,
F = Flügelfläche in m²,
c_s' = Ableitung der Normalkraftzahl auf das Seitenleitwerk nach dem Anstellwinkel des Seitenleitwerks (dimensionslos),
F_s = Fläche des Seitenleitwerks in m²,
$\varPhi'$ = Ableitung der schädlichen Fläche des Flugzeuges ohne Flügel und ohne Leitwerk bei Seitenwind nach dem Anstellwinkel in m²,

s = Schwanzlänge in m,
b = Spannweite des Flügels in m,
a = Flügelanstellwinkel in arc-Maß,
h = Höhenlage des Seitenleitwerks über Schwerpunkt in m,
$\mathfrak{G} = \dfrac{G \cdot v^2}{g \cdot q \cdot F \cdot b}$ = Gewicht als dimensionsloser Faktor,
φ = Bahnwinkel in arc-Maß,
ν = V-Stellungswinkel in arc-Maß,
$\bar t = \dfrac{v}{b \cdot t}$ = Zeit als dimensionslose Veränderliche,
$\omega = \dfrac{b \cdot \omega}{v}$ = Drehgeschwindigkeit als dimensionslose Veränderliche,
μ = Querneigung in arc-Maß,
τ = Richtung des Seitenwindes in arc-Maß,
$\mathfrak{l}_s$ = Seitenrudermoment (dimensionslos),
k_s = Querrudermoment (dimensionslos),
$\left.\begin{array}{l}\bar J_\mathfrak{x} = \mathfrak{G} \cdot \dfrac{\mathfrak{k}_\mathfrak{x}^2}{b^2} \\[2mm] \bar J_\mathfrak{y} = \mathfrak{G} \cdot \dfrac{\mathfrak{k}_\mathfrak{y}^2}{b^2}\end{array}\right\}$ dimensionslose Trägheitsmomente, wobei k = Trägheitsradien.

Die allgemeine Lösung der Gleichungen lautet:

$$\tau = A_0 + A_1 \cdot e^{\lambda_1 t} + A_2 \cdot e^{\lambda_2 t} + A_3 \cdot e^{\lambda_3 t} + A_4 \cdot e^{\lambda_4 t} \; . \; . \; (19)$$

$$\omega = B_0 + B_1 \cdot e^{\lambda_1 t} + B_2 \cdot e^{\lambda_2 t} + B_3 \cdot e^{\lambda_3 t} + B_4 \cdot e^{\lambda_4 t} \; . \; . \; (20)$$

$$\mu = C_0 + C_1 \cdot e^{\lambda_1 t} + C_2 \cdot e^{\lambda_2 t} + C_3 \cdot e^{\lambda_3 t} + C_4 \cdot e^{\lambda_4 t} \; . \; . \; (21)$$

Die Bestimmung der Exponenten λ gelingt aus einer Gleichung 4. Grades, die aus den Gleichungen (16) bis (18) zu berechnen ist. Die Bestimmung der Werte für τ, ω und μ ergibt die nachstehende Kurve für Horizontalflug der Type Ro II in 2000 m Höhe und bei einem bestimmten Seiten- und Querruderausschlag. (Abb. 5)

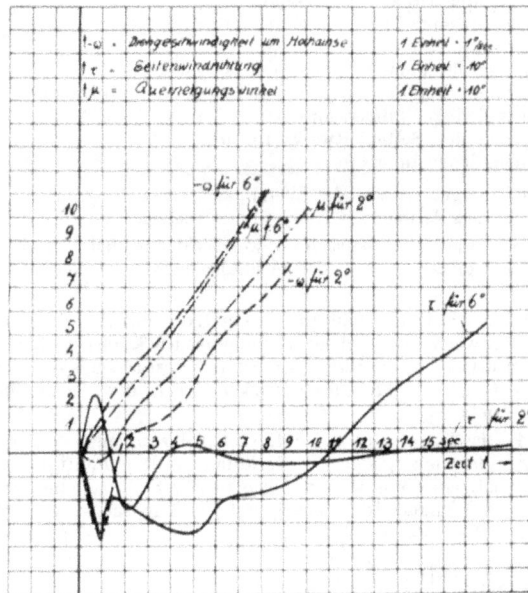

Abb. 5.

6° V-Stellung zeigt sich in bezug auf schnelles In-die-Kurvegehen weitaus überlegen. Die Rechnung wurde auch für Steigflug durchgeführt. Das Ergebnis war ein ähnliches wie für den Horizontalflug.

Die numerischen Rechnungen zeigten, daß bei μ und ω in den Gleichungen (19) bis (21) im wesentlichen die Glieder mit den Indizes 0 und 2 maßgebend sind. Das Glied mit dem Index 1 scheidet ganz aus. Die Schwingungsglieder 3 und 4 haben bei τ einen besonders großen Einfluß. Das rührt daher, daß es sich bei den Schwingungen lediglich um eine sog. Windfahnenbewegung handelt, durch die Flugbahn und Drehgeschwindigkeit nicht beeinflußt werden. An die Stelle der allgemeinen Lösung tritt nach diesen Feststellungen der überragenden Wichtigkeit der Indizes 0 und 2 und nachdem nur die Glieder 1. Ordnung beibehalten sind, die Lösung:

$$\mu = -6 \cdot \frac{v^2}{g \cdot b} \cdot \frac{|\mathfrak{l}_s|}{c_n} \cdot \left(1 - e^{\frac{2 g c_\mu}{v \cdot c_n'} \cdot t}\right) +$$

$$+ 3 \cdot \frac{v}{b} \cdot \nu \cdot t \cdot \bigg[6 \cdot |\mathfrak{l}_s| \frac{s}{b} \cdot \frac{1}{c_a} + l_s \cdot \frac{1}{c_s' \cdot \frac{F_s}{F} \cdot \frac{s}{b}}\bigg] + \mu_0 \; . \; .(22)$$

$$\omega = +6 \cdot \frac{|\mathfrak{k}_s|}{c_n} \cdot \left(1 - e^{\frac{2g \cdot c_n}{v \cdot c_n'} \cdot t}\right) -$$

$$- 3 \cdot \frac{g}{v} \cdot v \cdot t \cdot \left[6 \cdot \mathfrak{k}_s \cdot \frac{s}{b} \cdot \frac{1}{c_a} + l_s \cdot \frac{1}{c_s' \cdot \frac{F_s}{F} \cdot \frac{s}{b}}\right] + \omega_0. (23)$$

Diese verhältnismäßig einfachen Gleichungen können für alle Flugzeuge ähnlicher Bauart empfohlen werden.

Diskussion der Gleichungen (22) und (23) ohne Berücksichtigung von Anfangsbedingungen.

$$\mu = -6 \cdot \frac{v^2}{g \cdot b} \cdot \frac{|\mathfrak{k}_s|}{c_n} \cdot \left(1 - e^{\frac{2g \cdot c_n}{v \cdot c_n'} t}\right) +$$

$$+ 3 \cdot \frac{v}{b} \cdot v \cdot t \cdot \left[6 \cdot |\mathfrak{k}_s| \cdot \frac{s}{b} \cdot \frac{1}{c_a} + l_s \cdot \frac{1}{c_s' \cdot \frac{F_s}{F} \cdot \frac{s}{b}}\right] \quad \dots (22)$$

Hierin bedeuten:

μ = Querneigungswinkel in arc-Maß,
v = Geschwindigkeit im m/s,
g = Erdbeschleunigung in m/s²,
b = Flügelspannweite in m,
$\mathfrak{k}_s$ = Querrudermoment, dimensionslos durch Division durch Flügelfläche und Flügeltiefe,
c_n = Normalkraftzahl (dimensionslos),
c_n' = deren Ableitung nach dem Anstellwinkel (dimensionslos),
t = Zeit in Sekunden,
v = V-Stellungswinkel in arc-Maß,
s = Schwanzlänge in m,
c_a = Auftriebszahl (dimensionslos),
l_s = Seitenrudermoment, dimensionslos wie $\mathfrak{k}_s$,
c_s' = Normalkraftzahl auf das Seitenleitwerk, abgeleitet nach dem Anstellwinkel (dimensionslos),
F_s = Fläche des Seitenleitwerks in m²,
F = Flügelfläche in m².

Erstrebenswert ist für die Wendigkeit eines Flugzeuges ein möglichst starkes Anwachsen von μ mit wachsender Zeit t.

Dazu ist es nötig, zu betrachten, welcher der beiden Ausdrücke mit der Zeit stärker wächst, da sie entgegengesetztes Vorzeichen haben.

Im ersten Ausdruck steht t in einem Exponenten. Wenn der Exponent sehr wächst, so wird der Klammerausdruck stärker negativ, der linke Ausdruck immer stärker positiv und verstärkt das Wachsen des rechten Gliedes; beide Glieder wirken also in der gleichen gewünschten Richtung.

Von den beiden Ausdrücken enthält nur der 2. den Faktor der V-Stellung. Bei sonst gleichen Konstanten ist, da v multiplikativ hinzugefügt ist, eine Maschine mit größerer V-Stellung einer mit kleinerer, was Wendigkeit in bezug auf die Längsachse betrifft, überlegen.

$$-\omega = -6 \cdot \frac{|\mathfrak{k}_s|}{c_n} \cdot \left(1 - e^{\frac{2g \cdot c_n}{v \cdot c_n'} \cdot t}\right) +$$

$$+ 3 \cdot \frac{g}{v} \cdot v \cdot t \cdot \left[6 \cdot \mathfrak{k}_s \cdot \frac{s}{b} \cdot \frac{1}{c_a} + l_s \cdot \frac{1}{c_s' \cdot \frac{F_s}{F} \cdot \frac{s}{b}}\right] \quad \dots (23)$$

ω ist die Drehgeschwindigkeit um die Flugzeughochachse in arc-Maß.

Das gleiche, was für ω bei dem Vergleich der beiden Glieder gilt, gilt auch hier für ω, nur im Unterschiede, daß ω wegen der Wahl des Koordinatensystems negativ wird. Aber auch hier wird bei wachsendem t die Drehgeschwindigkeit ω immer stärker negativ und das auch wiederum stärker bei größerer V-Stellung. Die Klammergrößen sind bei (22) und (23) dieselben, nur die Faktoren davor sind verschieden.

Diese Faktoren zeigen, ob die V-Stellung günstiger auf das schnelle Anwachsen der Querneigung oder auf die Drehgeschwindigkeit um die Hochachse einwirkt.

Um das feststellen zu können, ist eine Abschätzung der Größenordnungen der Werte in (22) und (23) nötig:

$$\frac{2g \cdot c_n}{v \cdot c_n'} \cdot t$$

liegt etwa in den Grenzen von 0 bis ½, wenn man berücksichtigt, daß nur kleine Werte von t in Frage kommen, also

$$e^{\frac{2g \cdot c_n}{v \cdot c_n'} \cdot t}$$

liegt etwa in den Grenzen von 1 bis 1,6,

$$\frac{v^2}{g \cdot b}$$

sei gewählt zu etwa 10.

Dann wächst der erste Ausdruck ungefähr von 0 bis 0,7.

Dann wächst der zweite Ausdruck selbst bei großer V-Stellung etwa von 0 bis 0,7,
also ungefähr gleiche Größe des 1. und 2. Gliedes.

Gleichung (23): Erstes Glied wächst ungefähr von 0 bis 0,07.
Zweites Glied wächst ungefähr von 0 bis 0,1 bei großer V-Stellung.

Es zeigt sich somit, daß eine größere V-Stellung besonders günstig in bezug auf die Wendigkeit um die Flugzeughochachse wirkt, weil in Gleichung (23) das Glied mit v bei größerem v stärker wächst als das erste ohne v, während in Gleichung (22) die Glieder gleicher Größe sind.

Die ganze Untersuchung gilt nur für kleine v. Bei großen v gelten andere Beziehungen. Das Flugzeug der Bauart, für die die Untersuchung durchgeführt ist, wird bei etwa 10° V-Stellung querstabil. Die Querruderwirkung wird dann wesentlich herabgesetzt. Also eine übertrieben große V-Stellung ist zu vermeiden.

Tatsächlich hat die Maschine in Übereinstimmung mit den rechnerischen Ergebnissen eine vorzügliche Wendigkeit. Sie geht sehr leicht, allein durch Betätigung des Seitensteuers, in die Kurve, und ebenso kann sie allein durch Betätigung des Seitenruders leicht wieder in den Geradeausflug gebracht werden.

Die Kraftanlage.

Bei der Anordnung der Motoren war mit Rücksicht auf gute Manövrierfähigkeit auf dem Wasser einerseits und gutes Fliegen mit einem Motor andererseits ein Kompromiß zu schließen.

Abb. 6.

Die beiden Rolls-Royce Eagle IX-Motoren sind daher, wie dieses Bild (Abb. 6) zeigt, auf Böcken aus Stahlprofilstreben frei über dem Flügel gelagert, um die Propeller genügend hoch über dem Wasser zu haben. Diese Anordnung hat sich in jeder Beziehung sehr bewährt. Die sehr reichlich bemessenen Kühler stehen zwischen Motor und Propeller auf einer Verlängerung der Motortragrohre. Die Kühler können durch vorn liegende, senkrechte, vom Führersitz aus einstellbare, Drehlamellen vollkommen abgedeckt werden. Hinter dem Motor, aber durch ein Feuerschott von diesem getrennt, werden ein Falltank (für 20 min.) und der Öltank von rückwärtigen Verlängerungen der Motortragrohre gehalten. Ursprünglich sollten die für 6,5 h Vollgas ausreichenden Benzin-Hauptbehälter im Bootsrumpf liegen. Da diese Anordnung aber in England wegen der Feuergefahr verboten ist, haben wir die Behälter für die ersten Probeflüge in provisorischer Weise — dem Beispiel vieler englischer Maschinen folgend — frei unter die Flügel gehängt. Jetzt sind die Hauptbenzinbehälter als Flügeltanks, die

— 33 —

sich genau der Flügelform anpassen, ausgeführt. Von diesen Haupttanks wird das Benzin durch eine Zahnradpumpe mit Propellerantrieb nach dem Falltank gedrückt.

Die Anordnung der Motoren nahe nebeneinander hat für das Manövrieren auf dem Wasser den Vorteil, daß, wenn nur auf einem Motor Gas gegeben wird, dieser stets ausreichend gekühlt wird, und daß außerdem durch Gasgeben auf nur einem Motor ein sehr starkes Drehmoment erzeugt werden kann, ohne daß das Flugzeug eine so große Geschwindigkeit annimmt, wie dies zur Erzielung gleicher Wendefähigkeit bei einer Tandemanordnung der Motoren erforderlich

Abb. 7.

wäre. Das Boot mit nebeneinander liegenden Motoren braucht daher zum Manövrieren auf dem Wasser wesentlich weniger Platz als ein Boot mit Tandemmotoren. Infolge der geringeren Geschwindigkeit nimmt es beim Manövrieren in schwerer See (Abb. 7) wesentlich weniger Wasser über.

Das Manövrieren auf dem Wasser wird durch das verstellbare Leitwerk (Abb. 8) sehr erleichtert. Das gesamte Leitwerk kann in zwei Lagern bis zu einem Ausschlag von 12° um einen mit dem hinteren Bootsende fest verbundenen Duraluminturm (Abb. 9) in 5 sec. gedreht werden, indem man eine vom Führersitz leicht erreichbare Kurbel betätigt. Diese Verstellbarkeit des Leitwerks war ur

Abb. 8.

sprünglich nur zum Ausgleich des einseitigen Schraubenzuges beim Fliegen mit einem Motor gedacht und hat sich hierfür auch vorzüglich bewährt. Ein Ausschlag von wenigen Grad genügt, um auch bei der Mittelstellung des Seitenruders den Geradeausflug zu erzwingen, sodaß die Maschine, auch wenn nur ein Motor läuft, mittels des Seitenruders allein genau so leicht in Rechts- wie Linkskurven gebracht werden kann, wie dies beim normalen Lauf beider Motoren oder beim Gleitflug der Fall ist.

Diese Erleichterung der Seitensteuerbetätigung hat mittelbar auch eine wesentliche Verbesserung der tatsächlichen Schwebefähigkeit mit einem Motor zufolge, denn das Seitenruder ist bei dieser Maschine auch bei geringer Fluggeschwindigkeit so wirksam, daß alle Böen ohne weiteres pariert werden können. Wenn jedoch das Seitenruder, wie es bei Maschinen mit nicht verstellbarem Seitenleitwerk der Fall ist, sehr weit ausgeschlagen werden muß, um den

einseitigen Zug des einen noch laufenden Motors auszugleichen, so ist es meist bei der geringsten an sich möglichen Schwebefähigkeit nicht mehr wirksam genug, um ein Abweichen der Maschine von dem beabsichtigten Kurs auch in böigem Wetter leicht zu verhindern. Der Führer wird daher die Maschine in Böen stets etwas drücken, um durch die Fahrtvergrößerung das Seitenruder wirksamer zu machen. Die Folge ist, daß er auf einer solchen Maschine schneller Höhe verliert als es mit Rücksicht auf die tatsächliche Schwebefähigkeit der Maschine notwendig wäre.

Die Verstellbarkeit des Leitwerks ist aber, wie gesagt, auch auf dem Wasser sehr wertvoll. Bei Mittelstellung aller Ruder und vollkommen gedrosselten Motoren treibt das Flugboot etwa 2 Strich aus dem Winde. Durch Betätigung der Querruder und des Seitenruders kann man das Flugboot ohne Hilfe der Motoren ungefähr 4 Strich aus dem Winde drehen lassen. Wenn man außerdem noch das Leitwerk verstellt, so dreht das Boot bis zu 6 Strich aus dem Winde. Man hat also das gesamte durch Gasgeben auf einem Motor erzeugte Drehmoment noch zur Verfügung und kann das Boot daher

Abb. 9.

auch bei sehr starkem Winde noch sicher durch den Wind drehen. Bei einer Windstärke von 14 m/s und Seegang 3 mit besonders kurzen, harten Wellen, wurden auf dem Wasser ohne die geringste Schwierigkeit alle möglichen Bewegungen wiederholt ausgeführt. Das Boot drehte sehr leicht und schnell aus dem Wind. Es wurde ferner bei einem Wind von 15 m/s das Leitwerk verstellt und dann mit dem Luv-Motor allein mit 7—800 Touren/min bei vollständig abgestelltem Lee-Motor eine Strecke von mehreren Meilen quer zum Winde gerollt.

Schwimmer.

Die Anordnung verhältnißmäßig sehr großer Seitenschwimmer in geringer Entfernung neben dem Boot hat wesentlich zum Erfolg dieser Maschine beigetragen, denn einer der schwerwiegendsten Nachteile der bekannten Flugbootarten ist der Mangel einer ausreichenden Querstabilität; deshalb hat man Stützschwimmer unter den Flügelenden oder aus dem Boot herauswachsende Flügelstummel angeordnet. Das Zweischwimmerflugzeug hat mehr Luftwiderstand als ein entsprechendes Flugboot, aber es hat eine gute Querstabilität, allerdings bei häufig nur knapp genügender Längsstabilität. Das Zweischwimmerflugzeug wird durch einseitig auftreffende Seen aus seinem Kurs gebracht, als ein Flugboot. Die Stützschwimmer unter den Flügelenden bringen ein Flugboot bei einigem Seegang sehr leicht aus seinem Kurs.

Durch die großen Seitenschwimmer werden die Vorteile der Flugboote, wie sie bisher bekannt waren, mit denen des normalen Zweischwimmerflugzeuges gewissermaßen vereinigt. Das Boot mit naheliegenden, großen Seitenschwimmern besitzt große Längs- und Querstabilität trotz geringen Luftwiderstandes und wird infolge der zentralen Lage aller drei Schwimmkörper im Seegang lange nicht so leicht wie ein Zweischwimmerflugzeug aus dem Kurs gebracht. Da die Seitenschwimmer nur sehr wenig zur Längsstabilität des ganzen Flugzeuges beitragen, können ihre hinteren und vorderen Enden — das eine allein mit Rücksicht auf günstigsten Luftwiderstand, das andere zum glatten Durchschneiden anlaufender Seen — sehr stark in einen scharfen Steven auslaufen.

5

Jeder Schwimmer hat sechs wasserdichte Abteilungen. Diese im Verhältnis zum Rauminhalt eines wasserdichten Abteils des Bootes sehr weitgehende Schottunterteilung wurde trotz des damit verbundenen Gewichts- und Kostenaufwandes vorgesehen, da Leckwasser in dem allseitig geschlossenen Schwimmer nicht so leicht wie im Boot entdeckt wird. Sollte also einer der Schwimmer einmal durch Anfahren an treibende Gegenstände oder mangelhaftes Zuschrauben des Schwimmerdeckels leck sein, ohne daß es rechtzeitig bemerkt wird, so wird das wenige eingedrungene Wasser niemals den Start gefährten.

Die Schwimmer sind durch zwei Stahlrohrstreben seitlich nach dem Boot und durch vier weitere Streben nach oben zum Flügel abgestützt und auf diese Weise statisch bestimmt mit dem Flugzeug verbunden.

Die Schwimmerböden liegen höher als der des Bootes. Daher unterstützt der dynamische Schwimmerauftrieb das Auf - die - Stufe - kommen und den Start nur bei niedrigen Geschwindigkeiten. Über etwa 60 km/h sind die Seitenschwimmer völlig frei, so daß die Maschine ausschließlich auf dem Boden des Hauptbootes gleitet.

Boot.

Grundsätzlich sollte das Boot von Anfang an zur Verminderung des Luftwiderstandes und des Gewichtes der Bodenaussteifungen äußerst schmal sein. Mittels einer sehr großen Zahl von Schleppversuchen gelang es, eine solche Form für das zweistufige Boot zu finden, bei welcher der für einen kurzen Start nötige geringe Widerstand mit der von Anfang an vorgesehenen Breite von 1250 mm erzielt wird. Diese Bootsbreite entspricht, wie aus Zahlentafel 1 hervorgeht, einer gegenüber dem, was man bisher als zulässig angesehen hat, außerordentlich gesteigerten Stufenbelastung.

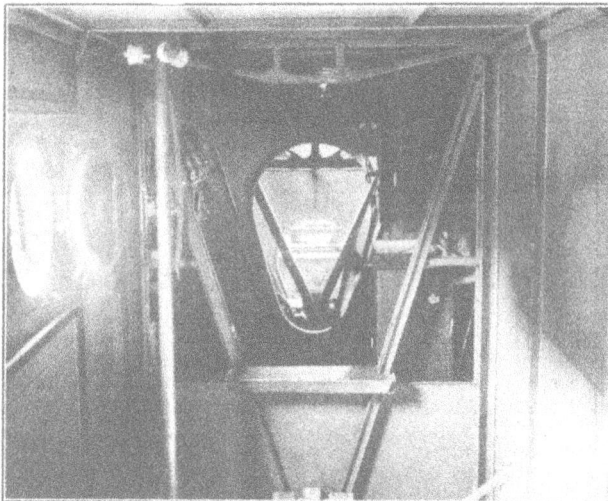

Abb. 10.

Die geringe Bootsbreite bedeutet gerade bei einem Flugzeug mit hoher Flächenbelastung, bei dem die Bodenbeanspruchungen durch Wasserdruck infolge der großen Abfluggeschwindigkeit ganz ungewöhnlich hoch sind, eine sehr erhebliche Ersparnis am Gewicht der Bodenaussteifungen. Mit einem breiten Boot wäre das Gewicht aller mit Rücksicht auf Wasserbeanspruchungen zu bemessenden Teile so groß geworden, daß der größte Teil des durch die hohe Flächenbelastung am Flügel ersparten Gewichtes wieder verloren gegangen wäre. Ich finde hier eine Art Wiederholung von dem, was

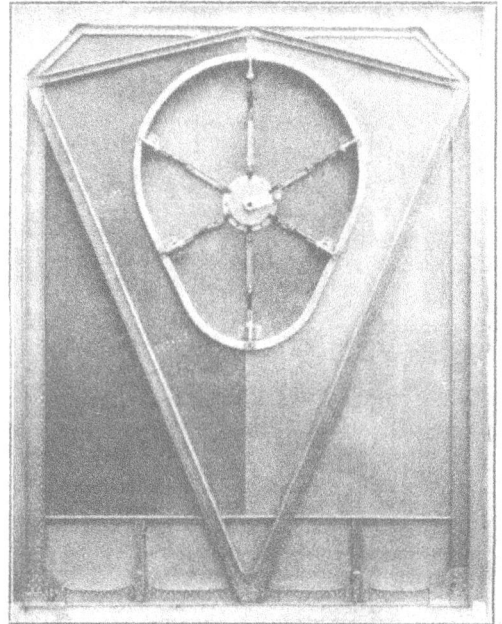

Abb. 11.

sich bei dem Staakener Eindecker mit seiner hohen Flächenbelastung gezeigt hat. Dort war ein ungewöhnlich gut federndes Fahrgestell zu entwickeln, um eine Gewichtserhöhung mit Rücksicht auf die Landungsbeanspruchungen zu vermeiden. Hier mußte eine außerordentlich günstige Bootsform gefunden werden, um trotz der zur Vermeidung eines zu hohen Bootsgewichtes nötigen hohen Stufenbelastung einen kurzen Start mit der großen Geschwindigkeit zu ermöglichen.

Der konstruktive Aufbau des Bootes ist sehr einfach. (Abb. 10). Die Außenhaut ist durch innen aufgenietete Profile überall so ausgesteift, daß sie mit den Profilen zusammen alle Beanspruchungen

Abb. 12.

übertragen kann. Auf diese Weise sind an den vier Längskanten starke Gurtwinkel entstanden. Kräftige Querspante, von denen fünf als wasserdichte Schotte (Abb. 11) ausgebildet sind, wahren die Querschnittsform des Bootes. Die Schottanordnung gewährleistet volle Schwimmfähigkeit ohne Kentergefahr, auch wenn irgend zwei Hauptabteile gleichzeitig leck sind. Das Bootsdeck ist überall begehbar.

Zahlentafel 1. Vergleich von Stufenbelastungen.

Flugzeugbauarten	Voll-gewicht	Stufenlänge in m		Belastung in kg					
				je m Stufenlänge		je m² Stufenlänge			
		Boot allein	mit Schwimmer	Boot allein	mit Schwimmer	Boot allein	mit Schwimmer		
Brandenburg KWD	1065	—	1,22	—	875	—	716		
„ GW	3740	—	2,22	—	1760	—	833		
„ GNW	1650	—	1,80	—	917	—	509		
„ W 29	1463	—	1,45	—	1010	—	697		
Lohnerboot	1700	1,16	—	1462	1465	1260	1260		
Oertz Flugboot	2640	2,50	—	1050	1050	421	421		
Gotha WD 7	1920	—	1,60	—	1200	—	750		
Rumpler 6 B 1	1130	—	1,20	—	940	—	785		
Sablatnig SF 5	1600	—	1,80	—	890	—	495		
Albatros W 4	1080	—	1,22	—	885	—	725		
Staaken L	11800	—	3,30	—	3580	—	1085		
Dornier Wal	4850	2,50	6,00	1940	809	776	135		
Ro II	6200	1,25	2,95	4960	2100	3960	713		
engl. F 5	6000	3,05	—	1970	1970	645	645		
„ P 5/3	5700	2,35	—	2420	2420	1030	1030		
„ N4 (Atalanta) (Titania)	14500	2,75	—	5280	5280	1920	1920		
„ PSB (Fury)	14500	3,80	—	3820	3820	1000	1000		

Konstruktiver Aufbau des Flügels.

1. Höchste Festigkeit bei geringstem Gewicht.

Der ganz aus Duralumin erbaute Flügel besteht aus drei Hauptteilen, dem alle Beanspruchungen aufnehmenden Hohlkastenträger (Abb. 12) und den beiden vorn und hinten an ihn nur zur Formgebung angesetzten äußerst leichten Nasen- und Endstücken. Diese Nasen- und Endstücke sind in üblicher Weise durch Rippen versteift und mit dünnem Blech überzogen.

Der Aufbau des Hohlkastenträgers geht aus Abb. 13 hervor. Zwei Längsstege verbinden Ober- und Unterhaut des Flügels durch längslaufende, mit Steg- und Hautblech vernietete Winkel. Querwände, die mit Ober- und Unterhaut sowie mit den Stegen vernietet

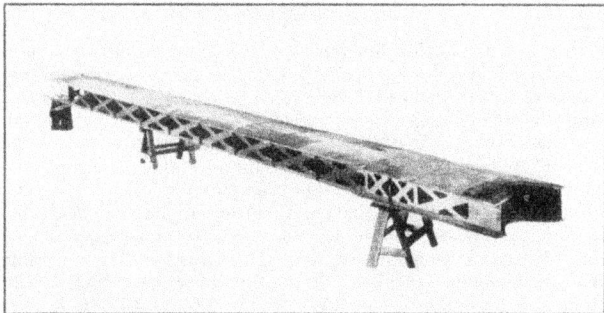

Abb. 13.

sind, sichern die richtige Querschnittsform des ganzen Kastenholmes. Die Längsstege werden so ausgespart oder so aus Profilen zusammengebaut, daß nur die notwendigen Diagonalen und Pfosten vorhanden sind. Die Hautbleche werden durch aufgenietete Profile vor örtlichem Zusammenknicken bewahrt. Deshalb möchte ich die jede Art von Beanspruchungen aufnehmende, also sowohl zur Torsions- wie zur Biegungsfestigkeit des Flügels in wesentlichem Maße beitragende glatte Außenhaut des Hohlkastenträgers als „volltragende Haut bezeichnen, zum Unterschied gegen die oft auch als „tragend“ bezeichnete, in Wirklichkeit aber nur in geringem Maße die Torsionsfestigkeit erhöhende ganz dünne Metallaußenhaut der Junkers- und Dornierflügel.

Abb. 14.

Viele Versuche haben uns einen Weg gezeigt, wie die durch Biegung und Verdrehung verursachten Beanspruchungen solcher Hohlkastenholme vorausberechnet werden können, und ich hoffe, daß alle Patentfragen bald so weit erledigt sein werden, daß wir diese Versuchsergebnisse und die Berechnungsweise veröffentlichen können. Die Ergebnisse solcher Festigkeitsrechnungen stimmen heute sehr gut mit denen der Versuche überein. Daher kann jedes einzelne kleine Profil genau so stark gemacht werden, wie nötig. Demgemäß werden die Dicke der Hautbleche und der Querschnitt der Gurtwinkel, ebenso die Stegdiagonalen und die Querwände nach außen zu schwächer und schwächer. Dabei kann die Anpassung des Materialquerschnittes an die aufzunehmende Beanspruchung viel vollkommener sein, als dies bei anderen Flügelbauarten der Fall ist, da man bei diesen nicht wie hier alle 1 oder 2 m die Stärke eines Gurtprofiles oder anderer in Richtung der Spannweite durchlaufender

Bauglieder wechseln kann. Da außerdem bei diesem Hohlkastenholm alle Material-Querschnitte sehr weit außen liegen, und alle Teile viel mehr ein festes Ganzes bilden, als bei irgendeiner anderen Holmbauart, so dürfte es auch ohne weitere Formel- und Zahlenbeweise einleuchten, daß der Flügel sehr leicht wird, so leicht, daß man ihn ganz freitragend mit Seitenverhältnis 1:10 so fest bauen kann, wie es zum Schleifenflug und Rolling erforderlich ist.

Der Flügel hat nicht die geringste Neigung zu flattern oder auch nur in Teilen zu erzittern gezeigt, obwohl wir ihn in steilen Gleitflügen und Kurven auf das schärfste erprobt haben.

Da die Frage des Eigengewichtes äußerst wichtig ist, hätte ich gern für meine eigenen Zwecke und um ihn Ihnen mitteilen zu können,

Abb. 15.

selbst einen genauen Gewichtsvergleich zwischen unserem Metallflügel und anderen Metall- oder Holzflügeln von entsprechend günstigen Luftwiderstandsverhältnissen gehabt. Leider habe ich aber keinerlei solche Vergleichszahlen von Holzflügeln bekommen können und kann daher nur folgendes sagen: Das Eigengewicht unserer Maschine ist genau das gleiche wie beim englischen Flugboot Type F 5. Da beide die gleichen Motoren haben, nämlich je 2 Rolls Royce Eagle IX, so müssen sich auch die Flugwerkgewichte ziemlich gleichen. Die Bausicherheit des F 5-Bootes ist mit 3,75 im A-Fall so gering, daß allein deswegen weder Schleifenflug noch Rolling möglich ist. Bei unserem Boot ist die Bausicherheit zum Schleifenflug und Rolling genügend; denn sie ist gegenüber der im engsten Kurvenflug auftretenden Überbeanspruchung noch immer 2,5fach [1]).

Natürlich geben diese Zahlen keinen unmittelbaren Vergleich der Flügelgewichte selbst. Aber es ist doch klar, daß an den anderen Bauteilen, wie Rumpf- und Leitwerk, da diese durchweg leichter als der Flügel sind, nur so geringe Gewichtsersparnisse gemacht werden können, daß der Gewichtsvorteil gegenüber dem F-Boot durch den Flügel selbst erreicht sein muß.

Sicherheit bei Verletzung wichtiger Bauglieder.

Sowohl mit Rücksicht auf Schußverletzungen wie auch auf Arbeits- oder Materialfehler darf der Flügel nicht brechen, wenn irgendeines seiner Bauglieder zerstört ist. Keinerlei örtliche Verletzungen der leicht gebauten Nasen- und Endstücke kann die Sicherheit des Flügels gefährden.

Es leuchtet auch ein, daß die Ober- und Unterhautbleche des Hohlkastenholmes schon sehr schwer und weithin verletzt sein müssen, wenn der Flügel dadurch brechen soll. Nach völligem Bruch einer Längsstegdiagonale oder eines Pfostens würde die Querkraft durch die benachbarte Querwand auf den anderen Längssteg übertragen und dort, allerdings bei verminderter Bausicherheit, weitergeleitet werden. Wenn der Gurt eines Längssteges verletzt werden sollte, wird die vorher durch ihn übertragene Kraft durch Schwerkräfte in Ober- und Unterhaut auf den anderen Steg übertragen.

[1]) Bausicherheit und Kurvenflug. Z. f. M. 1922 S. 1.

Der Flügel ist also in jedem Abschnitt einfach statisch unbestimmt und kann daher durch die Verletzung einzelner seiner Bauglieder nicht zum Bruch gebracht werden.

Sicherheit gegen Wettereinflüsse und Korrosion.

Die Metallhaut ist das mindeste, was man von einem Flugzeug, das vom Wetter unabhängig sein soll, verlangen muß. Aber um einen Flügel vollkommen gegen Korrosion zu schützen, muß man noch weitere Bedingungen erfüllen. Das Duralumin als solches wird zwar, auch wenn es nicht angestrichen ist, im allgemeinen ziemlich wenig von der Atmosphäre angegriffen; sobald es aber mit anderen Metallen verbunden wird, entsteht eine galvanische Kette, die je nach dem Vorzeichen der elektrischen Spannung das Duralumin oder die mit diesem leitend verbundenen anderen Metalle zerstört. Beispielsweise wird Duralumin sehr rasch bei Verbindung mit Bronze oder Kupfer vernichtet, und ebenso wird Zink bei Berührung mit Duralumin zerfressen, sobald Seewasser hinzutritt. Sobald verschieden kupferhaltige Duraluminlegierungen miteinander verbunden sind, beispielsweise kupferreichere Nieten mit kupferärmeren Blechen, wird die kupferärmere durch die mehr Kupfer enthaltende zerstört.

Gewöhnlicher Stahl ergibt mit Duralumin erfreulicherweise meist sehr geringe Spannungen. Dagegen darf Stahl, der viel Chrom oder Nickel enthält, nur mit großer Vorsicht verwendet werden. Viele gute Stähle zerstören das mit ihnen verbundene Duralumin sehr rasch, u. a. auch der nichtrostende, sehr nickelhaltige Stahl von Krupp.

Um Mißerfolge zu vermeiden, muß daher jede Stahlsorte in bezug auf die von ihr mit Duralumin erzeugte elektrische Spannung geprüft werden. Außerdem soll man die Verwendung anderer Metalle, auch die von Stahl, in Verbindung mit Duralumin so weit als möglich einschränken.

Der vollkommen aus Duralumin erbaute Flügel b, bei dem nur die zum Zusammenbau des ganzen Flugzeuges dienenden Hauptbeschläge aus Stahl bestehen, ist daher weniger durch Korrosion gefährdet als irgendeine andere Flügelart.

Zum vollständigen Schutz gegen Korrosion müssen alle Teile innen und außen gut gestrichen werden. Jedes einzelne Glied der Flügel kann deshalb auch am fertigen Flügel mittels der aufklappbaren Nasen- und Endkästen leicht von allen Seiten nachgesehen und nachgestrichen werden.

Leichte Zugänglichkeit jedes einzelnen Bauteiles.

Die Nasen- und Endstücke des Flügels können in sehr einfacher Weise, durch Lösen einiger außen freiliegender Schrauben, vom Hohlkastenträger abgenommen werden.

Um die mit der Abnehmbarkeit der Nasen- und Endkästen verbundenen Vorteile noch zu steigern, sind diese in unter sich gleiche, voneinander unabhängige Abschnitte unterteilt.

Der Flügelträger kann durch Lösen der Bolzenverbindungen an den beiden zum Anschluß dienenden Holmstummeln leicht vom Rumpf oder, wenn der Flügel aus mehreren Abschnitten besteht, von dem benachbarten Flügelteil, abgenommen werden. Diese Verbindung besteht vollständig aus Stahl. Je ein durch je zwei Bolzen verbundenes Beschlagpaar dient zum Anschluß der Kräfte in Unter- und Obergurt sowie der Querkraft. Die Verbindung hat sich sehr gut bewährt. Nach einer Flugerprobung, die sich mit mehr als 70 Flügen über acht Monate erstreckte, sah sie beim Auseinanderbau der Maschine zum Versand noch wie neu aus.

Billige Herstellbarkeit.

Billige Herstellbarkeit hat zur Voraussetzung, daß nur einfache Bauteile, wie glatte Bleche und offene Profile, aber keine runde Rohre und keine Hohlprofile verwendet werden. Mit Rücksicht auf billige Herstellung bleiben Flügelprofil und Flügeltiefe über die ganze Spannweite unverändert. Alle Abrundungen von Flügelenden usw. sind, da sie, wie Versuche gezeigt haben, den Widerstand nicht merklich vermindern würden, vermieden. Am wesentlichsten wird der Bau dadurch verbilligt, daß möglichst wenig Arbeit beim Zusammenbau geleistet wird, weil durch die fabrikationsmäßige Ausführung der Hauptarbeit, solange die einzelnen Teile noch voneinander getrennt sind, viel Raum gespart wird, eine weit stärkere Unterteilung der Arbeit möglich ist, eine viel ausgiebigere Kontrolle der Arbeiter und der Güte ihrer Arbeit durchgeführt und viel mehr Gebrauch von Sonderwerkzeugen gemacht werden kann.

Die gleichen Rippen und Rippenkästen können schon bei kleinen Serien in einer Art Massenfertigung unter ausgiebiger Verwendung von Sonderwerkzeugen gebaut werden. Der größte Teil der zum Bau

eines Hohlkastenträgers erforderlichen Arbeit wird beim Zusammennieten der Längsstege und beim Aufnieten der Versteifungsprofile auf Ober- und Unterhautbleche geleistet, solange diese Teile noch voneinander getrennt sind. Der Zusammenbau derselben zum Hohlkastenträger erfolgt dann in einfacher Weise auf einem starken Trägerbrett, ohne daß schwierig zugängliche Nieten die Arbeit verzögern. Infolge dieser einfachen Bauweise ist denn auch die Unterteilung der Arbeit, wenn man berücksichtigt, daß wir vorerst nur wenige Maschinen gebaut haben, schon weit fortgeschritten. Ich erwähne nur, daß die Nieten nicht mehr wie früher von demjenigen, der irgendein Stück zusammengeheftet hat, geschlagen werden, sondern von besonderen Nietern, die nichts anderes tun. Auch die Qualität der Arbeit ist durch diese Unterteilung sehr verbessert worden.

Der Bergungswagen.

Eines der unangenehmeren Hindernisse unter all den vielen, wie sie sich dem Aufbau einer neuen Sache entgegenstellen, bestand in dem vom Land aus auf mehr als 100 m äußerst flachen, d. h. weniger als 1 m tiefen, teils steinigen, teils schlammigen Ufer des Öresundes. Infolge dieser großen Entfernung zwischen Land und genügend tiefem Wasser wäre der Bau eines Betonslips oder das Ausheben einer genügend breiten Fahrrinne so teuer geworden, daß wir es als Firma nicht hätten durchführen können. Wir haben daher, um alle Wasserbauten zu vermeiden, Bergungswagen gebaut. (Abb. 16). Sie tragen das Flugzeug nur vermittels der am Flügel selbst geschaffenen Befestigungspunkte. Daher kann auch bei den mit dem Fahren über den sehr ungleichmäßigen Grund des Öresundufers verbundenen Stößen keine Beanspruchung in Boot oder Schwimmer kommen, so daß diese nicht leck werden. Die Größe der Räder wurde auf Grund von an Ort und Stelle vorgenommenen Versuchen mit verschieden belasteten rollenden Scheiben bestimmt.

Abb. 16.

Zum Abnehmen und Wiederanbringen der Bergungswagen dient ein u-förmiges Floß, von dessen Schenkeln aus man leicht an den Bergungswagen arbeiten kann. Die Bergungswagen werden in 4 min von zwei ungelernten Leuten durch Nachlassen der Spannschlösser in den Spannkabeln und durch Herausschlagen der Befestigungsbolzen aus den Flügelbeschlägen vom Flugzeug abgenommen und schwimmen dann für sich. Das Wiederansetzen der Bergungswagen dauert ebenfalls 4 min. Damit der Befestigungsturm der schweren Bergungswagen in unruhigem Wasser nicht den Flügel des nahe neben ihnen schwimmenden Flugzeuges beschädigen kann, bevor er an ihm befestigt ist, wird der im übrigen allseitig gut gefenderte Bergungswagen zunächst mittels eines Kabels am Flügel angehängt. Dieses Kabel wird durch eine mit dem Bergungswagen verbundene Handwinde verkürzt, bis der Bergungswagen etwa 50 cm aus dem Wasser gehoben ist und sein Befestigungsbeschlag so in den des Flügels eingreift, daß der zugespitzte Verbindungsbolzen eingeführt werden kann. Sobald so durch das allmähliche Austauchen des Bergungswagens ein Teil seines Gewichtes vom Flügel getragen wird, macht der Bergungswagen jede Bewegung des Flugzeuges mit, denn die Unruhe des Wassers kann ihm dann keine eigene Bewegung mehr erteilen.

Diese ganze Bergungseinrichtung hat sich sehr bewährt und wird sicher noch in vielen Fällen, wo, wie bei uns, Anlagekosten gespart werden müssen, Verwendung finden können.

Aussprache:

Dr.-Ing. Achenbach: Der Herr Vortragende erkennt mit Recht in dem harmonischen Zusammenwirken von Zelle, Motor und Luftschraube die Bedingung für Höchstleistung des Flugzeugs. Im besonderen ist jedes Prozent höheren Wirkungsgrades der letzteren ein barer Gewinn für die Flugleistung. Die Suche nach dem besten Propeller ist daher die dankbare Aufgabe des Konstrukteurs. Ich vermag jedoch Herrn Dr Rohrbach nicht beizustimmen, wenn er sich eine Äußerung des englischen Propellerkonstrukteurs zu eigen macht, wonach es in Deutschland niemand geben solle, der einen Propeller auf Anhieb richtig konstruieren könne.

Diese etwas kühne Behauptung gründet sich auf die Untersuchung von Luftschrauben, die auf deutschen Frontmaschinen gefunden wurden. Nun weiß aber jeder, daß der Flugzeugführer im Felde ziemliche Freiheit hatte in der Auswahl desjenigen Propellers, für den er am meisten Sympathie hatte. Ob nun dieser Propeller für das betreffende Flugzeug der bestgeeignete war, das blieb meist fraglich. Jedenfalls behielten die Kampfmaschinen nicht lange die ihnen speziell zugeordneten Propeller, sondern es traten an deren Stelle bald mehr oder minder willkürlich ausgewählte. Diese Praxis muß man berücksichtigen bei der Beurteilung der Propellerkonstruktionen.

Des Weiteren darf u. a. auf die in der Kriegszeit durchgeführten, systematischen Propeller-Versuche der Kgl. Preußischen Versuchsanstalt für Wasserbau und Schiffbau hingewiesen werden, die unter der Leitung von Dr.-Ing Schaffran ausgeführt wurden und inzwischen Weltruf erlangt haben durch ihre Exaktheit. Diese Versuche haben die Treffsicherheit der Propellerkonstrukteure wesentlich erhöht, indem sie gestatten, das Arbeitsfeld eines bestimmten Propellers eng zu begrenzen. Wer sich auf diesem Gebiete genügend Praxis angeeignet hat, der kann mit ziemlicher Sicherheit einen Propeller dimensionieren.

Die Hauptsache ist hierbei, die einander widersprechenden Bedingungen beim Anflug und beim horizontalen Schnellflug in Einklang zu bringen, denn bekanntlich ist der Propeller, welcher im Stand — unter hoher Belastung — den größten Zug ergibt, nicht identisch mit demjenigen, welcher beim Horizontalflug — unter geringer Belastung — höchsten Wirkungsgrad verspricht. Der Propellerkonstrukteur ist hier auf eine klare Formulierung der Wünsche des Flugzeugkonstrukteurs angewiesen.

Nach meiner Meinung ist die Treffsicherheit »auf Anhieb« nicht so wichtig, wie die schließliche zweckmäßige Anpassung des Propellers an die Hauptbedingungen des Flugzeugs. Diese läßt sich aber meist nicht mit dem ersten Propeller erreichen, sondern nur durch ein zielbewußtes Zusammenarbeiten zwischen Flugzeug- und Propellerbau. Bei dem relativ niedrigen Preis eines Propellers gegenüber Tragwerk und Motor führt dieser Weg systematischer Erprobung meist schnell zur erreichbaren Höchstleistung.

Daß die deutschen Arbeiten auf dem Gebiete des Propellerbaus die Güte der Antriebsschrauben tatsächlich gefördert haben, könnte durch viele Beispiele belegt werden. Viele Millionen Goldmark Nationalvermögen sind, wie mir aus sicheren Quellen bekannt ist, bereits durch Ersparnisse an Kohlen im Schiffsbetrieb durch besser wirkende Schiffsschrauben gerettet worden. Eine Serie von österreichischen Torpedobooten ist bei Ausbruch des Krieges durch Verbesserung der Propulsionswirkung erst auf die kriegsmäßig notwendige Geschwindigkeit gebracht worden, was eine Höchstgeschwindigkeitssteigerung von 15 vH ausmachte.

Ich darf also zusammenfassend sagen, daß die deutschen Propellerfachleute sich neben ihren ausländischen Kollegen wohl sehen lassen können und somit die kritische Bemerkung in ihrer allgemeinen Anwendung jedenfalls nicht zutreffend ist.

Prof. A. Berson: Im Vortrage von Herrn Dr Rohrbach sowie in der Diskussion ist mehrfach die Propellerfrage angeschnitten worden, insbesondere auch die grundlegenden Arbeiten von Dr Schaffran und dem »National Advisory Committee« zu Washington über Zusammenhang von Steigungsverhältnis, Tourenzahl usw und Wirkungsgrad. Es ist auch die Übereinstimmung der von beiden Seiten erzielten Ergebnisse betont worden. Ich möchte anregen, daß entweder an einem der Berliner Sprechabende, oder noch besser in der nächsten OMV, einer der Luftschrauben-Fachmänner einen Vortrag über diese ganze Frage, speziell aber über die beiden erwähnten Untersuchungsreihen. Es ist dies ein schwieriges Kapitel, und es wird manchem von uns sehr willkommen sein, darüber Näheres zu hören. Ich speziell hatte nicht den Eindruck, als ob die Resultate der Untersuchungen von Dr Schaffran und den Amerikanern tatsächlich in allen Punkten befriedigende Übereinstimmung zeigten.

Kapt. a. D. Boykow: Das vom Herrn Vorredner angezogene Beispiel der österreichischen Zerstörer beruht nicht auf einer Umänderung der Propellerformgebung, sondern der Geschwindigkeitszuwachs wurde durch Änderung der Heckform des Bootes in der Wasserlinie erzielt.

H. B. Helmbold: Was wir heute hier über Luftschrauben gehört haben, mußte für den, der mit dem Stoff nicht näher vertraut ist, ziemlich pessimistisch klingen. Indes liegt wohl nach den bisherigen Leistungen der Theorie zu irgendwelchem Pessimismus in der Tat kein Grund vor. Ich meine die von den Herren Dr. Betz und Prof. Prandtl begründete Theorie, die sich einstweilen allerdings nur mit der alleinfahrenden Schraube befaßt hat, die unter dieser Einschränkung erzielten Erfolge erscheinen doch sehr befriedigend, wenn man bedenkt, daß die aus einer Reihe von amerikanischen Schraubenmodellmessungen erschlossenen Profileigenschaften denjenigen Werten entsprechen, die sich bei den gleichen Kennwerten aus den bekannten Flügelmodellmessungen für unendliche Streckungsverhältnisse ergeben. Die Gleitzahlen waren etwa 1.30 bei Kennwerten von der Größenordnung 2000 — 4000. Ein ganz strenger Vergleich war ja nicht möglich, weil die von den Amerikannern verwendeten Profile mit abgeschnittenen Vorder- und Hinterkanten noch niemals für sich untersucht sind. Es hat sich so auch bei der Schraube deutlich eine Abhängigkeit der Profilgleitzahlen vom Kennwert nachweisen lassen. Bei den hochbelasteten Schrauben ist die Übereinstimmung nicht mehr so gut, das ist aber auch nicht anders zu erwarten, da ja doch die amerikanischen Schraubenmodelle nicht nach den Gesetzen geformt waren, die unsere Göttinger Theorie für Schrauben mit kleinstmöglichem Strahlverlust aufstellt. Es steckt also in diesen Fällen in den errechneten Gleitzahlen, die ich deshalb auch als »scheinbare« Gleitzahlen bezeichne, ein gewisser Anteil, der vom Strahlverlust herrührt: sie sind daher etwas zu groß. Wir haben in dieser Rückwärtsrechnung der Gleitzahlen eine sehr scharfe Probe für die Übereinstimmung von Theorie und Versuch.

Die Abänderung des Strömungsbildes durch benachbarte Flugzeugteile und deren Einwirkung auf das Verhalten der Schraube zu berücksichtigen, bietet — wenigstens im einfachsten, im achsensymmetrischen Falle — meiner Überzeugung nach keine grundsätzlichen Schwierigkeiten mehr, die Ansätze zur Behandlung dieser Aufgabe sind auch schon bekannt. Ich gebe ja zu, daß es weiterhin wahrscheinlich noch ziemlich viel, vor allem rechnerische Arbeit erfordern wird, im Einzelfalle dann auch anzugeben, wie die Schraube aussehen muß, damit die Verschlechterung ihres Wirkungsgrades möglichst gering bleibt. Die von der Zirkulation um den Flügel verursachte Unsymmetrie der Strömung durch den Schraubenkreis wird man dadurch auf ein Mindestmaß zurückführen können, daß man die Schrauben möglichst als Druckschrauben hinter den Flügel verlegt.

II. Messungen an Luftfahrzeugen.[1]

Vorgetragen von Heinrich Koppe, Adlershof.

Königliche Hoheit!

Meine sehr verehrten Damen und Herren!

Kein Luftfahrzeugbauer geht wohl heute noch an den Bau eines Flugzeuges oder Luftschiffes heran ohne vorherige gründliche theoretische Berechnungen und praktische Modellversuche. Messungen an den fertigen Luftfahrzeugen selbst, die die Ergebnisse solcher Vorarbeiten nachprüfen und bestätigen sollen, werden dagegen leider nur wenig ausgeführt. Das beruht zum Teil auf einer grundsätzlichen Abneigung gegen derartige Messungen, auch auf Scheu vor den Umständlichkeiten und Kosten, die sie verursachen, und endlich auf einem gewissen Mißtrauen gegen die Zuverlässigkeit und den Wert von Messungen an und in Luftfahrzeugen überhaupt.

Sollte es mir durch die folgenden Ausführungen gelingen, einige dieser Bedenken oder Vorurteile zu zerstreuen, so wäre damit der Zweck meines Vortrages erfüllt. — Um aber Ihre Erwartungen nicht zu hoch zu spannen, möchte ich gleich im voraus bemerken, daß es sich bei den von mir ausgeführten Messungen eigentlich gar nicht um etwas grundsätzlich Neues handelt; es ist fast alles schon einmal dagewesen. Nur die Hoffnung, Ihnen Meßverfahren und Flugauswertung in einer neuen praktischen Form vorführen zu können, veranlaßt mich, Ihnen heute über die Arbeiten, die ich als Mitarbeiter der Deutschen Versuchsanstalt für Luftfahrt ausgeführt habe, zu berichten.

Anknüpfend an die Ausführungen meines Vorredners darf ich Ihnen zunächst einiges über die an dem Rohrbach-Ganz-

Abb. 1.

Metall-Flugboot Ro II 1 (Abb. 1) in Kopenhagen ausgeführten Messungen vortragen. Ich stelle diese aus dem Grunde voran, weil bei ihnen die verständnisvolle Zusammenarbeit zwischen Theoretikern und Praktikern, zwischen Konstruktionsbureau und Werft und endlich zwischen Flieger und wissenschaftlichem Beobachter oder »Instrumenten-Doktor«, wie er scherzhafter- und bezeichnenderweise genannt wurde, in bezug auf die auszuführenden Messungen vorzüglich war; weiter, weil die bei den zahlreichen Flügen gewonnenen Erkenntnisse den eigentlichen Anlaß und Grund zu weiteren praktischen, aber auch theoretischen Folgerungen bildeten.

[1] 51. Bericht der Deutschen Versuchsanstalt für Luftfahrt, Berlin-Adlershof.

Da die Rohrbach'schen Metallkonstruktionen sich auch in der Raumanordnung durch eine gewisse Großzügigkeit auszeichnen, durfte der wissenschaftliche Beobachter unbescheiden sein und für sich und seine zahlreichen Meßgeräte den besten Platz in Anspruch nehmen; das war ohne Zweifel die Rumpfspitze mit dem vorderen

Abb. 2.

Luk (Abb. 2). Von hier aus ist das ganze Flugzeug besonders gut zu übersehen, die Verständigung mit dem Flugzeugführer ist sehr leicht, und endlich liegt der Platz in größter Nähe ungestörter Strömung. Nach Maßgabe des zur Verfügung stehenden Raumes

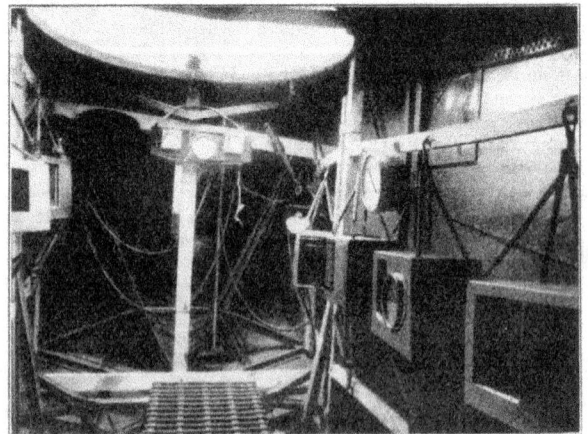

Abb. 3.

wurde mit Hilfe einiger Holzrahmen eine »fliegende Versuchsanstalt« eingerichtet (Abb. 3). Naturgemäß wurde gemessen, beobachtet und aufgezeichnet, was sich durch Meßgeräte und persönliche Wahrnehmung nur irgendwie erfassen ließ. Besonderes Gewicht wurde auf die Feststellung der Flugeigenschaften gelegt; eine Tatsache, die ich aus dem Grund besonders hervorheben möchte, weil die Flugeigenschaften selbst bei Flugzeugmusterprüfungen den reinen Flugleistungen gegenüber bedauerlich vernachlässigt werden.

Bei den ersten Flügen wurden die Ruderausschläge mit Hilfe einer besonderen Schreibvorrichtung, die mit einem schnellaufenden Sprechmaschinenwerk ausgestattet war, aufgezeichnet (Abb. 4).

Abb. 4.

Die Schreibhebel waren durch Gestänge und Seilzüge mit den Steuern verbunden und so übersetzt, daß die zur Verfügung stehende Papierbreite von 70 cm möglichst ausgenutzt wurde.

Von besonderer Wichtigkeit war die Aufzeichnung der Ruderausschläge naturgemäß bei der Untersuchung des Fluges mit verstelltem Seitenleitwerk und mit einem Motor. In einem Beispiel (Abb. 5) werden die Aufzeichnungen von zwei kurzen Flügen ver-

weitere Einschränkung machen; nämlich auf die reinen Flugleistungen aus Luftdichte, Steiggeschwindigkeit, Staudruck und Anstellwinkel bei gleichem Gewicht, gleichem Triebwerk und vollaufenden Motoren.

Wo es bei Meßflügen nur irgend angängig ist, soll ein flugerfahrener wissenschaftlicher Beobachter mitfliegen. Er muß das Flugzeug am Boden und in der Luft genau kennen, ehe er mit den eigentlichen Messungen beginnt, und doch wird er noch bei einem 50. oder 100. Fluge neue, immer mehr verfeinerte Wahrnehmungen machen, die die Kenntnis von dem betreffenden Luftfahrzeug weiter vertiefen. Natürlich darf der Beobachter sich ebensowenig entgehen lassen, das Luftfahrzeug vom Boden aus in bezug auf Start, Landung und Flugeigenschaften aufmerksam zu studieren. Fliegt der Beobachter aber mit, so hat es wenig Zweck, ihn in eine Kabine einzusperren, aus der er nicht viel sieht. Er muß so untergebracht werden, daß er das Luftfahrzeug und seine Lage im Raum gut übersehen, daß er seine Meßgeräte ordentlich einbauen und — was sehr wesentlich ist — sich mit dem Flugzeugführer gut verständigen, womöglich dessen Meßgeräte miteinsehen kann. Der Beobachter muß theoretisch selbst das Flugzeug führen, aber nur theoretisch, auch wenn er es praktisch kann oder zu können glaubt. Er darf raten, aber nicht taten. Und sein Rat wird um so wertvoller sein, je besser er das Flugzeug theoretisch mitfliegt. Im Interesse guter Ergebnisse sollen Flieger und wissenschaftlicher Beobachter wenigstens für die Dauer der Meßflüge zu einer idealen »Fliegerehe« vereinigt sein. Denn eine verständnisvolle Zusammenarbeit zwischen Flugzeugführer und Beobachter ist die erste Hauptbedingung für ein gutes Gelingen und ein brauchbares Ergebnis.

Was den Einbau der Meßgeräte anbetrifft, so sollen diese im Interesse der Verringerung des Luftwiderstandes nach Möglichkeit im Innern des Rumpfes so angeordnet werden, daß sie auch im Fluge leicht zugänglich sind. Ein Luftfahrzeug ist kein Weihnachtsbaum, am wenigsten, wenn seine Flugleistungen und Flugeigenschaften ermittelt werden sollen. Also auch die im Innern angebrachten Geräte dürfen in keiner Weise hinderlich sein.

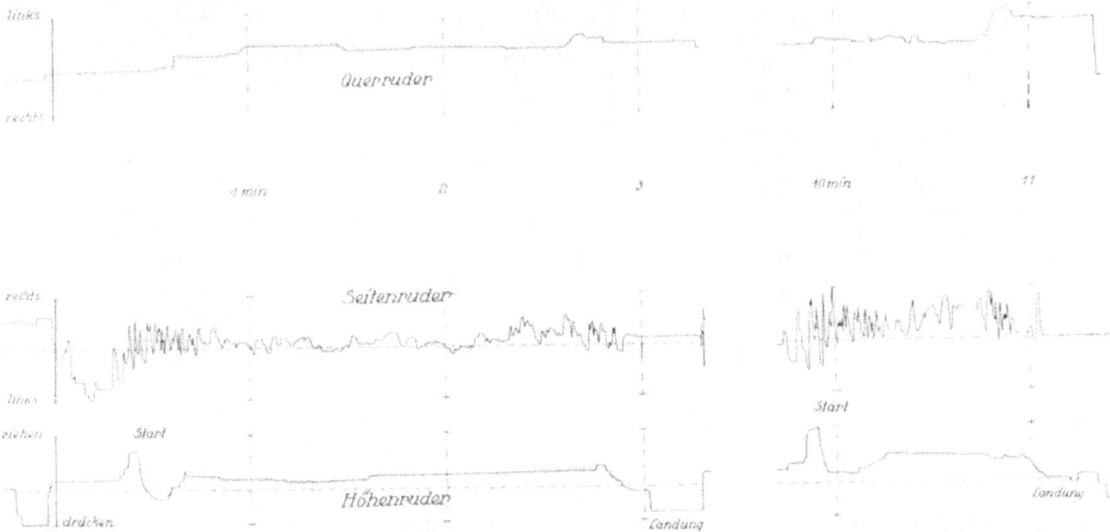

Abb. 5.

anschaulicht. Start und Landung zeigten bei allen Flügen fast übereinstimmende Ruderbetätigungen.

Es wurde im einzelnen gemessen: Luftdruck und Temperatur zur Ermittlung der Luftdichte, Stau- bzw. Saugdruck, Fluglage, Vertikalbeschleunigung, Flugbahn, Steiggeschwindigkeit und Geschwindigkeit über Grund. Selbstverständlich unterlagen auch die Kraftanlagen ständiger Beobachtung.

Die Mehrzahl der verwendeten Meßgeräte war selbstaufzeichnend, so daß sie nur überwacht und gelegentlich nachgeprüft zu werden brauchten; dadurch wurde Zeit zu persönlichen Beobachtungen und Wahrnehmungen gewonnen.

Von den bei mehr als 70 Versuchsflügen mit der Ro II 1 gewonnenen Erfahrungen kann hier nur soweit berichtet werden, als diese von allgemeinem Interesse sind und für spätere Überlegungen in Frage kommen. Auch da muß ich wegen Zeitmangels noch eine

Möglichst viel aufzeichnende Meßgeräte! Dem geübtesten Beobachter entgehen doch Einzelheiten, die so aufgenommen und später in aller Ruhe ausgewertet werden können. Schnellaufende Trommeln empfehlen sich sehr zu Untersuchungen besonderer Flugzustände. Im Einzelfalle wird man die Umlaufszeit der Trommel der Flugdauer oder auch die Flugdauer der Umlaufszeit anpassen. Sehr wichtig ist die Anbringung von genauen Zeitmarken an allen aufzeichnenden Geräten, nicht nur im Interesse der späteren Zuordnung zusammengehöriger Werte; es hat sich gezeigt, daß die Uhrwerke unter dem Einfluß von Erschütterungen und Änderungen der Wärme oder Luftdichte oft in ungleich laufen. Als bestes Schreibmittel für feine Aufzeichnungen hat sich vor allen anderen die Rußschrift bewährt. Ich möchte sie daher für Messungen in Luftfahrzeugen ganz besonders empfehlen. Die Rußtechnik ist eine »schwarze Kunst«, die von jedem leicht zu erlernen und zu beherrschen ist. Rußaufzeichnungen haben weiter den Vorteil, daß sie nur dem Kundigen zahlenmäßige Angaben über einen Flug machen, dem Unberufenen aber nichts verraten. Endlich sind Rußaufzeichnungen wie photographische Filme leicht zu vervielfältigen.

Kein Meßflug sollte ausgeführt werden ohne vorherige genaue W ä g u n g oder daß man sich über das Fluggewicht genauestens Rechenschaft ablegen kann. In dieser Beziehung werden im Eifer des Flugbetriebes leicht Fehler gemacht, die sich bei der späteren Bearbeitung des Materials als sehr ärgerliche Unterlassungssünden herausstellen. Es ist nicht immer möglich, ein Flugzeug vor jedem Fluge neu zu wiegen; dann ist es aber zweckmäßig, die Brennstoffbehälter ganz zu entleeren und neu zu füllen. Eine Eichung flacher Behälter bei großen Brennstoffmengen ist meist recht unzuverlässig. Es hat keinen Zweck, irgendwelche Flugleistungen auf 2 vH genau zu ermitteln, wenn das Fluggewicht um 5 oder 10 vH falsch ist.

Alle Flugleistungen, zum Teil auch die Flugeigenschaften werden auf L u f t d i c h t e bezogen. Ein Luftdichteschreiber war bekanntlich Gegenstand des Wettbewerbes um den Rumplerpreis.[1]) Leider ist auch heute noch kein einfaches und brauchbares derartiges Gerät vorhanden. Die Luftdichte wird daher wie üblich aus Luftdruck und Lufttemperatur ermittelt.

Die d r u c k m e s s e n d e n G e r ä t e können in den meisten Fällen unbedenklich im Rumpfinnern angeordnet werden. Der

Staudruckmessung mit Hilfe von Düsen, ebenso beim Variometer, aber auch beim Statoskop. Anstellwinkeländerungen im Fluge, die auch eine Änderung der Strömung um den Rumpf zur Folge haben, können fälschlicherweise z. B. sehr erhebliche Vertikalbewegungen vortäuschen. Eine Tatsache, die bisher bei derartigen Meßgeräten wenig beachtet worden ist.

Im übrigen ist die statische Sonde ein ausgezeichnetes Gerät zur Messung der Druckstörungen im und am Flugzeuge.

Die einwandfreie Messung der L u f t t e m p e r a t u r macht im Luftfahrzeuge einige Schwierigkeiten. Die unmittelbare Ablesung von Thermometern in der Nähe des Rumpfes wird bei den meisten Flugzeugen wegen des vornliegenden Motors beim Steigen leicht um zwei oder mehr Grad gefälscht. Vergleichsmessungen im Gleitflug bestätigen das. Ebenso wie gegen die Motorwärme soll das Thermometer auch gegen Sonnenstrahlung und Feuchtigkeit geschützt werden. Zu große Trägheit macht sich besonders bei schnellsteigenden Flugzeugen unangenehm bemerkbar. Bei der DVL wird bei Abnahmeflügen ein sehr wenig träges, mit einem Antennengewicht beschwertes Thermometer unter das Flugzeug herabgelassen. Von den aufzeichnenden Geräten haben sich außer dem Meteorographen[1]) nur wenige bewährt. Anzustreben ist ein fernanzeigendes[2]) oder fernschreibendes Gerät. Besonders das letztere stellt ein nicht ganz einfaches Relaisproblem dar.

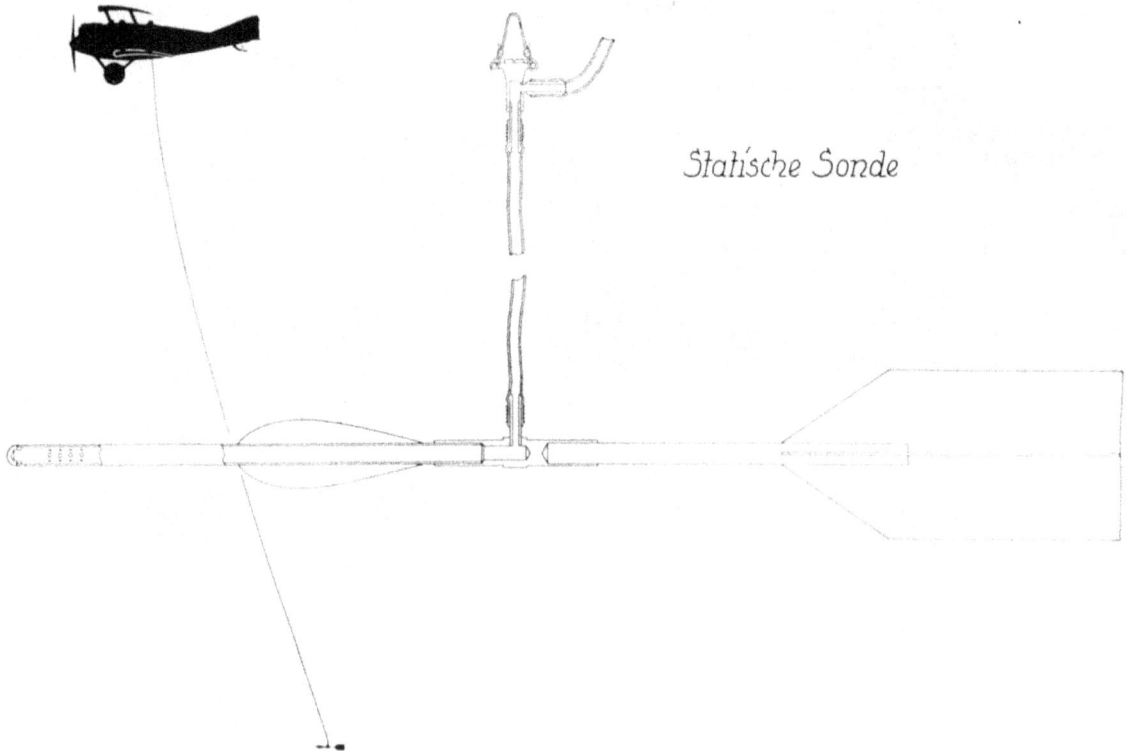

Statische Sonde

Abb. 6.

Temperatureinfluß ist bei guten Höhenmessern und Höhenschreibern hinreichend ausgeglichen. Große Aufmerksamkeit ist auf etwaige D r u c k s t ö r u n g e n im Innern des Rumpfes durch Luftwirbel zu richten. Bei Flugbooten ist diese Gefahr wegen des einseitig geschlossenen Rumpfes besonders groß. Die Druckstörung kann bis zu 2 mm Quecksilber betragen.

Ein einfaches und sicheres Mittel, solche Störungen nachzuweisen und zu beseitigen, ist die s t a t i s c h e S o n d e (Abb. 6). Das ist ein tief unter dem Flugzeug mitgeschleppter stabiler Körper, der an seiner rohrförmigen Spitze seitlich ähnliche Schlitze oder Anbohrungen hat, wie das Staurohr; durch eine Schlauchverbindung wird der ungestörte statische Druck den im Flugzeuginnern angeschlossenen Meßgeräten zugeleitet. Das Ausbringen der statischen Sonde macht bei genügendem Gewicht keine Schwierigkeiten; im Fluge steht sie vollkommen ruhig. Für die einfache Höhenmessung kann man auf den statischen Druckausgleich vielfach verzichten. Sehr wichtig ist er aber bei der Differenzdruckmessung, z. B. bei

Nun zur G e s c h w i n d i g k e i t s m e s s u n g.

Wichtiger als diese ist die Ermittlung des S t a u d r u c k s bei verschiedenen Flugzuständen, die durch Staurohre oder Düsen bewerkstelligt wird. Die Staugeräte selbst werden an einer störungsfreien Stelle des Luftfahrzeuges angebracht. Ich bin der Ansicht, daß man an jedem Flugzeug ohne allzu umständliche Anbauten ein Staugerät so befestigen kann, daß die noch auftretenden Druckstörungen jedenfalls innerhalb der Fehlergrenzen der Messung selbst liegen. Recht befriedigend ist im allgemeinen eine Anordnung weit vor oder etwas über der Vorderkante des Flügels.[3]) In jedem

---

[1]) s. Koppe, Über den Rumplerpreis ZFM 1922, S. 33 ff.

[1]) s. Wigand-Koppe, Ein neuer Flugzeug-Meteorograph, ZFM 1923, S. 106.

[2]) Auf Anregung des Verfassers ist inzwischen bei der Hartmann & Braun A. G. in Frankfurt a. M. ein fernanzeigendes Luftthermometer gebaut worden, das sich gut bewährt hat.

[3]) Für den Otto Lilienthal-Preis wurde die Anbringung der Staurohre bzw. Düsen einhalb Flügeltiefe vor und zwei Flügeldicken über der Vorderkante des Oberflügels angeordnet.

Falle ist eine Nachprüfung des etwa noch bestehenden Druckunterschiedes mit Hilfe der statischen Sonde zu empfehlen; nötigenfalls bleibt die statische Sonde auch während der Messung angeschlossen. Diese Vorsicht ist besonders bei Verwendung von Düsen geboten, da bei diesen der Fehler leicht 10 bis 20 vH betragen kann.

Die Druckübertragung auf die Anzeige- oder Schreibgeräte erfolgt durch Leitungen; diese sollen nicht zu eng genommen werden, also möglichst wenig dämpfen.

Gerade die ungedämpfte Saugdruckaufzeichnung gibt bei Verwendung empfindlicher Dosen und schnellaufender Trommeln sehr interessante Ergebnisse.

Düsen haben den Staurohren gegenüber den Vorteil großer Einstellkraft; wesentlich ist, daß sie sich auch durch Regen und Feuchtigkeit nicht so leicht verstopfen wie Staurohre. Es muß aber nochmals darauf hingewiesen werden, daß Staudruckmessungen mit Hilfe von Düsen zu ganz falschen Ergebnissen führen können, wenn die veränderlichen statischen Druckstörungen in der Nähe des Anzeigegerätes nicht gemessen und rechnerisch berücksichtigt oder besser unmittelbar ausgeglichen werden. Anzeigegeräte für Düsen sollen daher ebenfalls abgedichtet und mit einem zweiten Anschluß für den ungestörten Druckausgleich versehen werden.

Die Messung der Lage des Luftfahrzeuges im Raum erstreckt sich hauptsächlich auf Bestimmung der Längs- und Querneigung. Aus Längsneigung und Steigwinkel wird dann der Anstellwinkel berechnet.

Beschränkt man sich auf die Messung der Längsneigungen im unbeschleunigten Fluge, so genügt ein einfaches Pendel. Wesentlich ist eine geeignete Dämpfung; diese hat aber zumeist den Nachteil, daß ein Mitschleppen des Pendels bei schnellen Änderungen der Längsneigung durch das dämpfende Mittel eintritt. Es wird sich letzten Endes darum handeln, einen für die Genauigkeit möglichst günstigen Vergleich zwischen Mitschleppfehler durch Beschleunigungseinflüsse auf das Dämpfungsmittel und der Schwingungsbzw. Einstellzeit des Pendels zu finden. Vorzüglich bewährt sich in diesem Falle ein nahezu aperiodisch gedämpftes Kreispendel, das zuerst von Hoff mit gutem Erfolge zu Längsneigungsmessungen in Flugzeugen angewandt und in seinen mathematisch-physikalischen Eigenschaften durchgerechnet worden ist.[1]

Da sich meine Leistungsmessungen lediglich auf den unbeschleunigten Flug beziehen sollten, habe ich eine Dämpfung angewandt, die hauptsächlich die sehr störenden Beschleunigungskräfte in der Flugrichtung ausschaltet. Das wird hinreichend durch eine zylindrische Öldämpfung erreicht, die senkrecht zu diesen Beschleunigungskräften wirkt; es ergibt sich dabei ein weiterer kleiner Vorteil, nämlich daß sich bei plötzlichen sehr starken Längsbeschleunigungen — aber nur bei diesen — der dämpfende Kolben an die Zylinderwand anlegt und so für den ersten Moment eine besonders kräftige Bremswirkung ausübt. — Da weiter die Anordnung der Dämpfung außerhalb des Pendels erfolgen konnte, gaben konstruktive Überlegungen, die auch durch Anpassung in dem später zu erwähnenden Dreifachschreiber beeinflußt wurden, den Ausschlag.

Die beschriebene Anordnung hat sich jedenfalls bei den zahlreichen Versuchsflügen bestens bewährt. Die Anzeigen des Gerätes haben sich bei der Durchrechnung der Meßergebnisse als einwandfrei erwiesen.

Weit schwieriger ist die Messung der Querneigung, die vor allem für Kurvenflüge in Frage kommt; am besten peilt der Beobachter über einem Teilkreis (Transporteur) die Neigung zum Horizont.

Aufzeichnungen der Längs- und Querneigungen können auch durch ein festeingebautes Kinogerät mit Weitwinkel und Aufnahme des Horizontes oder der Sonne oder eines Schattenpunktes erzielt werden. Auf andere, z. B. photogrammetrische Meßverfahren habe ich früher an anderer Stelle hingewiesen.[2]

Erwähnen möchte ich aber, daß die Festlegung der Flugbahn vom Boden aus eine sehr wertvolle Ergänzung eines Meßfluges ist.

Auf die hohe Bedeutung der Meßnabe[3] für die Flugleistungsbestimmungen, die dadurch auf eine neue, viel breitere Grundlage gestellt werden, braucht hier nur hingewiesen zu werden.

[1] s. W. Hoff, Versuche an Doppeldeckern, Luftfahrt und Wissenschaft, herausgegeben von J. Sticker, Heft 6, S. 18 ff.

[2] s. Koppe, Verfahren zur Messung der Geschwindigkeitsleistung von Luftfahrzeugen, ZFM 1923, S. 17 ff.

[3] s. W. Stieber, Die Meßnabe, ZFM 1924, S. 69 ff.

Nun einige allgemeine Bemerkungen:

Jeder Flugzeugführer fliegt mehr oder weniger nach Gefühl; das muß er auch, denn sonst könnte er ein ganz neuartiges Flugzeug überhaupt nicht einfliegen; die Flugeigenschaften fühlt er sozusagen im Knüppel. Aber das Gefühl des Flugzeugführers ist mehr qualitativ; quantitativ sind die Feststellungen des Beobachters und die Anzeigen der Meßgeräte. Daher muß der Flieger lernen, sein fliegerisches Gefühl auf dem Wege über die Augen durch die Meßgeräte zu erweitern. Flugleistungen können nur durch sauberes quantitatives Gefühlsfliegen erzielt werden; das ist ein Kunstfliegen, das vielleicht höher zu bewerten ist als Luftakrobatik. »Sauberes« Fliegen könnte ebenso wie diese zum Gegenstand des Wettbewerbs gemacht werden.

Sehr große Flugzeuge müssen ohnehin vorwiegend nach Meßgeräten geflogen werden; nach den bisherigen Erfahrungen erscheint das durchaus möglich.

Über das praktische Ergebnis der Messungen am Ro II 1 hat der Vorredner berichtet. Es bleibt mir nur übrig, zu erläutern, wie sie gewonnen, und an einem Beispiel zu zeigen, wie sie weiter verwertet wurden.

Zunächst die Steigfähigkeit. Der Flieger hatte die Weisung, das Flugzeug mit demjenigen gleichbleibenden Staudruck, der vorher als für das Steigen günstigste ermittelt worden war, bei vollgeöffneter Drossel durchzufliegen. Böen sollten möglichst wenig durch Ruderlegen ausgeglichen werden. Selbstverständlich wurde gutes Wetter gewählt. Die Aufzeichnungen von Längsneigung, Staudruck und Höhe zeigen, daß diese Forderungen weitgehend erfüllt wurden (Abb. 7).

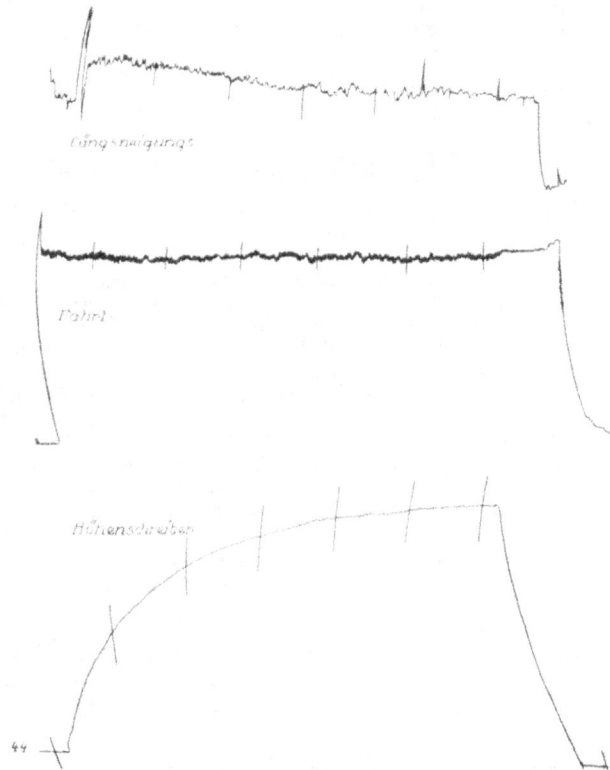

Abb. 7.

Der Steigflug wurde nach einem bereits in der Flugzeugmeisterei angewendeten, sehr einfachen Verfahren ausgewertet, das sich in der Praxis gut bewährt hat und deshalb hier kurz mitgeteilt werden soll: Bezeichnet man die Höhe mit z, die Steiggeschwindigkeit mit w und den Luftdruck mit p, so besteht die Beziehung:

$$w = \frac{dz}{d\tau} = \frac{dz}{dp} \cdot \frac{dp}{d\tau} = -\frac{1}{\gamma} \frac{dp}{d\tau} \quad \text{da } \gamma \, dz = -dp.$$

Dabei ist γ ausgedrückt in kg/m³ und $\frac{dp}{d\tau}$ in kgm⁻² sec⁻¹, w ergibt sich also in m/sec⁻¹.

Die zeitliche Druckänderung erhält man folgendermaßen: Aus der Aufzeichnung des Höhenschreibers wird der Luftdruck für gleiche Zeitabschnitte $\Delta\tau$, etwa von 2 zu 2 min, abgegriffen und nach der Eichkurve bestimmt. Die Mittel ΔB_m aus den Druckunterschieden ΔB, multipliziert mit dem spezifischen Gewichte des Quecksilbers, ergeben mit hinreichender Genauigkeit die Werte Δp.

Während des Fluges werden die Temperaturen abgelesen und aus den dazugehörigen Luftdrücken die Luftdichten berechnet. Die Luftdichte wird in Abhängigkeit vom Luftdruck aufgetragen; daraus ergibt sich für jedes ΔB_m ein bestimmtes w.

Demnach erhält man für die Steiggeschwindigkeit in $m \cdot sec^{-1}$

$$w = \frac{13,6}{\Delta\tau} \cdot \frac{\Delta B_m}{\gamma}.$$

Für den Bereich, in dem die Höhenschreiberkurve flacher verläuft, kann man die Zeitintervalle $\Delta\tau$ größer wählen.

Zu zeichnen ist also nur die Temperatur bzw. Luftdichte in Abhängigkeit von Luftdruck oder Zeit.

Die Bestimmung der Steiggeschwindigkeiten erfolgt zweckmäßig nach folgendem Schema:

Zahlentafel 1. (Abb. 8).

Zeit min	Temperatur t^0	Luftdruck B mm SQ	Unterschied ΔB	Mittel ΔB_m	Luftdichte γ kg/m³	Steiggeschwindigkeit w m/s
0	8,8	755,3	36,3	29,6	1,245	
2	5,5	719,0	23,0	21,5	1,198	2,80
4	2,8	696,0	20,0	18,5	1,172	2,10
6	0,6	676,0	17,0	16,5	1,147	1,85
8	—0,8	659,0	16,0	16,0	1,124	1,65
10	—1,5	643,0	16,0	15,0	1,100	1,65
12	—2,0	627,0	14,0	14,0	1,075	1,60
14	—2,4	631,0			1,052	1,50

Aus der Luftdichte und dem Staudruck ergibt sich nach der Formel

$$v = \sqrt{2g\frac{q}{\gamma}}$$

die Flugbahngeschwindigkeit, die ebenso wie die Steiggeschwindigkeit in Abhängigkeit von der Luftdichte aufgetragen wurde (Abb. 9 I und II). Aus beiden Kurven wurden für die Luftdichten $\gamma = 1,18$; $\gamma = 1,16$ ... bis $\gamma = 1,00$ kg/m³ die Werte für die Flugbahn- und Steiggeschwindigkeit entnommen. Der Steigwinkel φ, der zwischen der Flugbahn und der Horizontalen liegt, ergibt sich aus der Gleichung $\frac{w}{v} = \sin\varphi$ (Abb. 9 III). Fügt man zu diesem den Winkel zwischen Rumpfoberkante und Flügelsehne hinzu, so erhält man den Winkel zwischen der Flügelsehne und der Horizontalen. Seine Differenz mit der gemessenen Längsneigung (Abb. 9 IV) ergibt endlich den Anstellwinkel α (Abb. 9 V).

Es zeigt sich, daß bei konstantem q auch der Anstellwinkel α innerhalb der Meßgenauigkeit konstant bleibt; ein Beweis, daß

ein gut durchgeführter Meßflug in der Genauigkeit der Versuchsbedingungen einem Modellversuch im Laboratorium nicht nachzustehen braucht.

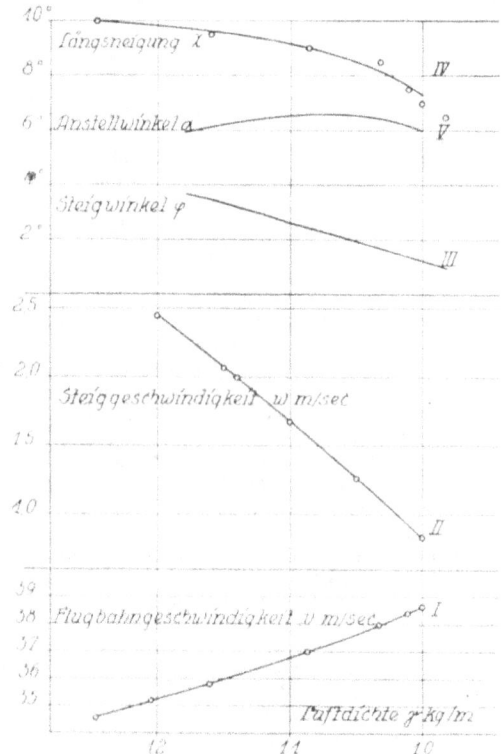

Abb. 9.

Die so ermittelten Werte sind für die Luftdichten von 1,18 bis 1,00 in eine Zahlentafel eingetragen (Abb. 10), dazu die den Luftdichtewerten entsprechenden Motorleistungen. Es ist

$$\frac{c_w}{c_a} = \frac{75}{G} \cdot \frac{N\cdot\eta}{v} - \frac{w}{v}$$

Diese Gleichung stellt eine Beziehung zwischen $\frac{c_w}{c_a}$ und η dar, die für alle oben ermittelten Werte zutrifft. Es lassen sich also zehn Gleichungen aufstellen. Aus zwei aufeinanderfolgenden erhält man je einen Wert für η und $\frac{c_w}{c_a}$. Da Staudruck und Anstellwinkel konstant sind, müssen in allen Gleichungen die Werte $\frac{c_w}{c_a}$ übereinstimmen. Kombiniert man nun nicht nur zwei aufeinander-

Ro II¹ Flug Nr. 44. Steig-Flug. (Abb. 10).

Nr.	Luftdichte γ kgm³	Flugbahngeschwindigkeit v m/sec	Steiggeschwindigkeit w m/sec	$\frac{w}{v}$ $\sin\varphi$	Steigwinkel φ^0	Längsneigung $+3,5^0$	Anstellwinkel α^0	Motorleistung N_x PS	$\frac{c_w}{c_a}$ für $\eta=0,56$	Werte für η aus Nr.		Nr.	
1	1,18	35,45	2,30	0,0649	3,7	9,7	6,0	676	0,0986	1;2	0,52	1;5	0,55
2	1,16	35,75	2,15	0,0602	3,45	9,6	6,15	662	0,0983	2;3	0,52	1;6	0,56
3	1,14	36,05	2,00	0,0555	3,2	9,5	6,3	646	0,0980	3;4	0,58	1;7	0,55
4	1,12	36,40	1,84	0,0506	2,9	9,35	6,45	632	0,0979	4;5	0,60	2;7	0,56
5	1,10	36,70	1,68	0,0458	2,6	9,15	6,45	618	0,0984	5;6	0,57	2;6	0,57
6	1,08	37,10	1,52	0,0410	2,35	8,9	6,55	604	0,0985	6;7	0,52	3;7	0,57
7	1,06	37,45	1,36	0,0363	2,1	8,7	6,6	588	0,0980	7;8	0,54	8;10	0,61
8	1,04	37,80	1,19	0,0315	1,8	8,3	6,5	572	0,0979	8;9	0,63	6;10	0,53
9	1,02	38,20	1,01	0,02645	1,5	7,9	6,4	558	0,0985	9;10	0,56	6;9	0,56
10	1,00	38,60	0,84	0,02175	1,25	7,35	6,1	542	0,0982	1;4	0,54	5;9	0,56

$$c_a = \frac{G}{F\cdot q} = \frac{4910}{71,4\cdot76} = 0,906 \qquad \left(\frac{c_w}{c_a}\right)_{Mittel} = 0,0982 \qquad c_w = 0,0982\cdot0,906 = 0,089 \qquad \eta_{mittel} = 0,56$$

$$\text{Staudruck } q = 76 \text{ kgm}^{-2}$$

folgende Werte von $\frac{c_w}{c_a}$, so erhält man trotzdem Werte für η, die von dem Mittel (0,56) nur wenig abweichen. --

Ein anderes, allgemein gültiges Verfahren zur Wertung der Leistungen von Flugzeugen, das ich gemeinsam mit Herrn Spieweck entwickelt habe, möchte ich Ihnen im folgenden vorführen:

Die Bewegungsgleichungen eines Flugzeuges lauten:

$$75 \cdot N - G \cdot w - c_w \cdot F \cdot q \cdot v = 0 \qquad (1)$$
$$- G + c_a \cdot F \cdot q = 0 \qquad (2)$$

Ist in Gleichung 2 der Staudruck q konstant, so ist auch c_a konstant, d. h. der Anstellwinkel a ist konstant, also auch c_w. Da

$$v = \sqrt{\frac{2\,g}{\gamma} \cdot q}$$

ist, so läßt sich die erste Gleichung auch schreiben:

$$75 \cdot N \cdot \eta - G \cdot w = c_w \cdot F \cdot q \cdot \sqrt{\frac{2\,g}{\gamma} \cdot q}$$

oder

$$75 \cdot N \cdot \eta - G \cdot w = c_w \cdot F \cdot q \sqrt{2\,g \cdot q} \cdot \frac{1}{\sqrt{\gamma}}$$

daraus ergibt sich die Steiggeschwindigkeit:

$$w = - \frac{c_w F\,q}{G} \sqrt{2\,g\,q} \cdot \frac{1}{\sqrt{\gamma}} + \frac{75\,N \cdot \eta}{G}.$$

Ist nun der Staudruck konstant, so ist

$$- c_w \cdot \left(\frac{F}{G}\right) q^{3/2} \sqrt{2\,g} = K.$$

eine Konstante. Trägt man die Steiggeschwindigkeiten, die man bei konstantem Staudruck q_1 erhalten hat, in Abhängigkeit von $\frac{1}{\sqrt{\gamma}}$ auf, so erhält man eine Kurve q_1 (Abb. 11).

In dem vorliegenden Beispiel nähert sich die Kurve der über der reziproken Wurzel der Luftdichte aufgetragenen Steiggeschwindigkeiten beim Staudruck q_1 sehr stark einer Geraden. Es mag daher besonders darauf hingewiesen werden, daß dies nach theoretischen Überlegungen nicht immer oder doch nur angenähert zutrifft.

Würde sich die Leistung des Triebwerks mit der Luftdichte nicht ändern, so wäre allerdings die Steiggeschwindigkeitskurve die Gerade

$$w = K' \cdot \frac{1}{\sqrt{\gamma}} + C_0$$

wobei

$$C_0 = \frac{75 \cdot N_0 \cdot \eta}{G}$$

ist oder

$$C_0 = \frac{75 \cdot v_z \cdot N\,e_0 \cdot \eta}{G}$$

Diese Gerade würde die w-Achse im Punkte $w = C_0$ schneiden, und ein zweiter Punkt wäre durch die Steiggeschwindigkeit w_0 in Normaldichte γ_0 beim Staudruck q_1 gegeben.

Da der Wert von $C_0 = \frac{75 \cdot N_0 \cdot \eta}{G}$ im allgemeinen nicht bekannt ist, sei er zunächst beliebig angenommen. Ich werde später zeigen, daß die weiteren Überlegungen und praktischen Konstruktionen tatsächlich unabhängig von der Größe von C_0 sind. Die Gerade I, die also der theoretischen Steiggeschwindigkeit des Flugzeuges mit dem Staudruck q_1 bei unveränderter Leistung des Triebwerks entspricht, werde also durch w_0 und einen beliebig angenommenen Punkt C_0 gelegt.

Die Abweichung der gemessenen Kurve q_1 von der theoretischen Geraden I rührt her von der Abnahme von $N \cdot \eta$; sie gibt also an, um wieviel die Steiggeschwindigkeit bei der betreffenden Luftdichte dadurch herabgesetzt wird. Diese Differenzen sind indessen unabhängig vom Staudruck. Ist also die Steiggeschwindigkeit beim Staudruck q_2 und einer bestimmten Luftdichte bekannt, und addiert man dazu den dieser Luftdichte zugeordneten Unterschied a zwischen der gemessenen Kurve q_1 und der theoreti-

schen Geraden I, so erhält man einen Punkt der theoretischen Geraden II, die man dann durch diesen und durch C_0 ziehen kann. Trägt man für die verschiedenen Luftdichten die Unterschiede zwischen q_1 und I von II aus ab (Abb. 12), also $a_1 = a_2$, $b_1 = b_2$ usw.), so läßt sich die Kurve q_2 aus diesen Punkten herstellen. Der Schnittpunkt der Kurve q_2 mit der $\frac{1}{\sqrt{\gamma}}$-Achse gibt dann die Gipfelhöhe beim Staudruck q_2.

Auf dieselbe Weise lassen sich die praktischen Steiggeschwindigkeitskurven für die Staudrücke q_3, q_4 ... konstruieren, wenn für jeden dieser Staudrücke auch nur ein einwandfreier Steiggeschwindigkeitswert bei einer bestimmten Luftdichte bekannt ist.

Wir sehen, daß es sich im vorliegenden Falle lediglich um die Konstruktion ähnlicher Kurven handelt, die also tatsächlich unabhängig von der Größe von C_0 ist. C_0 muß nur auf der w-Achse liegen; alle Geraden I, II, III ... müssen sich in C_0 schneiden.

Endlich brauchen die Staudrücke keine Absolutwerte zu sein; es ist nur erforderlich, daß das Staudruckgerät an derselben Stelle des Flugzeuges angebracht ist. Die Druckstörungen um das Flugzeug ändern sich meist mit dem Anstellwinkel; für konstantes q haben die Druckstörungen also auch den gleichbleibenden Betrag. Hat man auf diese Weise einige Steiggeschwindigkeitskurven konstruiert, so kann man andererseits die Steiggeschwindigkeiten über dem Staudruck für verschiedene Luftdichten auftragen und erhält so eine einfache graphische Darstellung (Abb. 13), aus der man ganz allgemein alle praktischen Flugleistungen des Flugzeuges (bei bestimmtem Fluggewicht und mit vollaufendem gleichen Triebwerk) für alle Luftdichten ablesen kann.

Ich hatte Gelegenheit, diese Darstellungsweise der praktischen Meßergebnisse bei Prüfungen auf verschiedene Flugzeugbaumuster anzuwenden. Das Ergebnis war recht befriedigend; Voraussetzung ist naturgemäß immer: ein sauberes quantitatives Fliegen! —

Bei den nach diesem Verfahren geprüften Flugzeugen, die nicht vor- oder überverdichtete Motoren hatten, war die Abnahme des Wertes $N \cdot \eta$ nahezu proportional der Luftdichte, d. h. die über dem reziproken Werte der Wurzel der Luftdichte aufgetragene

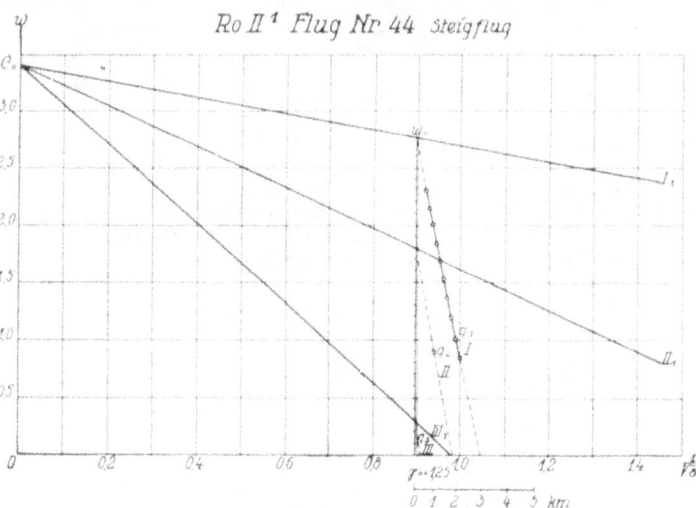

Ro II^1 Flug Nr. 44 Steigflug

Abb. 11.

Kurve der Steiggeschwindigkeiten für einen bestimmten Staudruck war in erster Annäherung eine Gerade. Die für verschiedene Staudrücke erhaltenen Steiggeschwindigkeitskurven (Geraden) schneiden sich dann nach bekannten geometrischen Grundsätzen wieder in einem Punkte auf der w-Achse. Die Konstruktion vereinfacht sich also in diesem — aber auch nur in diesem Falle — sehr wesentlich.

Der Geschwindigkeitsflug über einem großen, nahezu gleichseitigen Dreieck wurde so ausgeführt, daß zunächst eine geeignete und möglichst ruhige Luftschicht aufgesucht wurde. In dieser Schicht wurde nun durch aufmerksame Beobachtung des Höhenmessers derjenige Staudruck ermittelt, bei dem das Flugzeug genau horizontal flog. Der Geschwindigkeitsflug wurde also nicht nach dem Höhenmesser, sondern nach dem Staudruck-

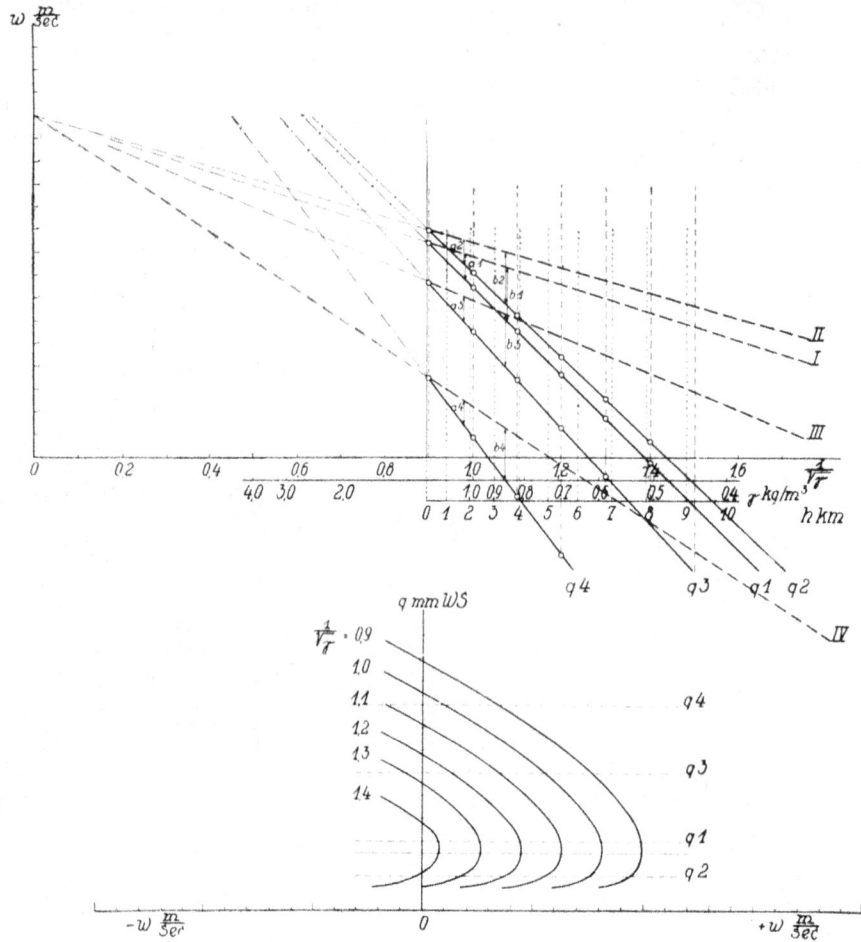

Abb. 12.

messer geflogen. Der Beobachter hatte nur selten kleine Berichtigungen vorzunehmen. Die beigefügten Aufzeichnungen (Abb. 14) beweisen, daß die Höhe in der Tat vorzüglich eingehalten wurde. Als Fahrtschreiber wurde ein sehr empfindliches ungedämpftes Gerät der Optischen Anstalt C. P. Goerz, Friedenau, benutzt, auf das ich später noch zu sprechen komme.

zeigte gute Übereinstimmung zwischen der Geschwindigkeitsmessung über Grund und der Staudruckaufzeichnung.

Nun einige praktische Folgerungen, die sich hauptsächlich auf den Bau eines zweckentsprechenden Meßgerätes beziehen.

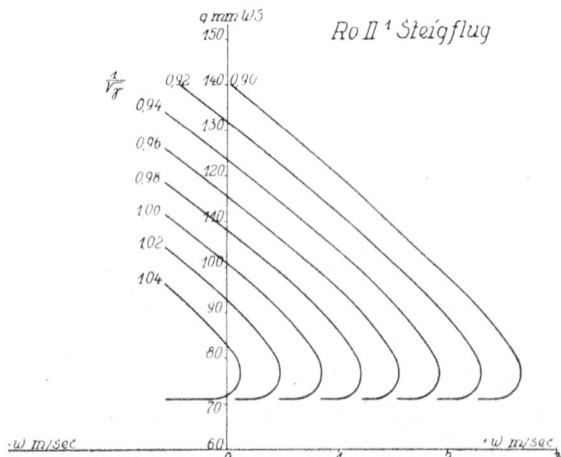

Abb. 13.

Abb. 14.

Die Auswertung des Geschwindigkeitsfluges erfolgte nach dem bekannten, schon früher mitgeteilten Verfahren[1]. Das Ergebnis

[1] s. Koppe, Verfahren zur Messung der Geschwindigkeitsleistung von Luftfahrzeugen, ZFM 1923, S. 17.

Die Leistungen eines Flugzeuges lassen sich, wie gezeigt wurde, im allgemeinen aus gleichzeitigen Messungen von Luftdichte, Staudruck und Längsneigung ermitteln. Bei den ersten Versuchen wurden entsprechend einzelne aufzeichnende Meßgeräte für Luftdruck und Temperatur, für Staudruck und Längsneigung verwendet. Im Verlauf der weiteren Messungen habe ich dann ein Sammelgerät entwickelt, von dem zunächst nur das erste Versuchsmodell beschrieben werden soll, da sich dieses bereits gut bewährt hat und die Konstruktion des Seriengerätes noch nicht abgeschlossen ist. Über dieses wird später besonders berichtet werden.

Ausgehend von vorhandenen bewährten Meßgeräten habe ich diese zu einem Dreifachschreiber vereinigt, der die Aufzeichnung von Luftdruck, Staudruck und Längsneigung auf einer gemeinsamen Trommel gestattet (Abb. 15). Während der Längsneigungs-

digen Uhrwerken zur Verfügung. Aus alten Heeresbeständen waren die besten Geräte ausgewählt worden. — Zur Staudruckmessung wurde ein Fahrtschreiber der Optischen Anstalt C. P. Goerz, Friedenau, benutzt, der für den Wettbewerb um den Rumplerpreis gebaut und im Anschluß daran näher beschrieben worden ist.[1] Das Gerät hat sich gut bewährt. Die verwendeten Dosen sind aber sehr weich, daher auch sehr empfindlich gegen äußere unerwünschte Einwirkungen. Bei den letzten Versuchen sind daher mit großem Vorteil Bruhn'sche Düsen mit besonderen, von der Askania-(Bamberg) Werken, Friedenau, hergestellten Dosensätzen verwendet worden. — Der Längsneigungsschreiber war als Einzelgerät von mir bereits bei früheren Versuchen verwendet worden; er ist aus einem Höhenschreiber entstanden und hat sich, wie bereits oben erwähnt, in der vorliegenden sehr einfachen Form als brauchbar erwiesen.

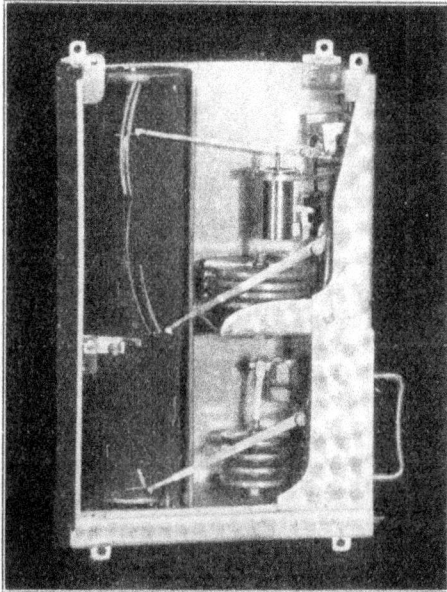

Abb. 15.

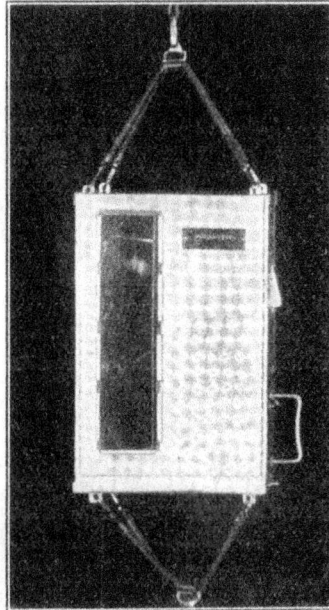

Abb. 17.

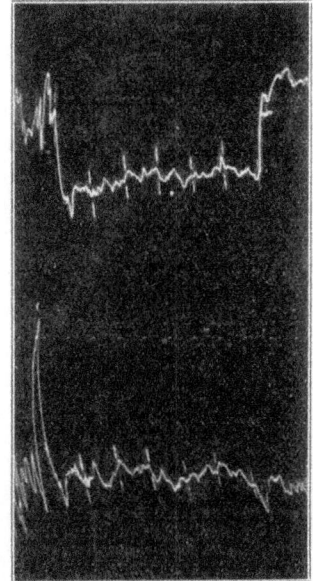

Abb. 18.

Abb. 16.

schreiber und der Staudruckschreiber in dem Grundgerüst fest eingebaut sind, ist der Höhenschreiber ein normales Gerät und als solches leicht auswechselbar. Es wird dadurch erreicht, daß für jeden beabsichtigten Meßflug entsprechend der zu erreichenden Höhe jeweils der am besten passende Höhenschreiber gewählt werden kann (Abb. 16). Da der Höhenschreiber mit seinem Uhr-

werk verwendet wird, über dessen Uhrtrommel nach dem Einsetzen also nur eine neue lange Schreibtrommel geschoben wird, besteht die Möglichkeit, auch in bezug auf die Umlaufzeit des Uhrwerkes eine Auswahl zu treffen. Es standen bei den Versuchsflügen stets genügend Höhenschreiber verschiedener Meßbereiche mit halbstündigen und umschaltbaren zwei-, vier- und sechsstün-

Die senkrecht stehende Kolbendämpfung war mit einer Mischung von Öl und Petroleum gefüllt. Für den Transport des Gerätes konnte der Ölzylinder besonders verschlossen werden.

Die lange Schreibtrommel konnte auf die Uhrtrommel des normalen Höhenschreibers aufgeschoben werden. Am oberen Ende war eine leichte zweite Lagerung in einer federnden Spitze vorgesehen, die sich sehr gut bewährt hat. Um zwischen den einzelnen Versuchsflügen keine unnötigen Pausen eintreten zu lassen, die sonst erforderlich sind, um die erhaltenen Rußaufzeichnungen abzunehmen, zu fixieren und die Trommeln dann für den nächsten Flug neu zu bespannen und zu berußen, wurden in einem Kasten stets genügend fertig berußte auswechselbare Trommeln mitgeführt. Das Auswechseln nahm dann nur wenig Zeit in Anspruch; es wurde bei Anwendung von Uhrwerken mit halbstündiger Umlaufzeit mit Vorteil sogar während des Fluges ausgeführt.

Für Zeitmarken wurde die an dem normalen Höhenschreiber vorgesehene Markiervorrichtung benutzt; der ebenfalls am Höhenschreiber befindliche Ausrückhebel war verlängert worden, so daß sämtliche Schreibhebel gleichzeitig abgehoben und das Uhrwerk von außen abgestellt oder eingerückt werden konnte.

Das Gehäuse ist ganz aus Aluminiumblech; ein Cellonfenster gestattet ständige Beobachtung der Aufzeichnungen, bei Anbringung einer Teilung auch unmittelbare Ablesung während des Fluges. Da bei dem Versuchsmodell das Gehäuse nicht vollkommen abgedichtet werden konnte, mußten die Druckstörungen in der Nähe des Gerätes besonders beobachtet und bei der späteren Auswertung in Rechnung gesetzt werden. Es hat sich dabei wiederholt gezeigt, daß besonders bei Bearbeitung der Staudruckmessungen die etwa auftretenden, bei verschiedenen Anstellwinkeln verschiedenen Störungen des statischen Drucks sehr zu beachten sind.

Die Aufhängung des Gerätes erfolgte durch angepaßte Federn zwischen zwei festen Punkten (Abb. 17). Die Aufzeichnungen

[1] s. Koppe, Über den Rumplerpreis ZFM 1922, S. 33 ff.

wurden in dem sehr bewährten Rußverfahren ausgeführt. Es erübrigt sich, nochmals auf die Vorzüge dieses Verfahrens hinzuweisen. Einige Beispiele von Aufzeichnungen mögen in ihrer Feinheit und Genauigkeit selbst dafür zeugen (Abb. 18 und 19).

Nun einige Worte über die A u s w e r t u n g solcher Rußaufzeichnungen. Sie kann, wie das z. B. in den Aerologischen Observatorien täglich geschieht, einfach mit Eichblatt und Stechzirkel ausgeführt werden. Zeitbögen, die man mit den Schreibhebeln selbst oder auch mit besonderen aufgesetzten Hebeln bei

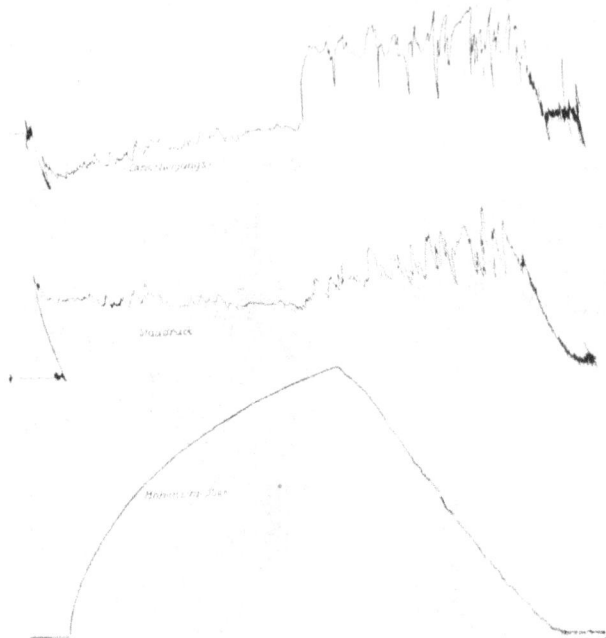

Abb. 19.

verschiedenen Trommelstellungen in allen Kurven anbringt, erleichtern die Auswertung und Zuordnung gleichzeitiger Kurvenpunkte sehr.

Im Interesse einer raschen Auswertung habe ich auf Grund der praktischen Erfahrung das Auswertverfahren weiter mechanisiert. Die Abb 20 zeigt das zuletzt verwendete Gerät.

Das in verdünnter Schellacklösung fixierte und nach dem raschen Trocknen unverwischbare Blatt wird auf die Zeichenplatte des Gerätes so aufgelegt, daß die Basislinie parallel zur unteren

Führungsschiene liegt und dann mit dieser festgeklemmt. Nun muß der Zeitmaßstab passend eingestellt werden. Da die Uhrwerke trotz sorgfältiger Regelung doch ungleich laufen, müssen die Abstände zwischen ganzen und vielfachen Minuten ebenso veränderlich sein. Das ist dadurch erreicht, daß der Zeitmaßstab schwenkbar ist und statt der Teilstriche unmittelbar deren Projektion auf die Horizontale benutzt wird. Es ist also möglich, durch entsprechende Neigung des Maßstabes jeden Zeitraum zwischen zwei Zeitmarken für die Auswertung zweckmäßig zu unterteilen. Die Zuordnung gleichzeitiger Punkte in den verschiedenen Kurven erfolgt durch ein Cellonblatt, das auf der linken Seite Kreisbögen trägt, wie sie den Wegen der Schreibstifte auf der stillstehenden Uhrtrommel bei vollem Ausschlage entsprechen und das parallel zu sich selbst längs der unteren Führungsschiene von Zeitmarke zu Zeitmarke bzw. von Teilstrich zu Teilstrich weiter abgeschoben wird. Die Meßwerte selbst werden dann entweder aus dem zugehörigen Eichblatt abgegriffen; dieses kann auch, falls es genügend durchscheinend ist, unmittelbar auf das Cellonblatt aufgelegt werden. Bei Auswertung sehr zahlreicher Flüge, die mit dem gleichen Gerät gemacht wurden, empfiehlt es sich, die Eichstriche auf das Cellonblatt selbst zu zeichnen.

Das beschriebene Auswertverfahren hat sich gut bewährt; es gestattet ein rasches und sicheres Arbeiten. Die zugeordneten Meßwerte aus den einzelnen Aufzeichnungen können z. B. von Minute zu Minute fortlaufend sogleich in eine Zahlentafel eingetragen werden.

Von besonderer Wichtigkeit für alle Meßflüge ist ein gutes S t a u d r u c k g e r ä t. Neben einer genauen Anzeige ist auf möglichst geringe Trägheit zu achten; die verwendeten Rohrleitungen sollen, obwohl keine Luft gefördert wird, nicht zu eng sein. An einen Meßkörper können mit Hilfe von T-Stücken unbedenklich mehrere Anzeige- oder Schreibgeräte angeschlossen werden. Bei Verwendung von Düsen ist, wie besonders erwähnt, auf die statischen Druckstörungen zu achten; bei Anschluß mehrerer Anzeigegeräte ist also auch dafür zu sorgen, daß alle unter dem gleichen statischen Druck stehen. Der Flugzeugführer hat den Auftrag, lediglich nach Staudruck zu fliegen; er muß also während einer Meßreihe durch recht vorsichtige und sanfte Betätigung des Höhenruders das Flugzeug mit unveränderlichem Staudruck »ziehen« oder »drücken«. Die Teilung, die das Anzeigegerät trägt, ist ganz gleichgültig; eine Angabe des Staudrucks in mm Wassersäule ist der oft irreführenden Geschwindigkeitsteilung in km/h entschieden vorzuziehen. Wichtig ist nur, daß der Flieger durch Versuche ermittelt, bei welcher Zeigerstellung das Flugzeug am besten steigt, und daß er sich über die Gefahren der Unterschreitung dieses Wertes, also des »Überziehens«, klar ist. Eine rote Markierung dieses Staudruckwertes ist recht zweckmäßig. Auch die Überschreitung einer oberen Grenze des Staudrucks kann gefährlich werden; dieser obere Wert, der durch die Bausicherheit des betreffenden Flug-

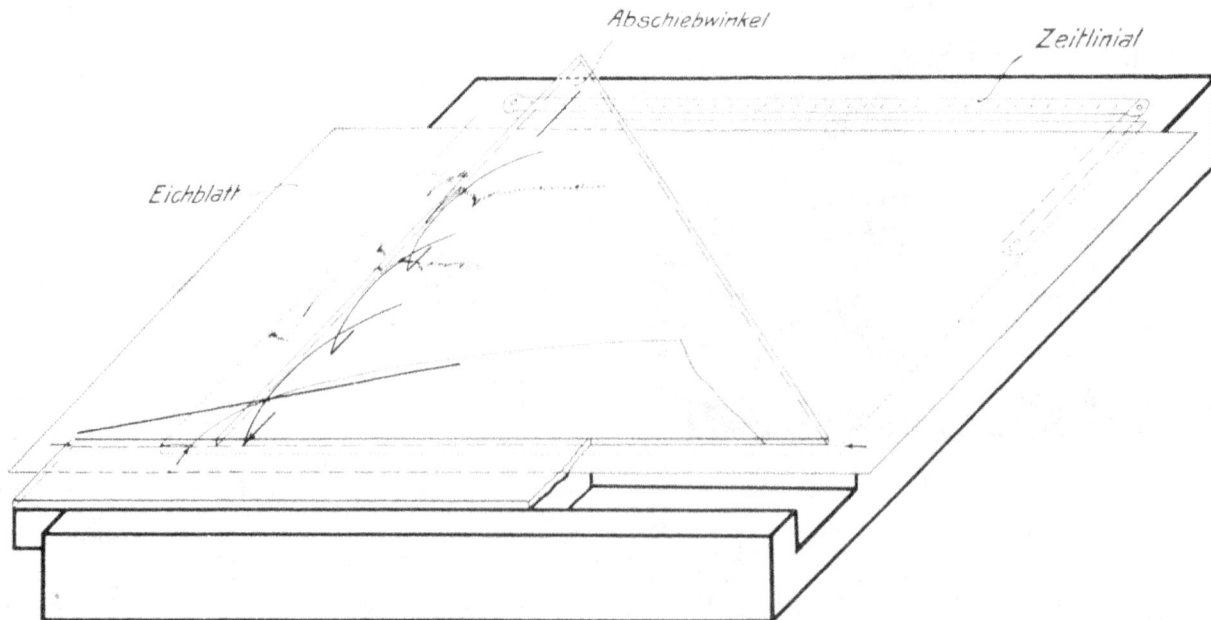

Abb. 20.

zeuges bestimmt ist, wird indessen nur selten erreicht. Weiter mag sich der Flieger merken, bei welchem Staudruck das Flugzeug in bestimmter Luftdichte horizontal fliegt. Auf einer Nebenteilung könnten die Staudrücke beim Horizontalfluge in den hauptsächlichen Höhen gekennzeichnet werden Es ist dabei aber zu beachten, daß diese einmal festgestellten Werte nur für das gleiche Flugzeug mit gleichem Gewicht und gleicher Triebwerksleistung zutreffen. Allen Flugzeugführern, auch den Verkehrsfliegern, kann die Beachtung des Staudruckmessers und seiner Nutzanwendung nicht dringend genug empfohlen werden.

Die Steiggeschwindigkeit eines Flugzeuges wird allgemein aus der Zeithöhenänderung ermittelt. Hätte man ein Gerät, das die Steig- oder Sinkgeschwindigkeit unmittelbar anzeigen würde, also ein empfindliches Variometer, so wäre es ein Leichtes, zunächst den Staudruck für das beste Steigen festzustellen, dann aber auch weiter in jeder Luftdichte die zusammengehörigen Werte von Steiggeschwindigkeit und Staudruck zu messen und aufzuzeichnen Leider genügt aber keines der bisher vorhandenen Variometer, den an ein solches Meßgerät zu stellenden Anforderungen auch nur annähernd. Auf die sehr starke Beeinflussung des Variometres durch äußere starke Druckstörungen sei nochmals hingewiesen.

Im Folgenden soll noch einmal der V e r l a u f e i n e r F l u g - z e u g - L e i s t u n g s p r ü f u n g, wie sie sich nach dem erwähnten Meßverfahren und praktischen Erfahrungen am besten abwickelt, kurz zusammengestellt werden.

Nach den Werkstattflügen kann bereits mit dem Einbau der Meßgeräte begonnen werden, damit der Flugzeugführer sich auch schon beim Einfliegen mit ihnen vertraut machen kann. Der wissenschaftliche Beobachter wird ebenfalls jede Gelegenheit benutzen, das Flugzeug in seinen Eigentümlichkeiten genauestens zu studieren. Flieger und Beobachter müssen gegenseitig alle Wahrnehmungen austauschen, sich über alle besonderen Vorkommnisse Klarheit verschaffen sich mit einem Wort zusammen in dem Flugzeug selbst und in den bevorstehenden Aufgaben einleben Erst danach sollte mit dem eigentlichen Meßfliegen begonnen werden Das Meßgerät wird unter äußerster Schonung des Flugzeuges und Vermeidung jeden unnützen Luftwiderstandes fertig eingebaut. Außerhalb des Rumpfes befinden sich nur der Meßkörper für den Staudruck und den statischen Druck (statische Sonde) und ein Temperaturmesser Der Dreifachschreiber, dessen Raumbedarf recht gering ist, wird im Rumpfinneren untergebracht, so daß er leicht zugänglich ist. Der Beobachter hat, wenn er mitfliegen kann, seinen Platz möglichst in der Nähe des Flugzeugfliegers; jedenfalls muß er den gleichen Überblick haben wie dieser.

Vor jedem Meßfluge ist ein Programm aufzustellen; dieses muß in allen Einzelheiten zwischen Flugzeugführer und Beobachter durchgesprochen werden, bis alle Meinungsverschiedenheiten und alle Mißverständnisse ausgeschaltet sind.

Jeder Einzelflug beginnt mit einer sorgfältigen Feststellung des Fluggewichtes; am besten und sichersten ist in jedem Falle eine Wägung Diese muß aber in einer Halle bei geschlossenen Toren erfolgen, da der Auftrieb des Windes das Gewicht stark fälschen kann.

Kurz vor dem Start werden die Schreibgeräte eingerückt, um Vergleichswerte zu den unmittelbaren Beobachtungen, die gleichzeitig angestellt werden müssen, zu bekommen. Es wird gemessen: Druck und Temperatur am Boden, die Längsneigung wird an einem besonderen festeingebauten Neigungsmesser, der in Beziehung zur Flügelsehne gebracht ist, abgelesen Allgemeine Beobachtungen über Wind und Wetter werden sogleich notiert.

Vom Augenblick des Startes ab fliegen Flugzeugführer und Beobachter zusammen im Interesse und zur Erfüllung ihrer Aufgabe; d. h. der Beobachter fliegt theoretisch mit, er unterstützt gegebenenfalls den Flugzeugführer durch Einwinken; er muß und kann viel mehr Wahrnehmungen machen als der Flugzeugführer, auch rein fliegerische; er ist in der Lage, seine Beobachtungen an Hand der Meßgeräte zu bestätigen und immer mehr zu verfeinern; fliegerische Erfahrung und wissenschftliche Vorbildung stellen den Beobachter auf die gleiche Stufe neben die »Fliegerkanone«! Bei allen Beobachtungen darf die Überwachung der Meßgeräte und besonders das Anbringen von Zeitmarken in regelmäßigen Abständen nicht versäumt werden Gelegentliche Vergleichsmessungen unterstützen und erleichtern die spätere Auswertung.

Nach der Landung werden die Schlußbeobachtungen gemacht, während die Schreibgeräte noch etwas weiter laufen. Auch das Gewicht muß nach dem Fluge erneut festgestellt werden.

Möglichst unmittelbar anschließend an jeden Flug muß zwischen Flugzeugführer und Beobachter eine eingehende Aussprache über alle von jedem einzelnen gemachten Beobachtungen und Wahrnehmungen stattfinden; die einzelnen Punkte sind schriftlich festzulegen. Scheinbar unbedeutende Nebensächlichkeiten können bei der späteren genauen Auswertung hohe Bedeutung erlangen und zu wichtigen Erkenntnissen führen. Ein Zugeständnis darf dabei im Interesse der Sache den Hauptbeteiligten gemacht werden; es empfiehlt sich nämlich, die Ergebnisse der Schlußbesprechungen durch eine dritte, möglichst in Kurzschrift gewandte Persönlichkeit aufzeichnen zu lassen, da Flieger und Beobachter meist mit Flugzeug und Meßgeräten noch zu stark beschäftigt, oft aber auch zu müde sind, um schriftliche Ausarbeitungen sogleich mit der nötigen Sorgfalt vornehmen zu können.

Da der Geschwindigkeitsflug zugleich eine Eichung des Staudruckmessers bedeutet, sollte er tunlichst an den Anfang der Meßflüge gestellt werden Über die verschiedenen Meßverfahren zur Ermittlung der Geschwindigkeit habe ich früher bereits eingehend berichtet.[1] Im allgemeinen ist ein Dreiecksflug in nicht zu großer Höhe über markanten Punkten hinreichend genau.

Hat sich der Staudruckmesser als einwandfrei erwiesen, so werden Steigversuche mit verschiedenen Staudrücken vorgenommen. Dabei ist bereits der Staudruck für das beste Steigen zu ermitteln. Es sollte, soweit das ohne Gefährdung von Personal und Material geschehen kann, auch versucht werden, wenigstens einen Staudruckwert für den überzogenen Flug zu bekommen. Er ist wesentlich für die Charakterisierung der Flugeigenschaften.

Mit dem für das Steigen besten Staudruck wird das Flugzeug sodann möglichst »sauber« bis zur Gipfelhöhe durchgeflogen.

Im allgemeinen werden diese Flüge zur Ermittlung der gesamten Flugleistungen nach dem erwähnten Verfahren genügen. Sollten im Verlaufe der Auswertung noch Fragen oder Lücken auftauchen, so müßten weitere Meßflüge angesetzt werden. Es ist selbstverständlich darauf zu achten, daß die gleichen Versuchsbedingungen dabei strengstens eingehalten werden; wie denn überhaupt noch einmal darauf hingewiesen werden muß, daß das vereinfachte Meßverfahren mit allen seinen Folgerungen das gleiche Flugzeug mit gleichem Gewicht und gleichem Triebwerk voraussetzt. Es gestattet dann aber, alle theoretischen Unterlagen für den Motorflug bei gleicher Drosselstellung mit einer Genauigkeit zu ermitteln, die dem Modellversuch nicht nachstehen.

Zum Schluß noch ein Wort über die Anwendung des Meßverfahrens auf die S e g e l f l u g f o r s c h u n g. Leider hatte ich bisher keine Gelegenheit, dem Dreifachschreiber einem reinen Segelflugzeug mitzugeben. Ich habe aber wiederholt bei Flugleistungsmessungen mit verschiedenen Flugzeugen (u. a. dem »Habicht« von Blume-Hentzen) über der Ebene zahlenmäßig sehr bedeutende Vertikalbewegungen großer Luftmassen nachweisen können, die an bestimmten Stellen anhaltend bis zu beträchtlicher Höhe hinaufreichen und, wenn auch noch keinen dynamischen, so doch einen statischen Segelflug über der Ebene durchaus möglich erscheinen lassen.

Ich muß mir leider versagen, auf dieses sehr aussichtsreiche Anwendungsgebiet der Messungen an und in Luftfahrzeugen näher einzugehen.

In vollster Wertschätzung der aerodynamischen Theorien, der praktischen Modellmessungen und ihrer Folgerungen möchte ich meine Ausführungen über die Messungen an Luftfahrzeugen selbst mit den Worten schließen: Auch hier steht ein grüner Baum, der goldene Früchte trägt. — Pflücken wir sie!

Aussprache:

Wigand: Ich möchte meiner Freude Ausdruck geben, daß durch diese ausgezeichneten Flugzeugprüfungen mit exakten physikalischen Messungen beim Fluge endlich das Ziel erreicht worden ist, das ich schon vor Jahren gezeigt habe, nämlich die praktische Nutzanwendung der wissenschaftlichen Untersuchungen, die nach der aerologischen Seite von mir und in aerodynamischer Richtung von Herrn Prof Pröll im fliegenden Flugzeuge ausgeführt worden sind. Es ist nun zu hoffen und wäre zur Förderung des Flugzeugbaues dringend zu wünschen, daß alle größeren Werke sich sofort diese eleganten, vom Herrn Vortragenden entwickelten und erprobten Prüfungsverfahren zunutze machten.

---

[1] s. Koppe, Verfahren zur Messung der Geschwindigkeitsleistung von Luftfahrzeugen, ZFM 1923, S. 17 ff.

III. Über Festigkeitsrechnungen am Flugzeug.

Vorgetragen von A. Baumann.

Jeder Festigkeitsrechnung, so auch der am Flugzeug, muß eine Bestimmung der in Rechnung zu setzenden Kräfte vorausgehen. In den folgenden Betrachtungen soll die Größe dieser Kräfte als bekannt vorausgesetzt werden, und es soll sich nur darum handeln, wie man auf Grund dieser bekannten Kräfte den vorgeschriebenen Abnahmebdingungen einerseits und den praktischen Anforderungen andererseits gerecht werden kann.

Es soll aber weiterhin vorausgesetzt werden, daß auch die Methoden der Festigkeitsrechnung bekannt und für den in Frage stehenden Zweck weit genug durchgebildet seien, um die Rechnung durchzuführen, und es würde dann zunächst als einzige offene Größe, über die zu streiten wäre, die zulässige Beanspruchung bleiben; und in der Tat soll sie in der Hauptsache einer kritischen Betrachtung unterzogen werden. Wenn trotzdem die allgemeinere Bezeichnung des Gegenstandes gewählt wurde, so liegt der Grund darin, daß für die eingehendere Behandlung der sich ergebenden Fragen doch auch die Art der Rechnungsdurchführung von Bedeutung ist, wie des weiteren sich ergeben wird.

Die zulässige Beanspruchung im allgemeinen Maschinenbau.

Die zulässigen Beanspruchungen des allgemeinen Maschinenbaus waren ursprünglich reine Erfahrungszahlen, und es war das Verdienst Bachs, in diese große Menge untereinander nicht zusammenhängender Zahlen Ordnung und Zusammenhang gebracht, das Verhältnis der zulässigen Beanspruchungen für ruhende, schwellende und wechselnde Belastung auf 3:2:1 festgesetzt zu haben. Dabei bürgerte sich allgemein ein die zulässige Beanspruchung in Zusammenhang mit der Bruchfestigkeit zu bringen und für ruhende Belastung eine 4- bis 5-fache Sicherheit gegen Bruch anzunehmen. Mit den so gewonnenen Zahlen wird heute im Großen und Ganzen überall da gerechnet, wo keinerlei Beschränkung irgendwelcher Art für den Konstrukteur vorliegt, sei es in Rücksicht auf Gewicht, auf Formänderung, auf Preis usw. Daß aber von Bach nie daran gedacht war, für alle Fälle feststehende unverrückbare Zahlen aufzustellen, er vielmehr der Urteilsfähigkeit des Konstrukteurs durchaus freie Hand lassen wollte, zeigt deutlich das Vorwort zur ersten Auflage der Maschinenelemente.

Eine 4- bis 5-fache Bruchsicherheit gegenüber ruhender Belastung bedeutet dann mit Rücksicht auf die genannten Verhältniszahlen eine 6- bis 7,5-fache Sicherheit für schwellende und eine 12- bis 15-fache für wechselnde Belastung. Diese großen Sicherheiten sind, wie gesagt, in ihrem Ursprung auf Erfahrungswerten begründet u. s. Z. als notwendig erkannt. Um ihre Notwendigkeit zu beurteilen, wäre es freilich wichtig, in jedem Fall zu wissen, auf welcher Rechnungsbasis sie gewonnen sind; denn es ist klar, daß, je genauer die Rechnung ist, um so geringer wird die Sicherheit sein, die notwendig ist. Zum anderen wäre notwendig, zu wissen, wie gleichmäßig in seinen Festigkeitseigenschaften der Baustoff war, dessen Verwendung zu Grund liegt, denn es ist einleuchtend, daß ein Baustoff, der in seinen Eigenschaften von Probstück zu Probstück stark schwankt, die Annahme größerer Sicherheiten verlangt, als wie ein Baustoff von großer Gleichmäßigkeit.

Aber auch die Genauigkeit der Herstellung und der Montage, die Rücksicht auf eventuelle Abnutzung und mögliche statische oder dynamische Überanspruchung spielt bei der Größe der zu wählenden Sicherheit eine Rolle.

Wir können voraussetzen, daß, was metallische Baustoffe anlangt, entsprechend dem Fortschritt der Technik die gleichmäßige Güte der Baustoffe im allgemeinen zugenommen hat; ebenso die

Genauigkeit der Herstellung. Andererseits ist erwiesen, daß im allgemeinen sich die Rechnungsmethoden verfeinert haben; es wird außerdem den dynamischen Vorgängen eine zunehmende Beachtung geschenkt. Ursprünglich war ja jede Festigkeitsrechnung rein statisch und erst im Laufe der Zeit, wohl beginnend mit den Massenkräften des Kurbeltriebs, wurde dynamischen Wirkungen Beachtung geschenkt. Die notwendige Folge war, daß die tatsächlichen Kräfte, die an einem zu berechnenden Bauteil wirkten, u. A. beträchtlich größer waren, als die statische Rechnung ergab. Eine entsprechend hohe Sicherheit hatte hier für einen Ausgleich zwischen der Rechnungsannahme und der Wirklichkeit zu sorgen. Das gilt ganz besonders für den Fall schwellender und wechselnder Beanspruchung, denn beide Belastungsfälle sind ohne nebenhergehende Massenwirkungen oft überhaupt kaum denkbar.

Es entsteht die Frage: wie weit kann man mit der Sicherheit heruntergehen, wenn man einen absolut gleichmäßigen Baustoff voraussetzt und alle übrigen Forderungen bezüglich genauer Rechnung und genauer Herstellung sich erfüllt denkt? Von dieser Grundsicherheit ausgehend, könnte man dann je nach dem Einzelfall Zuschläge machen und damit die Sicherheit nach Bedarf erhöhen.

Ein Beispiel möge das erläutern. Für ruhende Belastung in Schweißeisen rechnet man mit einer zulässigen Zugbeanspruchung von 900 kg/cm². Für dieses Schweißeisen kann man eine Zugfestigkeit von etwa 3300 kg/cm² annehmen mit 5 vH Schwankung nach oben und unten, so daß die Minimalfestigkeit also 3150 kg/cm² wäre. Nimmt man an, daß die Streckgrenze für dieses Schweißeisen bei 55 vH der Bruchfestigkeit liegt, so wird also die Streckgrenze bei 1750 kg/cm² erreicht. Im allgemeinen wird man mit der Betriebsbeanspruchung von der Streckgrenze genügend weit entfernt bleiben müssen, wenn der Bauteil seine Aufgabe erfüllen soll, denn in den wenigsten Fällen wird eine merkbare Verlängerung des Bauteils zulässig sein, ohne Störungen irgendwelcher Art zur Folge zu haben. Die 900 kg/cm² zulässige Beanspruchung bedeuten gegenüber der Grenze von 1750 kg/cm² eine Sicherheit von 1,9. Unter die Grenze von 1,5 wird man im allgemeinen kaum heruntergehen wollen und man sieht, daß man mit der Vorschrift einer zulässigen Beanspruchung von 900 kg/cm² von dem äußerst zulässigen gar nicht so weit entfernt ist, als man im allgemeinen glaubt.

Nun gilt für das gleiche Material für schwellende Belastung 600 kg/cm² als zulässige Beanspruchung und für wechselnde 300 kg/cm². Das gibt, bezogen auf die Streckgrenze, eine ca. 2,5- u. ca. 5-fache Sicherheit. Diese Zahlen sind sicher reichlich und schließen jedenfalls Zuschläge für zusätzliche dynamische Beanspruchungen in sich. Es wird oft gesagt, daß eine solche Sicherheit in Rücksicht auf die Ermüdung des Baustoffs, im besonderen bei wechselnder Belastung, nötig sei, aber es ist in diesem Zusammenhang auf die übliche Beanspruchung von Federn hinzuweisen, die gerade solchen wechselnden Beanspruchungen ausgesetzt sind, und bei denen man, bezogen auf die ruhende Belastung, für Eisenbahnfahrzeuge mit 4500 bis 6500 kg/cm² bei einer Bruchfestigkeit von 15 000 kg/cm² zu rechnen pflegt. Dem würde eine Sicherheit, bezogen auf die Bruchfestigkeit, von 3,3 bis 2,3 entsprechen. Dabei kann im Fall der Federn von einer Bezugnahme auf die Streckgrenze abgesehen werden, da gehärteter Federstahl eine solche nicht aufweist. Wie gesagt, sind die Beanspruchungen auf die ruhende Belastung bezogen. Wie groß die Betriebsbeanspruchungen sind, läßt sich allgemein schwer sagen, sie werden aber je nach den Verhältnissen das 1,2- bis 1,5-fache der ruhenden Belastung ausmachen. Das würde heißen, daß an Stelle von 4500 kg/cm² treten würde 5400 bis 6800 kg/cm², und an Stelle von 6500 kg/cm² würde treten 7800 bis 9800 kg/cm². Die Sicherheit würde, bezogen auf die Betriebsbeanspruchung, sinken auf 1,8 bis 1,5 bzw 1,9 bis 1,5 im Mittel 1,6, während die übliche Vorschrift die 6- bis 7,5-fache, wenn nicht gar im 12- bis 15-fache Sicherheit verlangen würde. Dabei genügen solche Federn den Anforderungen an Lebensdauer. Allerdings kommen gelegentlich Federbrüche vor, aber es dürfte schwer zu entscheiden sein, ob nicht in der Mehrzahl der Fälle der Bruch auf Überbeanspruchung zurückzuführen, zumal in der Mehrzahl der Fälle die Federn von Wagen noch zusätzlichen Beanspruchungen infolge Verwindung usw. ausgesetzt sind. Für die Federn von Kraftwagen rechnet man je nach den Verhältnissen mit Beanspruchungen der Federn, bezogen auf die ruhende Last, von 3000 bis 5000 kg/cm², bei einer Durchfederung für die ruhende Last von 50 bis 150 mm. Für die Durchbiegung infolge dynamischer Beanspruchung pflegen 50 bis 150 mm weiterhin zur Verfügung zu stehen, so daß mit Beanspruchungen von 6000 bis 10000 kg/cm² zu rechnen wäre, wenn es zuletzt Proportionalität zwischen Dehnung und Spannung bestünde. Die Sicherheiten entsprechen demnach durchaus denselben Verhältnissen wie bei Eisenbahnfahrzeugen.

Aus dem Gesagten wäre zu folgern:

1. Daß zwar im allgemeinen Maschinenbau scheinbar mit sehr hohen Sicherheiten gerechnet wird, daß man aber unter dem Zwang der Verhältnisse sich auch hier, in einzelnen Fällen ohne Nachteil, mit geringen Sicherheiten begnügt.

2. Daß offenbar auch hier zu unterscheiden ist zwischen Materialien, die eine Streckgrenze oder sonst sehr große, mit der Belastung zunehmende bleibende Dehnungen besitzen, und solchen Materialien, bei denen das nicht der Fall ist.

3. Daß bei Materialien mit ausgesprochener Streckgrenze in den meisten Fällen diese Streckgrenze für die Wahl der Sicherheit wichtig und ausschlaggebend ist, und daß, wenn man die übliche Sicherheit auf die Beanspruchung der Streckgrenze bezieht, sie gar nicht mehr als übermäßig hoch anzusehen ist.

4. Daß für die Wahl der Sicherheit die Gleichmäßigkeit des Baustoffs von ausschlaggebender Bedeutung ist.

Die zulässige Beanspruchung im Flugzeugbau.

Im Flugzeugbau, wo aufs äußerste jede Baustoffverschwendung zu vermeiden ist, ist man stets gezwungen, mit kleinen Sicherheiten zu rechnen. Die Bauvorschriften, wie sie bald üblich wurden, nehmen dabei dem Konstrukteur ein großes Teil seiner Verantwortung ab, wobei dahingestellt bleiben mag, ob das zweckmäßig ist; jedenfalls ist es für ihn bequem. Auf diese Bauvorschriften soll nicht eingegangen werden, sondern es soll nur erörtert werden, was aus ihnen folgt und welche Erwägungen bezüglich der praktischen Anforderungen für den Konstrukteur, bezüglich der Wahl des Baustoffs und der Sicherheit daraus folgen.

Die Bauvorschriften schreiben für bestimmte Belastungsfälle bestimmte Bruchlasten des Flugzeugtragwerks vor. Der für die Gedankenarbeit einfachste Weg, diesen Anforderungen gerecht zu werden, ist der, daß man eine Bruchprobe vornimmt, der ja wohl eine mehr oder weniger rohe Rechnung zweckmäßigerweise vorausgehen wird. Dieser Weg des Versuchs kann aber kaum ein Bestresultat ergeben, wenn der Versuch oder die Versuche nicht mit Verständnis sehr weit ausgedehnt werden. Denn es liegt in der Natur der Sache, daß auf diesem Weg stets nur festgestellt wird, was an dem Bauwerk zu schwach ist, nicht aber, was zu stark ist, man stellt also immer nur, wenn ein vorzeitiger Bruch eintritt, fest, daß etwas verstärkt, also dies Bauwerk im Gewicht vergrößert werden muß. In vielen Fällen wird man aber außerdem gar nicht in der Lage sein, festzustellen, wo der Bruch zuerst eintrat, weil oft in außerordentlich rascher Folge durch das vielleicht gar nicht beachtete Nachgeben eines Bauglieds der Bruch weiterer Glieder eingeleitet wird. Es wird sich also unter allen Umständen lohnen, sich nicht mit der Bruchprobe zu begnügen, sondern ihr eine möglichst eingehende Berechnung vorausgehen zu lassen. In diesem Falle tritt dann die Frage nach den Sicherheiten wieder in den Vordergrund.

Nach den zuvor abgegebenen allgemeinen Grundsätzen wird dabei die Natur des Baustoffs zu berücksichtigen sein. Im Flugzeugbau findet für die tragenden Teile in der Hauptsache Verwendung, einerseits Holz in natürlichem Zustand und als Sperrholz sowie harter Stahl (Kabeldraht), Stahlrohr, sodann Flußeisen in Form von Blechen und Schweißstücken, andererseits Leichtmetalle, wie Duralumin, Aluminium in Verbindung mit Stahl, in Zukunft vielleicht auch Elektron, Silumin usw.

Für Holz und Sperrholz ist mit einer Streckgrenze nicht zu rechnen, hingegen für Holz in natürlichem Zustand mit einer wesentlichen Ungleichmäßigkeit der Festigkeit, eine Ungleichmäßigkeit, die durch die Veredelung des Holzes in Form von Sperrholz in der Hauptsache beseitigt wird. Das Fehlen einer Streckgrenze gestattet es bei Holz, abgesehen von der Rücksicht auf die Ungleichmäßigkeit, mit sehr geringen Sicherheiten zu rechnen; dasselbe gilt für die Teile aus hartem Stahl, wobei noch zu beachten ist, daß in der Regel in Kabel und Drähte noch Spannorgane eingebaut sind, die ermöglichen, nach eingetretener Reckung die ursprüngliche Länge des Konstruktionsteils wieder herzustellen. Die Teile, die aus weichem Flußeisen hergestellt sind, haben meist eine so geringe Ausdehnung daß auch prozentual größere bleibende Dehnungen, u. a. infolge Überschreitung der Streckgrenze, auf die Form des ganzen Bauwerks keinen bedeutenden Einfluß haben Zudem ist ein gewisser Ausgleich in solchem Fall durch die genannten Spannorgane meistens erreichbar. Immerhin ist für solche Teile die Wahl einer höheren Sicherheit am Platz, weil solche Teile oft als Schweißstücke hergestellt sind und die Rücksicht auf die Festigkeit der Schweißstellen oder das Mißtrauen gegen sie eine solche Vorsicht nahelegt. Immerhin ist in vielen Fällen feststellbar, daß, was an sich zweifelsohne vermieden werden sollte, die Beanspruchung einzelner solcher Teile im Betrieb eine solche Größe erreichte, daß die Streckgrenze überschritten wurde Das ist leicht erklärlich, denn der Fall liegt im Zusammenhang mit den Bauvorschriften folgendermaßen:

Es tritt beim Abfangen eines Flugzeugs oder beim Kurvenflug eine Belastung des Tragwerks bei den heute üblichen Verhältnissen auf, die das Dreifache der ruhenden Last überschreitet. Dabei liegt der Rechnung entsprechend den Bauvorschriften eine Bruchfestigkeit zugrunde, die der fünffachen ruhenden Last entspricht. Es wird also, soferne die Streckgrenze bei 60 vH der Bruchfestigkeit liegt, bei dreifacher Belastung die Streckgrenze erreicht, bei jeder Mehrbelastung überschritten.

Nun ist es ja an sich nicht gefährlich, wenn infolge Überschreitung der Streckgrenze eine merkbare Dehnung des Bauglieds eintritt, sofern nicht diese Formänderung eine Formänderung des gesamten Tragwerks zur Folge hat, die funktionsstörend wirkt. Denn die Sachlage ist die, daß infolge der Reckung des Bauglieds die Streckgrenze des Baustoffs an dieser Stelle in die Höhe gerückt wird, so daß, wenn ein zweitesmal eine gleich große Belastung eintritt, keine weitere bleibende Dehnung in Erscheinung tritt. Soviel über die Flugzeuge aus Holz.

Weit schwieriger und verwickelter werden die Überlegungen und Entscheidungen, wenn es sich um Metallflugzeuge handelt. Sie werden das schon deshalb, weil man im Gegensatz zum Holz weit größere Freiheit in der Wahl des Baustoffes hat. Nimmt man z. B. Duralumin, so hat man die Wahl zwischen einer ganzen Anzahl verschiedener Sorten, die sich in der Bruchfestigkeit, der Streckgrenze und der Dehnung unterscheiden.

Dabei liegen die Verhältnisse so, daß mit zunehmender Bruchfestigkeit die Bruchdehnung in der Regel abnimmt.

Meist legt der Konstrukteur Wert auf eine ausreichende Dehnung bei genügender Festigkeit. Für Duralumin wird angegeben

	Bruchgrenze kg/cm²	Dehnung vH	Streckgrenze kg/cm²
681 B $^1/_3$	3800 ÷ 4100	18 ÷ 21	ca. 2650
681 B	3800 ÷ 4200	18 ÷ 20	2750
681 B $^1/_2$	4100 ÷ 4400	13 ÷ 16	3150
681 B stark gereckt	6000	3	6000 ÷ 5000 ?

Hat man nur die Festigkeit im Auge, so wären die härteren Sorten mit geringer Dehnung vorzuziehen und es würde sich bei entsprechender Gleichmäßigkeit eine beträchtliche Gewichts- und Materialersparnis erzielbar sein Aber den gleichen oder noch größeren Vorteil könnte man erwarten, wenn man statt von der Bruchfestigkeit von der Streckgrenze ausgeht. In dem ersten Fall verhalten sich die Festigkeiten wie 2:3, in dem zweiten die Streckgrenzen wie 1.2. Nimmt man, bezogen auf die Bruchfestigkeit und die größte Betriebslast unter Berücksichtigung der voraussichtlichen dynamischen Mehrbelastung der dreifachen ruhenden Last eine Sicherheit von 1,6 an, was einer etwa fünffachen Bruchlast entsprechen würde, so ergäbe sich bei Verwendung von

681 B $^1/_3$	die Beanspruchung 2500 kg/cm²	Streckgrenze	2650
681 B		2500		2750
681 B½		2650		3150
681 B stark gereckt		3750		ca. 5000

Wie man sieht, kommt bei Verwendung von 681 B und 681 B $^1/_3$ die im Betrieb zu erwartende Beanspruchung schon dicht an die

Streckgrenze heran, während sie bei Verwendung von 681 B ½ noch beträchtlich von ihr abliegt, obwohl diese Beanspruchung höher als im ersten Fall ist. Wäre, was bei schnellen Flugzeugen durchaus im Bereich des Möglichen liegt, die größte dynamische Belastung nicht das dreifache, sondern das 3,5-fache der ruhenden Last, so würde man bei 5-facher Bruchlast eine Sicherheit von nur 1,4 statt 1,6 haben und erhielte dementsprechend Beanspruchungen von

681 B ⅓	Beanspruchung	2850 kg/cm²	Streckgrenze	2650
681 B		2850		2750
681 B ½		3000		3150
681 B stark gereckt		4300		ca. 5000

Hier würde also die Streckgrenze in den beiden ersten Fällen überschritten sein, obwohl die Bruchfestigkeit den Bauvorschriften entsprechen würde, und an sich, sofern man nur die Bruchgefahr im Auge hat, gegen die Wahl der Sicherheit von 1,4, gleichmäßiges Material vorausgesetzt, nichts einzuwenden wäre. Wieder erscheinen selbstverständlich die härteren Materialsorten gegenüber den weicheren im Vorteil.

Man kann demnach versucht sein, die Verwendung härterer Sorten zu empfehlen, wenn auch dann mit sehr kleinen Dehnungen zu rechnen ist.

Der Wert der Dehnung.

Warum bevorzugt nun demgegenüber der Konstrukteur die Baustoffe mit größerer Dehnung und verzichtet auf die Vorteile der höheren Festigkeit?

Zum ersten deshalb, weil entsprechend dem schon früher ausgeführten bis zu einem gewissen Grad in der geringeren Festigkeit bei größerer Dehnung eine weitere Sicherheit liegt. Denn bei einem Überschreiten der Streckgrenze rückt diese selbst höher. Das Überschreiten der Streckgrenze ist aber nur unter einem entsprechenden Arbeitsaufwand möglich (Dehnungsarbeit, Formänderungsarbeit). Tritt also infolge nicht in Rechnung gestellter Massenwirkungen eine Überbeanspruchung auf, so liegt die Möglichkeit vor, daß die die Überbeanspruchung hervorrufende Massenenergie durch die Formänderungsarbeit aufgebraucht wird, so daß keine Steigerung der Beanspruchung über die Bruchgrenze hinaus stattfindet, wie das der Fall sein könnte, wenn keine großen Dehnungen vorhanden wären. Eine solche Wirkung läßt sich im Flugzeugbau wohl nur in Rücksicht auf außergewöhnliche Landungsstöße erwarten, nicht aber für die Verhältnisse im Flug selbst.

Dieser Grund, der in vielen Fällen des allgemeinen Maschinenbaus seine Berechtigung haben kann, ist also kaum für das Tragwerk eines Flugzeuges stichhaltig.

Ein anderer Grund ist der, daß die Bearbeitbarkeit des Baustoffs mit der Dehnung abnimmt. Ein Baustoff von nur 3 vH Dehnung kann nicht mehr wesentlich kalt gebogen oder getrieben, gebördelt oder gestanzt werden, ohne Risse und Sprünge aufzuweisen. Bis zu einem gewissen Grad kann dem durch entsprechende Formgebung entgegengearbeitet werden, sodann durch entsprechende, vielleicht nicht immer ohne weiteres auffindbare Bearbeitungsmethoden, z. B. Löcher bohren und nicht stanzen. Immerhin bleibt bestehen, daß nicht in allen Fällen die Verwendung des festeren Baustoffs mit geringer Dehnung möglich ist.

Ein dritter Grund kann, besonders bei feingliedrigem Aufbau und Verwendung dünner Bleche, darin gesehen werden, daß gegenüber örtlichen zufälligen Beanspruchungen ein Baustoff um so empfindlicher ist, je kleiner seine Dehnung ist.

Schließlich ist die Gleichmäßigkeit des Materials oft bei größerer Dehnung besser als bei kleinerer. Ein weiterer Grund, der aber für den Flugzeugbau bedeutungslos ist und für die Verwendung von Baustoffen mit größerer Dehnung sprechen kann, ist der, daß ein Baustoff gegenüber Wärmespannungen naturgemäß um so unempfindlicher ist, je größer seine Dehnung ist.

Alles in allem wird man also sagen können, daß, soferne nicht Rücksichten auf die Bearbeitbarkeit ausschlaggebend sind, die größere Festigkeit bei hochliegender Streckgrenze für einen Baustoff im Flugzeugbau wichtiger ist als die Dehnung.

Dabei ist dann auch noch zu bedenken, daß, wenn in Rücksicht auf Bearbeitbarkeit der Baustoff mit größerer Dehnung bevorzugt wurde, daß dann, wenn die Bearbeitung unter Ausnutzung der Dehnung erfolgt ist, das fertige Werkstück nunmehr nach der Bearbeitung aus Baustoff von geringer Dehnung besteht. Um so weniger besteht demnach Veranlassung, andere Bauteile, für die die gleiche Rücksichtnahme nicht gilt, aus Baustoff mit großer Dehnung auszuführen.

Was die Neigung zur Ermüdung anlangt, so liegen im allgemeinen die Verhältnisse so, daß der härtere Baustoff weniger zur Ermüdung neigt, wie der weichere, weil bei ihm weniger die Gefahr besteht, daß bei wechselnder Kraftrichtung jeweils die Streckgrenze überschritten wird.

In diesem Zusammenhang ist noch besonders auf Folgendes aufmerksam zu machen: Es werden in den meisten Fällen nicht alle Bauglieder die gleiche Beanspruchung und die gleiche Streckgrenze aufweisen bzw. nicht bei allen wird, wenn das Flugzeug eine gewisse Belastung auszuhalten hat, im gleichen Augenblick die Streckgrenze in der Beanspruchung erreicht sein. Das kann je nach dem Zusammenwirken der Kräfte der einzelnen Bauglieder unangenehme Folgen haben. Ist die Streckgrenze in dem einen Bauglied überschritten, so daß es eine bleibende Formänderung erfährt und nunmehr innezuhalten trachtet, so wird gegebenenfalls das anschließende Bauglied, das keine bleibende Formänderung erfahren hat, infolge seiner federnden Spannung die alte Form herzustellen trachten. Es wird ganz von den Verhältnissen abhängen, ob und inwieweit ihm das gelingt. Gelingt es, so liegen sehr unangenehme Verhältnisse vor, denn das überbeanspruchte Bauglied wird von neuem in entgegengesetzter Richtung deformiert und unter solchen Verbiegungen bzw Formänderungen wird bald eine verhängnisvolle Ermüdung des Baustoffs eintreten.

Das Gesagte gilt, vielleicht in etwas gemilderter Form, ebenso für Baustoffe, die keine Streckgrenze im engeren Sinne besitzen, sondern sonstwie mit zunehmender Belastung zunehmende bleibende Dehnungen.

In diesen Fällen bedeutet die Tatsache, daß ein Überschreiten der Streckgrenze diese selbst für folgende Belastungen höher rückt, wohl keine Verbesserung der Sachlage, jedenfalls sind m W Versuche über solche Fälle nicht bekannt. Das Bauglied wird in seine ursprüngliche Lage zurückgebracht, was nur möglich ist, wenn im Inneren der Gefügezusammenhang erneut gestört wird, und es frägt sich, ob bei Wiederholung des Vorgangs nach der Zurückbildung der Formänderung die Streckgrenze der zuerst erreichten Belastung entsprechen wird. Unter allen Umständen wäre das Eintreten solcher Belastungen und Formänderungen zu vermeiden.

Folgerungen.

Es scheint nach allem am Platz, zum mindesten für Metallflugzeuge, bei der Berechnung nicht lediglich auf die Bruchfestigkeit des Bauwerks im Sinne der Bauvorschriften abzuheben, sondern außerdem die Formänderung und den Einfluß der Streckgrenze zu berücksichtigen. Zur Zeit fehlt in dieser Hinsicht jede Einheitlichkeit, sowohl was die Sicherheit gegenüber der größten Betriebsspannung anlangt, als auch was deren Lage gegenüber der Streckgrenze betrifft. Es scheint zum mindesten nötig, daß in Bauvorschriften neben der Bruchfestigkeit auch der Nachweis eines Höchstmaßes von bleibender Formänderung unter dem Einfluß eines bestimmten Lastvielfachen verlangt wird. Man könnte auch empfehlen, der Bruchprobe eine mehrfache Belastung und Entlastung mit einem bestimmten (etwa 3,5-fachen) Lastvielfachen vorausgehen zu lassen. Die Verarbeitung der aufgeworfenen Fragen dürfte eine dankbare Aufgabe des Ausschusses für konstruktive Fragen unserer Gesellschaft sein.

Die Zahl der Leichtmetalle hat sich in der letzten Zeit sehr vermehrt; es wäre am Platz, ihre Eignung für den Flugzeugbau im Zusammenhang mit den vorausgegangenen Darlegungen zu untersuchen. Die Angaben über ihre Eigenschaften, die an die Öffentlichkeit gelangen, sind unvollkommen. Es wäre jedenfalls zweckmäßig, wenn ihre Untersuchung von unserer Gesellschaft derart in die Hand genommen würde, daß von einem Ausschuß ein Plan ausgearbeitet würde, nach dem unter spezieller Berücksichtigung der Anforderungen des Flugzeugbaus von einer oder mehreren Materialprüfungsanstalten diese Untersuchungen vorgenommen würden. Die Mittel für diese Versuche wären von der Notgemeinschaft der deutschen Wissenschaft anzufordern.

Für die Festigkeitsrechnung eines Flugzeuges wäre auszugehen von dem zu erwartenden Vielfachen unter Berücksichtigung von Geschwindigkeit, Wendigkeit und der Druckverteilung auf den Flügel. Dieses Lastvielfache wird für langsamere Flugzeuge bei 2,5, für schnellere bei 3,5 liegen, ohne daß damit die oberste Grenze bei Steigerung der Flugeigenschaften über das heute übliche Maß hinaus gegeben wäre.

Sodann wäre auf den zu wählenden Baustoff einzugehen. Es wäre seine Gleichmäßigkeit zu berücksichtigen und seine Streckgrenze festzustellen. Die zulässige Beanspruchung wäre dann unter Berücksichtigung von Ungleichmäßigkeiten so zu wählen, daß bei der 2,5-fachen bis 3,5-fachen Belastung die Beanspruchung noch unter der Streckgrenze liegt Dabei wäre allerdings zu beachten, daß nicht bei allen Belastungsfällen, wie ja bekannt, die Beanspruchungen proportional den Belastungen wachsen, sondern gegebenenfalls in höherem Grad Diesem Umstand wäre natürlich dabei Rechnung zu tragen. Welche Dehnung man dabei für den Baustoff als erforderlich annehmen soll, wird zum Teil von dem Maß und Umfang erforderlicher Bearbeitung abhängen (Nieten, Nietlöcher, aber auch Biegungen, Bördelungen usw) Doch wäre zu erwägen, ob eine Mindestdehnung vorgeschrieben werden sollte, wie das bei anderen Bauvorschriften (z. B Kesselbau) der Fall ist. Es sprechen aber entsprechend dem früheren mehr Gründe gegen eine solche Festsetzung, als wie für eine solche

Nun besitzen nicht alle Baustoffe eine Streckgrenze An ihre Stelle hätte dann die Elastizitätsgrenze zu treten Diese ist stets eine willkürlich festgelegte Größe, über die eine Einigung nötig wäre. Es fragt sich, bei wie viel Prozent bleibender Dehnung man sie ansetzen soll. Es hätten die Beanspruchungen unter der Elastizitätsgrenze zu bleiben, wie zuvor unter der Streckgrenze.

Es wäre nicht zweckmäßig, wenn auf Grund solcher Betrachtungen strenge Bau- und Rechnungsvorschriften erlassen würden, die das Verantwortungsgefühl einschläfern und Fortschritt und Entwicklung hemmen könnten. Es dürfte sich nur um Leitsätze für die Berechnung handeln und um Leitsätze, nach denen die Festigkeitseigenschaften der neuen Baustoffe in Rücksicht auf ihre Eignung für den Flugzeugbau untersucht würden.

Einer weiteren Eigenschaft der Baustoffe wäre dabei auch auf den Grund zu gehen, die u. a. für den Flugzeugbau überhaupt den Leichtbau von Bedeutung ist Es handelt sich um die Festigkeit der Baustoffe bei verhinderter Kontraktion und Dehnung. Eine solche Verhinderung kann verschiedene Ursachen haben Der bekannteste Fall ist der der Kerbung, wo das an die Kerbe anschließende Material eine versteifende Wirkung ausübt und damit die Kontraktion des Querschnitts, die mit der Dehnung Hand in Hand gehen muß, verhindert.

Eine solche Verhinderung kann teilweise auch eintreten, wenn an einer Stelle Kräfte in verschiedener Richtung angreifen, wie das bei Knotenpunktsausbildung zum mindesten denkbar ist.

Zu jeder Ausbildung einer Kontraktion bzw Dehnung ist Zeit erforderlich. Erfolgt die Kraftwirkung so schnell, daß für die Ausbildung der Dehnung keine Zeit bleibt (Landungsstoß, Erzitterung usw), so wird gleichfalls ein Zustand eintreten müssen, der mit dem der Kerbwirkung Ähnlichkeit hat.

Es wird ganz von den Eigenschaften des Baustoffs, einerseits der Kohäsion der Teile des Baustoffs, andererseits die mit Fließen verbundene Verhinderung des Bruchs nach Kristallflächen abhängen, ob eine verhinderte Kontraktion die Festigkeit erhöht oder herabsetzt. Daher findet man u U bei großer Festigkeit und guter Dehnung kleine Kerbzähigkeit.

Es wäre festzustellen, wie die Festigkeitseigenschaften der neuen Baustoffe unter solchen Verhältnissen sind. Derartige Untersuchungen sind um so mehr am Platz, als erwiesenermaßen die Kerbzähigkeit, die, wie gesagt, auf ähnlichen Vorgängen beruht, für alle Leichtmetalle, soweit sie bekannt ist, außerordentlich niedrige Werte aufweist, Werte, die aber doch wieder untereinander verschieden sind und zwischen 0,48 und 1,5 liegen, während für Flußeisen z. B. bis 12 mkg/cm² festgestellt werden kann.

Solange einwandfreie Zahlen hierüber nicht vorliegen, ist es angezeigt, in Fällen, wo mit Beanspruchungen, die den beschriebenen ähneln, zu rechnen ist, reichlichere Sicherheiten zu wählen.

Zusammenfassend möchte ich nochmals davor warnen, in den Fällen, wie sie im Flugzeugbau vorliegen, wo mit sehr hohen Beanspruchungen und geringen Sicherheiten gerechnet wird, diese Sicherheit auf die Bruchfestigkeit, wie sie der Zugversuch ergibt, zu beziehen und möchte anregen, daß sich der Ausschuß für konstruktive Fragen eingehender mit den angedeuteten Fragen beschäftigt.

Aussprache:

Prof. Reißner: Herr Baumann hat auf alle die Schwierigkeiten und die Möglichkeiten ihrer Lösung hingewiesen, denen heute die Festigkeitsberechnung der Flugzeuge auch dann noch gegenübersteht, wenn es gelungen ist, die Spannungsverteilung in allen Baugliedern zu bestimmen Gerade diese von Herrn Baumann gestellten Aufgaben hat sich auch der Ausschuß für konstruktive Fragen unserer Gesellschaft gestellt, hat sich aber über ihre Formulierung noch nicht ganz einigen können.

Ich hoffe, daß Herr Baumann mehr als bisher seine Mitarbeit auch unserm Konstruktionsausschuß gewähren wird, damit wir endlich in diesen wichtigen Fragen vorwärts kommen.

Ing. Weyl: Königliche Hoheit, meine Damen und Herren!

Ich möchte kurz auf einen Punkt hinweisen, der mir von allergrößter Bedeutung für die Weiterentwicklung unseres Flugwesens zu sein scheint.

Es ist dies die Frage der Festigkeit unserer Flugzeuge Welche Festigkeitsforderungen muß und soll der Konstrukteur neuzeitlicher Flugzeuge seinem Entwurf zugrunde legen? Diese Frage ist heute noch keineswegs als geklärt zu bezeichnen. Wir glauben nur eins zu wissen, daß bei Hochleistungsflugzeugen modernster Bauart die Festigkeitsforderungen der deutschen Bau- und Liefervorschriften (BLV. 1918) nicht das benötigte Maß an Festigkeit in allen vorkommenden Flugzuständen gewährleisten Das neuzeitliche Flugzeug besitzt eben viel höhere Geschwindigkeiten und eine viel höhere Grenzgeschwindigkeit im Sturzflug als die 1918 vorhandenen Bauarten. Zudem geht die bauliche Entwicklung mehr und mehr auf verspannungslose und freitragende Flugzeuge von gutem Seitenverhältnis der Flügel über

Das Ausland ist sich in dieser Frage ebenfalls noch nicht ganz klar Eine dankenswerte Zusammenstellung der Festigkeitsanforderungen in den einzelnen Staaten, die Herr Leveratto in den »Rendiconti Tecnici«[1] kürzlich wiedergegeben hat, zeigt folgendes Bild:

Der bekannte Spad VII-Jagdeinsitzer mit 140 PS-Hispano-Suiza-Motor, ein vom Jahre 1917 her gut bekanntes französisches Frontflugzeug hat für den Fall des Abfangens (deutscher A-Fall) eine wirkliche Festigkeit von 7,9facher Last. Nach den deutschen »Bau- und Liefervorschriften« müßte dieses Flugzeug (verspannter Einstieler mit Zwischenstielen) ein Lastvielfaches beim Bruchversuch von nur 6,5, nach den Vorschriften der Vereinigten Staaten von 8,5, nach den französischen Vorschriften von 6,7, nach den geltenden italienischen Bestimmungen dagegen ein solches von 10,3 haben.

Sie sehen, wie hier bei diesem verhältnismäßig schwachen und nicht sehr leistungsfähigen Jagdflugzeug die Forderungen an die Baufestigkeit in den einzelnen Staaten weit auseinandergehen. Noch krasser ist es der Fall, wenn man einen modernen hochleistungsfähigen Jagdeinsitzer mit 300 PS Leistung herausgreift. Beispielsweise hat der italienische Piaggio-Jagdeinsitzer, ein Tiefdecker mit freitragendem Flügel, auf den ich in meinem Vortrage noch näher eingehen werde, nach den BLV. 1918 bei Bruchbelastung ein Lastvielfaches von 6,5, nach der Festigkeitsvorschrift der Vereinigten Staaten ein solches von 8,5, nach den französischen Bauvorschriften ein solches von nicht weniger als 14,9, nach den italienischen Vorschriften von 10,5 aufzuweisen. Tatsächlich hat der Bruchversuch bei diesem Flugzeug eine Festigkeit von achtzehnfacher Last ergeben. Auf jeden Fall ist also das Flugzeug viel zu fest, d. h. also auch zu schwer gebaut[2])

Anders liegen die Fälle bei Großflugzeugen. So z. B. hat das italienische Caproni-Dreimotoren-Flugzeug, Muster 3, eine tatsächliche Flügelfestigkeit von 6,12facher Last, während nach den französischen Festigkeitsforderungen für ein Flugzeug dieser Art nur ein Lastvielfaches von 3,2, also eine geringere Festigkeit als nach den BLV 1918 gefordert wird.

Die höchsten Anforderungen an die Festigkeit stellen bei kleineren Flugzeugen ohne Zweifel die Franzosen. Sie legen dabei für das Lastvielfache eine Beziehung zugrunde, wonach die Festigkeit dem Kehrwert der Flächenleistung und der dritten Potenz der Geschwindigkeit verhältig ist. Das erscheint logisch Jedenfalls werden wir mit der Eingruppierung der Flugzeugfestigkeiten nach Art der deutschen BLV. 1918 nicht weiter kommen. Wir werden auch flugmechanische Beziehungen und Widerstandszahlen der Ermittlung der Lastvielfachen zugrunde legen müssen Wie hoch man mit den Festigkeiten bei Flugzeugen moderner Bauform zu gehen hat, das bildet gegenwärtig in der Deutschen Versuchsanstalt für

---

[1] Rendiconti Tecnici della Direzione Superiore del Genio e delle Costruzioni Aeronautiche vom 15. April 1924, Rom (herausgegeben vom Commissariato dell'Aeronautica), S. 18: Capit. del Genio Aeronautico Iperide Leveratto, Le Prove Statiche dei Velivoli in Italie e all'Estero.

[2]) Das Flugzeug ist auch aus diesem Grunde neuerdings einer Umkonstruktion unterzogen worden!

7*

Luftfahrt den Gegenstand eingehender theoretischer Untersuchungen

Prof. Schlink begrüßt ebenfalls dankbar die Ausführungen von Prof Baumann und betont, daß es hohe Zeit sei, daß endlich weitergehende Bestimmungen über den Sicherheitsgrad der für den Flugzeugbau verwendeten Materialien gegeben würden Allerdings könnten diese nicht zu eng begrenzt sein, wie die für andere technische Konstruktionen, da in jedem Flugzeug statische Unbestimmtheiten auftreten Im ubrigen wies er darauf hin, daß bei den Festigkeitsfragen darauf besondere Rücksicht genommen werden müsse, daß die verschiedenen Teile des Flugzeuges gleich hohe Sicherheit besitzen, gerade darin werde bis jetzt viel vernachlässigt und hier müsse noch manche Untersuchung angestellt werden. Bezüglich des Holzes als Baumaterial bemerkt er, daß dieses große Unsicherheit in der Festigkeit aufweise und daß bei dem diesjährigen Segelflugwettbewerb in der Rhön beobachtet worden sei, welche gewaltigen Kräfte im Holz infolge der Feuchtigkeit auftreten, die unter ungünstigen Umständen Brüche herbeiführen könnten.

IV. Zur Berechnung von Verbundwirkungen in Flugzeugflügeln.

Vorgetragen von K. Thalau.

Meine Damen und Herren!

Wenn ich an die Spitze meiner Betrachtungen das Wort: »Fliegen heißt leicht bauen« setze, so wiederhole ich damit einen heute nicht nur in Fachkreisen Gemeingut gewordenen Grundsatz. Nur eine — auf anderen technischen Gebieten kaum beobachtete und auch nicht erforderliche — Sparsamkeit am Gewicht des Bauwerks, die mit Grammen geizen muß, führt in der Flugtechnik zur Weiterentwicklung.

Und doch muß das Idealflugzeug — hier vom Gesichtspunkte der Festigkeit natürlich betrachtet —, die Maschine mit dem durch die angreifenden Kräfte bedingten geringsten Materialaufwand, erst noch erscheinen.

Ungenaue Kenntnis der beanspruchenden Kräfte einerseits, eine nicht an die zulässige Grenze gehende rechnerische Ausnutzung anderseits vereinigen sich zur Bildung von »Angstkoeffizienten«, die immer noch zum »Zuschwerbau« verleiten. Mit einer Ungenauigkeit der ersteren kann aber eine Ungenauigkeit der letzteren, wie dies oft geschieht, nicht begründet werden. Beide Gebiete sind vollständig getrennt zu behandeln, und die Kenntnis auf beiden ist auf eine möglichst hohe Stufe zu bringen.

Im folgenden bitte ich Sie nun, Ihre Aufmerksamkeit für einige Zeit einem Gebiet zuzuwenden, das man allgemein mit »Verbundwirkungen an Flugzeugkonstruktionen« bezeichnen könnte, und von dem ich heute einen speziellen Teil, »die Verbundwirkungen in Flugzeugflügeln«, näher beleuchten möchte. Denn diese geben uns sicher die Möglichkeit an die Hand, noch etwas am toten Gewicht zu sparen.

Unter »Verbundwirkungen« wollen wir dabei die Tatsache verstehen, daß mehrere Tragglieder, die durch Zwischenkonstruktionen miteinander verbunden sind, auch dann mit zur Aufnahme von Kräften herangezogen werden, wenn sie nicht unmittelbar von solchen beansprucht sind. Es treten also im allgemeinen Entlastungen der stärker beanspruchten Konstruktionsteile auf. Für eine Verbundwirkung ist demnach ungleichmäßige Belastung eines Tragwerks Voraussetzung. Bei unseren Betrachtungen tritt dies aber immer ein. Ich brauche hier bloß an den sog. B- und C-Fall im Fluge mit ihren unangenehmen Verdrehungserscheinungen zu erinnern, wo, im letzteren besonders, die Holme einander entgegengesetzt gerichtete Kräfte aufzunehmen haben.

Art der Zwischenkonstruktion sowie die Verbindungsform sind natürlich für den Verbund maßgebend.

Halten wir uns nun die normale Flügelbauart einmal vor Augen — auf Konstruktionen wie z. B. den Junkers-Flügel einzugehen, muß ich mir aus naheliegenden Gründen leider versagen, — so unterscheiden wir vorwiegend als Haupttragglieder einen oder mehrere Holme, die durch Rippen in gewissen Abständen miteinander mehr oder weniger steif verbunden, gekoppelt sind; darüber ist dann die Bespannung oder Beplankung aufgebracht, auch nach Material, Form und Befestigung von sehr verschiedener Wirkung auf den Verbund.

Die beste Konstruktion wird die sein, welche uns den ganzen Flügel mehr oder weniger als Platte zu betrachten gestattet. Aus der Zweiteilung

1. Rippeneinfluß,
2. Beplankungseinfluß,

wollen wir nun zunächst den ersten, und zwar für den freitragenden unverspannten Flügel mit zwei Holmen, näher betrachten. Abb. 1 soll uns dabei die Wirkung der Luftkräfte im C-Fall prinzipiell

ins Gedächtnis zurückrufen. Die gerade Linie stellt einen Flügelquerschnitt mit der Tiefe t dar, bei A und B liegen die Holme, über A ist die Luftkraftverteilung negativ, über B positiv; wir haben also hier den Fall, daß Luftkräfte mit entgegengesetzten Vorzeichen auf die Haupttragglieder wirken, wie dies Abb. 2 in Projektion zeigt.

Die beiden horizontalen Linien bedeuten die einseitig eingespannten Holme, die durch die steif angeschlossenen Rippen in Abständen λ gekoppelt sind. Eine solche Konstruktion können wir als Steifrahmenrostträger bezeichnen, Rostträger deshalb, weil die angreifenden Kräfte senkrecht zur Tragwerkebene, die ja durch die Holmlängsachsen gegeben ist, wirken. Berücksichtigt seien nur die vertikal auf das Tragwerk wirkenden Luftkräfte; die horizontalen Komponenten mögen hier nicht weiter verfolgt werden.

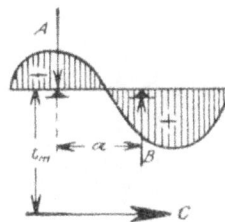

Abb. 2.

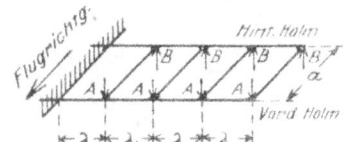

Abb. 1.

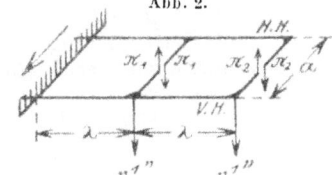

Abb. 3.

Zur besseren Veranschaulichung wollen wir zunächst einmal ein System von 2, nur durch 2 Rippen verbundenen Holmen betrachten, und dieses statisch unbestimmte Tragwerk mittels Durchschneiden der Rippen in ihren Mitten in das statisch bestimmte verwandeln[1]. (Abb. 3).

Das statisch bestimmte Hauptsystem besteht dann aus zwei Freiträgern von denen wir zunächst auf nur einen, den Vorderholm, die äußeren Kräfte »1« in den Knotenpunkten wirken lassen. In Wirklichkeit treten Kräfte »A« auf, so daß wir die erhaltenen Resultate mit »A« zu multiplizieren hätten.

Lassen wir nun auf den anderen Träger, den Hinterholm, Kräfte »B« angreifen, so erhalten wir die vorhergehenden Ergebnissen entsprechende, symmetrische oder antisymmetrische, Wirkungen, die wir nach dem Gesetz von der Addition der Einzelwirkungen summieren können, um das tatsächliche Kräftebild zu erhalten.

Fraglich ist nun, welche äußeren Kräfte wir an den Schnittstellen der Rippen an Stelle der vernichteten inneren setzen, um den alten Gleichgewichtszustand zu erhalten. Sie sehen auf Abb. 3 Querkräfte π angebracht, denen diese Aufgabe zufällt, und mit deren Kenntnis die Forderung nach größerer rechnerischer Genauigkeit hinreichend erfüllt ist, ohne daß die Rechnung zu umständlich wird[2].

[1] Vgl. den Aufsatz von Ballenstedt, T.B. Bd. 3, Heft 4.

[2] Vgl. die Untersuchung des Vortragenden im 49. Bericht d. Deutschen Versuchsanstalt f. Luftfahrt, 3. Heft der ZFM vom 14. II. 25. Von den an der Rippenschnittstelle normalerweise auftretenden sechs Unbekannten verschwinden bei Systemsymmetrie die beiden Biegungsmomente, die Querkraft in Trägerebene und die Rippenlängskraft.

Die Wirkungsweise der π-Kräfte wird augenscheinlich, wenn wir die Skizze noch einmal betrachten. Die äußeren Kräfte »1«, die bestrebt sind, den Holm nach unten durchzubiegen, werden durch die Kräfte π in einem gewissen Maße daran gehindert. Da die Formänderunsgarbeit, die dem Vorderholm nunmehr abgenommen wird, aber irgendwo aufgenommen werden muß, ist es klar, daß diese eben von dem Hinterholm geleistet wird. Der Hinterholm biegt sich jetzt mit durch. Ein Blick auf Abb. 4 erläutert das Gesagte.

Die π-Kräfte nun lassen sich errechnen mittels der aus der Festigkeitslehre bekannten Elastizitätsgleichungen. Ich möchte mir erlauben, auf den Gang der an sich einfachen Rechnung nicht näher einzugehen, sondern diejenigen verehrten Anwesenden, die sich besonders dafür interessieren, auf meinen diesbezüglichen Aufsatz im 10. Heft der ZFM vom 26. Mai ds. Js. verweisen.

Andeuten möchte ich nur, daß durch geeignete Kombination der Unbekannten, also einem Arbeiten mit einfachen mathematischen Funktionen der letzteren, sich wesentliche Vereinfachungen der Rechnung erzielen lassen.

Die Durchbiegungsgrößen δ, die ja bekanntlich in den Elastizitätsgleichungen die Rolle von Beiwerten der Unbekannten spielen, unterscheiden sich von den normalen δ-Werten nur durch das Auftreten eines Gliedes, welches die Verdrehung der Holme durch die π-Kräfte berücksichtigt. — Es ist nicht uninteressant, daß das Torsionsglied einen viel größeren Beitrag zum δ-Wert liefert, als die Biegung der Rippen, d. h. eine Änderung des Holmquerschnitts zum mehr oder weniger torisonssteifen Profil ist, innerhalb gewisser Grenzen, von viel wesentlicherem Einfluß auf das Verhalten des Tragwerks als eine Änderung des Rippenquerschnitts.

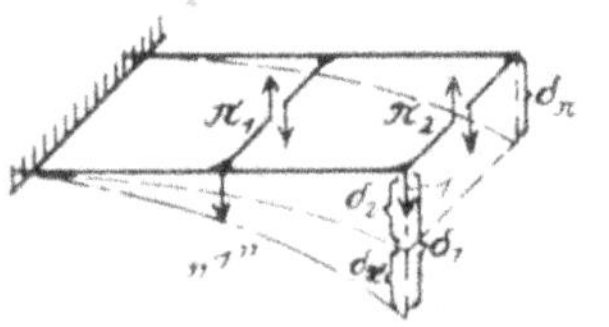

Abb. 4.

Abb. 5.

Zum Schluß dieses Kapitels werden Sie nun, meine Herren, einige Zahlenwerte zur Beurteilung der Größenordnung der entlastenden Kräfte kennen.

Ich habe mich hier beschränkt auf eine Rippenzahl von fünf als obere Grenze, da die hierzu erforderlichen Rechnungen schnell von statten gehen. — Meine frühere Ansicht über die praktische Grenze der Rippenzahl für die Rechnung habe ich aber ändern müssen, nachdem ich von einem Kollegen erfahren habe, daß sich beispielsweise zwölf Gleichungen mit je zwölf Unbekannten noch in, auch pekuniär, erträglicher Zeit — etwa 15 h — nach dem Gaußschen Eliminationsverfahren bewältigen lassen. Eine gewisse Übung ist hier jedoch wohl Voraussetzung.

Den Rechnungen ist zugrundegelegt ein freitragender Flügel von 4,50 m Kragarmlänge und 0,97 m Holmabstand, einem Berechnungsgewicht des Flugzeugs von 800 kg und einem Lastvielfachen im Fall: A von 6, B von 3,5, C von 1,5, also normale Annahmen. In den einzelnen Fällen erhalten Vorder- und Hinterholm die in folgender Zahlentafel, Abb. 5 angeführten Belastungen in kg/cm mit trapezförmigem Abfall der Belastungslinie nach den Enden zu.

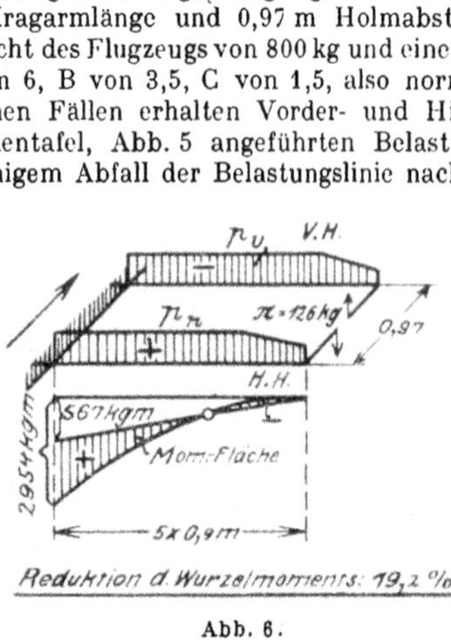

Abb. 6.

Die reduzierenden π-Kräfte sind für den B-Fall ermittelt. Untersucht sind die einzelnen Zustände mit 1 bis 5 Rippen, wobei die Trägheitsmomente der Holme $J_x : J_y$ sich wie 40:1, die Trägheitsmomente der Holme zu denen der Rippen sich wie 10:1 verhalten. Abb. 6 zeigt die Wirkung einer Rippe am Flügelende. Es entsteht eine Quer-

kraft von 126 kg, ein entlastendes Wurzelmoment von 567 kg · m, so daß statt des vorher erhaltenen Momentes ohne Berücksichtigung des Verbundes von 2954 kg · m ein Wurzelmoment von 2387 kg · m auftritt, also eine Entlastung von 19,2 vH. Der nächste Fall (Abb. 7) bringt scheinbar eine Überraschung. Lassen wir nämlich nun noch eine zweite Rippe wirken, so wird mit dem Anwachsen der äußeren

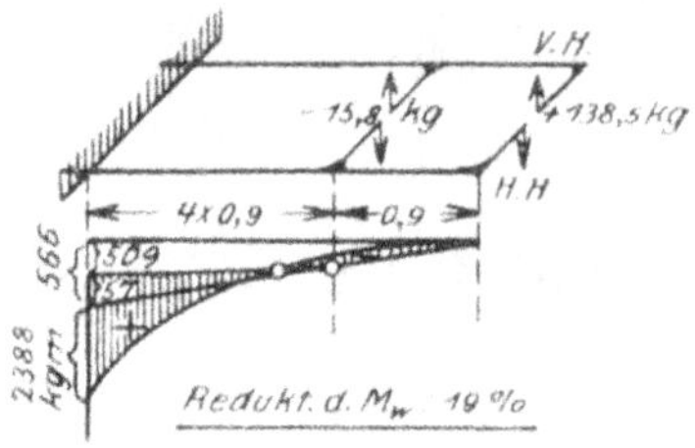

Abb. 7.

π-Kraft, $\pi_1 = 138,5$ kg, die innere negativ, nämlich $-15,8$ kg, d. h., hier tritt durch die zweite Rippe wieder eine Verschlechterung der durch die erste hervorgerufenen Verbesserung auf. Gesamtentlastung an der Wurzel 19 vH etwa wie vor.

Die innere Querkraft wächst nun negativ um so stärker, je weiter nach innen die zweite Rippe gesetzt wird. Abb. 8 zeigt die drei nächsten Fälle.

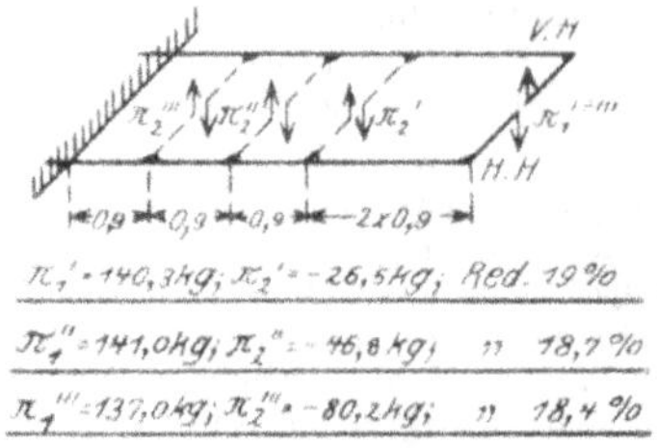

Abb. 8.

Dieses anfänglich nicht erwartete Negativwerden der inneren Rippenquerkräfte wird jedoch verständlich, wenn man sich das Kräfte- und Momentenspiel eines Balkens auf mehreren Stützen, — in unsrem Falle sind diese Stützen elastisch senkbar zu denken — vor Augen führt. Von Bedeutung ist dies auf die Gesamtentlastung ja nur in geringem Maße, wie aus den Zahlen hervorgeht. Außerdem bleibt aber zu berücksichtigen, daß die innere Rippe mit negativer Querkraft zwar das Biegungsmoment wieder erhöht, dafür aber das ungünstig wirkende Torsionsmoment im Holm durch die äußere Rippe vermindert.

Nun lassen wir die dritte, vierte und fünfte Rippe nacheinander gleichzeitig wirken, und erhalten ähnliche Ergebnisse.

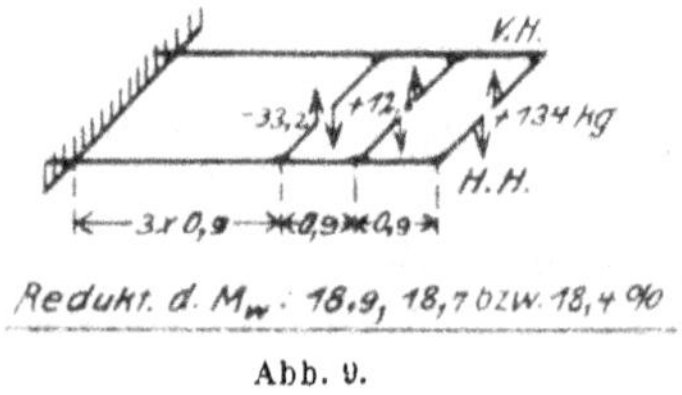

Abb. 9.

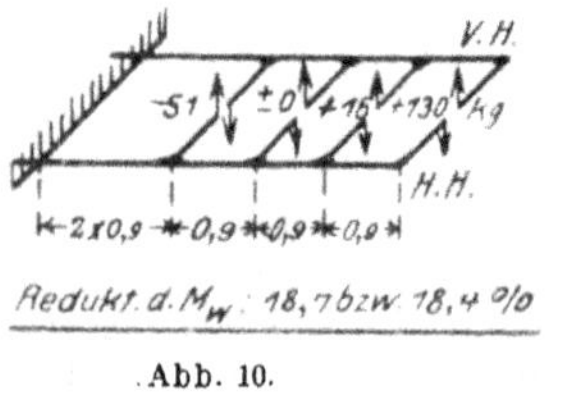

Abb. 10.

Abb. 9: Die Gesamtentlastung an der Wurzel wird hier zu 18,9 vH gefunden. Lassen wir die innerste Rippe wieder nach innen wandern, so werden die Entlastungen 18,7 bzw. 18,4 vH.

Abb. 10: Gesamtentlastung an der Wurzel 18,7 vH.

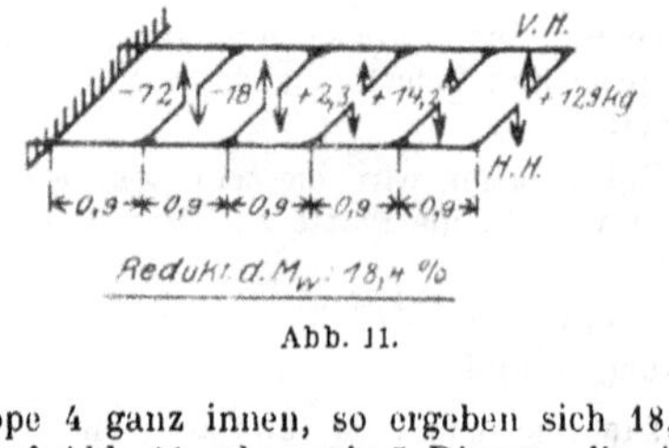

Abb. 11.

Sitzt Rippe 4 ganz innen, so ergeben sich 18,4 vH Wurzelentlastung. Auf Abb. 11 sehen wir 5 Rippen, die eine Entlastung von 18,4 vH hervorrufen.

Was wir schon durch Vergleich der Prozentzahlen erkennen, verdichtet sich durch Betrachtung der entstehenden Querkräfte zu dem Satze: Wieviele Rippen auch auf eine Längeneinheit der Holme den Verbund bewirken, die Summe ihrer Querkräfte bleibt konstant.

Über die Größenordnung der entlastenden Kräfte haben Sie, meine Damen und Herren, nun ein Bild gewonnen. Je nach Konstruktion werden diese Werte nun schwanken. Die vorausgegangenen Beispiele basierten auf einem Verhältnis der Holmträgheitsmomente $J_x : J_y = 40:1$. Nehmen wir statt dessen ein solches von 10:1 an, so wird im ersten Beispiel mit einer Rippe die Querkraft 205 kg gegen 126 kg, mithin tritt eine Entlastung des Holmwurzelmoments von 31,3 vH auf. Würde im günstigsten Falle $J_x = J_y$, dann ergibt sich mit einer Querkraft von 252 kg sogar eine Entlastung von 38,4 vH an der Wurzel. Dies wäre ein Grenzfall, der praktisch wohl nicht ohne weiteres durch Rippenverbund allein zu erreichen ist. — Aber die gegebenen Zahlen zeigen wohl den Wert derartiger Untersuchungen, um so mehr als sie sehr einfacher Natur sind, und durch bisher durchgeführte Versuche bestätigt werden.

Auf den dreiholmigen Flügel kann ich aus Zeitmangel leider nicht näher eingehen. Der Rechnungsweg ist aber der gleiche. Ich verweise für diese Systeme wiederum auf meinen schon angeführten Aufsatz in der ZFM. Hier ist es wieder im Falle von System-Symmetrie durch einfache Umformung der Unbekannten möglich, die Zahl der n-Elastizitätsgleichungen mit n-Unbekannten zu zerlegen in zwei Gruppen zu je n/2 Gleichungen mit n/2 Unbekannten, für die Rechnung eine ganz wesentliche Erleichterung. Ich möchte diesen Abschnitt über den Rippeneinfluß nun schließen und nocheinmal zusammenfassen:

Durch geeignete konstruktive Maßnahmen kann eine wesentliche Entlastung des stärker belasteten Holmes erzielt werden. Zur Gewinnung eines überschläglichen Urteils über ihre Größenordnung genügt die Feststellung von 4 bis 5 Rippenquerkräften.

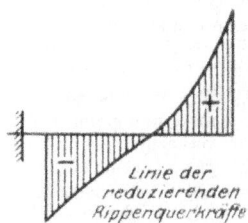
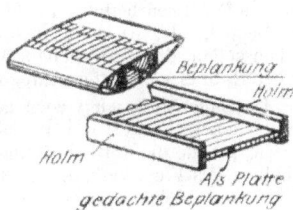

Abb. 12. Abb. 13.

Die Endpunkte der Querkraftordinaten liegen dabei ungefähr auf einer Kurve, wie sie Abb. 12 zeigt.

Nunmehr bitte ich Sie, mir noch eine Weile zu folgen auf das Gebiet der Verbundwirkungen infolge Bespannung oder Beplankung. Ich möchte Sie bitten, mir auch hier Ableitungen und Rechnungen zu schenken, zumal diese hier nicht mehr so leicht zu verfolgen sind, vor allem aber infolge Fehlens exakter, versuchsmäßiger Unterlagen zuverlässige Zahlenbeispiele noch nicht gegeben werden können. Doch soll eine Auffassung des Problems gezeigt werden, die zu einer praktischen Lösung führen kann.

Die Betrachtung stützt sich dabei auf das Vorhandensein der Rippen, welche die Beplankung durch das Festhalten in einer bestimmten Form sicher zu einer Mitaufnahme von Biegungskräften heranziehen; man könnte daher die Frage stellen: Welche Erhöhung der Rippenwirkung stellt sich durch Hinzutreten der Beplankung ein?

Nachdem so die Voraussetzung einer Aufnahme biegender Kräfte durch die Flügelhaut zur Bedingung gemacht wird, fassen wir dementsprechend die Beplankung als eine einheitlich wirkende Platte von noch unbekanntem Trägheitsmoment auf, die an den Längsträgern, den Holmen, fest eingespannt sein soll. Prinzipiell sehen Sie diese Auffassung in Abb. 13 dargestellt, wobei ich zur Vermeidung von Irrtümern betone, daß die hier in die neutrale Achse gelegte Platte mit dem zu ermittelnden reduzierten Trägheitsmoment nicht etwa durch Addition der Stärken des zur Beplankung verwendeten Materials entstanden zu denken ist.

Eine äußere laufende Belastung von p kg/cm auf einen Träger, z. B. den Vorderholm, ruft etwa eine Deformation des Tragwerks hervor, wie sie Abb. 14 zeigt. Der belastete Vorderholm biegt sich am stärksten durch, jedoch nicht so sehr, wie dies ohne Verbund geschehen würde, denn der Hinterholm wird mit zum Tragen herangezogen; beide werden außerdem tordiert, verdrehen sich also in jedem Querschnitt um einen bestimmten Winkel τ_x (der Index x

soll die Veränderlichkeit von τ mit der Holmlänge andeuten). Um das Tragwerk nun für die weitere Untersuchung zugänglich zu machen[1]), zerschneiden wir die Platte in einzelne Streifen von der Tiefe »1«, und betrachten den Gleichgewichtszustand eines solchen Einheitsstreifens. In Abb. 15 sind die Lagenveränderungen der Holme zerlegt in die Durchbiegung δ links und rechts sowie die Drehung τ links und rechts.

Maßgebend für die Rechnung ist die Differenz der Durchbiegung $\delta_r - \delta_l = \delta$, denn bei gleichmäßiger Durchbiegung würden keine Auflagerreaktionen entstehen; ein Sorgenkind bleibt vorläufig die Annahme über die Verdrehung τ; sie ist abhängig von Holmmaterial, Querschnitt des Holmes, Einspanngrad usw. und jedenfalls veränderlich mit x in der Holmlängsachse. Genauere Zahlenwerte können hier nur durch eingehende Versuche erhalten werden; wir helfen uns vorläufig, indem wir die Verdrehung in erster Annäherung linear abhängig von der Holmlänge machen, also

$$\tau_l = a\left(1 - \frac{x}{s}\right)$$

und

$$\tau_r = b\left(1 - \frac{x}{s}\right)$$

setzen, wo a und b durch Messung der Verdrehungen an den Holmenden gefundene Werte sind. Die unbekannten Auflagerreaktionen des Plattenstreifens am linken Holm, der Auflagerdruck Xa und das Einspannmoment Xb ergeben sich aus zwei Elastizitätsgleichungen für dieses System, die wiederum nach dem Gesetz von den virtuellen Verschiebungen aufgestellt werden. Die Arbeitsgleichungen, denn das sind ja die Elastizitätsgleichungen, enthalten bekanntlich auf einer Seite gewöhnlich die virtuellen Arbeiten infolge Auflagerbewegungen, hier also infolge Stützensenkung und -Drehung. Die Werte für die Auflagerreaktionen sind daher nicht nur abhängig

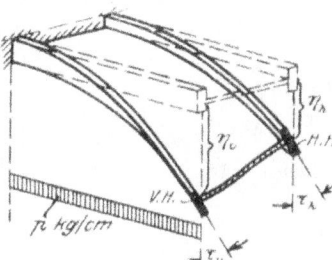
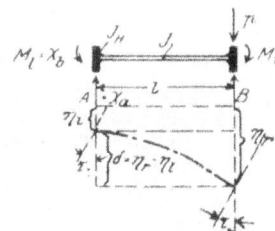

Abb. 14. Abb. 15.

von äußerer Belastung und Systemgrößen, sondern dementsprechend auch Funktionen von δ und τ (rechts und links). Ich nenne absichtlich nicht ihren Formelwert; es möge die Annahme genügen, daß sie uns jetzt bekannt sind; und nun bitte ich zu beachten:

Für jeden Holmabschnitt »1« kennen wir nun die Belastung, links q_l und rechts q_r, denn der Auflagerdruck jedes Plattenstreifens ist ja nur eine Belastungsordinate für die Holmlängeneinheit. Es besteht aber für die elastische Linie eines jeden Tragwerks die Differentialgleichung

$$\frac{d^2 y}{d x^2} = \pm \frac{M}{EJ}$$

worin die Durchbiegungen in Abhängigkeit von der Momentenlinie stehen; die Momentenlinie ist aber abhängig von der äußeren Belastung, und zwar ist die zweite Ableitung des Momentes gleich der Belastung pro Längeneinheit:

$$\frac{d^2 M}{d x^2} = q.$$

Demnach ist der vierte Differentialquotient der Durchbiegungen gleich der Belastung pro Längeneinheit, also absolut

$$\frac{d^4 y}{d x^4} = \frac{q}{EJ}.$$

Wird diese Gleichung für jeden Holm aufgestellt, so erhalten wir links

$$\frac{d^4 \delta_l}{d x^4} = \frac{q_l}{EJ}$$

und rechts

$$\frac{d^4 \delta_r}{d x^4} = \frac{q_r}{EJ}.$$

---

[1]) Vgl. »Weitgespannte Eisenbetonbogenbrücken« von Dr.-Ing. Karl Arnstein, Melan-Festschrift.

In Worten ausgedrückt: die vierte Ableitung der Senkungen ist gleich der Belastung pro Längeneinheit; letztere hatten wir aus den Elastizitätsgleichungen für die Auflagerreaktionen eines Plattenstreifens errechnet, und sie als Funktionen der Belastung, der Holmsenkungen und Holmverdrehungen gefunden. Wir können daher die Differentialgleichungen für den linken und rechten Holm voneinander subtrahieren, und erhalten die neue Gleichung für die Differenz der Holmsenkungen

$$\frac{d^4\delta}{dx^4} = -a - \beta \cdot \delta - \gamma\left(1 - \frac{x}{s}\right).$$

Hierin sind a, β und γ Konstante, die von der jeweils vorliegenden Belastung, den Systemverhältnissen und der Wahl der Verdrehungszahlen abhängig sind; die Lösung dieser Gleichung bereitet keine sonderlichen Schwierigkeiten; die vier Integrationskonstanten lassen einige Vereinfachungen zu, insofern als Konstante

$$B = D, \text{ und}$$
$$C = A - 2 \cdot B$$

ist; die anfänglich etwas unbequeme Lösung der Gleichung nach δ wird damit handlicher. Wir sehen sie unten. (Abb. 16.)

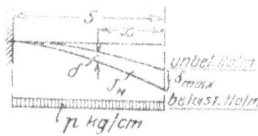

$$\frac{d^4\delta}{dx^4} = -a - \beta \cdot \delta - \gamma \cdot \left(1 - \frac{x}{s}\right)$$

$$a = -\frac{p}{EJ_{II}}; \quad \beta = \frac{24}{l^3} \cdot \frac{J}{J_{II}};$$

$$\gamma = -\frac{12}{l^2} \cdot \frac{J}{J_{II}} \cdot (a + b)$$

Abb. 16.

1. Für $x = s$ wird $\delta = 0$

2. » $x = s$ » $\dfrac{d\delta}{dx} = 0$

3. » $x = 0$ » $\dfrac{d^2\delta}{dx^2} = 0$

4. » $x = 0$ » $\dfrac{d^3\delta}{dx^3} = 0$

$$\delta = -\frac{a}{\beta} - \frac{\gamma}{\beta}\left(1 - \frac{x}{s}\right) + 2A\cos nx \cdot \mathfrak{Cof}\, nx +$$
$$+ 2B \cdot \cos nx \cdot \mathfrak{Cof}\, nx (\operatorname{tg} nx + \mathfrak{Tg}\, nx - 1)$$

$$n = \sqrt[4]{\frac{\beta}{4}}$$

$$A = \frac{n \cdot a (2 - \mathfrak{Tg}\,\sigma + \operatorname{tg}\sigma) + \dfrac{\gamma}{s}(\operatorname{tg}\sigma + \mathfrak{Tg}\,\sigma - 1)}{2\beta \cdot n \cdot \cos\sigma \cdot \mathfrak{Cof}\,\sigma (2 - \mathfrak{Tg}^2\,\sigma + \operatorname{tg}^2\sigma)};$$

$$B = \frac{-\dfrac{\gamma}{s} - n \cdot a(\mathfrak{Tg}\,\sigma - \operatorname{tg}\sigma)}{2\beta \cdot n \cdot \cos\sigma \cdot \mathfrak{Cof}\,\sigma (2 - \mathfrak{Tg}^2\,\sigma + \operatorname{tg}^2\sigma)};$$

$$\sigma = n \cdot s$$

Abgesehen von der rechnerischen Arbeit liegen in der zahlenmäßigen Auswertung keine Schwierigkeiten. Mit der Kenntnis der Durchbiegungsdifferenzen sind dann die Entlastungen in jedem Querschnitt gegeben. Die Veränderlichkeit der Luftkraftverteilung

in Tiefenrichtung des Flügels in den einzelnen Flugzuständen ist dabei leicht zu berücksichtigen.

Auch der Beplankungseinfluß für den dreiholmigen Flügel läßt sich in ähnlicher Weise fassen. In allen Fällen ist nun von größter Wichtigkeit, zu wissen, einmal welchem Gesetz die Holmverdrehungen folgen, ferner welche Trägheitsmomente für die Plattenstreifen der Beplankung einzusetzen sind; hier müssen, wie schon erwähnt, umfassende Versuche einsetzen, um den Koeffizienten zu bestimmen, mit dem die rechnerischen Resultate zu reduzieren sind, um die Übereinstimmung der Rechnung mit dem tatsächlichen Verhalten der Tragwerke herbeizuführen. Die hierfür rechnerisch erhaltenen Entlastungen sind noch von zu vielen Voraussetzungen abhängig, um Anspruch auf Genauigkeit machen zu können.

Sind versuchsmäßige Unterlagen vorhanden, so könnte man die Errechnung der sämtlichen Durchbiegungsdifferenzen insofern vereinfachen, als man die schnell ermittelte Maximaldurchbiegungsdifferenz bestimmt, und die Annäherung macht, daß von diesem Maximalwert bis zum Nullpunkt der Durchbiegung die gesuchten Differenzen geradlinig abfallen; der damit begangene Fehler fällt für eine Näherungsrechnung nicht zu stark ins Gewicht.

Wenn man aber einerseits diese numerische Auswertung der Differentialgleichung scheut, andererseits jedoch den Beplankungseinfluß nicht vernachlässigen will, so kann man sich durch einfachen Versuch helfen: Man stellt die Durchbiegungen einer Rippe unter einer bestimmten Last fest, verbindet dann diese Rippe mit mindestens zwei Nachbarrippen mittels des vorgesehenen Beplankungsmaterials, belastet alle Rippen mit den ihnen zukommenden Lasten und mißt dann die neuen Durchbiegungen der fraglichen Rippe. Nun bestimmt man das erhöhte ideelle Rippenträgheitsmoment, für welches diese verringerten Durchbiegungen zustande gekommen wäre, und kann nun nach der im ersten Abschnitt des Vortrags gezeigten Methode die Rippenquerkräfte errechnen.

Ich komme zum Schluß, meine Damen und Herren; betonen möchte ich, daß die gebotenen Ausführungen weniger Überblick über ein fertig bearbeitetes und abgeerntetes Aufgabenfeld gewähren, als vielmehr die Aufmerksamkeit der hier Beteiligten auf Wege lenken sollen, die ihnen helfen, Material, d. h. Gewicht, zu sparen. In der Hauptsache sollten Anregungen vermittelt werden.

Das eine hoffe ich jedoch gezeigt zu haben, daß nämlich die besprochenen Einflüsse heute nicht mehr vernachlässigt werden dürfen; gerade die auf Schaffung großer Flugzeuge drängende Entwicklung des Flugzeugbaues müßte sie am ehesten berücksichtigen, da ja bekanntlich deren Leergewichte, speziell Flügeleinheitsgewichte, einen gesetzmäßig steigenden Anteil von den zur Verfügung stehenden Auftriebskräften beanspruchen.

Die Verbundwirkungen geben uns die Möglichkeit, die Kurve der wirklichen Flächeneinheitsgewichte an die der ideellen Flächeneinheitsgewichte näher heranzuzwingen.

Es ist daher sehr zu begrüßen, daß die Deutsche Versuchsanstalt für Luftfahrt in Erkenntnis der Wichtigkeit dieser Fragen die Bearbeitung ausgedehnter Versuchsreihen zur Klärung des ganzen besprochenen Gebietes in Angriff genommen hat; es ist zu hoffen, daß die verehrten Anwesenden bei der nächsten Tagung der Wissenschaftlichen Gesellschaft für Luftfahrt Gelegenheit finden, über die dann vorliegenden Ergebnisse unterrichtet zu werden.

V. Neuere Untersuchungen der Aerodynamischen Versuchsanstalt, Göttingen.

Vorgetragen von J. Ackeret.

Einleitung.

Ich möchte Ihnen heute kurz über einige neuere Untersuchungen der Aerodynamischen Versuchsanstalt zu Göttingen berichten. Die Anstalt hat bis vor kurzem ziemlich schwer um ihre Existenz kämpfen müssen, da sie ja nicht staatlich ist und die private und behördliche Unterstützung in der Entwertungszeit naturgemäß nicht sehr viel helfen konnte. So war sie denn sehr stark darauf angewiesen, Versuche im Auftrage von Firmen auszuführen und damit Geld zu verdienen. So nützlich natürlich diese Tätigkeit für den jeweiligen Auftraggeber auch sein mochte, für die Allgemeinheit kam auf diese Weise kein großer Vorteil heraus, weil die Versuche notgedrungen unsystematisch sind und die Modelle durchaus mit Rücksicht auf die konstruktiven Erfordernisse gewählt wurden. Der wissenschaftliche Ertrag dieser Jahre ist deshalb trotz der Hunderte von Untersuchungen nicht sehr groß. Neuerdings hat sich nun die Sachlage etwas gebessert. Die Kaiser-Wilhelm-Gesellschaft zur Förderung der Wissenschaften ist durch behördliche und private Hilfe wieder in die Lage versetzt, der Anstalt Unterstützungen zuzuwenden, so daß für die Zukunft auf einen regeren Forschungsbetrieb gehofft werden kann.

Was ich Ihnen vortragen möchte, sind im wesentlichen drei Versuchsgruppen, die mir von allgemeinerem Interesse zu sein scheinen. Es hätte selbstverständlich wenig Zweck, wenn ich in der kurzen Zeit sehr genau auf die Einzelheiten der Versuchsanordnungen eingehen würde; ich beschränke mich deshalb mehr auf die prinzipiellen Dinge.

I. Systematische Untersuchungen an Joukowski-Profilen.

Zuerst möchte ich über systematische Versuche an Profilen berichten. Es handelt sich um eine Serie von 30 sog. Joukowski-Profilen, die in normaler Weise als Rechteckflügel von 20 cm Tiefe und 100 cm Spannweite aus Gips bei 15 und 30 m/s Windgeschwindigkeit untersucht wurden. Der Flugtechniker wird fragen; warum denn gerade Joukowski-Profile?, denn die scharfe Hinterkante dieser Profile ist ihm konstruktiv sehr unangenehm; sie läßt keine rechte Bauhöhe des Hinterholmes zu. Der Grund zu dieser Wahl war das Bestreben, die Messungsergebnisse mit der Theorie vergleichen zu können. Dazu aber sind diese Profile, die nach dem russischen, vor einigen Jahren verstorbenen Aerodynamiker Joukowski benannt sind, sehr gut geeignet. Joukowski hat eine Methode angegeben mittels welcher man verhältnismäßig leicht das Strömungsbild um diesen Flügel unter der Annahme reibungsloser wirbelfreier Strömung berechnen kann[1]. Auftriebszahlen, Druckpunktslage, Druck- und Geschwindigkeitsverteilung sind dabei exakt bestimmbar. Sodann

[1] ZFM 1910, S. 281, und 1912, S. 81. Besonders bequem ist die Methode von Trefftz, ZFM 1913, S. 130. Die Bezeichnungen in den Abbildungen sind die dort eingeführten.

lag aber noch ein zweiter Grund zu ihrer Wahl vor. Zur Charakterisierung der Profilform genügen nämlich 2 Zahlen, die im wesentlichen proportional sind dem Verhältnis der Wölbung zur Sehne bzw. der Dicke zur Sehne, also zwei durchaus anschauliche Parameter[1]). Nach den erweiterten Methoden von Kármán und Trefftz, Mises, Geckeler, Müller u. a. ist es zwar neuerdings möglich, auch sehr komplizierte Profilformen theoretisch zu behandeln, aber die Zahl der die Form kennzeichnenden Parameter ist größer, und damit wird die Zahl der Versuche, die zur Nachprüfung der Theorie gemacht werden müßten, sehr stark erhöht. Im übrigen werden Joukowskische Profile trotz des erwähnten Mangels nicht selten praktisch verwendet.

In Abb. 1 sehen Sie nun die untersuchten Profile nach diesen Parametern eingeordnet. Nach rechts wächst der Wölbungsparameter f/l von 0, entsprechend symmetrischen Profilen, bis Formen erreicht werden, die wohl praktisch nicht mehr verwendbar sind. Die tiefer liegenden Profile haben eine größere Dicke, der Dickenparameter $2\delta/l$ nimmt nach unten zu. Die sehr dünnen Profile haben für den Flugzeugbauer wohl keine große Bedeutung, hingegen interessieren sich die Turbinenkonstrukteure stark dafür, weil sie den geringen Widerstand dieser Flächen zu schätzen wissen.

In Abb. 2[2]) ist ein einzelnes Profil herausgegriffen, an dem ich Ihnen zeigen will, wie weit die Annäherung der theoretischen Ergebnisse an die praktisch gemessenen Werte reicht. Wie Ihnen ja wohl bekannt ist, ist es gelungen, den Widerstand eines Flügels in zwei wesentlich verschiedene Anteile zu trennen: in den induzierten Widerstand, der von der Form des Profiles gänzlich unabhängig ist und der mit dem Auftrieb quadratisch anwächst und in den Profilwiderstand, der nun stark von dieser Form abhängt. Sie sehen zwei Parabeln für den induzierten Widerstand eingetragen, die eine entspricht der gewöhnlichen Annahme elliptischer Auftriebsverteilung und stellt das Minimum des möglichen induzierten Widerstandes

[1] Der Wölbungsparameter ist mit f/l, der Dickenparameter mit $2\delta/l$ bezeichnet.

[2] Die dargestellte Beziehung zwischen Auftrieb und Widerstand heißt »Polarkurve« des Profils. Auftrieb bzw. Widerstand berechnen sich nach den Formeln

$$A = c_a F \cdot \varrho/2 \, v^2$$
$$W = c_w F \, \varrho/2 \, v^2;$$

das Moment der Luftkräfte um den vordersten Punkt der Flügelsehne:

$$M = c_m \cdot F \cdot \varrho/2 \, v^2 \cdot t.$$

F = Projektionsfläche des Flügels, t seine Tiefe, ϱ Luftdichte, v Geschwindigkeit. In den Abbildungen sind neben diesen kleinen c-Werten ab und zu auch die 100 mal so großen C-Werte benutzt. Siehe »Ergebnisse der A.V.A.« I. Lieferung, wo alle diese Definitionen noch näher erläutert sind.

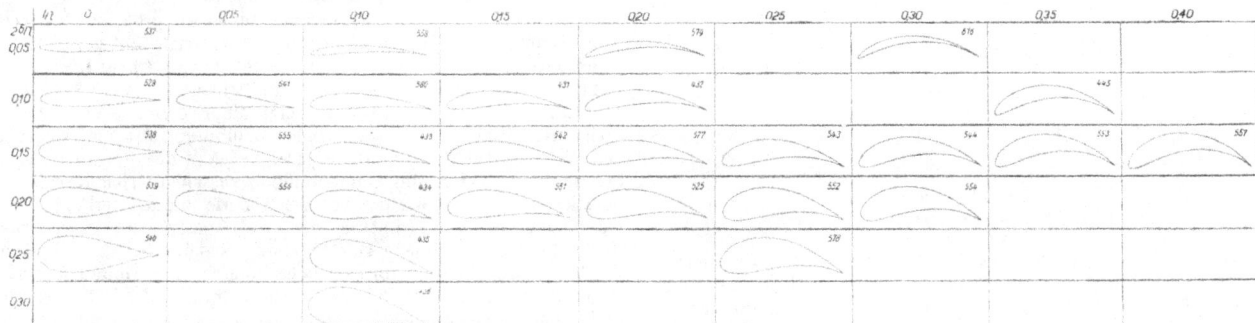

Abb. 1. Joukowski-Profile von verschiedener Wölbung und Dicke.

dar. Die andere ist in den Abszissen um 4 vII vergrößert worden, gemäß den Rechnungen von Herrn Betz[1]), welcher nachgewiesen hat, daß der rechteckige Flügel mit überall gleichem Anstellwinkel keine elliptische Auftriebsverteilung besitzt und deshalb einen etwas

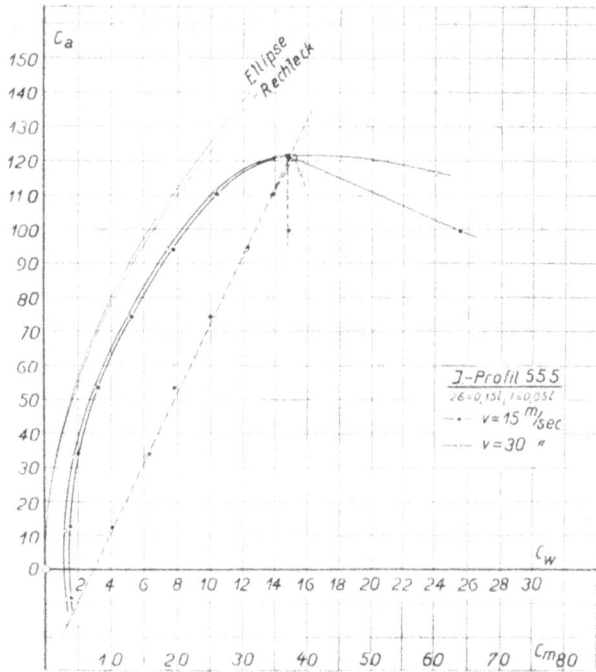

Abb. 2. Polaren eines einzelnen Profiles.

größeren induzierten Widerstand hat. Der angegebene Wert von 4 vII ist experimentell noch nicht ganz sicher gestellt, er dürfte aber der Wahrheit näherkommen als die Rechnung mit elliptischer Verteilung. Es sind zwei Polarkurven eingetragen für 15 und 30 m/s

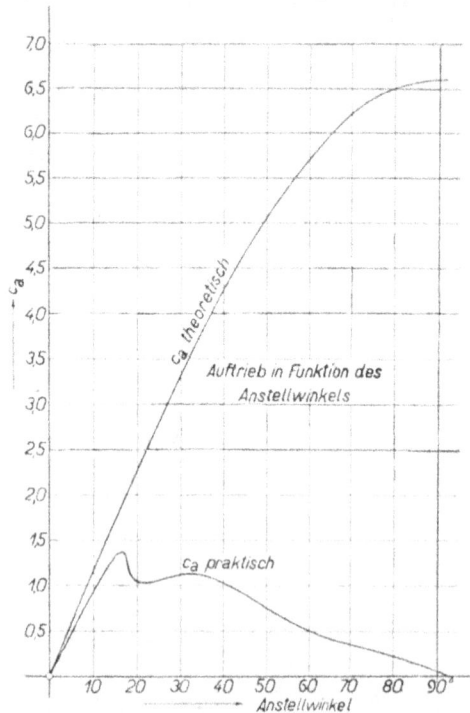

Abb. 3. Auftrieb in Funktion des Anstellwinkels.

Geschwindigkeit. Wir sehen hier einen Einfluß des sog. Kennwertes, als welcher definiert wird das Produkt aus Flügeltiefe und Windgeschwindigkeit. Wir kommen später noch kurz darauf zurück. Die gestrichelte Momentenlinie ist die theoretisch berechnete.

[1]) ZFM Beiheft 2, 1920.

sehen eine ausgezeichnete Übereinstimmung mit den Versuchswerten. Bei den höher gewölbten Profilen ist allerdings die Übereinstimmung nicht mehr so gut. Man kann nun auch (Abb. 3) den Auftrieb in Funktion des Anstellwinkels auftragen. Da zeigt es sich, daß bei kleineren Winkeln das Verhältnis zwischen theoretischem und praktischem Auftrieb ziemlich konstant ist, bei höheren Winkeln aber tritt eine außerordentliche Abweichung auf, die, wie ja allgemein bekannt ist, darin ihre Ursache hat, daß die Strömung auf der Oberseite nicht mehr glatt anliegt, sondern in mächtigen Wirbeln den Körper verläßt. Bei 90° Anstellwinkel sollte der Auftrieb ein Maximum sein, in Wirklichkeit ist er dort beinahe 0. Dieses schreckliche Defizit könnte einem beinahe alle Hoffnung rauben, dieses Ergebnis der Theorie jemals erfüllt zu sehen. Im letzten Teil des Vortrages werden wir aber finden, daß ein allerdings sehr spezielles Joukowski-Profil, nämlich der Kreiszylinder, unter bestimmten Bedingungen nahezu den theoretischen Höchstwert erreichen kann.

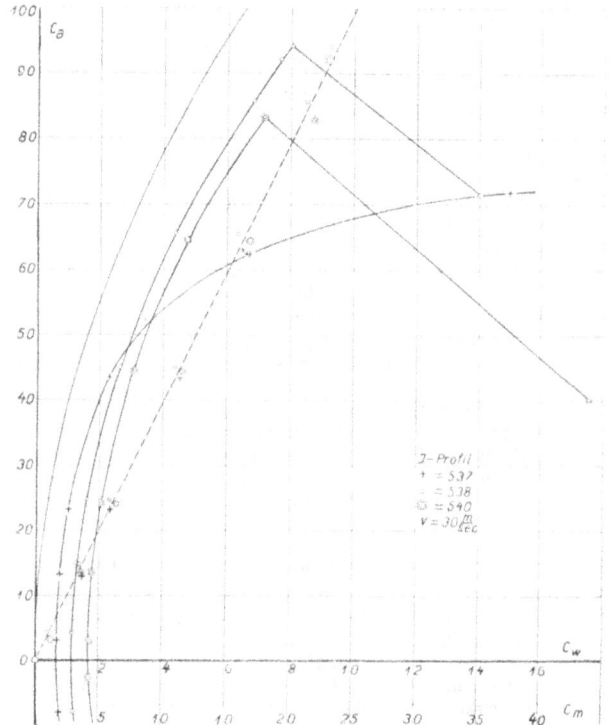

Abb. 4. Profile gleicher Wölbung, aber verschiedener Dicke.

In Abb. 4 sind nun aus der Schar der symmetrischen Profile zwei Polaren herausgegriffen. Die gestrichelte Momentenlinie stellt wieder die theoretische Gerade dar, auch hier liegen die Meßpunkte ziemlich gut. Die Polaren haben aber für dünne und dicke Profile recht verschiedenes Aussehen. Bei dünnen Profilen setzt das Abreißen offenbar schon bei verhältnismäßig kleinen Auftrieben ein. Die Strömung verläßt aber die Oberseite nicht völlig, sondern scheint sich weiter hinten wieder anzulegen. Mit zunehmendem Anstellwinkel wird das Abreißgebiet stetig größer und damit auch der Widerstand. Im übrigen ist der Verlauf der Polaren durchaus stetig. Die dickeren Profile zeigen hier ein wesentlich anderes Verhalten. Die Strömung liegt zunächst vollständig an. Tritt aber Abreißen auf, dann ist wohl der Anstellwinkel schon zu groß, so daß kein Wiederanlegen stattfinden kann und der Auftrieb fällt gewaltig bei gleichzeitiger starker Widerstandsvergrößerung. Im guten Gebiet zeigt sich ein stetiges Zunehmen des Profilwiderstandes mit der Dicke.

Ein folgendes Bild (Abb. 5) zeigt die Ergebnisse einer Schar konstanter Dicke und veränderlicher Wölbung. Mit Vergrößerung der Wölbung rückt die ganze Polare, wie man deutlich sieht, nach höheren c_a-Werten. Die Momentenlinie verschiebt sich fast genau parallel nach rechts, wie das von der Theorie ja auch verlangt wird. Ganz große Auftriebe sind nur noch auf Kosten sehr vergrößerten Widerstandes erreichbar. Das Maximum scheint bei $C_a = 190$ zu liegen. Man sieht, daß für sämtliche Polaren eine Einhüllende existiert, die man auch als Polarkurve eines stetig in der Wölbung veränderlichen Profiles gleicher Dicke deuten kann. Ich möchte erwähnen, daß bei Profilen mit (z. B. durch Klappen) veränderlicher Wölbung Polaren dieser Art tatsächlich erhalten werden.

Trägt man nun sämtliche Einhüllende auf, so erhält man ein Bild, das geeignet ist, über die ganze Schar der Joukowski-Profile einen Überblick zu geben (Abb. 6). Es sind nur die Profilwiderstände eingetragen in entsprechend vergrößertem Maßstab. Man sieht: die

wenden, nämlich: Wie übertragen sich die gewonnenen Ergebnisse ins große? Sind die gefundenen Unterschiede in den Eigenschaften der Modelle nun auch im großen vorhanden? Zurzeit sind wir noch ziemlich weit entfernt von einer endgültigen Lösung dieses »Kenn-

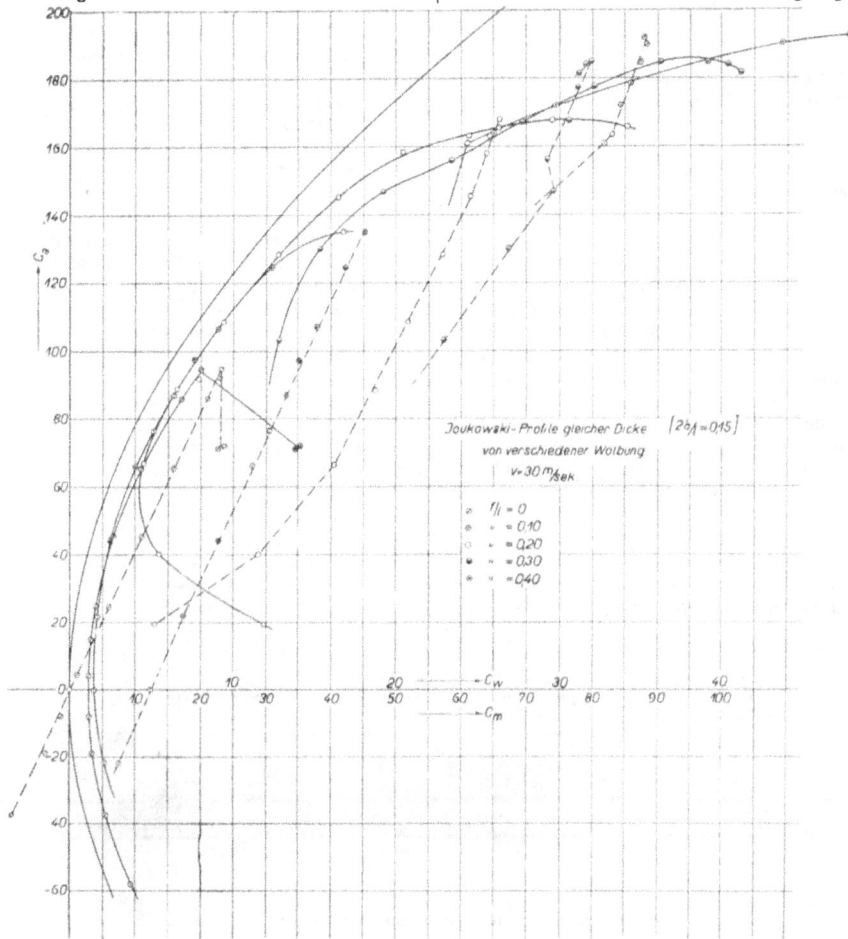

Abb. 5. Profile gleicher Dicke, aber verschiedener Wölbung.

Dicke verschlechtert in allen Fällen den Profilwiderstand. Die höchsten Gleitzahlen kommen den dünnen schwachgewölbten Profilen zu, die beste Gleitzahl in dieser Figur beträgt 1:120 (bezogen auf Profilwiderstand!). Den größten Auftrieb erreichen wir mit mitteldicken Profilen, die dicksten Profile fallen auch hier zurück. Mit Hilfe dieser Kurvenschar ist es möglich, die Werte für noch nicht untersuchte Joukowski-Profile zu interpolieren. Die Abb. 6 gibt auch für etwas anders geformte Profile mit guter Näherung eine Übersicht der zu erwartenden Eigenschaften.

Die Zeit erlaubt es nicht, auf weitere Einzelheiten einzugehen, ich muß auf einen demnächst erscheinenden ausführlichen Bericht verweisen, und möchte mich nur noch einer wichtigen Frage zu-

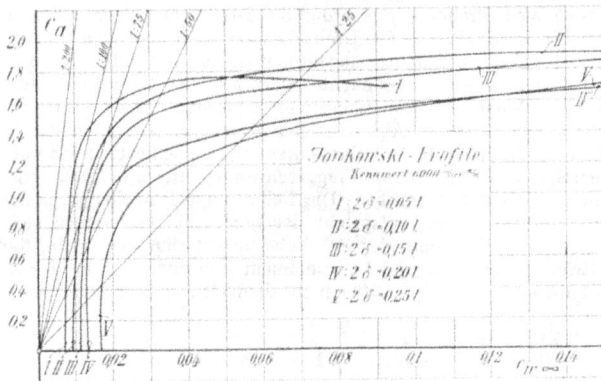

Abb. 6. Profilwiderstände von Joukowski-Profilen.

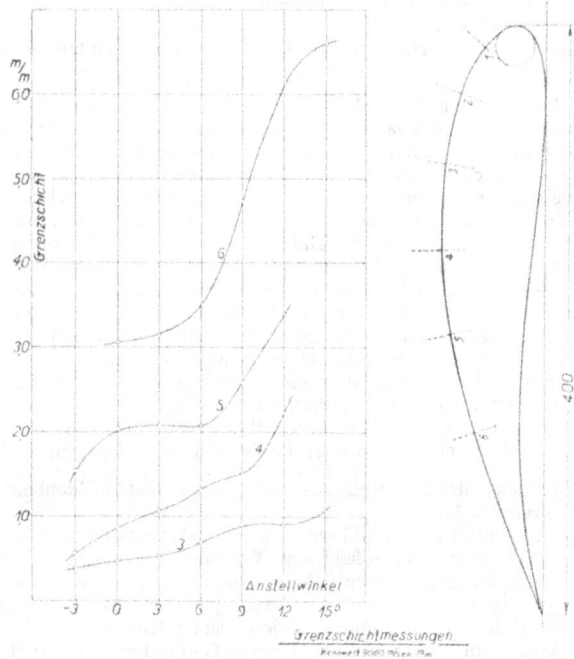

Abb. 7. Dicken der Grenzschicht auf der Oberseite eines Joukowski-Profiles.

8*

wert«-Problems. Wir haben zwar auch in der letzten Zeit in Göttingen weitere Messungen gemacht mit Profilen größerer Tiefe zwischen ebenen Wänden[1]). Jedoch hat diese Art der Messungen eine charakteristische Schwierigkeit. Wenn man nämlich den Profilwiderstand bestimmen will, muß man von dem gemessenen Widerstand eine Korrektur abziehen, die ähnlich wie der induzierte Widerstand der endlichen Flügel mit dem Quadrat des Auftriebes wächst. Man erhält also das, was man haben möchte, erst als Differenz zweier ziemlich großer Werte, was stets ein sehr unsicheres Verfahren ist. Je größer man nun die Flächentiefe nimmt, um so überwiegender wird die Korrektur.

Es gibt vielleicht doch noch einen Ausweg. Gemäß der Prandtl-Kármánschen Grenzschichttheorie ist nämlich die Wirkung der Oberflächenreibung nur auf eine verhältnismäßig sehr dünne Schicht, eben die Grenzschicht in unmittelbarer Nähe der Wand beschränkt. Die Wandreibung verzögert im wesentlichen nur die innerhalb dieser Schicht strömende Flüssigkeit, so daß man nun umgekehrt auf die Wandreibung schließen kann, wenn man die Geschwindigkeitsverteilung in dieser Schicht kennt. Es ist nun denkbar, daß man ein Verfahren ausbilden kann mit verhältnismäßig einfachen Mitteln den Impulsverlust der Grenzschicht zu ermitteln, und damit die Reibung der Flächen wahrscheinlich mit größerer Genauigkeit zu finden als mit Kraftmessung. Ja, ich glaube, daß man sogar in der fliegenden Maschine Grenzschichtmessungen wird ausführen können, und damit eine Profilwiderstandsmessung im Fluge. Um ihnen ein Bild zu geben von der Größenordnung der Dicke der Grenzschicht zeige ich Ihnen in Abb. 7 einige Kurven, die die Grenzschichtdicke an verschiedenen Stellen der Oberfläche bei einigen Anstellwinkeln wiedergibt. Man sieht darauf auch, daß in diesem Fall der Abreißvorgang wahrscheinlich von der Hinterkante her einsetzt, indem bei größeren Anstellwinkeln die Grenzschicht-

geben, aber dennoch in den engen Modellrümpfen Platz finden sollen. In der ZFM haben wir vor einiger Zeit über unsere Arbeiten in dieser Richtung berichtet[1]); hier wollen wir nur ganz kurz an Hand eines Lichtbildes die Konstruktion der Motoren, die im wesentlichen nach Angaben von Dr. Betz gebaut sind, betrachten[2]). Abb. 8 zeigt den Motor im Schnitt. Er wird mit Drehstrom betrieben, was den Vorteil einer ungemein einfachen Rotorkonstruktion zur Folge hat. Man bemerkt die große Länge im Verhältnis zum Durchmesser. Der Stator besteht aus dünnen Blechen, der Rotor aus einem massiven Stück mit eingelegten Kupferstäben. Bemerkenswert ist die Anwendung sehr großer Kupferquerschnitte und verhältnismäßig dünner Statorzähne, wodurch die Leistung sehr gesteigert werden konnte. Die Stromdichten (Stromstärken pro Quadratmillimeter) sind so hoch gewählt worden als mit Rücksicht auf die Erwärmung zulässig war. Am weitesten konnte man bei den 3 Drähten gehen, die dem eingebauten Motor den Strom von außen her zuführen und die in dem kühlenden Windstrom liegen. Bei 0,7 mm Durchm. führen sie Ströme bis 30 A. Die Drehzahl der Motoren beträgt maximal 30 000 pro min, die Leistung konnte für kurze Zeit auf 1¼ PS gesteigert werden (Motorgewicht 1,8 kg), wobei allerdings die Erwärmung sehr spürbar war. Für Versuchszwecke hat dies wenig Bedeutung, da ohnehin zwischen den einzelnen Meßpunkten einige Zeit verstreicht und der Motor sich inzwischen etwas abkühlen kann. Größere Propeller (20· bis 25 cm Durchm.) werden mit Getriebe ausgerüstet.

Die gegenseitige Einwirkung von Schraube und Flugzeug ist offenbar sehr verwickelter Art. Der Rumpf staut den Schraubenstrahl, dadurch werden die Strömungswinkel an den Propellerelementen und damit die Luftkräfte geändert. Die Flügel haben ihrerseits wieder ein besonderes vom Anstellwinkel abhängiges Strömungsfeld. Der Schraubenstrahl wird durch die Flügel zerschnit-

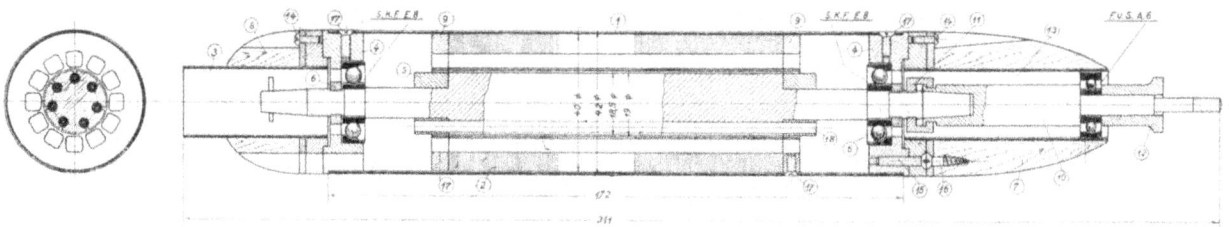

Abb. 8. Schnellaufender Drehstrom-Kleinmotor.

dicke sehr stark anwächst und diese Verdickung allmählich, wie man deutlich sehen kann, nach vorne rückt[2]).

II. Messungen an einem Flugzeugmodell mit eingebautem Motor und laufender Schraube.

Wir wollen nun die Profiluntersuchungen verlassen und uns einem Problem zuwenden, das sich bisher als der Theorie sehr wenig zugänglich erwiesen hat, und deshalb experimentell angepackt werden muß. Jedem Flugzeugkonstrukteur ist bekannt, wie stark die Flugleistungen von der guten Wahl des Propellers abhängen können. In den amerikanischen Messungen von Durand und Lesley haben wir zwar ein ausgezeichnetes Material über die Propeller an sich, jedoch ist bisher noch sehr wenig bekannt, welche Einflüsse Rumpf und Flügel auf den Arbeitsvorgang der Schraube ausüben. Versuche im großen sind natürlich von größter Wichtigkeit, besonders wenn sie mit Meßnaben ausgeführt werden, allein sie sind ungemein kostspielig. Es lohnt sich deshalb, Methoden zu entwickeln, um schon am kleinen Modell die Schrauben studieren zu können. Im nachfolgenden soll über entsprechende Versuche der Göttinger Anstalt berichtet werden. Eine besondere Schwierigkeit lag in der Ausbildung von kleinen Antriebsmotoren, die verhältnismäßig große Leistungen ab-

ten, durch den Rumpf in der Kontraktion gehemmt, anderseits erhöht er die Oberflächenreibung des Rumpfes und des Leitwerkes. Wir stehen demnach einer ungeheuren Mannigfaltigkeit von gegenseitigen Einflüssen gegenüber, und es bedürfte langer und systematischer Arbeit, um die einzelnen Einflüsse möglichst zu trennen. Solche Arbeiten sind in Angriff genommen; heute aber möchte ich Ihnen nur an einem Beispiel die Gesamtwirkung dieser Einflüsse zeigen, auf die es ja schließlich am meisten ankommt.

In Abb. 9 sehen Sie ein Flugzeugmodell, einen Hochdecker mit Zugschraube, verspannungslos gebaut. Die Focke-Wulf-Gesellschaft hat damit Versuche anstellen lassen und uns in freundlicher Weise erlaubt, die Ergebnisse der Messungen hier mitzuteilen. Der Motor arbeitet auf ein Zahnradgetriebe, das die Drehzahl auf die Hälfte reduziert. Er ist so eingebaut, daß er sich um die Propeller- (nicht Motor-) Welle drehen kann, so daß das Drehmoment von außen her gemessen werden kann. Die Drehzahl wird abgelesen an einem Zählwerk, das hinter dem Motor angebracht ist und von außen durch ein Fensterchen im Rumpf beobachtet werden kann. Gemessen werden Auftrieb, Widerstand und Längsmoment, sodann Propellerdrehzahl und Drehmoment. In Abb. 10 sehen Sie die Polarenschar als Ergebnis der Messung. Jede Polare entspricht einem bestimmten Fortschrittsgrad $\lambda = v/u$ (v = Fluggeschwindigkeit, u = Umfangsgeschwindigkeit der Schraube). Die Polare ohne Propeller ist gestrichelt eingetragen, sie entspricht der normalen Dreikomponentenmessung. Die Wirkung der Schraube äußert sich nun darin, daß Auftrieb, Widerstand und Längsmoment sich ändern. Bei kleinem Anstellwinkel wird der Auftrieb in ziemlich schwachem Maße er-

---

[1]) Siehe dazu: Ergebn. der Aer. Vers.-Anst. Oldenbourg. 1. Lieferung S. 54.

[2]) Das untersuchte Profil war ein Joukowskiprofil, das aus Blech gefertigt wurde und innen hohl war. Von innen her konnte ein sehr feines Stauröhrchen (¼ mm Öffnung) nach außen geschoben werden. Gemessen wurde der Gesamtdruck (die Energie). Mit einem registrierenden Manometer nach Wieselsberger (Erg. d. A.V.A. II, S. 5) konnte die Energieverteilung in der Grenzschicht unmittelbar aufgeschrieben werden. Über ähnliche Untersuchungen berichtet Lachmann (ZFM 1924).

[1]) ZFM 1924, S. 101.

[2]) Die ersten Motoren sind in eigener Werkstatt hergestellt worden; neuerdings hat das Elektro-Schaltwerk Göttingen die Fabrikation übernommen.

höht; bei größeren Anstellwinkeln zum
Teil schon deshalb, weil die Schraube
nach oben zieht und damit eine Hubwir-
kung ausübt. Die Verringerung des Widerstandes ist natürlich die Hauptwirkung,
die wir anstreben. Sie sehen, daß es gelungen ist, den Widerstand des Modelles
vollständig aufzuheben und noch Vortrieb
zu erzielen. Die Schnittpunkte der Polaren mit der Ordinatenachse geben die
Punkte, wo der resultierende Widerstand
= 0 ist, also horizontales Schweben möglich. Die Partien rechts bedeuten Sinken,
diejenigen links Steigen. Man ersieht sofort, mit welcher Drehzahl die Schraube
laufen muß, wenn man die Flächenbelastung und damit die Geschwindigkeit v
kennt. Das Längsmoment ändert sich
gleichfalls merklich, wiederum zum Teil
dadurch, daß der Schub der Schraube ein
Moment um den gewählten Bezugspunkt
(vorderster Punkt der Flügelsehne in der
Symmetrieebene des Flügels) gibt; das
Leitwerkmoment und das Moment, das
der Flügel selbst gibt, werden ebenfalls
abgeändert, doch ist es natürlich nicht
möglich, die Einzelbeträge aus der Figur
zu ersehen. Der langsam laufende Propeller (großes λ) gibt einen erheblichen
Zusatzwiderstand, ebenso auch die stehende
Schraube, die wir bei anderen Modellen
untersucht haben. Bei jener Gelegenheit
ist auch der Rückwärtslauf der Schraube
und die damit erzeugte Bremswirkung
studiert worden.

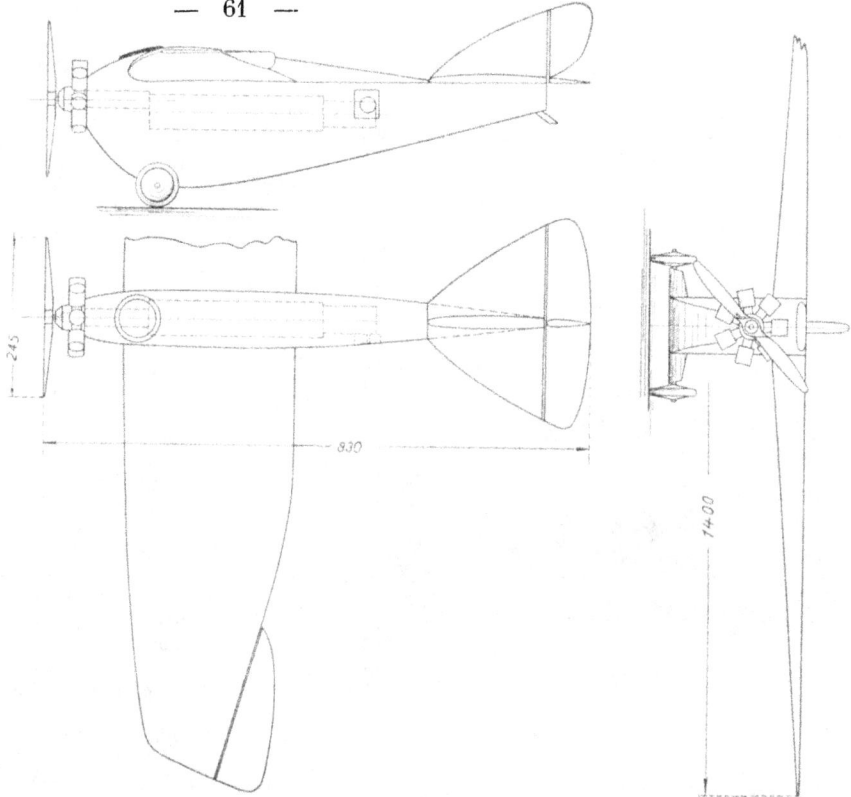

Abb. 9. Flugzeugmodell mit eingebautem Motor.

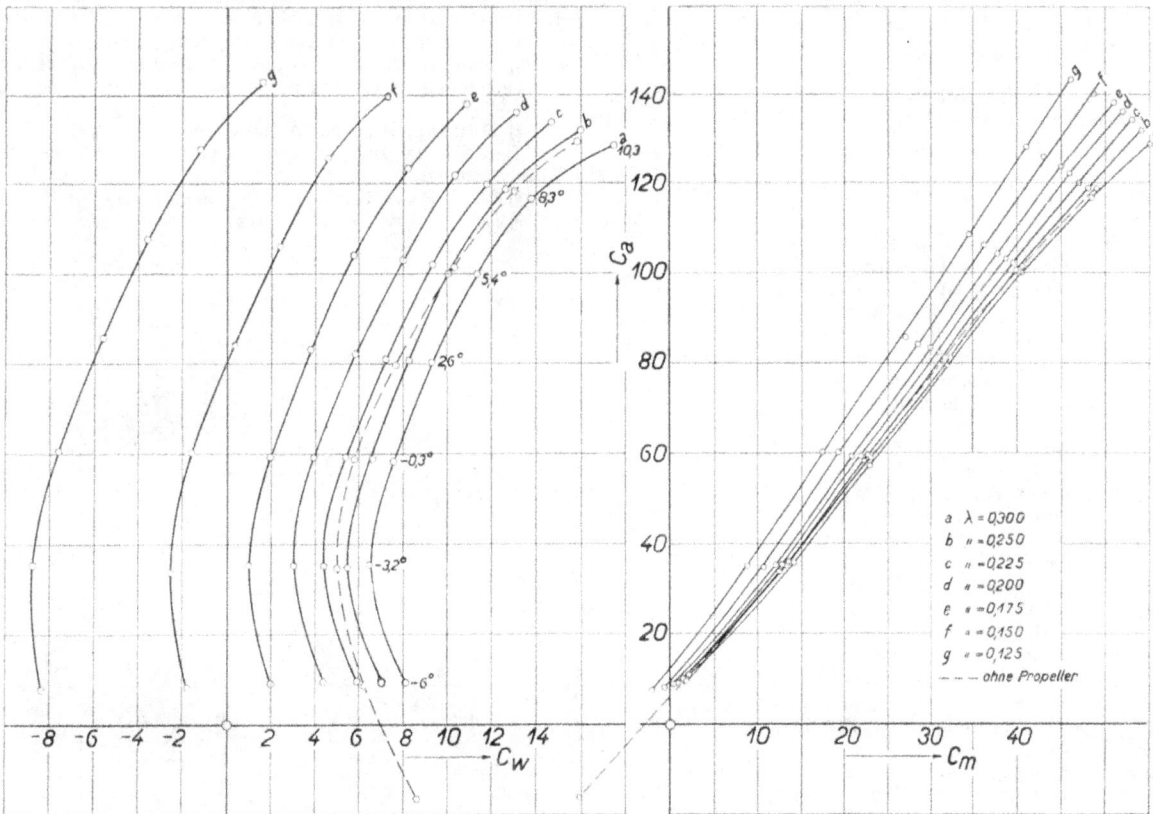

a $\lambda = 0,300$
b „ $= 0,250$
c „ $= 0,225$
d „ $= 0,200$
e „ $= 0,175$
f „ $= 0,150$
g „ $= 0,125$
- - - ohne Propeller

Abb. 10. Polaren.

Um Vergleiche machen zu können, muß auch der Propeller für sich untersucht werden. Wir haben denselben Motor dazu benutzt, der in ein besonderes Gehäuse eingeschlossen wurde zur Vermeidung von Störungen in der Luftströmung. Das Gehäuse wurde dann im Kanal pendelnd aufgehängt und Schub, Drehmoment und Drehzahl gemessen. In Abb. 11 ist die Anordnung deutlich sichtbar, indem die eine Hälfte des Gehäuses fortgenommen worden ist. Das Getriebe ist zu erkennen, ebenso das Zählwerk, der Momentenhebel und die aus spiraligen Kupferbändern bestehende Stromeinführung.

Abb. 12 gibt nun den Vergleich von freiem und eingebautem Propeller. Da es, wie schon erwähnt, nicht möglich ist, die Einzel-

Abb. 11. Gehäuse zur Untersuchung des Propellers.

wirkungen zu trennen, haben wir kurz entschlossen alle Schuld auf den Propeller geschoben und den Wirkungsgrad entsprechend definiert. Die Beiwerte ermöglichen die Berechnung von Schub, Drehmoment und Wirkungsgrad nach den Formeln:

$$\text{Schub} \quad S = k_s \cdot \varrho/2 \, u^2 \cdot F$$

$$\text{Drehmoment} \quad M = k_d \cdot \varrho/2 \, u^2 \cdot F \cdot D/2$$

$$\text{Wirkungsgrad} \quad \eta = \frac{k_s}{k_d} \cdot \lambda,$$

wo ϱ die Luftdichte, F die Schraubenkreisfläche und D den Durchmesser der Schraube bedeuten.

Als nützlicher Schub ist nun gemäß dem früheren angenommen worden die Differenz zwischen dem Widerstand ohne Propeller und dem gemessenen Widerstand mit laufendem Propeller bei gleichem Anstellwinkel. Alles das, was der Propeller an Widerstand aufholt, wird also als Schub gerechnet. Aus den Kurven ersieht man folgendes: der Wirkungsgrad des alleinfahrenden Propellers ist ziemlich mäßig, es rührt dies wohl von den kleinen Kennwerten her, ev. auch von der relativ rauhen Oberfläche, die diese Holzpropeller noch hatten. Sodann sieht man aber einen ziemlich starken Unterschied zwischen den gestrichelten Kurven des freifahrenden Propellers und den ausgezogenen des eingebauten. Der Wirkungsgrad fällt stark ab und zugleich sieht man auch deutlich eine bei größeren Anstellwinkeln ebenfalls größer werdende Verschiebung sämtlicher Kurven nach größerem λ. Es deutet dies letztere darauf hin, daß die Strömung der Luft an der Stelle der Schraube etwas gestaut wird, und daß die Stauung wohl zu einem großen Teil vom Flügel herrühren dürfte. Für die Propellerauswahl würde dies also etwa bedeuten: man rechne beim Normalflug mit einer um rund 5 vH verringerten Strömungsgeschwindigkeit, welche Verringerung beim Steigflug bis auf 15 vH zu gehen kann. Es ist wohl überflüssig zu betonen, daß dieses Ergebnis nicht ohne weiteres auf andere Modelle übertragen werden kann. Aber durch Häufung der Versuche und durch systematische Untersuchungen dürfte es doch gelingen, die vorläufig noch bestehende Unsicherheit in der Propellerauswahl in Zukunft erheblich zu verringern.

III. Der rotierende Zylinder (Magnuseffekt).

Im Anschluß an die soeben mitgeteilten Versuche mit den in die Modelle eingebauten Drehstrommotoren möchte ich noch auf eine Versuchsreihe zu sprechen kommen, die gleichfalls erst durch diese Motoren möglich wurde. Es handelt sich um die Wiederholung von ziemlich alten Untersuchungen mit neuen Mitteln. Im Jahre 1853 veröffentlichte der Physiker Magnus in Berlin Messungen über die Auftriebswirkungen von rotierenden Zylindern[1], die senkrecht zur Achse von einem Luftstrom angeblasen wurden. Er hatte diese Versuche hauptsächlich mit Rücksicht auf die Ballistik angestellt. Ein Geschoß, das aus einem gezogenen Lauf kommt, erhält, sobald seine Achse nicht ganz mit der Tangentenrichtung an die Flugbahn übereinstimmt, Seitenwind. Die Rotation in Verbindung mit diesem Seitenwind ergibt aber die oben genannte Auftriebskraft, die senkrecht zur Flugbahn wirkt und dem Artilleristen natürlich sehr unangenehm ist[2]. Lord Rayleigh hat in einer kürzeren Arbeit[3] ähnliche Erscheinungen an Tennisbällen besprochen; er erwähnt, daß um den Ball eine Zirkulationsströmung herrschen muß, ohne allerdings über die Art der Entstehung der Zirkulation Vermutungen zu äußern. Da relativ wenig über die Größe der Auftriebswirkung bekannt ist, lag es nahe, die Versuche von Magnus in etwas größerem Maßstabe zu wiederholen. Ich muß allerdings erwähnen, daß Lafay in Paris schon vor mehr als 10 Jahren ähnliche Experimente gemacht hat[4]; wir kommen später kurz darauf zurück. Nachdem die ersten Ergebnisse erhalten waren, hat sich die Flettner-Gesellschaft lebhaft dafür interessiert und uns in dankenswerter Weise in der Vornahme weiterer Untersuchungen unterstützt. Sie hatte dabei mehr praktische Anwendungsmöglichkeiten im Auge. Hier aber möchte ich nur auf die physikalisch interessanten Eigenschaften eingehen.

In der Abb. 13 sehen Sie einen der untersuchten Zylinder im Schnitt mit eingebautem Motor. Die Länge des Zylinders ist 33 cm, der Durchmesser 7 cm; er ist aus Messingrohr gefertigt. Der Rotor des Motors ist mit den Zylinderwänden verbunden, der Stator durch ein Kugellager davon getrennt, aber um seine Achse drehbar aufgehängt, um von außen das Drehmoment, das für die Rotation nötig ist, messen zu können. Im übrigen wurden Widerstand und Auftrieb mit den gewöhnlichen Wagen bestimmt. Der Strom wird durch drei Drähte, die durch die hohle Achse gehen, zugeführt. Diese führen weiterhin zu drei Quecksilberkontakten, die freie Beweglichkeit ermöglichen. Die Drehzahl ist an einem Zählwerk abgelesen worden. Sie sehen ferner an den Enden zwei Scheiben befestigt, deren Durch-

---

[1] Magnus, Poggend. Annalen der Physik 1853.

[2] Magnus ging allerdings aus von der Abweichung der Kugelgeschoße.

[3] Lord Rayleigh, Scientific papers I 344.

[4] Lafay, Revue de méc. 1912.

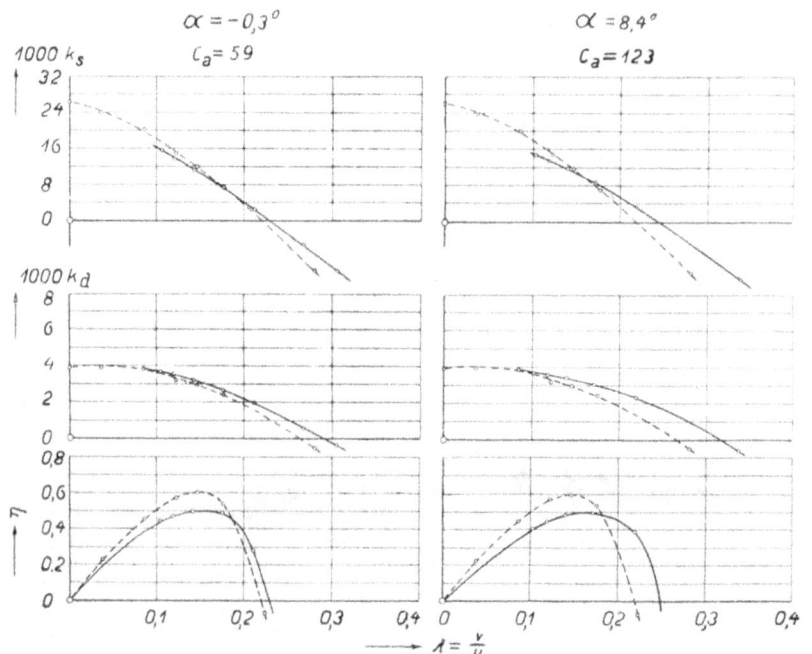

Abb. 12. Propellerkurven.

messer größer ist als derjenige des Zylinders. Diese sind auf einen Vorschlag von Prof. Prandtl angebracht worden und haben den Zweck, das Strömungsbild dem theoretisch zu erwartenden nach Möglichkeit zu nähern. Läßt man sie nämlich fort, so dringt Luft von den Seiten in die Gebiete relativ großen Unterdruckes ein. Unterdruck haben wir immer, wenn Auftrieb erzeugt wird, und zwar

zu rechnen. Wir haben eben einen Fall vor uns, wo die Annahmen der gebräuchlichen Tragflügeltheorie zu große Vernachlässigungen enthalten, insbesondere ist die durch die abgehenden Wirbel induzierte Abwärtsgeschwindigkeit außerordentlich groß und ebenso auch die Krümmung der Stromlinien. Besonders bei Zylindern, die verhältnismäßig dick sind gegenüber der Spannweite, sind nach rechnerischen

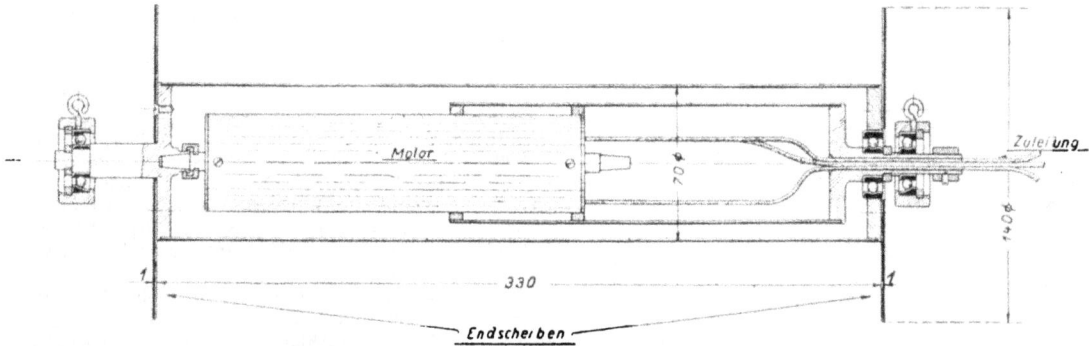

Abb. 13. Rotierender Zylinder.

werden wir zeigen, daß in diesem Falle der Unterdruck ganz besonders groß sein muß. Daß das seitliche Eindringen von Luft störend wirkt, ist z. B. auch bei Widerstandsmessungen von normal angeblasenen ebenen rechteckigen Platten bemerkt worden, indem die »seitliche Belüftung«, die bei quadratischen Platten naturgemäß stärker wirkt, den Widerstand derselben gegenüber dem Widerstand eines länglichen Rechtecks bedeutend herabsetzt[1].

Das nächste Bild (Abb. 14) zeigt nun einige Ergebnisse. Die Kurven sehen sehr ähnlich aus wie normale Polaren, nur ist zu beachten, daß der Maßstab für Auftriebs- und Widerstandszahl gleich angenommen ist. Die c_a-Beiwerte beziehen sich auf den Staudruck und die Projektionsfläche (Durchmesser $\times$ Länge) des Zylinders. Zunächst ist auffallend der große absolute Wert der Auftriebs- und Widerstandsgrößen. Zum Vergleich wurde in das Bild die Polare eines gewöhnlichen guten Flügels eingezeichnet. Die drei voll

Überlegungen von Prof. Prandtl sehr starke Abweichungen zu erwarten.

Nebenbei sei bemerkt, daß der induzierte Widerstand durch die Randscheiben nicht unbeträchtlich vermindert wird, wie man aus einem Vergleich der Kurven sogleich entnehmen kann. Die abgehenden Wirbel werden durch die Scheiben gewissermaßen ausgebreitet, wodurch deren kinetische Energie vermindert wird. Es darf erwähnt werden, daß Endscheiben auch bei gewöhnlichen Flächen widerstandsvermindernd wirken. Zahlreiche Versuche darüber findet man in dem soeben erschienenen 2. Heft der »Vorläufigen Mitteilungen« der Versuchsanstalt. Das folgende Bild (Abb. 15) zeigt c_a über dem Verhältnis: $\dfrac{\text{Umfangsgeschwindigkeit}}{\text{Windgeschwindigkeit}} = u/v$ aufgetragen, welches etwa die Rolle des Anstellwinkels bei den normalen Profilen übernimmt. Auch hier ist die Wirkung der Scheiben gut sichtbar. Um die größten Auftriebe zu erzielen, muß die Umfangsgeschwindigkeit also auf etwa das Dreifache der Windgeschwindigkeit gesteigert werden.

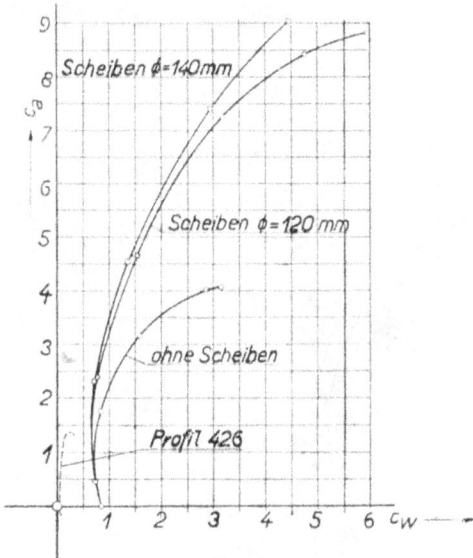

Abb. 14. Polaren des rotierenden Zylinders.

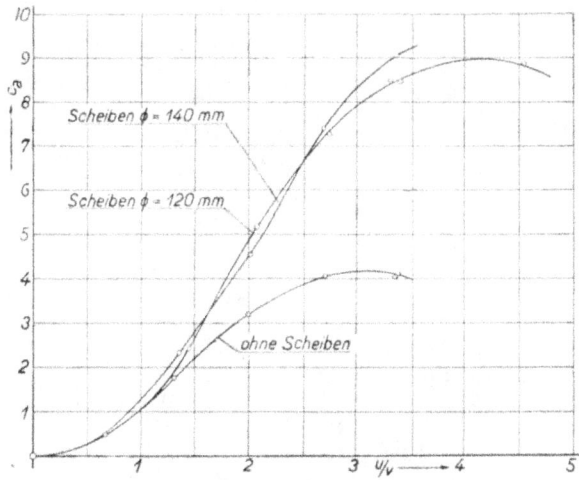

Abb. 15. Auftrieb in Abhängigkeit von u/v.

ausgezogenen Kurven entsprechen zwei verschiedenen Randscheibendurchmessern bzw. dem Zylinder ohne solche Scheiben. Die Wirkung der Scheiben ist sehr ausgeprägt und erklärt vollständig die großen Differenzen zwischen unseren Messungen und denjenigen von Lafay, der Auftriebszahlen nur bis etwa 2,0 gemessen hat. Es ist an sich nicht streng richtig, das Hauptaugenmerk auf die Auftriebszahlen zu richten, indem der induzierte Widerstand in diesem Falle eine gegenüber dem Auftrieb nicht mehr zu vernachlässigende Größe darstellt. Besser ist es mit der resultierenden Kraft $c_r = \sqrt{c_a{}^2 + c_w{}^2}$

Ein weiteres Bild (Abb. 16) gibt die Ergebnisse der Momentenmessung. Es ist ein Beiwert aufgetragen, der proportional dem Drehmoment geht, und zwar in Abhängigkeit von der auf den Zylinderdurchmesser und die Umfangsgeschwindigkeit bezogenen Reynoldsschen Zahl. Der Windstrom ist in diesem Fall abgestellt worden, so daß also reine Rotation ohne Auftrieb vorhanden ist. Mit zunehmender Reynoldsscher Zahl fällt der Drehmomentbeiwert sehr stark, und zwar deutet die etwa unter 45° fallende Gerade (c_m und R sind logarithmisch aufgetragen) daraufhin, daß die Strömung in der Grenzschicht noch laminaren Charakter hat. Der Punkt rechts unten ist einer Lafayschen Messung entnommen und

[1] Wieselsberger, Ergebn. der A.V.A., S. 33.

fügt sich der Geraden sehr gut ein. Analoge Versuche an rotierenden Scheiben von Riabouschinsky und Kämpf[1]) zeigen, daß laminare Strömung aber nur bis zu einer bestimmten Reynoldsschen Zahl stattfindet; darüber hinaus ist Turbulenz in der Grenzschicht vor-

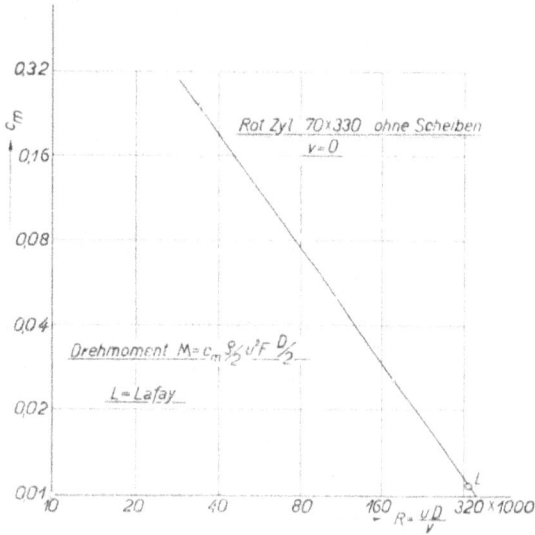

Abb. 16. Widerstehendes Drehmoment.

handen. Die Abnahme des Drehmomentkoeffizienten ist dann bedeutend geringer, möglicherweise findet bei sehr großen Reynoldsschen Zahlen überhaupt keine Abnahme mehr statt. Die Dimensionen der untersuchten Zylinder waren bisher zu klein, um diese Fragen experimentell klarzustellen[2]).

[1]) Siehe etwa: Vorträge aus dem Gebiete der Hydro- und Aerodynamik, Innsbruck 1921, S. 168.

[2]) Zurzeit sind neue Versuche darüber in Vorbereitung.

Soweit die Versuche. Die Theorie ist noch nicht imstande, eine genaue Beschreibung der tatsächlich statthabenden Strömungsvorgänge zu liefern. Insbesondere ist es noch nicht gelungen, etwa die Kraftwirkung in Funktion von u/v zu berechnen. Jedoch gibt die schon früher erwähnte Grenzschichttheorie von Prof. Prandtl qualitativ ein gutes Bild[1]). Diese **sagt** ja aus, daß die Reibungswirkung der Flüssigkeit hauptsächlich auf eine relativ sehr dünne Schicht in der Nähe der Körper beschränkt ist. Die Entstehung dieser Grenzschicht verhindert nun in sehr vielen Fällen das Zustandekommen der von der Potentialtheorie geforderten Strömungen. Bei Druckanstieg längs der Körperoberfläche findet bald Ablösung der Grenzschicht statt, wenn nicht der Druckanstieg ein sehr allmählicher ist, und die träge Grenzschicht von der außenströmenden Flüssigkeit mitgeschleppt wird. Alle diese Dinge sind in einem WGL-Vortrag von Dr. Betz[2]) ausführlich entwickelt worden. Nun kann aber die Entstehung der Grenzschicht sehr vermindert werden, wenn die Relativgeschwindigkeit zwischen der außen strömenden Flüssigkeit und der Wand verkleinert wird. Hier liegt offenbar der Schlüssel zur Erklärung der seltsamen Eigenschaften des rotierenden Zylinders. Auf der Oberseite, wo der Zylinder mit der Strömung geht, wird die Grenzschicht sehr dünn sein und keine Tendenz zur Ablösung zeigen. Auf der Unterseite ist die Relativgeschwindigkeit um so größer, so daß sehr bald Ablösung erfolgt. Beim ruhenden Zylinder wissen wir, daß die Grenzschicht sich mehr oder weniger symmetrisch zur Strömungsrichtung kurz nach Überschreitung der Gegenden tiefen Unterdruckes ablöst. Bei Rotation ergibt sich eine starke Unsymmetrie der Ablösung, damit eine Unsymmetrie der Strömung und eine Auftriebskraft. Je stärker die Rotation, um so größer die Verschiebung der Ablösungspunkte. Beim gewöhnlichen Profil steigert man den Auftrieb durch Änderung des Anstellwinkels, von diesem Standpunkt aus der vollkommen analoge Vorgang, indem die Anstellwinkeländerung gleichbedeutend ist mit der Verschiebung der beiden, an der Hinterkante zusammenfallenden Ablösungspunkte.

[1]) Föttinger hat schon die Grenzschichttheorie zur Erklärung des Magnuseffektes herangezogen. Siehe Jahrb. d. schiffbaut. Ges. 1918.

[2]) A. Betz, Die Wirkungsweise von unterteilten Flügelprofilen. Beiheft z. ZFM 1922.

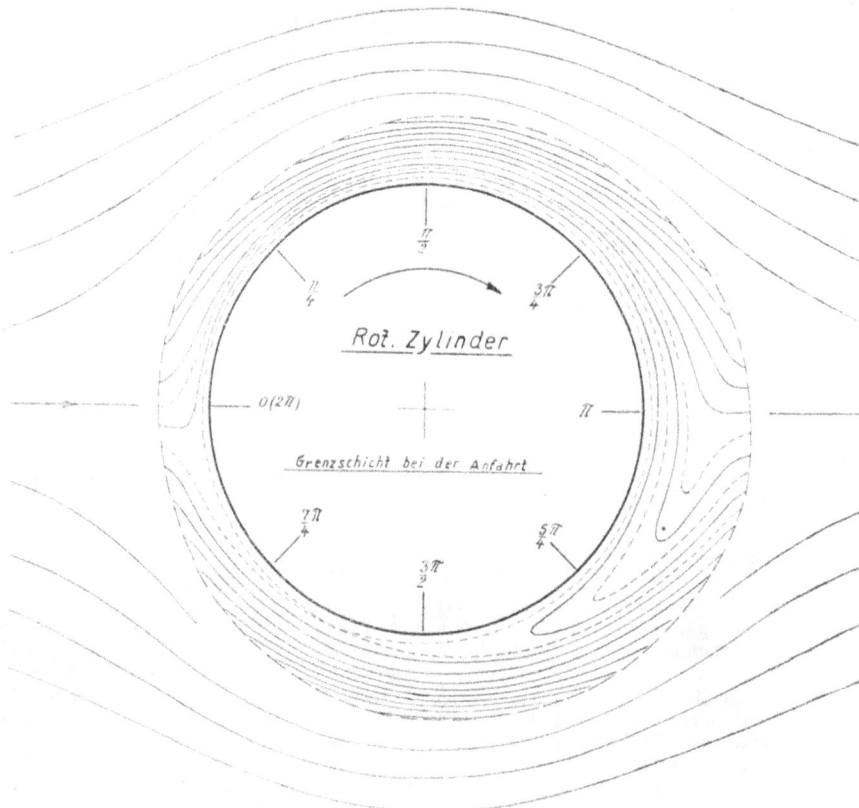

Abb. 17. Grenzschicht am rotierenden Zylinder nach Tollmien.

Man wird also nicht zögern, die schon öfters ausgesprochene Ansicht, daß die Luft in weitem Umkreis durch Reibung am Zylinder in Zirkulationsströmung versetzt werde, als fehlerhaft abzulehnen und die Wirkung der Rotation darin zu sehen, daß die Grenzschicht in unsymmetrischer Weise sich ablöst. Damit werden auch die Rechnungen hinfällig, nach denen die Zirkulation einfach durch das Produkt aus Umfangsgeschwindigkeit und Umfang gegeben sein soll. Der wahre Zusammenhang ist offenbar viel verwickelter.

Man kann bis zu einem gewissen Grade die Entstehung der Grenzschicht bei der Anfahrt des Zylinders theoretisch verfolgen, und ich möchte Ihnen in Abb. 17 die Resultate einer diesbezüglichen,

wohl nach kurzer Zeit sich zu einer völligen Schließung derselben umwandeln, womit dann bei dem Fortwandern dieses Wirbelgebietes die Zirkulationsströmung einsetzt und der Auftrieb zustandekommt. Das endgültige Strombild wird sich wieder dem bekannten Bild einer Strömung mit Zirkulation um einen Zylinder nähern (Abb. 18), dessen Bestimmung nach den Methoden der Potentialtheorie man in jedem Lehrbuch der Aerodynamik findet. Allein bei dem gegenwärtigen Stande der Grenzschichttheorie ist es noch nicht möglich, diesen Übergang rechnerisch zu verfolgen.

Nachschrift bei der Korrektur: Inzwischen hat das frühere

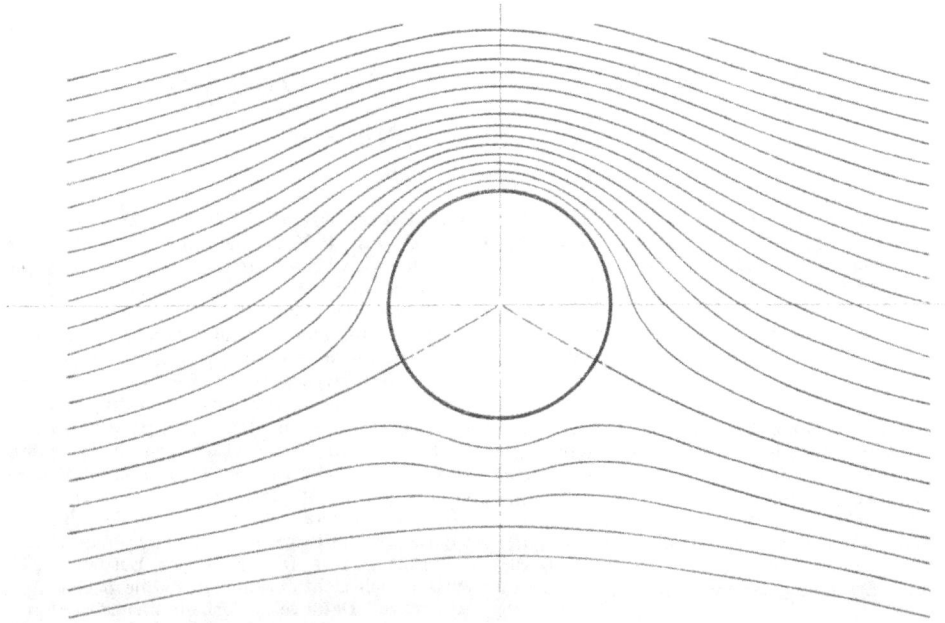

Abb. 18. Strömung um den rotierenden Zylinder nach der Theorie der reibungsfreien Potentialströmung.

von Dr. Tollmien in Göttingen ausgeführten Rechnung zeigen. Die Figur ist folgendermaßen zu verstehen: Man denke sich die Flüssigkeit gänzlich reibungslos, so daß sie also am Zylinder nicht haftet. u/v soll gleich 1 sein. Von einem bestimmten Zeitpunkt ab werde die Flüssigkeit plötzlich auf ihre normale Zähigkeit gebracht. Dann wird sich sofort eine Grenzschicht ausbilden, wie sie hier in allerdings außerordentlicher Vergrößerung dargestellt ist. Bei einer Windgeschwindigkeit von 10 m/s und 20 cm Zylinderdurchmesser ist die Grenzschichtdicke im vorderen Staupunkt ca. $^2/_3$ mm. Der gewählte Zeitpunkt entspricht einer Drehung des Zylinders um rd. 30° von der Lage aus, wo das Auftreten der Zähigkeit einsetzte. Trotzdem also nur sehr wenig Zeit verstrichen ist, ist die gänzlich unsymmetrische Strömung in der Grenzschicht deutlich erkennbar. Die auf der Rückseite sichtbare Umkehr der Stromlinien dürfte

Segelschiff »Buckau«, das mit rotierenden Zylindern ausgerüstet ist, seine ersten Probefahrten gemacht. Soviel man bis jetzt übersehen kann, scheinen die Windkanal-Ergebnisse bei der Übertragung ins große nicht versagt zu haben. Bezüglich der Entstehungsgeschichte ist zu sagen, daß Herr A. Flettner ursprünglich die Anwendung von Tragflügelprofilen aus Metall an Stelle der Segel ins Auge gefaßt hatte. Da die Fläche dieser Metallsegel nur wenig kleiner geworden wäre, war die Gefahr des Kenterns im Sturm nicht zu unterschätzen. Der rotierende Zylinder, wie er in Göttingen ausgebildet worden ist, ist in dieser Hinsicht sehr viel weniger gefährlich. Herr Flettner hat deshalb gleich, nachdem er Mitteilung davon erhalten hatte, seine ersten Pläne aufgegeben und mit großer Energie zusammen mit der Germania-Werft Kiel den Umbau der »Buckau« auf neuer Grundlage durchgeführt.

VI. Das Klima der Wasserkuppe.

Vorgetragen von H. Noth.

Meine Damen und Herren! Sie haben in Ihrer Mehrheit den diesjährigen Rhönwettbewerb miterlebt und waren Zeugen der äußerst unangenehmen klimatischen Verhältnisse des letzten August. Es dürfte deshalb ein allgemeiner Überblick über das Klima der Wasserkuppe von Interesse sein. Im folgenden will ich Ihnen einen kurzen Auszug aus den meteorologischen Beobachtungen unserer Wetterstation geben, die nun seit mehr als einem Jahre dort oben ununterbrochen in Tätigkeit ist.

Meine Ausführungen verfolgen dreierlei Zwecke. Der erste ist, durch den Überblick über das Klima der Wasserkuppe zu zeigen, wie außerhalb des Monats August dort die Aufenthalts- und Flugmöglichkeiten sind. Zweitens will ich versuchen, das durch das diesjährige Augustwetter stark gefährdete Ansehen der Wasserkuppe zu rehabilitieren. Drittens sollen einige Bemerkungen über den Zusammenhang des Klimas mit den am Berge aufsteigenden Luftströmungen gemacht werden und dabei gezeigt werden, wie die Meteorologie zur besseren Erkennung der Flugmöglichkeiten herangezogen werden kann.

Das Klima eines Ortes ist durch Temperatur, relative und absolute Feuchtigkeit, Bewölkung, Wind und Niederschläge charakterisiert. Dazu kommen noch als Einzelheiten Bemerkungen über Gewitterhäufigkeit, Nebel, Schneedecke usw. Alle diese Punkte zu behandeln, ging natürlich über den Rahmen dieses Vortrages hinaus. Wir beschränken uns deshalb auf die wesentlichsten und wenden uns zuerst den Temperaturverhältnissen zu. Aus den Beobachtungen eines Jahres lassen sich noch keine Schlüsse auf die mittlere Temperaturverteilung ziehen. Aus diesem Grunde wurden langjährige Mittel gebildet, indem die Beobachtungen der Wasserkuppe auf die neunjährigen Mittel des Taunus-Observatoriums reduziert wurden. So erhält man Werte, die sich nur um wenige Zehntelgrad von den genauen langjährigen Mitteln unterscheiden. Zahlentafel 1 gibt in ihrer ersten Reihe diese Werte an, in der zweiten Reihe die entsprechenden Werte der 800 m tiefer liegenden Frankfurter Station, in der dritten Reihe die Differenzen beider.

Zahlentafel 1.

Jan.	Febr	März	April	Mai	Juni	Juli	Aug.	Sept.	Okt.	Nov.	Dez.
−2,9	−2,0	+0,2	+3,6	+10,0	+10,9	+12,3	+11,7	+9,3	+4,7	+0,3	−1,4
+0,5	+2,2	+5,3	+9,7	+14,1	+17,7	+19,1	+18,2	+14,7	+9,6	+4,6	+1,5
3,4	4,2	5,1	6,1	4,1	6,8	6,8	6,5	5,4	4,9	4,3	2,9

Es zeigt sich daß die Unterschiede im Juni und Juli am größten sind und beinahe 7⁰ im Mittel erreichen. Im Dezember und Januar sind sie am kleinsten mit etwa 3⁰ im Mittel. Verglichen mit dem Tiefland ist also der Winter auf der Wasserkuppe, wie auf den meisten deutschen Mittelgebirgen, verhältnismäßig die mildeste Jahreszeit. Er entspricht in seiner mittleren Wärme etwa dem von Schlesien, allerdings wird oben die Kälte durch den stärkeren Wind für das Gefühl unangenehmer. Die Temperaturunterschiede haben auch für den Aufwind am Gebirge große Bedeutung, es soll hierauf später zurückgekommen werden. Die klimatische Begünstigung des Gebirges im Winter zeigt sich auch in den Temperaturextremen. So war im vergangenen Dezember in dem sonst so milden Frankfurt das Minimum −17,0⁰, auf der Wasserkuppe betrug es nur −15,6⁰, während nachmittags das Thermometer bis auf −1,8⁰ anstieg. Ein

besonders eigenartiger Fall trat im Januar ein. In Gersfeld herrschte bei mehr als 17⁰ Kälte dichtester Nebel. Von der Eube ab strahlte ein italienisch blauer Himmel, und von der Kuppe aus bot sich ein märchenhafter Anblick, indem tief unten ein leuchtendes Nebelmeer wogte, aus welchem der Kreuzberg und andere Bergspitzen wie Inseln herausschauten. Dabei herrschte oben eine Temperatur von nur −2⁰, die dem Gefühl jedoch weit angenehmer war als die 10⁰ Wärme des vergangenen nassen und vernebelten August, da die Sonnenstrahlung außerordentlich kräftig wirkte. Gleichzeitig möge hier eingefügt werden, daß der vergangene August nur eine mittlere Wärme von 9,9⁰ hatte, also gegen das langjährige Mittel um 1,8⁰ zu kalt war, ein für eine Bergstation sehr großer Fehlbetrag. Die Betrachtung der Temperaturen führt also zu dem Ergebnis, daß die Wasserkuppe gerade im Winter und den Übergangsjahreszeiten bezüglich der Luftwärme besonders begünstigt ist.

Eine genaue Diskussion der Luftfeuchtigkeitsverhältnisse ist zurzeit noch nicht angebracht, da die Beobachtungsreihe doch noch zu kurz ist. Dafür soll jedoch ein besonderer Fall genauer betrachtet werden, weil er für den Flug ausschlaggebend ist. Es ist dies der Fall, daß die relative Feuchtigkeit 100 vH beträgt, also gerade Sättigung eintritt. Dann bildet sich fast immer Nebel. Es soll also im folgenden die Zahl der Nebeltage des vergangenen Jahres betrachtet werden. Die Zahlentafel 2 gibt in ihrer ersten Reihe die Zahl der Tage eines jeden Monats, an denen überhaupt Nebel beobachtet wurde, in der zweiten Zeile die Zahl der Tage, an welchen nachmittags um 2 Uhr Nebel herrschte, die dritte Zeile gibt das Verhältnis der beiden Zahlen. Die eingeklammerten Werte gelten für den August 1924.

Zahlentafel 2.

Jan.	Febr.	März	April	Mai	Juni	Juli	Aug.	Sept.	Okt.	Nov.	Dez.
16	20	12	14	9	10	14	13 (22)	15	26	20	27
12	13	3	5	3	4	3	2 (8)	4	13	10	19
1,3	1,5	4,0	2,8	3,0	2,5	4,7	6,5(2,7)	3,8	2,0	2,0	1,4

Aus der ersten Reihe ergibt sich, daß im vergangenen Jahre die Herbst- und Wintermonate die meisten Nebeltage aufwiesen. Der vergangene August hatte jedoch mit 22 Nebeltagen ungünstigere Verhältnisse als der letzte November mit nur 20 Nebeltagen. Die zweite Reihe zeigt, daß nachmittags um 2 Uhr die Verhältnisse noch weiter zugunsten der Frühlings- und Sommermonate sich verschieben. Auch hier fällt der August 1924 völlig heraus. Die letzte Zeile besagt, daß nachmittags um so häufiger Aufklaren eintritt, je größer die Zahl ist. Das Maximum mit 6,5 fällt auf den August des vorigen Jahres, das Minimum, wie nicht anders zu erwarten, auf einen Wintermonat. Der vergangene August entspricht bezeichnenderweise in dieser Hinsicht dem letzten April!

Zum Fliegen auf der Wasserkuppe ist nun bekanntlich West- bis Nordwestwind am günstigsten. Bei dieser Windrichtung herrscht aber oben meistens Nebel. Daher dürfte fliegerisch von großem Interesse sein, in welchen Monaten seither diese Windrichtung am häufigsten ohne Nebel aufgetreten ist. Zahlentafel 3 gibt in ihrer ersten Zeile die Zahl der Tage mit West- bis Nordwestwind bei Nebel, in ihrer zweiten Zeile ohne Nebel. Die Zahlen geben die Häufigkeit in Prozenten der möglichen Fälle. In der dritten Zeile ist das Verhältnis der entsprechenden Werte angegeben.

Zahlentafel 3.

Jan.	Febr.	März	April	Mai	Juni	Juli	Aug.	Sept.	Okt.	Nov.	Dez.
15	13	5	12	7	4	11	8 (16)	13	30	11	30
10	6	8	24	18	18	20	20 (4)	19	14	10	11
1,6	2,1	0,7	0,5	0,4	0,3	0,5	0,4 (3,8)	0,7	2,2	1,1	3,0

Es zeigt sich, daß der günstigste Flugmonat des letzten Jahres der vergangene April gewesen ist, während bei weitem der ungünstigste der letzte August war. Die dritte Reihe, welche direkt die Nebelhäufigkeit bei Westwinden angibt, läßt einen deutlichen Gang erkennen. Das Minimum liegt im Frühsommer, das Maximum im Winter, d. h. West- bis Nordwestwind ist am häufigsten im Vorsommer nebelfrei, am seltensten im Winter. Wie die Zahl 3,8 für August 1924 beweist, hat dieser Monat einen neuen Rekord aufgestellt, indem er die Werte des ungünstigsten Wintermonats noch überbot. Einen Schluß auf die schlechte Eignung des August als Wettbewerbmonat zu ziehen, wie das schon des öfteren geäußert wurde, ist nicht angebracht. Nur eines wäre aus der vorliegenden Reihe zu entnehmen, daß nämlich eine Späterlegung etwa in den September ein Mißgriff wäre, da nach dem August im Mittel die Tendenz zur Nebelbildung zunimmt.

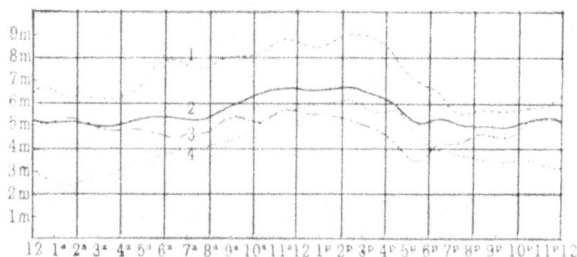

1. Mittlere Windgeschwindigkeit bei westlichen Winden.
2.   „   „   für die ganze Dauer der Registrierungen.
3.   „   „   bei östlichen Winden.
4. Böigkeit (= mittlere Stundenamplituden).

Abb. 1.

Nun zu dem Element des Klimas, das für den Segelflieger das notwendigste ist, dem Wind! Die Wetterstation hat einen Steffens-Hedde-Böenschreiber, der laufend die Windgeschwindigkeit auf der Wasserkuppe registriert. Die Auswertung der Aufzeichnungen liefert wertvolles Material über den Gang der mittleren Windgeschwindigkeit und der Böigkeit. Abb. 1 gibt die mittlere Windgeschwindigkeit für die ganze Dauer der Registrierung sowie für östliche und westliche Winde getrennt wieder. Außerdem zeigt die Abbildung den Gang der Böigkeit durch die mittleren Stundenamplituden. Alles bezieht sich auf den August 1921. Die Ostwinde sind im Mittel schwächer als die Westwinde. Weiterhin lassen sich aus den Kurven 2 Maxima der Windgeschwindigkeiten erkennen. Das Hauptmaximum liegt zwischen 1 und 3 Uhr, das sekundäre Maximum gegen Mitternacht. Minimas liegen morgens gegen 3 Uhr, nachmittags gegen 6 Uhr. Dieser Gang unterliegt während des Jahres geringen Änderungen, wovon als wesentlichste zu erwähnen wäre, daß im Winter das Mittagsmaximum gegen das Nachtmaximum zurücktritt, so daß letzteres zum Hauptmaximum wird. Die Böigkeit ist nachts am geringsten zwischen 12 und 2 Uhr und erreicht mittags zwischen 12 und 4 Uhr ihre größten Werte. Robitzsch hatte die mittlere Windstärke des Bodenwindes mit der Böigkeit desselben in Beziehung gesetzt und gefunden, daß die maximalen Schwankungen desselben von dem Betrage der mittleren Windgeschwindigkeit sind. Dieselbe Untersuchung wurde für die Wasserkuppe vorgenommen und festgestellt, daß die maximalen Schwankungen wesentlich kleiner als die entsprechenden mittleren Windgeschwindigkeiten sind. Die Böen bei einer gewissen Windstärke sind also auf der Wasserkuppe schwächer als im Tiefland. Aus den Windbeobachtungen ergibt sich demnach:

1. Der stärkste Wind ist im Mittel nachmittags zwischen 1 und 3 Uhr. Um diese Zeit starten am besten die Maschinen, die viel Wind gebrauchen. Reicht er dann noch nicht aus, so wird er in den meisten Fällen später erst recht nicht genügen.

2. Nachmittags zwischen 12 und 4 Uhr ist die Böigkeit am größten. Maschinen, die sehr empfindlich dafür sind, werden also vorteilhafter vorher oder nachher geflogen. Für Schul- und Probeflüge ist diese Zeit die ungünstigste.

Nun zum Niederschlag! Im letzten Jahre, gerechnet von August zu August, fielen auf der Wasserkuppe 1378,2 mm Niederschlag, d. h.

wenn das Wasser nicht abgeflossen wäre, so hätten wir eine Wasserhöhe von fast 1 ½ m. In Gersfeld beträgt die entsprechende Regenhöhe 969,1 mm, also etwa ½ m weniger, in Frankfurt a. M. nur 841,1 mm. Wichtiger als die absolute Regenhöhe ist die Zahl der Regentage eines Ortes. Da wir von der Wasserkuppe aber nur Beobachtungen von einem Jahre haben, von Gersfeld aber eine lange Reihe, so soll untersucht werden, ob statt der Wasserkuppenreihe vielleicht die Gersfelder Reihe benutzt werden kann. Zahlentafel 4 gibt in ihrer ersten Reihe die Zahl der monatlichen Regentage auf der Wasserkuppe, in der zweiten Zeile die entsprechende Zahl für Gersfeld.

Zahlentafel 4.

Jan.	Febr.	März	April	Mai	Juni	Juli	Aug.	Sept.	Okt.	Nov.	Dez.
10	15	14	18	18	16	20	15 (25)	19	25	20	19
4	8	14	18	18	15	19	12 (25)	18	23	13	19

Es zeigt sich, daß in Gersfeld die Zahl der Regentage fast völlig mit der entsprechenden Zahl auf der Wasserkuppe übereinstimmt. Während der Wintermonate meldet allerdings die Wasserkuppe erheblich größere Zahlen, die man auf Fälschungen infolge von Schneeverwehungen zurückführen muß. Die Wasserkuppe sowohl wie Gersfeld beobachteten im vergangenen August 25 Regentage. Wenn derartig verregnete Augustmonate auf der Wasserkuppe zur Regel gehörten, so wäre dies allerdings dem Zeitpunkt des Wettbewerbs ungünstig. Eine Durchsicht der Regenmessungen der Station Gersfeld ergab nun, daß der August 1924 die größte im August gemessene Regenhöhe und die größte Zahl der Regentage seit 1905 hatte, dem Jahre des Beginns der dortigen Regenmessungen. In den letzten 4 Jahren hat überhaupt kein Monat in Gersfeld die Zahl von 25 Regentagen erreicht, nicht einmal die regenreichen Herbstmonate. Bei dem vergangenen Monat handelt es sich demnach um einen seltenen Ausnahmefall, der der Veranstaltung sehr geschadet hat. Die Verhältnisse waren so extrem, daß man wohl mit an Bestimmtheit grenzender Wahrscheinlichkeit annehmen kann, daß eine Wiederholung in absehbarer Zeit ausgeschlossen ist. Mögen diese Ausführungen einem unbegründeten Pessimismus betreffs der nächsten Rhön vorbeugen.

Als letzten Teil meiner Ausführungen möchte ich einige Bemerkungen über die am Gebirge aufsteigenden Luftströme im Zusammenhang mit der vertikalen Temperaturverteilung machen.

Die Ergebnisse von 1680 Fesselaufstiegen, die auf Veranlassung von Herrn Prof. Linke am Taunusobservatorium vorgenommen wurden, zeigten, daß die Temperatur des Taunusobservatoriums fast immer verschieden ist von der Temperatur in derselben Höhe der freien Atmosphäre. Im Jahresmittel ist sie um 1° zu tief, außerdem ist sie zu tief zu sämtlichen anderen Zeiten, abgesehen von Sommernachmittagen. An heiteren Sommernachmittagen ist sie um 1,6° im Mittel zu hoch. Ehe wir nun zu den Ursachen dieser Erscheinungen übergehen, soll untersucht werden, wie die entsprechenden Verhältnisse auf der Wasserkuppe liegen. Wenn die Abweichungen die gleichen wären, so müßten die tatsächlich beobachteten Temperaturen der Wasserkuppe um den normalen Temperaturgradienten niedriger liegen als die entsprechenden des Taunusobservatoriums. Da nun die Wasserkuppenstation 100 m höher liegt als das Taunusobservatorium, so müßten sie an wolkenlosen Sommertagen vormittags um 0,7°, nachmittags um 0,9° kälter sein, an bewölkten Sommertagen um 0,7°, an Wintertagen um 0,2 bis 0,3°. Die erhaltenen Werte stimmen bis auf 2/10 überein, nur die Nachmittagswerte heiterer Wintertage sind um 1° zu tief. Demnach sind die Ergebnisse des Taunusobservatoriums fast uneingeschränkt auf die Wasserkuppe zu übertragen. Das heißt dann für den Sommer: Vormittags ist die Wasserkuppe immer kälter als die freie Atmosphäre, nachmittags ist sie an bewölkten Tagen um ½°, an heiteren Tagen um 1,6° wärmer. Im Winter ist sie stets kälter und zwar durchschnittlich um 3°.

Wie entsteht nun diese Abweichung? — Betrachten wir zunächst die graphische Darstellung des vertikalen Temperaturverlaufs, so sehen wir in der freien Atmosphäre einen gleichmäßigen Gang, bei Frankfurt-Taunus-Observatorium einen starken Knick am Taunus-Observatorium, oberhalb jedoch einen der freien Atmosphäre fast parallelen Gang. Wäre das Gebirge nicht da, so müßte der Temperaturverlauf völlig parallel sein, so daß man die durch das Gebirge verursachte Störung aus der Zeichnung erkennen kann. Wenn Luft über den Taunus strömt, so muß sie über das Gebirge hinweggehoben werden. Bei dem Heben von Luft kommt dieselbe unter geringeren Druck, dehnt sich aus und kühlt sich ab. Diese Abkühlung beträgt unter normalen Verhältnissen 1° pro 100 m. Nun nimmt aber die

9*

Lufttemperatur mit zunehmender Höhe an und für sich schon ab, jedoch in wechselndem Maße. Nehmen wir an, daß sie um 0,5° pro 100 m abnähme, so erhalten wir die Verhältnisse, wie sie in Abb. 2 dargestellt sind. Bei einer Gebirgshöhe von 1000 m wäre dann die Luft auf dem Berggipfel um 5° kälter als in derselben Höhe der freien Atmosphäre. Da kalte Luft aber auch spezifisch schwerer ist als warme, so erhält sie über dem Gebirge eine Beschleunigung nach unten, bzw. sucht sie das Gebirge zu umfließen. Der Aufwind ist dann unbedeutend.

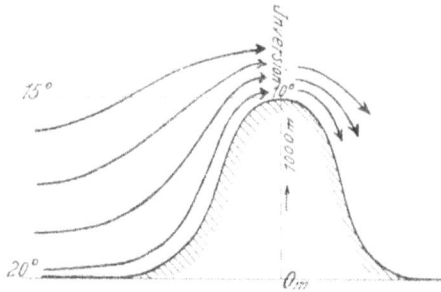

Abb. 2.

Extreme Fälle sind in Abb. 3 und 4 dargestellt. In Abb. 3 ist Isothermie in der freien Atmosphäre angenommen. Dann ist der Berg um 10° kälter als die freie Atmosphäre, vorausgesetzt, daß irgendeine Kraft die Luft darüber hinweghoben würde. Diese Kräfte sind in der Natur nicht vorhanden, so daß ein Umfließen des Berges

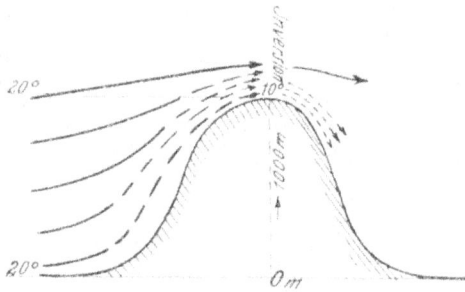

Abb. 3.

eintritt und kein Aufwind entstehen kann. In Abb. 4 ist die Temperaturabnahme von 1° pro 100 m angenommen. Dann hat die Luft in jeder Höhe dieselbe Dichte wie in der freien Atmosphäre. Sie setzt also dem Aufsteigen keinen Widerstand entgegen, sondern gleitet

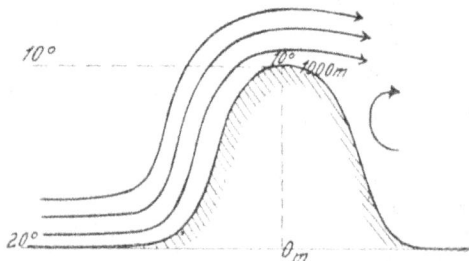

Abb. 4.

frei über den Hang. Der Aufwind ist dann sehr günstig. Nun kann es noch vorkommen, daß das Gebirge wärmer ist als die freie Atmosphäre, trotzdem hier bereits der adiabatische Temperaturgradient herrscht. Dann hat die Luft über dem Gebirge geringere

Dichte und damit größeren Auftrieb, so daß sich die Stromlinien nach oben aufwölben, wie in Abb. 5 dargestellt. So wird der Hangwind durch thermische Einflüsse verstärkt. Diese Verhältnisse sind für den Segelflieger die denkbar günstigsten.

Wie Prof. W. Georgii gezeigt hat, läßt sich bei unteradiabatischem Temperaturgradienten der freien Atmosphäre die Stärke des Aufwindes berechnen. Die Höhe, um welche die Luft aufsteigt, ist dann

$$h = \frac{z}{\gamma - a},$$

wobei z die Temperaturdifferenz des Berggipfels gegen die freie Atmosphäre, γ den adiabatischen Temperaturgradienten und a den Gradienten in der freien Atmosphäre bedeutet.

Wenn auch die skizzierten Verhältnisse vorerst nur einen groben Überblick vermitteln und eine genaue Erforschung des Stromlinienverlaufs bei verschiedenen Temperaturverhältnissen durch Pilotierungen in der Rhön noch festgestellt werden muß, so liegen doch bereits Bestätigungen für die Richtigkeit vor. Am frühen Morgen ist noch nie ein Segelflug gelungen, trotzdem es an Versuchen dazu nicht gefehlt hat. Die besten Flüge sind dagegen bei sonnigem Wetter nachmittags gemacht worden. Dann beobachtet man oft, daß ein schwächerer Wind eine weit stärkere Vertikalkomponente besitzt als ein starker.

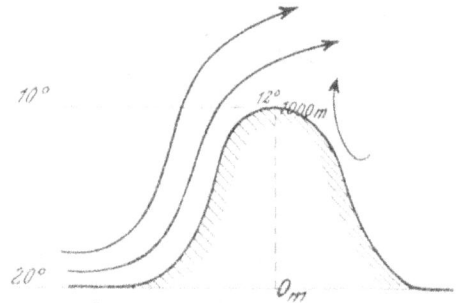

Abb. 5.

Wie lassen sich diese günstigen Aufwindverhältnisse nun feststellen?

Das ist verhältnismäßig einfach. Es gehört dazu nur ein Vergleich der gleichzeitigen Temperaturen der Berg- mit einer Talstation. Durch die Aufstellung eines Thermometers in Gersfeld und teephonische Verbindung mit der Kuppe ist dies möglich geworden. Leider verhinderten die trostlosen Witterungsverhältnisse im August eine öftere praktische Anwendung.

Nun mögen die Ausführungen noch einmal kurz zusammengefaßt werden:

1. Die Wasserkuppe ist in ihren Wärmeverhältnissen im Winter und in den Übergangsjahreszeiten am meisten begünstigt.

2. Die Tendenz zur Nebelbildung nimmt nach dem August zu, so daß eine Späterlegung des Wettbewerbs nicht ratsam ist.

3. Da die ungünstigen Verhältnisse des letzten August seit Jahrzehnten einzig dastehen, dürfen sie nur als Ausnahmeerscheinung betrachtet werden

4. Der stärkste Wind ist nachmittags zwischen 1 und 3 Uhr, die größte Böigkeit zwischen 12 und 4 Uhr.

5. Je kälter die Wasserkuppe gegenüber dem Tal ist, desto besser ist der Aufwind. An hellen, sonnigen Sommernachmittagen findet der Segelflieger die günstigsten Aufwindverhältnisse.

Zum Schlusse meiner Ausführungen möchte ich die Hoffnung aussprechen, daß sie etwas zur Ehrenrettung der Wasserkuppe beitragen und daß gerade die herrlichen Frühlings- und Frühsommermonate dort oben in den leeren Gebäuden ein reges Fliegerleben erwachen lassen, indem die günstige Gelegenheit in Zukunft auch außerhalb des Wettbewerbs fleißig zu Schul- und Probeflügen ausgenutzt werde.

VII. Die politischen Ziele der ausländischen Luftfahrt.

Vorgetragen von A. Baeumker.

Euer Königl. Hoheit, Euer Exzellenz, meine Herren!

Über die politischen Ziele der ausländischen Luftfahrt zu sprechen, ist an und für sich keine leichte Aufgabe Es ist sehr schwer, dieses komplizierte und verwickelte Gebiet in dem kurzen Zeitraum, der mir gegeben ist, zu erfassen Ich werde mich deshalb auf einige Punkte beschränken und bitte zu entschuldigen, daß zwischen den einzelnen Abschnitten Absätze entstehen, deren Zusammenhang unter Umständen unterbrochen ist.

I. Die Grundlagen der Luftmachtstellung.

Die politische Bedeutung der Luftmacht ist bisher nur selten ausführlich behandelt worden Ist doch die Luftmacht als solche erst ein junges Kind der modernen Technik und Wirtschaft und des modernen Machtwillens der Völker.

Wir müssen bei Untersuchung der Machtgrundlagen der Luftfahrt drei Faktoren unterscheiden die Luftfahrzeugindustrie, den Luftverkehr und Luftsport, sowie die militärische Luftfahrt, diese letzteren wiederum gegliedert in die Luftfahrt für den Landkrieg, für den Seekrieg und als selbständige Luftstreitmacht für unabhängige Luftkriegsführung über Land und See.

Die Luftfahrzeug-Industrie ist begrenzt durch die Wirtschaftsgestaltung, durch das technische Können der einzelnen Völker und durch deren ganze kulturelle Grundlage

Der Luftverkehr hängt ab von den wirtschaftlichen Möglichkeiten und von den Verkehrsnotwendigkeiten Er steht im Wettbewerb mit den anderen älteren Verkehrsmitteln der Welt, insbesondere mit der Eisenbahn, mit dem Kraftwagen und mit dem Schiff. Im Wettbewerb mit Eisenbahn und Kraftwagen ergibt sich die Schwierigkeit für das Luftfahrzeug, über Tag und Nacht hinweg große Strecken zu verbinden. Wird doch bei einer Beschränkung auf den reinen Tagverkehr und bei Ausschaltung der dazwischen liegenden Nacht im Luftverkehr die überlegene Geschwindigkeit des Luftfahrzeuges durch die auch bei Nacht verkehrenden Erdverkehrsmittel wieder ausgeglichen und zum Teil überholt! Bei der Schiffahrt liegen hier die Fragen nicht so ängstlich, weil die technisch erreichbaren Maximalgeschwindigkeiten der Schiffe aller Dimensionen durch den Widerstand des Wassers an sich engere Grenzen finden, als die der Eisenbahn und des Kraftwagens.

Innerhalb des gesamten Verkehrsnetzes ist dann eine günstige Entwicklung des Luftverkehrs gegenüber dem Verkehr auf der Erde und über See zu erwarten, wenn eine Verbindung zwischen Land und See über große Strecken erfolgt — Der Luftsport ist der Ausdruck sportlicher Einstellung zur praktisch-fliegerischen Betätigung Vom Maße der sportlichen Einstellung der Nationen hängt auch sein Fortschritt ab

Wenden wir uns jetzt zur militärischen Luftfahrt Die Luftstrategie ist ein noch vollkommen ungeklärtes Gebiet Sie tritt in Wettbewerb mit den Waffen auf der Erde und auf See Ihre endgültigen Grundlagen zu finden, ist noch nicht möglich gewesen Ließ doch der Weltkrieg in seinen charakteristischen Kampfformen das junge Kind der Luftfahrt noch nicht in ausreichendem Maße zur Verwendung kommen.

Während der Landkrieg im allgemeinen vom strategischen Gesichtspunkte aus die Offensive, also die angriffsweise Kriegführung zur Erreichung des Kriegszieles bevorzugt und nur unter dem Druck äußerer Verhältnisse, vielleicht hauptsächlich nur, um Zeit zu gewinnen, die Defensive benutzen wird, liegen die Verhältnisse beim Seekrieg schon etwas anders Hier kann unter bestimmten Umständen durch defensive Führung eine Zunahme der Kraft beim Verteidiger dem Angreifer gegenüber eintreten. Für den Luftkrieg ist die Lage so, daß durch die außerordentliche Geschwindigkeit, durch die Beherrschung des Raumes und andererseits auch wieder durch die Schwierigkeiten des Treffens im Raume die offensive Kriegführung gegenüber der Defensive immer im Vorteil ist.

II. Wirtschaftliche Kräfte der Luftmächte.

Verlassen wir dieses Gebiet und gehen wir über zu den wirtschaftlichen und politischen Grundlagen der Kräfteverteilung auf der Welt als Grundlage der Luftmacht.

Wir sehen in der heutigen machtpolitischen Entwicklung unserer Welt ein neues Moment, das sich sehr stark unterscheidet von dem der früheren Jahrhunderte. Der Imperialismus der früheren Zeiten war im wesentlichen auf die Territorien beschränkt, und in der Besitznahme der Länder selbst lag auch im wesentlichen die Besitzergreifung der positiven Macht begründet. Das Zeitalter der Technik und Wirtschaft hat diese Verhältnisse wesentlich verschoben. Wer für die heutige technische Entwicklung, für den Imperialismus der Wirtschaft, die Grundlage im vergangenen Zeitalter des territorialen Imperialismus die Kraftquellen der Welt durch territoriale Besitzergreifung sich bereits in die Hände gespielt hatte, der hat heute die Weltmacht in Händen Dies trifft heute in erster Linie für England, vielleicht auch noch für die Vereinigten Staaten und vor allem auch für Rußland zu Die Kraftquellen der Welt sind es, die heiß umkämpft sind, teils wirtschaftlich, teils machtpolitisch. Ihnen gilt das Ringen mit allen Mitteln, die der Intelligenz der Menschen zur Verfügung stehen, sei es durch die zerstörende Gewalt des Krieges, sei es durch den fortbauenden Verstand in friedlicher Tätigkeit des Handels, in der Industrie und in der Technik.

Ich entferne mich mit Absicht etwas vom Thema der Luftmacht, um Ihnen einen Überblick zu geben über die Gliederung der Kraftquellen auf dieser Welt Aus dieser Verteilung ergibt sich ja die Stellung der politischen Staatengebilde zueinander In diesem Kräftesystem ruhen aber auch schon latent die zur Veränderung treibenden Kräfte. Aus diesem ganzen Verteilungssystem ergibt sich somit letzten Endes Frieden und Krieg, Wohlbefinden und Untergang

Der in vorliegender Abb 1 gegebenen Darstellung der Anteile an der Eisenerzgewinnung der Welt als einer der ersten Grundlagen unserer Wirtschaft und auch unserer Kriegführung entnehmen Sie im Vergleich zwischen den Jahren 1917 und 1921 die überragende Stellung zunächst einmal der Vereinigten Staaten von Nordamerika, die innerhalb des Gesamtanteils an der Weltproduktion, dargestellt durch den gesamten Kreisinhalt, einen großen Sektor für sich in Anspruch nehmen

Dazwischen gliedern sich andere Mächte ein, insbesondere Deutschland und Großbritannien mit Irland Durch die Veränderungen des Vertrages von Versailles — vgl. den rechten oberen Teil der Abb 1 — erfolgt das Hereintreten von Frankreich auf Kosten von Deutschland 1917 besitzt Frankreich nur einen ganz kleinen Prozentanteil an der Weltgewinnung. Im Jahre 1921 wird durch das Hinzutreten der zurückgewonnenen, bzw geraubten Erzbecken und durch Einflußnahme auf ausländische Reviere der französische Einfluß auf die Gesamtwirtschaft außerordentlich verstärkt.

In der unteren Hälfte des Bildes graphisch nochmals kurz zusammengefaßt (schwarz 1917, gestrichelt 1921): Abnahme der Förderung von Eisenerzen in Amerika, Abnahme in England und seinen Besitzungen, gewaltige Zunahme in Frankreich, Abnahme in Deutschland und Schweden

Dieses Bild, Abb. 2, bringt die Verteilung der Produktionsmengen in Kupfer, Zink und Blei in ähnlicher Form zum Ausdruck. Ich möchte nur Zink herausgreifen. Im untersten Teil des Bildes ist schwarz Frankreich und Belgien, gestrichelt sind die angelsächsischen und niederländischen Staaten in ihrer Produktion dargestellt. 1922 eine sehr starke Zunahme im Vergleich zu 1918 gerade auf der Seite der franko-belgischen Gruppe.

Die Kohlen, Abb. 3, ein weiteres für die Wirtschaft entscheidend wichtiges Kraftfeld der Erde, um deren Besitz seit Jahren und Jahrzehnten heiß gerungen wird, sind in ähnlicher Weise, wie bisher gezeigt, verteilt. Wir sehen den sehr starken Anteil Deutschlands im Jahre 1917 im Verhältnis zur Gesamtförderung. Auch hier sind die Vereinigten Staaten im Verhältnis zur Gesamtförderung wieder in überragender Lage. Im Jahre 1921 hat bei ungefähr gleicher Gesamtproduktion der Prozentanteil der Vereinigten Staaten etwas abgenommen, während die Förderung in Deutschland trotz des Verlustes seiner oberschlesischen Gebiete in verzweifeltem Streben auf Durchführung seiner Erfüllungspolitik fast auf der alten Höhe geblieben ist. Interessant ist der Rückblick auf Frankreich, das 1917 wie 1921 nur einen kleinen Anteil an der gesamten Weltkohlengewinnung trägt. Gerade diese Tabelle mag Ihnen die Bedeutung des neuen Reparationsabkommens auf der Grundlage des Dawes-Gutachtens für Frankreich zeigen. Nur durch deutsche Reparationslieferungen vermag die französische Industrie, insbesondere die aufblühende französische Eisenerzverarbeitung, lebensfähig zu bleiben. Nur durch Fesselung der deutschen an die französische Wirtschaft ist auf die Dauer die Erhaltung des französischen Wirtschaftsprestiges gewährleistet.

Die dritte große Kraftquelle neben Eisenerzen und der Kohle ist das Erdöl, Abb. 4. Wohl nichts ist politisch und wirtschaftlich zurzeit wilder und heftiger umstritten, als die so schnell entdeckten und so schnell wieder verbrauchten Erdölquellen. Wir sehen in dieser Abbildung graphisch den Vergleich zwischen den Produktionsjahren 1912 und 1922. Dieser Vergleich zeigt uns eine Überverdoppelung der Gesamtproduktion der Welt. Dabei tritt die ungeheure Zunahme des Anteils an der Erdölproduktion (nur territoriale Grundlage) in den Vereinigten Staaten von Nordamerika und insbesondere auch in Mexiko scharf in Erscheinung. In diesen beiden Ländern treffen sich zudem noch die Interessen Englands und Frankreichs in finanzieller Beziehung. Dem auch territorial geschlosseneren Wirtschaftsgebiet der Vereinigten Staaten steht das

Eisenerzgewinnung der Welt.

(Nach Stat. Jahrbuch f. d. Deutsche Reich.)

Anteile an der Gesamtgewinnung in den Jahren:

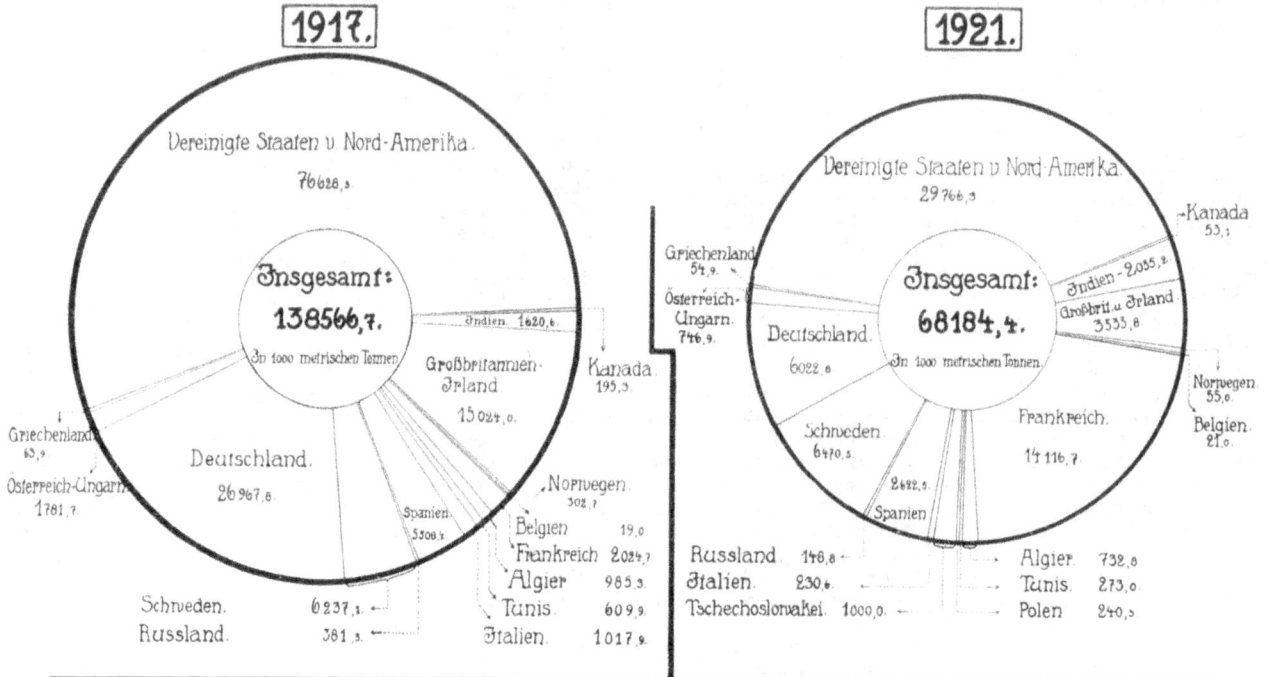

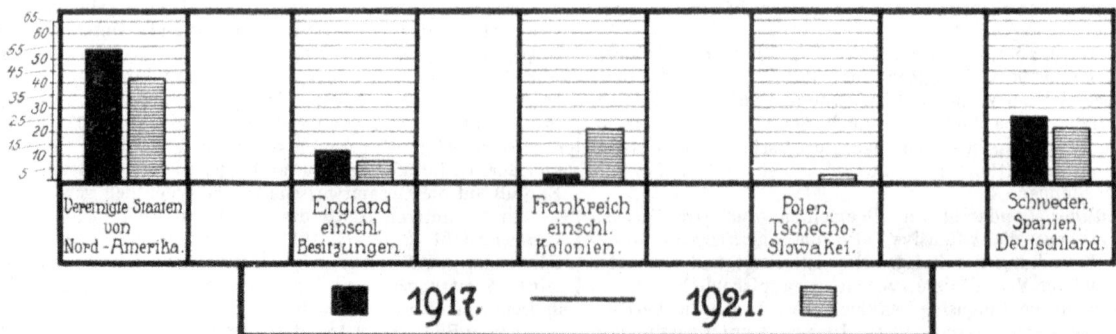

Abb. 1.

Kupfer-, Zink- u. Bleigewinnung der Welt.

(Nach Stat. Jahrbuch f. d. Deutsche Reich.)

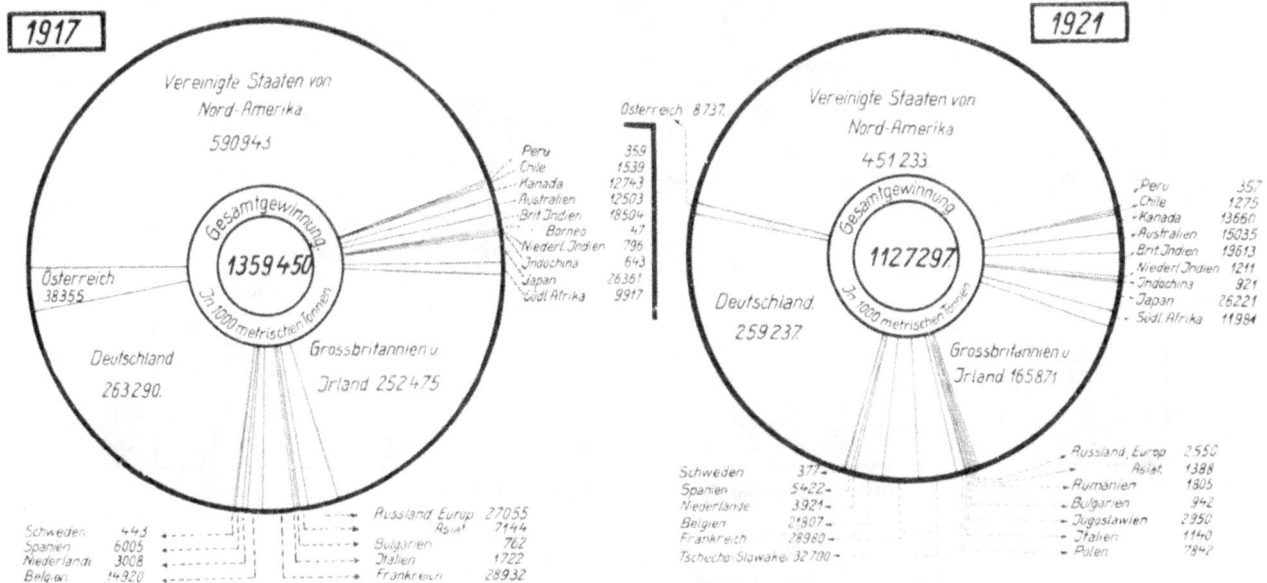

Verteilung der Gesamtgewinnung.

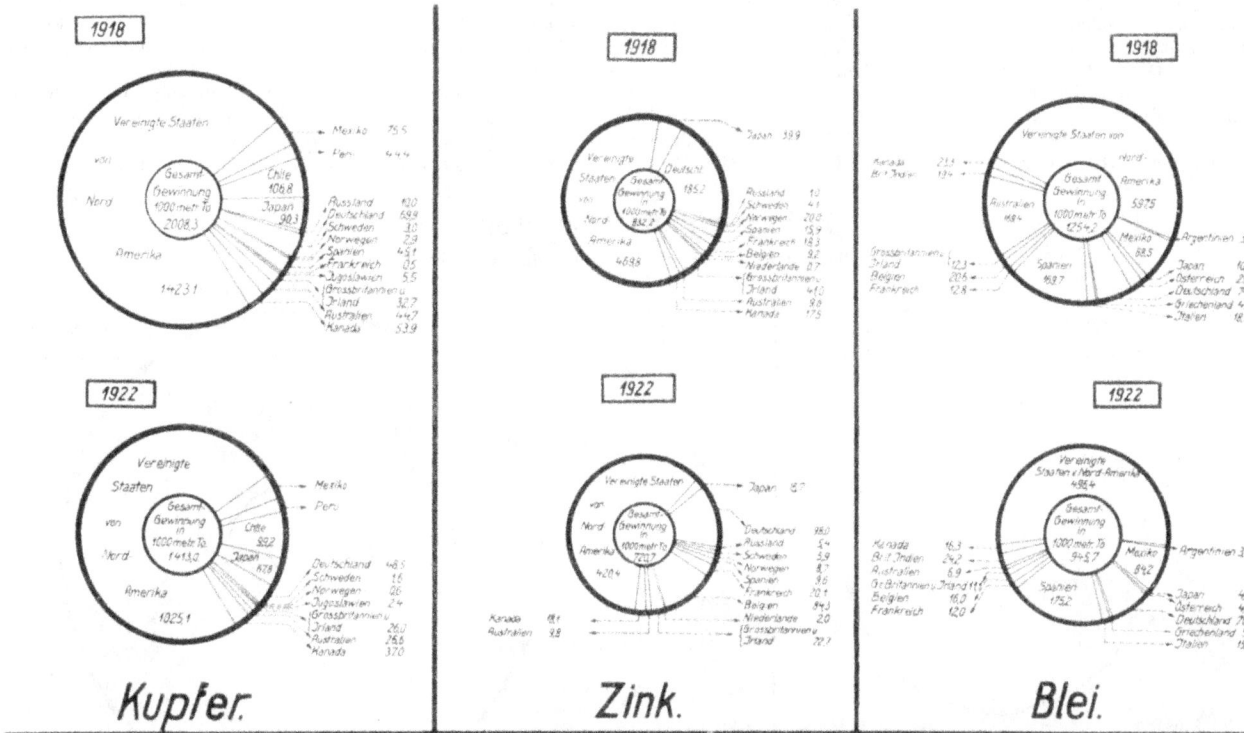

1918

Vereinigte Staaten

von

Nord

Amerika

Gesamt
Gewinnung
1000 metr To.
2008.3

1423.1

Mexiko 75.5
Peru 44.4
Chile 106.8
Japan 90.3
Russland 920
Deutschland 59.9
Schweden 3.0
Norwegen 2.9
Spanien 45.1
Frankreich 0.5
Jugoslavien 5.5
Grossbritannien
Irland 32.7
Australien 44.7
Kanada 53.9

1922

Vereinigte

Staaten

von

Nord

Amerika

Gesamt
Gewinnung
in
1000 metr To.
1413.0

1025.1

Mexiko
Peru
Chile 88.2
Japan 67.8
Deutschland 48.5
Schweden 1.6
Norwegen 0.6
Jugoslavien 2.4
Grossbritannien
Irland 26.0
Australien 25.6
Kanada 37.0

Kupfer.

1918

Vereinigte
Staaten
von
Nord
Amerika
468.8

Deutschl.
Gesamt
Gewinnung
in
1000 metr To.
852.2

Japan 39.9
Russland 1.0
Schweden 4.1
Norwegen 22.0
Frankreich 13.9
Belgien 9.2
Niederlande 0.7
Grossbritannien
Irland 4.0
Australien 9.8
Kanada 17.5

1922

Vereinigte Staaten
von
Nord
Amerika
420.4

Gesamt
Gewinnung
in
1000 metr To.
737.7

Kanada 61.1
Australien 9.8

Japan 15.7
Deutschland 98.0
Russland 5.4
Schweden 5.9
Norwegen 6.9
Frankreich 10.1
Belgien 34.3
Niederlande 2.0
Grossbritannien u.
Irland 72.7

Zink.

1918

Vereinigte Staaten von
Nord-
Amerika
597.5

Gesamt
Gewinnung
in
1000 metr To.
1254.2

Kanada 23.1
Brit. Indien 13.4
Australien 48.4
Grossbritannien u.
Irland 12.3
Belgien 20.6
Frankreich 12.8
Spanien 69.7
Mexiko 88.5

Argentinien 3.4
Japan 10.7
Österreich 29.6
Deutschland 74.6
Griechenland 4.1
Italien 18.3

1922

Vereinigte
Staaten in Nord-Amerika
498.4

Gesamt
Gewinnung
in
1000 metr To.
945.7

Kanada 16.3
Brit. Indien 24.2
Australien 6.9
Gr.Britannien u. Irland 11.1
Belgien 16.0
Frankreich 12.0
Spanien 175.2
Mexiko 84.2

Argentinien 3.5
Japan 4.2
Österreich 1.6
Deutschland 70.8
Griechenland 5.0
Italien 15.9

Blei.

Verhältnis der Franco-Belgischen zur Angelsächsisch-Niederländischen Gruppe.

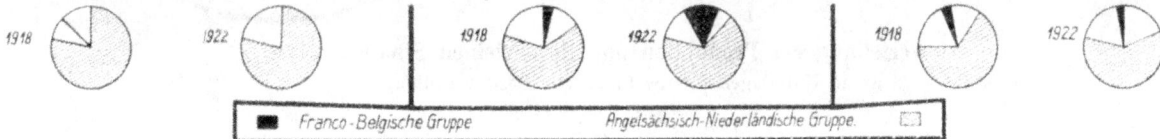

1918   1922   1918   1922   1918   1922

Franco-Belgische Gruppe   Angelsächsisch-Niederländische Gruppe.

Abb. 2.

Welt-Kohlengewinnung.

(Nach Stat. Jahrbuch f. d. Deutsche Reich.)

1917

Vereinigte Staaten von
Nord-Amerika.
590.943

Gesamtgewinnung

1359450

in 1000 metrischen Tonnen

Österreich
38355

Deutschland
263290.

Grossbritannien u.
Irland 252.475

Peru 35.9
Chile 1539
Kanada 12743
Australien 12503
Brit. Indien 18504
Borneo 47
Niederl. Indien 796
Indochina 643
Japan 26361
Südl. Afrika 9917

Schweden 443
Spanien 6005
Niederländ. 3008
Belgien 14920

Russland Europ 27055
Asiat 2144
Bulgarien 762
Italien 1722
Frankreich 28932

Österreich 8737.

1921

Vereinigte Staaten von
Nord-Amerika
451233

Gesamtgewinnung

1127297

in 1000 metrischen Tonnen

Deutschland.
259237

Grossbritannien u.
Irland 165871

Peru 35.7
Chile 1275
Kanada 13560
Australien 15035
Brit. Indien 19613
Niederl. Indien
Indochina 921
Japan 26221
Südl. Afrika 11984

Schweden 377
Spanien 5422
Niederlande 3921
Belgien 21807
Frankreich 28980
Tschecho-Slowakei 32700

Russland Europ 2550
Asiat. 1388
Rumänien 1805
Bulgarien 942
Jugoslavien 2950
Italien 1140
Polen 7842

Anteile an der Gesamtgewinnung in den Jahren: 1917 und 1921.

Abb. 3.

losere wirtschaftspolitische Gebilde des britischen Empire mit seinem die ganze Welt elastisch umspannenden Handelssystem gegenüber. Ohne sichtbar erkennbar zu werden, ist durch die Kontrolle der Verkehrswege (control without occupation) die britische Weltmacht fest fundiert. Im Dienste dieses letzten Zieles steht mit einer Anpassungsfähigkeit ohnegleichen und in innigsten Wechselbeziehungen die englische Wirtschaft, Wehrmacht und Politik. Viel klarer als in dem heute auf einen kontinentalen Abschnitt beschränkten Deutschland ist in den beiden angelsächsischen Weltmächten das Bewußtsein für die Bedeutung des Erdöls aufgegangen; viel klarer deshalb, weil Frieden wie Krieg sich in Zukunft überwiegend neben der Kohle und den Erzen aufbauen werden auf dem Erdöl für die Betreibung der Verbrennungsmotore für Handel und Verkehr, für

Kampf und Nachschub der Armeen, für die Bewegung der gesamten Flotten und vor allen Dingen für die aufstrebende Luftstreitmacht. Abb. 5. Als letzte Kraft, die noch wenig erschlossen ist, welche aber für die Führung der Wirtschaft im Frieden und Kriege von großer Bedeutung werden wird und auf deren Erhaltung das Augenmerk der Landesverteidigung sowohl wie der wirtschaftlichen Interessen sich zu richten hat, kommt die Wasserkraft der Erde in Frage. Hier nur eine kurze nicht ganz lückenlose schematische Darstellung über den Gesamtbesitz an Wasserkräften und deren Ausnutzung nach dem augenblicklichen Stande. Am weitesten sind in bezug auf Ausnutzung des vorhandenen Kraftbesitzes die Vereinigten Staaten von Amerika vorangeschritten. Am meisten zurück liegt die Erschließung der Wasserkräfte in Asien und Afrika.

Erdölgewinnung der Welt.

(Nach Stat. Jahrbuch f. d. Deutsche Reich.)

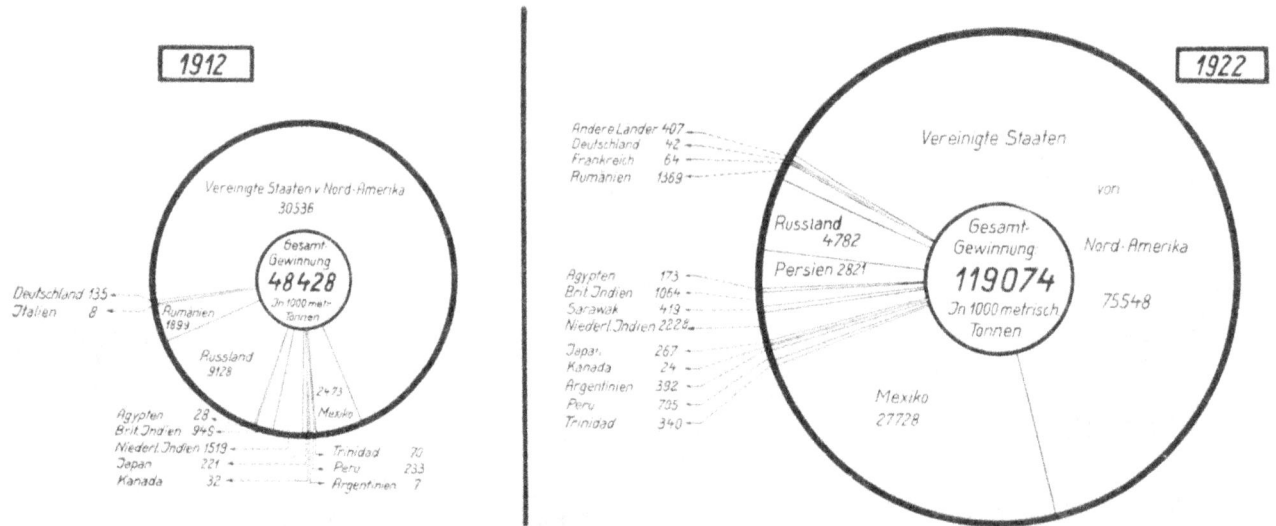

Verteilung der Produktion auf die einzelnen Staaten.
Keine Unterlagen für die finanzielle Besitzverteilung!

Abb. 4.

Die Wasserkräfte der Erde.

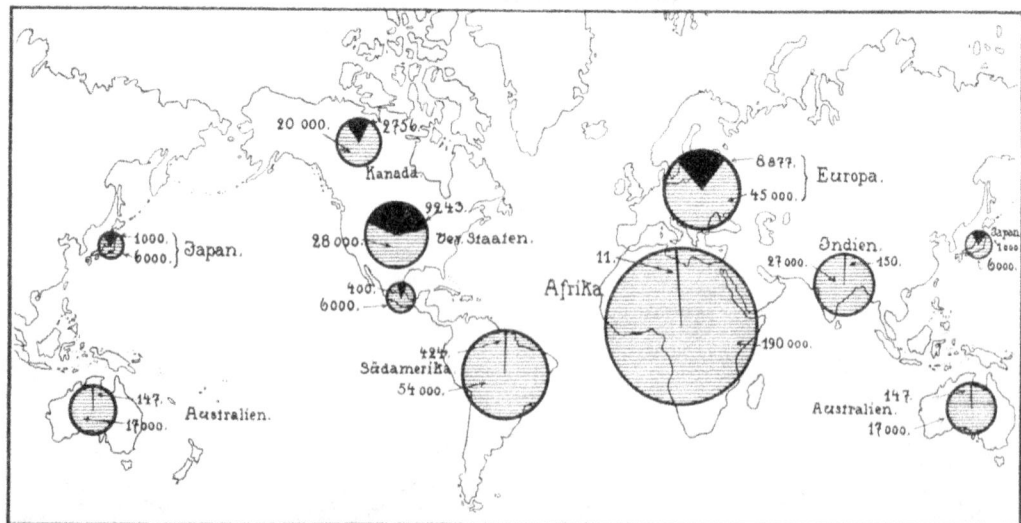

Die Zahlen geben die Wasserkräfte in 1000 Ps an.

Die Größe der Kreisscheiben entspricht den wahrscheinlich vorhandenen Wasserkräften. | Schwarzer Kreisteil = ausgenutzte Wasserkräfte.

Abb. 5.

Betrachten wir die Tätigkeit der Luftmacht vom friedlichen wie vom kriegerischen Gesichtspunkte, so ist die Wirksamkeit der Luftmacht in bezug auf diese Kraftquellen durch die geographische Verteilung derselben bedingt.

Wir sehen schon unter den Eisenerzen, Abb. 6, um mit diesen wieder zu beginnen, eine scharfe geographische Konzentrierung der Vorkommen in den Vereinigten Staaten und Kanada, eine geographisch lose Verteilung dagegen über ganz Europa. Innerhalb des briti-

Vereinigten Staaten an verschiedenen Stellen, sowie verhältnismäßig nur schwache Erdölvorkommen in Europa. In Pechelbronn, bei dem historischen Schlachtfeld von Wörth, haben sich heute die Franzosen festgesetzt. Im Südosten die Vorkommen in Galizien, Rumänien, ferner die Vorkommen in Rußland, Kaukasien, im Irak und in Persien sowie die sehr wichtigen Erdölgebiete von Niederländisch- und Britisch-Hinterindien. Es bleibt noch übrig, vor allen Dingen auch auf die neuen und noch wenig erforschten Vorkommen in Südamerika hinzuweisen, die eine neue wirtschaft-

Eisengewinnung der Welt.

Erläuterungen.

I. Angelsächsische Gruppe.
    Vereinigte Staaten von Amerika.
    Englischer Besitz.

III. Russisches Reich.

II. Romanische Grossmächte.
    Französischer Besitz.
    Jtalienischer Besitz.

IV. Asiatische Reiche.
    Japan.
    China.

Kleinere V. Staaten.
    Belgischer Besitz.   Persien.
    Niederländischer Besitz.   Mexiko.

Abb. 6.

schen Imperiums erkennen wir die Verteilung dieser Kraftquelle auf das Mutterland und auf die Gruppe des englischen Besitzes am Indischen Ozean.

In den Kupfervorkommen, Abb. 7, läßt sich im wesentlichen eine ähnliche Feststellung machen. Auch bei diesem Stoffe werden wieder geographisch eine Konzentrierung in den Vereinigten Staaten und Kanada, eine Verteilung über Europa sowie auf der jenseitigen Erdhälfte größere Vorkommen (hier in etwas übertriebener Form gezeichnet) in Australien und Südafrika erkennbar.

Abb. 8. Die Erdölvorkommen sind, räumlich gesehen, spärlicher verteilt. Zudem ist nichts verwickelter, als die Wirtschaftsgestaltung der Erdölfrage. Macht doch das Hervortreten einer Quelle, vorausgesetzt, daß dieses unter Druck erfolgt, die sofortige Ausnutzung des Vorkommens erforderlich. Die Versendung und Verschickung dieser stark wechselnden Mengen bereiten zudem dauernde Preisschwankungen auf dem Weltmarkt. Der hieraus zu folgernde Wechsel in Angebot und Nachfrage führt zu Preisunterbietungen, und alles dieses drängt zur Kartellierung im allergrößten Stile.

Im vorliegenden Bild sehen wir wieder Erdölvorkommen der

liche Richtung der Erdölausbeutung, hauptsächlich unter angelsächsischer Kapitalbeteiligung erwarten lassen.

III. Politische Kräfteverteilung der Luftmächte.

Ich möchte die Karte der Abb. 9 benutzen, um zu zeigen, wie die politischen Kräftegruppierungen innerhalb der Welt gelagert sind, und werde, von dieser Grundlage ausgehend, auf den Einfluß der Luftmacht in der Besitzverteilung der Welt zu sprechen kommen.

Das englische Imperium konzentriert seine wertvollsten Kräfte im Mutterlande. Dieses ist getrennt von seinen großen Besitzungen in Afrika und im Indischen Ozean bis nach Australien durch das in Einzelstaaten aufgelöste kontinentale Europa, sowie durch das System europäischer Protektorate an der afrikanischen Nordküste und in den Küstenländern Kleinasiens. Zur Offenhaltung des Seeweges durch den Suezkanal nach seinem asiatischen und australischen Besitz hat England im Mittelmeer die wichtigsten Stützpunkte Gibraltar, Malta und Ägypten fest in seiner Hand;

auf der Freiheit dieses Seeweges baut sich die britische Mittelmeerpolitik auf. Aber transkontinental bereits zeigt sich die Bedeutung der Luftfahrt. Denn England wird auf dem Gebiete des friedlichen Verkehrsfluges zunächst versuchen, über das europäische Festland hinweg in südöstlicher Richtung zu wirken und dadurch wieder eine Verstärkung seiner durch das Aufblühen der französischen und italienischen Stellung im Mittelmeer und Vorderasien erschwerten Stellung erstreben. Das Mittelmeerproblem als solches ist verwickelt. Das Washingtoner Abkommen, das die Flottenstärken der Großmächte reguliert, ist so aufgebaut, daß die Mittelmeer-

Ferne vor Angriffen und Zufällen aus verschiedenen Richtungen zu stützen vermag.

Das Problem des Stillen Ozeans ist äußerst schwierig. Es treten zwei neue Kräfte dem britischen Machtbestreben einengend entgegen: Japan, das seine Stellung im Weltkrieg sehr verstärken konnte, und die Vereinigten Staaten, deren Flottenausbau vor dem Kriege und während des Krieges der englischen maritimen Machtstellung im Pazifik lebhaft zu schaffen macht. Der Drang zum Ausbau des Hafens von Singapore zur modernen Flottenbasis, zugleich zur Luftbasis ist nur die Folge des Bestrebens auf Sicherung der

Kupfervorkommen.

Erläuterungen.

I. Angelsächsische Gruppe.
　　▭ Vereinigte Staaten von Amerika.
　　▭ Englischer Besitz.

II. Romanische Grossmächte.
　　▭ Französischer Besitz.
　　▭ Italienischer Besitz.

III. Russisches Reich.
　　▭

IV. Asiatische Reiche.
　　▭ Japan.
　　▭ China.

Kleinere V. Staaten.
　　▭ Belgischer Besitz.　　　Persien. ▦
　　▦ Niederländischer Besitz.　Mexiko. ▭

Abb. 7.

stellung Englands weiterhin erhalten bleibt und daß damit die Verbindung des östlichen Besitzes mit dem Mutterland durch den Suezkanal sichergestellt ist. Der Ausbau der dortigen Flottenstationen, die Detachierung von Schlachtschiffen, U-Booten und die Zuweisung zweier Flugzeugträger nach dem Mittelmeer waren der erste Schritt zur Sicherung der Mittelmeerstellung Englands für die nächsten Jahrzehnte, vielleicht Jahrhunderte, auch unter den durch den Krieg veränderten Verhältnissen auf dem europäischen Kontinent.

Um den Indischen Ozean herum gruppiert sich die koloniale Kraft Englands: In dem großen afrikanisch-kontinentalen Länderblock von Kairo bis Kapstadt, in der englischen Einflußnahme auf Palästina, Großarabien, den Irak und Südpersien, im englischen Besitz auf Vorder- und Hinterindien, durch die engere Anlehnung der holländischen Kolonialwirtschaft an die britische Wirtschaft auf Niederländisch-Indien, zuletzt dann im britischen Besitz Australiens und Neu-Seelands. So ist ein großer Länderblock geschaffen, der genau auf der andern Seite der Welt von den Vereinigten Staaten liegt, er zugleich auch das Mutterland selbst durch seine Lage in der

Ostflanke des großen Länderbesitzes gegen japanische und amerikanische Einflußnahme.

Kanada, dieser große englische Länderblock in Nordamerika, ist gebunden und nicht voll im Besitz seiner Bewegungsfreiheit gegenüber den Vereinigten Staaten im Sinne der Stellung der übrigen Länder des britischen Imperiums. Denn die Wirtschaftsgebiete greifen zwischen den Vereinigten Staaten und Kanada an der gemeinsamen Grenze im südöstlichen Kanada stark ineinander über. Interessengemeinschaften aller Art entstehen auf dieser wirtschaftsgeographischen Grundlage.

Das britische Mutterland selbst hat infolge der Entwicklung des Weltkrieges für den britischen Gesamtweltbesitz wesentlich an Bedeutung verloren. Hauptursachen sind hierbei die Gefahren des U-Bootkrieges und des Luftkrieges für das Lebenszentrum der politischen Kraft Großbritanniens gewesen. Die Splendid Isolation des Inselreiches ist gefallen. Die englische Politik hat nicht gezaudert, rechtzeitig und nach wenigen Jahren bereits die Folgerungen daraus zu ziehen. Sie ließ, wenn auch widerwillig, den Dominions verstärkte Freiheit, um den angelsächsischen Gedanken in einer selbständig arbeitenden Form innerhalb und außerhalb der Grenzen des Riesenreiches zu stärken. Die Bedeutung des Mutterlandes soll künftig dadurch lebendig erhalten werden, daß ein starker Rückhalt an angelsächsischer Kultur, Wirtschaftskraft und Machtstellung durch verbesserte Verteilung über alle Länder englischer Sprache auf der ganzen Erde verstärkt zur Entwicklung gebracht wird.

Die Weltstellung der Vereinigten Staaten ist das interessanteste machtpolitische Problem neben dem englischen. Zu den »Staaten« strömt seit Jahrhunderten die große Völkerwanderung

40 vH des ganzen Aktienbesitzes und in Wahrheit doch den vollen wirtschaftlichen Einfluß. Durch solche Mittel hat es England vermocht, daß bei einem diplomatischen Vorgang in Erdölfragen die Vereinigten Staaten sich an die Adresse Hollands wenden mußten, um ihren Interessen Geltung zu verschaffen.

Japan befindet sich heute etwa in der Stellung Deutschlands vor dem Kriege, umdroht von Feinden aller Art, aber mit einer vom Standpunkt der Kriegführung noch größeren Schwierigkeit insofern, als seine gesamten Handelsverbindungen über See laufen. Von der

Erdölvorkommen.

Erläuterungen.

I. Angelsächsische Gruppe.
  - Vereinigte Staaten von Amerika.
  - Englischer Besitz.

II. Romanische Grossmächte.
  - Französischer Besitz.
  - Italienischer Besitz.

III. Russisches Reich.

IV. Asiatische Reiche.
  - Japan.
  - China.

Kleinere V. Staaten.
  - Belgischer Besitz.   Persien.
  - Niederländischer Besitz.   Mexiko.

Abb. 8.

aus allen den Teilen der Welt, in denen kultivierte und schaffende Menschen leben. Diese Riesenbewegung der Menschheit in die Neue Welt wird dorthin zwangsläufig geleitet durch Einwanderungsgesetze, welche sich auf ethischen und biologischen Gesichtspunkten aufbauen. Die Vereinigten Staaten haben in Jahrhunderten vorsichtiger Entwicklung durch intensive Wirtschaft im eigenen Land es verstanden, sich die Unabhängigkeit nach außen derart zu sichern, daß keine politisch unklaren wirtschaftlichen Verschwisterungen die Selbständigkeit des außenpolitischen Handelns jemals entscheidend beeinflußten. Erst jetzt, nachdem die Vereinigten Staaten für sich allein den Krieg gewonnen haben, können sie in der Welt extensiver tätig sein; hier treffen sich überall, z. B. auf dem Gebiete des Forschens nach Erdöl, die Interessen der beiden großen Gruppen: der Royal Dutch and Shell des Vereinigten Imperiums einerseits mit der Standard Oil Company, der Sinclair Gruppe und anderen Öltrusts der Vereinigten Staaten andererseits bei der Aufteilung des Ölbesitzes unserer Mutter Erde.

Vorsichtig ist immer England in diesen Wirtschaftsfragen gewesen. So hat es äußerlich in der »Royal Dutch and Shell« nur

Aufrechterhaltung seiner Seeherrschaft wird es im Kriegsfalle also abhängen, ob sich das Inselreich gegenüber dem präsumptiven geschlossenen angelsächsischen Gegner zu halten vermag. Denn nur dieser ist der Feind Japans. Weder das britische Weltreich noch die die Weltwirtschaft neben den Briten beherrschenden Vereinigten Staaten von Amerika wollen auf die Dauer das in seiner geographischen Lage als Sperrgürtel vor der pazifischen Küste Kontinentalasiens begründete politische Übergewicht Japans anerkennen. Beide angelsächsischen Reiche wollen sich den Eingang in die machtpolitisch in sich wenig gefestigten ostasiatischen Länder durch den rassefremden Inselbewohner nicht verwehren lassen. Japan aber hat außerhalb seines Inselreiches auch in Asien festen Fuß gefaßt, in Korea, in Sachalin; es hat Port Arthur besetzt und alle Stützpunkte im Rücken nach der asiatischen Küste hin sich gesichert. Und doch hat es nicht vermocht, die Sympathien des heute in sich zerfallenen chinesischen Volkes sich zu sichern und wahrer Vorkämpfer einer selbständigen ostasiatischen Politik zu werden. In dieser Gegensätzlichkeit liegt die große Gefahr für das Reich Japan, zumal seine Wirtschaft abhängig ist vom Absatz nach den angel-

10*

sächsischen Gebieten und infolge dauernder passiver Handelsbilanz in der Zukunft noch abhängiger werden wird. Darin liegt gerade auch die größte Schwierigkeit für Japan im Kampfe um seine Freiheit. Und so hat es denn in Erkenntnis seiner geschwächten Position das Washingtoner Flottenabrüstungsabkommen als ein geringeres Übel in den Kauf nehmen müssen. Eine feststellbare Anlehnung an die französische Politik hat bei der Kürze des französischen Armes Japan nur geringe Entlastung gegen die Angelsachsen gebracht und ihm weitere, ehedem neutralere Länder entfremdet.

Frankreich, aus eigenen Willen heraus der eigentliche Gegner Deutschlands im engsten Sinne, hat den Kriegsausgang benutzt, um auf ihm aufbauend nach dem Kriege in kurzer Entschlossenheit ein Bündnissystem über ganz Europa auszubreiten, dessen Spitze gegen Deutschland gerichtet ist. Aber Frankreich hat noch weiter gegriffen: Es hat sich nicht beruhigt bei einer kontinentalen Politik in Europa, bei der ihm England zweifellos große Freiheit gelassen haben würde; Frankreich ist darüber hinaus darauf ausgegangen, seinen Einfluß auch nach anderer Richtung hin zu verstärken. Eine seinen Rücken deckende bedeutsame Kraftquelle Frankreichs liegt in seinem afrikanischen Besitz. Auch im fernen Osten hat es in seinen dortigen Kolonien Stützpunkte in der Hand, die im Zusammenhang mit im Bereich der Möglichkeiten liegenden politischen Kombinationen ihm mancherlei Vorteile zu geben vermögen.

Abb. 10. In dem ganzen afrikanischen Riesenreiche ist der französische Einfluß militärisch sichergestellt. Die Ausbeute der kolonialen Werte für das Mutterland hat nur an den Rändern dieses Reiches, in Algier, Tunis und Marokko größere Fortschritte gemacht. Auch weiter im Süden bei den Negerstaaten dieses Besitzes verstärkt sich der französische Machteinfluß. Doch fehlt diesen Gebieten zum Glück für uns und zum Glück für die ganze europäische Kultur

die Verbindung nach der Mittelmeerküste durch einen großen Streifen Wüste, den die gütige Natur zwischen diese inferioren Völkerschaften und das alte Kulturgebiet des Mittelmeeres gelegt hat. Auf die Erschließung und Durchdringung dieses hindernden Gürtels arbeitet das Frankreich Poincarés hin mit allen technischen Mitteln, die ihm aus seiner überreichen Rüstung zur Verfügung stehen. Die Anwendung all dieser Mittel aber scheitert heute noch an der Kostenfrage. Das Sahara-Bahnprojekt, das im Bilde angedeutet ist, und vom Mittelmeer nach Timbuktu laufen soll, würde bei einer relativ begrenzten Leistungsfähigkeit mindestens Frs. 700 Mill. bis Frs. 1 Milliarde 200 Mill. kosten, ohne deshalb den Antransport der Negertruppen nach dem Kontinent unbedingt zu gewährleisten. Vor allem aber bleibt jeder Einsatz der in Afrika für Frankreich enthaltenen Kräfte in einem europäischen Krieg abhängig von der Beherrschung des Seewegs im Mittelmeer. Neue Perspektiven eröffnen sich dem zeitlich und räumlich in die Zukunft schweifenden Auge des Politikers. Immerhin übt ein militarisiertes, französisch-belgisches Nordwest- und Zentralafrika zum mindesten einen schweren politischen Druck auf die Westflanke des afrikanisch-südasiatisch-australischen Kolonialbesitzes des britischen Imperiums aus. In Faschoda leuchteten vor Jahrzehnten erstmals die fernen Wetter solcher Gegensätze.

Die französische Politik arbeitet auch in Erkenntnis ihrer Schwierigkeiten langsam und sicher. Man hat früher auch nicht vorausgesagt, daß das französische Rüstungsprogramm für den Fall eines Krieges mit einer Verstärkung des Heeres um eine Million Marokkaner und Neger rechnen würde. Nach den Voranschlägen des Obersten Fabry und nach den interessanten Ausführungen des Fliegers Fonck, eines französischen Deputierten in der Kammer, sind solche Zahlen einer künftigen Kriegführung zugrunde gelegt. Eine Million Menschen wollen allerdings transportiert sein;

Kräfteverteilung der Luftmächte.

Erläuterungen.

I. Angelsächsische Gruppe.
Vereinigte Staaten von Amerika.
Englischer Besitz.

II. Romanische Grossmächte.
Französischer Besitz.
Italienischer Besitz.

III. Russisches Reich.

IV. Asiatische Reiche.
Japan.
China.

Kleinere V. Staaten.
Belgischer Besitz.
Niederländischer Besitz.
Persien.
Mexiko.

Abb. 9.

n der technischen Frage liegen daher zunächst die größten Schwierigkeiten. Doch Frankreich wird sich bestreben, diese Frage einst zur Lösung zu bringen. Es hat sein politisches Kräftesytem aufgebaut durch die Gründung der kleinen Entente: Jugoslawien, Tschecho-Slowakei, Rumänien. Diese Staaten hat es an die französische Politik gebunden durch die Interessen der neu verteilten Gebiete. Auch in Polen übt Frankreich stärksten Einfluß aus. Es hat selbst in Ungarn geistig Fuß gefaßt, sich in Griechenland einen starken und in der Türkei einen gewissen, neuerdings ständig wachsenden Einfluß gewahrt. Auch auf Spanien ist Frankreich angewiesen. Hier sucht es seinen Einfluß positiv durch die Förderung einer Verbindung seines afrikanischen Besitzes zur Luft über den spanischen Besitz hinweg zu sichern.

Spanien selbst hat aber unter der französischen Politik schwer zu leiden. Es muß sich in schweren Kämpfen in Marokko gegen die zum Teil von Frankreich gestützten Rifstaaten usw. halten. Auch das eben erst unter dem Direktorium Primo de Riveras gefundene innerpolitische Gleichgewicht unterliegt eben schweren Erschütterungen durch von Frankreich her indirekt geförderte revolutionäre Elemente. So trifft Frankreich, wie früher im Osten in Kleinasien, Syrien und Arabien die Engländer, so Spanien jetzt in seinem afrikanischen Besitz. Immer weiter sucht dieses Frankreich durch Beförderung der Gegensätze in fremden Ländern nach englischem Prinzip seine eigene Machtstellung aus der Schwäche der anderen heraus zu verstärken.

Die Staaten der Ostsee sind alle, soweit es sich um neue Staatenbildungen handelt, aufgebaut auf dem Friedensvertrag von Versailles, mit dem letzten Zweck, Rußland vom Meere auszuschließen und diesen gefährlichen Konkurrenten Englands, Frankreichs und anderer Großstaaten von weiterer Ausdehnung abzuhalten. Auch sollen diese Ostseeländer in Verbindung mit dem kontinentalen Polenstaat den historisch notwendigen Zusammenschluß Rußlands mit Deutschland verzögern, »Pillen gegen Erdbeben«, um mit einem modernen englischen Politiker zu reden. Daß der Druck einer derartigen politischen Riesenkombination die Beziehungen auch von Schweden und Finnland zu diesen Ostseeländern zwangsläufig vertieft, bedarf keiner Erwähnung. In Schweden und Finnland, wächst, gefördert durch Wirtschafts-

Abb. 10.

interessen, der englische Einfluß — Auch im pazifistisch über-wucherten Dänemark hat der französische Einfluß nicht nach-gelassen.

Großrußland selbst hat seine äußere Freiheit zu erhalten vermocht. Sein Wirtschaftsleben unterliegt beim Mangel freier Entwicklungsfähigkeit — auch unter der Einwirkung des Mangels an Betriebsmitteln — starken Schwankungen, ist aber immerhin doch wohl in fortschreitendem Aufbau. Die Zurückdrängung von der See wird Rußland auf die Dauer, und wenn es Jahrzehnte und Jahrhunderte sind, nicht zu ertragen vermögen. Von der Ost-see verdrängt bis auf den kleinen Eingang von Petersburg, im Schwarzen Meer zurückgehalten, in Vorderasien durch den Gürtel des Irak und in Persien durch England, in China, selbst am Stillen Ozean durch Japan umklammert und kontrolliert, wird es einst weitere Ausdehnungen vornehmen müssen, um auch für sich die Freiheit der Meere auszunützen.

China und Deutschland sind Kolonisationsgebiete für die finanziell und wirtschaftlich nach verschiedenen Richtungen hin interessierten Großmächte. Ihrer eigenen Souveränität mehr oder weniger beraubt, arbeiten sie auf Jahre, Jahrzehnte, vielleicht auch noch länger hinaus für fremde Rechnung und müssen es ertragen, daß infolge der Gestaltung der inneren und äußeren politischen Mächtegruppierungen die Freiheit in weiter Ferne zu stehen scheint. Eine Änderung dieser Verhältnisse ist für diese beiden Reiche erst dann zu erwarten, wenn die heutigen Kräftesysteme sich wesent-lich verschieben und wenn Machtmittel für die Ausnützung solcher politischer Wendepunkte dann vorhanden sein werden.

Die südamerikanischen Gebiete sind noch nicht behandelt. Sie traten noch wenig hervor, doch sind, wie schon bei den Erdöl-besitzverhältnissen gezeigt wurde, in diesen Ländern ähnliche Ent-wicklungsmöglichkeiten wirtschaftlicher Art vorhanden, wie in Nordamerika. Die glückliche Zukunft dieser Länder ist nur die Frage einer richtigen Bevölkerungspolitik und einer systematischen, intensiven Entwicklung von Jahrhunderten. Alles dies geht aber hinaus über das Gebiet, über das hier zu sprechen ist.

IV. Die Luftpolitik des Auslandes im engeren Sinne.

Ich möchte nun auf der vorausgesandten Darstellung allge-meiner und wirtschaftspolitischer Grundlagen aufbauend zeigen, welche Einwirkung die Luftfahrt-Machtmittel augenblicklich haben, welche Entwicklung sie nehmen, welche Gefahren ihnen drohen und welche Ziele sie letzten Endes ins Auge fassen müssen.

Das englische Imperium hat den doppelten Gedanken der Luftrüstung und der zivilen Luftfahrt gleichmäßig großzügig angefaßt. Das geht daraus hervor, daß, wie auf allen Gebieten der heutigen Kultur England nicht zu einem starren Formalismus geneigt ist, auch hier die Verbindung zwischen der zivilen Wirt-schaftsinteressen und den militärischen Interessen durch eine Zwangs-organisation an der obersten Spitze gesucht wird. Das »Air Ministry« vereinigt die zivile Luftfahrt mit der militärischen Luftfahrt zu Land und zur See, sowie mit den vielen Hilfsmitteln, welche die Luftfahrt technisch benötigt. Im Militärischen wiederum hat England eine Vereinigung der Luftstreitkräfte der Flotte, des Landheeres und der selbständig gegen die Quellen der feind-lichen Kraft kämpfenden Luftstreitmacht vorgenommen. Durch diese Vereinigung sind viele neue Fragen aufgerollt und viele bisher bestehende Gegensätze ausgeglichen. Es ist eine einheitliche Arbeit auf den Gebieten eingetreten, die früher getrennt nebeneinander mit einem unnötigen Mehraufwand von Kräften bearbeitet wurden. Die englische Luftmacht kann für sich in Anspruch nehmen, als die geschlossenste und bedeutendste Luftmacht der Welt dazustehen, wenn sie auch rein zahlenmäßig keine Konkurrenz mit Frankreich aufnehmen kann. Es sind aber andere Faktoren, die in ihrer Ge-samtwirkung für diese hohe Bewertung maßgebend sind. Schon im Frieden wird der Schutz des Mutterlandes zur Luft im wesentlichen organisatorisch durch eine enge Vereinigung der Luftstreitkräfte mit den Landstreitkräften und den Seestreitkräften gesucht. Über die Verwendung selbständiger Luftstreitkräfte gegen die Quellen der feindlichen Kraft außerhalb des Operationsbereichs von Heer und Flotte im offensiven Sinne für den Kriegsfall verlautet nichts. Doch ist bestimmt erkennbar, daß die heute verwandten Typen schon in ihrer unvollkommenen Form für eine derartige offen-sive Verwendung durchaus geeignet sind.

Die im Abschnitt III dargelegte Richtung der englischen Interessenpolitik vom Mutterland nach Südosten auf Sicherung der Verbindungen seines afrikanisch-indisch-australischen Kolonial-reiches hat schon heute die noch junge Luftmacht als neuestes Machtmittel in den Bereich der politischen Ausnutzung gezogen.

Wir sehen aus der Weltkarte der Abb 9 bereits die außerordent-liche Bedeutung Deutschlands, das zwischen den nordischen Meeren und der hohen Alpenkette, diesem schweren Hindernis der Luft-fahrt, gelagert ist und das eigentlich das erste große Sprungbrett oder Hindernis für die neue englische Luftpolitik darstellt. Über das Deutsche Reich und die südosteuropäischen Staaten, über den Balkan zur Turkei führt der Weg der englischen Luftfahrt nach Vorderindien. Denn die Seewege, deren Beherrschung als Macht-prinzip erster Ordnung die englische Weltgeltung in Jahrhunderten begründete, bedürfen nun der Ergänzung durch Beherrschung der Luftwege mit einer starken extensiv über die Kontinente hinüber-greifenden britischen Luftmacht.

Neben dem europäisch-vorderasiatischen Ländermassiv kommt noch als Bindeglied zwischen dem südöstlichen Kolonialbesitz Eng-lands und dem Inselreich für eine luftpolitische Richtung das Mittelmeer, das vom Flottenstandpunkt aus durch eine starke Luftstreitmacht zu schützen ist, in Frage. Die Luftstreitkräfte des Mittelmeeres bestehen aus zwei modernen Flugzeug-Mutter-schiffen im Verband des englischen Mittelmeergeschwaders und vor allen Dingen aus den Flugstützpunkten Gibraltar, Malta und am Suezkanal. Die Gunst der geographisch-strategischen Lage des englischen Landbesitzes gestattet diesem Reich genau so, wie einst zur See, auch jetzt zur Luft an denselben Stellen wie zur See und zu Land seine Weltherrschaft durch Schaffung von Luft-stützpunkten zu vertiefen.

Die britische Flotte wird auch im Indischen Meer und um Australien entweder von Land aus oder zur See durch Begleit-schiffe von der Luft aus stark unterstützt werden. Das Streben Englands nach Schaffung sehr großer Flugzeuge mit größtem Flug-bereich scheint aus dem Gesichtspunkt der Größe seiner luft-operativen Aufgaben heraus erklärlich.

Im erdölreichen Irak ist der erste Versuch Englands gemacht worden, die »selbständige Luftstreitmacht« zu Lande im Sinne selbständiger Operationen einzusetzen. Hier werden starke Luft-streitkräfte eingesetzt, um diese Länderbrücke zwischen dem öst-lichen Mittelmeer und Indien für England festzuhalten. Der Ein-satz dieser Luftstreitkräfte erfolgt in Verbindung mit nur ganz schwachen Erdstreitkräften, deren Aufgabe es lediglich ist, das Ergebnis der Operationen der Luftstreitkräfte territorial fest-zuhalten. Erst die Artikel der englischen Presse aus jüngster Zeit wieder und die letzten Hefte der englischen Fachpresse bestätigen den großen Umfang und die außerordentliche Rücksichtslosigkeit des Einsatzes dieser gemischten Kräfte. Die Verleihung hoher Orden und Auszeichnungen des englischen Königs an die Führer dieser Kämpfe und die Kämpfer beweist, daß England voll von der großen Bedeutung dieser machtpolitischen Maßnahmen im wirtschaft-lichen wie militärischen Sinne durchdrungen ist.

Auch andernorts — von Ägypten und dem Sudan bis zum Kapland, in Großarabien und Palästina, in ewig brodelndem Indien, in Australien und Neuseeland — wird neben den beweglichen Luftstreitkräften der Flotte eine feststationierte Luftmacht zu Lande in einem engmaschigen Netz für die Erhaltung des macht-politischen Besitzstandes des Imperiums eingesetzt. —

Über die Flugzeugklassen, welche England verwendet, wird von berufener Seite gesprochen werden.

Die Landarmee verwendet an Flugzeugklassen zunächst einmal die »Scouts«, die Zweisitzer für Erkundung und Kampf, und ferner Transportflugzeuge im wesentlichen über Land und Küste. Bomben-flugzeuge wie leichte Jagdflugzeuge werden verwandt über Land und über See, im wesentlichen allerdings vom Lande aus.

Flugzeuge der Marine. Land- und Deckstart nehmende Flug-zeuge, also zur Verwendung bei fahrender Flotte sowohl, wie vom Lande aus verwendbare Typen werden gebaut als Torpedoflug-zeuge, Jagdflugzeuge mit Radfahrgestell oder Schwimmern und »Scouts« — Aufklärungsflugzeuge für Erkundung und Kampf — in gleichem Sinne. Außerdem werden Großerkundungsflugboote für die ganz großen Unternehmungen zur Deckung großer Ab-schnitte des Seekriegsgebiets im Sinne der Aufklärungsaufgaben größerer Flottengruppen bereit gehalten. Durch erhöhte Seefähig-keit soll auch eine längere schwimmende Verwendung dieser Einheiten gefördert werden.

Quantitativ ist die englische Rüstung nicht allzu stark. Qua-litativ, in technischer Beziehung, auf einzelnen Gebieten hervorragend, auf anderen Gebieten dem großen Durchschnitt durchaus gewachsen

Die p e r s o n e l l e Rüstung scheint ausgezeichnet, sowohl im Sinne der Friedens- wie der Kriegsaufgaben der englischen Luftfahrt. Durch eine ganz außerordentlich hochwertige Schulung im fliegerischen Sinne sind die englischen Piloten zweifellos neben unseren und den amerikanischen zur Zeit die besten in der Welt.

Die luftpolitischen Ziele Englands sind bereits in der nach Südosten gerichteten Kraftlinie seiner Machtbetrebungen hinreichend angedeutet worden England erstrebt weiterhin eine Einflußnahme auf das Gebiet der östlichen Nordsee und der ganzen Ostsee Der Weg nach Indien ist in zahlreichen Einzelflügen über Südosteuropa untersucht worden. Und selbst der machtvolle Plan eines Großluftschiffverkehrs von England nach Indien ist in der ersten Ausführung begriffen. Die ersten Großluftschiffe Zeppelinscher Bauart sind bei Vickers und auf einer Staatswerft in Auftrag gegeben. Die Durchführung dieses Planes würde in der Tat eine wesentliche Entlastung für die Handelsverbindungen Englands zu seinem weit entfernten Kolonialland bedeuten. Wieweit der schon heute auf einem Teil der Südoststrecke mit Flugzeugen betriebene Postverkehr zuverlässig arbeitet, ist mir nicht bekannt.

Die wirtschaftliche Lage der britischen Luftfahrzeugindustrie ist infolge der umfangreichen Rüstungsmaßnahmen der Regierung nicht schlecht. Was die geographisch-operative Lage der Rüstungszentren im Mutterlande anbelangt, so kann gesagt werden, daß diese Industrieen einigermaßen Angriffen feindlicher Staaten ausgesetzt sind. Das trifft sowohl für die eigentliche Luftfahrzeugindustrie wie insbesondere in noch höherem Maße für die Kohle und Eisen fördernde und verarbeitende Kriegsindustrie zu Alle diese Kraftquellen der britischen Kriegführung liegen bereits im Flugbereich französischer Luftstreitkräfte

F r a n k r e i c h hat die Entwicklung und den Ausbau seiner Luftstreitkräfte auf eine k o n t i n e n t a l - europäische M i l i t ä r politik zugeschnitten. Der Einfluß des Heeres mit dessen scheinbar unvermeidbarer Engstirnigkeit in Dingen technischer und wirtschaftlicher Rüstungsziele überwiegt hier vor weltweiteren Gesichtspunkten angelsächsischer Einstellung Frankreichs Armee arbeitet nach den Grundsätzen Jahrhunderte alter Erfahrung und Tradition. Verschiedene Ministerien beschäftigen sich mit den verschiedenen wesensverwandten Zweigen der Luftfahrt; infolgedessen ist auch eine Einheitsfront in der Behandlung der Luftfahrtfragen in keiner Weise erreicht worden Vom t e c h n i s c h e n Standpunkte aus kann der außenstehende Kritiker sogar ein ziemliches Durcheinander feststellen Das Mutterland ist in seiner militärischen Rüstung sehr stark ausgebaut, indem es hierbei ausgeht von der ständigen Furcht vor einer Bedrohung durch das aufs Blut gepeinigte Deutschland. Frankreich verbindet neben dem Vorteil einer überragenden Machtstellung in Europa durch seine überstarke Armee zugleich den Nutzen eines erheblichen moralischen Druckes auf unsichere Alliierte von einst und heute. Die neugeschaffene Militärluftflotte Frankreichs ist ein glänzendes Hilfsmittel, die kraftvolle Wirksamkeit des Armes der „glorreichen" Armee tief in das europäische Kräftesystem zu verlängern

Wie eben schon bei England ausgeführt wurde, sind die französischen Luftstreitkräfte sehr wohl in der Lage, auf die Kraftquellen Englands, wie auch vor allen Dingen nach Italien zu wirken. Es ist ein tragisch bedeutsames Moment, daß die gesamten Industrien Europas in den Bereich der neuen Kriegsmittel gerückt sind. Es ist dadurch eine stete Beunruhigung in den politischen Auseinandersetzungen durch kriegerischen Druck zu erwarten Die Verantwortung, den Kampf gegen die feindlichen Industrien aus der Luft aufzunehmen, ist ja bei der Unsicherheit des Faktors Erfolg ungeheuer; es wird auch dem kaltherzigsten Staatsmann angesichts der furchtbaren Verantwortung auch für das eigene Volk sehr schwer fallen, diesen gewiß doch kulturzerstörenden Entschluß zu fassen. Man kann jedenfalls von einer zunehmenden Beunruhigung der gesamtpolitischen Lage durch die Entwicklung der militärischen Luftfahrt schon heute in ihrem technischen Kindheitsstadium in diesem Sinne sprechen Wir kennen das große Kohlenrevier, das sich vom rheinisch-westfälischen Lande herüber durch Belgien und Südholland tief nach Nordfrankreich hinein erstreckt. Es befindet sich an der Grenze zweier zurzeit einander nicht freundlich gesinnter Staatssysteme Wir sehen weiterhin das große Kohlenrevier an der deutschen Saar im Süden, das sich mit der Eisenerzverarbeitung des gleichen Gebietes und Rheinland-Westfalens eng berührt. Wir sehen die verschwisterte Entwicklung dieses wahrhaft deutschen Industriebesitzes mit den lothringischen Boden-

schätzen Frankreichs an dessen östlicher Grenze Wir sehen die der französischen Grenze unmittelbar benachbarte oberitalienische Eisenindustrie und sehen an der Westküste von Großbritannien die britischen Kohlenreviere. Die Häufung der Industrien und Bergwerksunternehmungen in dem oberschlesisch-galizischen Dreiländereck Deutschland-Polen-Tschechei springt ebenso kritisch in die Augen, wie die Häufung der Erdölreviere an der alten Nordgrenze Kernrumäniens gegenüber dem Ungarn geraubten Siebenbürgen

Immer und überall berühren sich die großen Kraftzentren an den Grenzen der Länder. Das ist ja schließlich auch kein Zufall, sondern findet seine historische Erklärung in der starken Umstrittenheit dieses wertvollen Bodenbesitzes.

Frankreich strebt danach, mit Hilfe einer agressiv gesinnten Luftmacht seine Luft- und Erdgeltung kontinental zu erweitern. Der Flug der Flugzeuge der französischen Luftverkehrsfirma »Franco-Roumaine« über deutsches Gebiet unter bewußter Vernachlässigung der deutschen Souveränität nach Prag und von dort in die südeuropäischen Staatengruppen hinein hat ja den ausschließlichen Zweck, die machtpolitische Stellung Frankreichs diesen Ländern gegenüber weiter nachdrücklich auszubauen Prag ist der große Stützpunkt im Herzen Mitteleuropas für Frankreich geworden, nicht bloß im Sinne der Ziele einer friedlichen Verkehrsluftfahrt, sondern auch im Sinne einer ständigen Umklammerung Deutschlands von allen Seiten zur Luft.

Den östlichen Abschluß dieses mit militärischen Luftkoalitionen gegen Deutschland errichteten Kräftesystems bilden die polnischen Flugstützpunkte von Warschau und Posen. Nichts zeigt den machtpolitischen Zusammenhang der französischen Luftverkehrspolitik im »Frieden« drastischer auf, als das täglich beflogene Streckennetz der vorerwähnten »Compagnie Franco-Roumaine«. Paris—Prag—Bukarest mit Abzweigung von Prag nach Warschau!

Vom rein militärischen Standpunkt der Verteidigung seiner Küste hat Frankreich einen Küstenschutz durch Küstenflugzeuge und Seeflugzeuge organisiert. Dieser heutige Küstenschutz dürfte aber, wenn man den Angaben der französischen Seeoffiziere und vor allen Dingen auch den Angriffen in der französischen Kammer Glauben schenken soll, in keiner Weise der für einen solchen Küstenschutz erreichbaren technischen Höhe entsprechen. Angesichts der großen Bedeutung, die das kontinentale Afrika in wirtschaftlicher wie machtpolitischer Beziehung für Frankreich besitzt, sind diese Vorgänge an sich erstaunlich. Sie beruhen im wesentlichen wohl auf der in maritimen Dingen weltbekannten Unfähigkeit der heutigen französischen Flotte

Ein wichtiger Stützpunkt der französischen Machtstellung in der Welt ist seine politische Zusammenarbeit mit Japan. In dieser Annäherung, welche auch praktisch eine Brücke über Madagaskar und durch den hinterindischen Besitz Frankreichs zu finden vermag, ist ein gewisses Kräftegegenspiel im fernsten Pazifik erzielt, das trotz der ungeheuren Entfernung (fast des halben Erdumfanges) sich noch dem europäischen Kontinent selbst auszuwirken vermag Praktisch hat Japan aus dieser rein politischen Beziehung zu Frankreich noch wenig Vorteile zu ziehen vermocht. Um so unverständlicher erscheint seine Haltung in vielen Fragen, insbesondere der deutschen Politik gegenüber.

Nord- und Südamerika sind auch Gebiete, in denen Frankreich wesentlich an Einfluß zu gewinnen vermöchte. Es ist eine Stärke der französischen Nation, insbesondere auf kulturellem Gebiete durch die Formen des Verkehrs und durch seine Lebensart, Völker fremder Zunge und fremder Art zu gewinnen. Mit dieser großen Stärke verbindet dieses Volk die Geschicklichkeit, stets den ideellen verbindenden Gedanken in einen politischen Erfolg umzumünzen. In Südamerika befinden sich französische Militär- und Luftfahrtmissionen, die mit diesem Argument wesentlich zu arbeiten vermögen, wenn ihnen auch die Mängel der französischen Technik vor der ausländischen Konkurrenz in ihrer Arbeit erheblich Abbruch tun — Aber auch in den Vereinigten Staaten ist der französische Einfluß in keiner Weise zu unterschätzen. Gerne bedient sich dieses junge Riesenvolk der bekannten französischen Hegemoniegelüste gegenüber den kontinental-europäischen Mächten und dem englischen Imperium, um durch Unterstützung französischer Ideen dem Grundsatz des »divide et impera« zu huldigen.

Das über die Luftverkehrspolitik Gesagte ist noch in der Hinsicht zu ergänzen, daß es Frankreich unter Einrichtung eines zeitweisen Postluftverkehrs unter militärischer Regie verstanden hat, über Spanien hinweg an die afrikanische Westküste bis Dakar hinunter Einfluß zu nehmen.

Die militärisch-geographische Lage der französischen allgemeinen Rüstungsindustrie wurde bereits weiter oben angedeutet.

Die **F l u g z e u g i n d u s t r i e** befindet sich im Herzen von Paris an einer Stelle, an der sie ziemlich weit vom Schuß der fremden Luftstreitkräfte ist, jedenfalls weiter als die britische.

Die personelle Vorbereitung auf die Aufgaben eines künftigen Luftkrieges ist in Frankreich, was die **Z a h l** der ausgebildeten Flugzeugbesatzungen anlangt, außerordentlich gefördert worden Qualitativ werden jedoch immer wieder Mängel in der Schulung nach außen sichtbar. Bei internationalen Veranstaltungen zeigte sich das **britische und amerikanische** fliegende Personal dem französischen **qualitativ überlegen**. Ja selbst die besonders gut durchgebildeten Flugzeugführer der kleinen Schweiz und Hollands konnten sich gegenüber den Besten der französischen Luftgroßmacht gut behaupten.

I t a l i e n hat nach dem Kriege die schwächliche Politik seiner ersten Nachkriegspolitiker durch eine sehr kräftige neue Politik auszugleichen vermocht, indem es im Aufbau einer neuen Außenpolitik dazu überging, die inneren Gegensätzlichkeiten der am Mittelmeer anliegenden Mächte in schärfstem Maße zur Verfolgung der eigenen Ziele nach Machiavellscher Einstellung auszubeuten. Durch die zahlenmäßige Begrenzung der Einheiten der italienischen Flotte auf dieselbe Höhe wie die der französischen Flotte im Abkommen von Washington war eine Kräftegleichheit im Mittelmeer an sich gegeben. Der englische Faktor dazwischen ist allerdings durch die Neuschaffung einer starken britischen »Mittelmeerflotte« nach dem Kriege plötzlich zur Zunge an der Wage geworden. Italien ist zur See durch die erst neuerdings fundierten Beziehungen der beiden Könige von Spanien und Italien in eine günstigere Lage gekommen. Man kann erwarten, daß zum mindesten eine sehr wohlwollende spanische Neutralität die Mittelmeerstellung Italiens erheblich gegenüber der französischen verstärkt. Italien ist sich aber auch weiterhin bewußt gewesen, daß neben seinen **m a r i t i m e n** Gegnern und Freunden noch andere Gegner **kontinental** vor ihm liegen, im Nordwesten die angriffslustige französische Armee und im Nordosten das innerlich allerdings weniger gefestigte jugoslawische Staatengebilde. Durch den Freundschaftsvertrag mit Jugoslawien gelang es Mussolini, durch Konzessionen kleiner Art den Schwerpunkt seiner politischen Bewegungsfreiheit auf dem Kontinent vorzuverlegen. Es ist dem faszistischen Italien dann weiterhin durch die Verstärkung der italienischen Luftstreitkräfte auch rein zahlenmäßig gelungen, der französischen überlegenen Luftmacht ein Gegengewicht zu schaffen, jetzt, wo auf der veränderten außenpolitischen Grundlage nunmehr für Italien auch noch andere politische Kombinationsmöglichkeiten für Frieden und Krieg sich eröffneten.

Das Streben des italienischen Luftverkehrs nach Ausdehnung in südöstlicher Richtung, insbesondere nach dem vielumstrittenen Dodekanos und nach der Türkei hat bisher keinen Erfolg erbracht. Der Grund dafür liegt in einer zu geringen Initiative italienischerseits und in der ablehnenden Einstellung der Staaten im östlichen Mittelmeer. Ein Unterstaatssekretär für Luftfahrt ist in letzter Zeit bereits an dem Mißerfolg seiner Luftverkehrspolitik gescheitert.

In Albanien vermochte Italien seinen Einfluß zu verstärken. Albanien, dieses zwischen den drei Mächten Jugoslawien, Italien und Griechenland heißumstrittene Gebiet, ist so der richtige Tummelplatz für die verschiedenen Kombinationen in wirtschaftlicher Beziehung und hierbei auch in der Ausnutzung des Luftverkehrs.

I n d u s t r i e l l ist Italien sehr gut zu bewerten. Die wirtschaftlich-technische Lage seiner Luftfahrzeugindustrie ist besonders auch dadurch begünstigt, daß eine eigene, sehr tatkräftige und im hochwertigsten Kraftfahrzeugbau fundierte Motorenindustrie besteht. Zugleich hat sich unter faszistischem Regime die italienische Finanz- und Wirtschaftslage erheblich gebessert. Die Lire wurde allmählich wieder zur festen Währung. Diese Wirtschaftsstabilität kam der Luftrüstung zugute.

Die **T s c h e c h o s l o w a k e i** befindet sich, wie schon bei Frankreich angeführt wurde, luftgeographisch in einer außerordentlich günstigen Lage. Dieses kleine Land schiebt sich gewissermaßen als Riegel tief in das Territorium des Deutschen Reiches hinein, von diesem allerdings getrennt durch die an den gemeinsamen Grenzen liegenden Gebirge. Diese Lage der Tschechei fordert so richtig alle Gegner des Deutschen Reiches dazu auf, sich an diesem Knotenpunkt zu treffen und sich hier in allen Feindseligkeiten die Hand zu reichen. Die Tschechoslowakei hat es mit einer sehr geschickten militärischen und wirtschaftlichen Politik zur Luft verstanden, diese Interessen auszunutzen und alle deutschfeindlichen Kräfte an sich heranzuziehen. Der Verkehr in dem

außerordentlich schönen und technisch wohl angelegten Flughafen Prag beweist das. Die sehr aktiven Leistungen der Tschechen werden durch den guten Stand der einheimischen Motoren- und Flugzeugindustrie bewiesen Die »Walter«-Motoren, den deutschen Konstruktionen der Bayerischen Motorenwerke entlehnt, ferner die Flugzeugtypen der Tschechei — z T. auch deutsche Ideen —, herausgebracht von drei selbständigen Industrieunternehmungen, genügen durchaus modernsten Ansprüchen der Luftkriegführung Was das für einen Staat von so geringer Bevölkerungszahl bedeutet, braucht hier nicht unterstrichen zu werden.

In **P o l e n** liegen die Verhältnisse für den französischen Freund wieder anders gelagert. Frankreich ist im wesentlichen der Träger des großpolnischen Gedankens, durch den die Ausdehnung Polens auf Kosten deutschen Besitzes in Oberschlesien, in Posen und Westpreußen, sowie auf Kosten Rußlands und anderer Staaten erfolgte. Wohl besteht in Polen ein lebhaftes Interesse für die Luftfahrt, genährt von einer ausgedehnten, staatlich gestützten deutsch- und russenfeindlichen Propaganda. Aber die Technik der Polen hat bisher noch nicht den Stand erreicht, welcher eine auch nur einigermaßen selbständige technische Entwicklung gestattet. Um so leichter ist es an sich für Frankreich, dort noch fester Fuß zu fassen, als es schon in der Tschechoslowakei der Fall ist. Der polnische Staat wird zum Großabnehmer der französischen Kriegsluftfahrzeugindustrie.

Über die **S c h w e i z, H o l l a n d, S p a n i e n, J u g o s l a w i e n, R u m ä n i e n** und die **O s t s e e s t a a t e n** zu sprechen, würde zu weit führen

Nur möchte ich auf einen großen und wichtigen Faktor, vielleicht einen der größten Faktoren in der internationalen Politik, besonders eingehen, auf **R u ß l a n d**. Bei dem räumlich so ungeheuren Russischen Reiche, dessen riesenhafte Bevölkerung sich auf weite Länder sehr verteilt, ergeben sich schon **v e r k e h r s t e c h n i s c h** die größten Probleme. Auch **m i l i t ä r i s c h** treten ganz andere Gesichtspunkte für die Führung des Luftkrieges in den Vordergrund, als sie etwa auf dem eng und dicht bevölkerten West-, Mittel- und Südeuropa oder in den industriellen Revieren der Vereinigten Staaten die Grundlage der militärischen Erwägungen bilden. Die russische Regierung scheint dieser Frage, wenn man den verschiedenen Auslandsnachrichten trauen darf, voll gerecht werden zu wollen, indem sie bei den technisch produktiven Stellen des Auslandes Fühlung nahm und sich der wichtigsten Erzeugnisse versicherte. Die russische Republik hat Konstruktionsmethoden im Ausland erworben und im Inlande fortgeführt. Sie hat erkannt, daß die Wurzel jeden Fortschrittes zunächst darin besteht, die Technik auf eine gewisse Höhe zu bringen und die Auswertung des so Geschaffenen zunächst machtpolitisch zu sichern.

Gleichzeitig neben dem Streben nach Vervollkommnung des eigenen technischen Könnens geht der Aufbau einer großrussischen Luftverkehrspolitik, deren Unterstützung durch deutsche Firmen, wie durch den Luftverkehr der Firmen Junkers und des Aero-Lloyd, sowie durch die weltberühmten Leistungen deutscher Flieger und Flugzeuge international bekannt wurde. Hier liegt ein riesiges Betätigungsfeld für die deutsche und für die gesamte Luftfahrt der Welt. Gerade auf russischem Boden steht vielleicht zu allererst zu erwarten, daß die Eisenbahn im Wettbewerb mit der Luftfahrt durch dieses neuere, beweglichere Mittel einen sehr erheblichen Konkurrenten erhalten wird. Vom Verständnis der Regierungsstellen wie der russischen Luftfahrt selbst wird das Maß des Fortschrittes allerdings entscheidend beeinflußt. Ein übertriebener Nationalstolz könnte hier ebenso zur Bremse werden, wie Überschätzung der eigenen Kraft in Gegenwart oder Zukunft.

Die **V e r e i n i g t e n S t a a t e n v o n A m e r i k a** befinden sich, wie schon angedeutet wurde, in den glänzendsten wirtschaftlichen wie politischen Verhältnissen. Ihre in Jahrhunderten vorsichtig vorgeführte Politik hat es vermocht, ihnen das Gold der Welt in die Hand zu spielen. Sie haben den Kern der Bodenschätze der Welt im Besitz, wie Sie aus den ersten Zahlentafeln entnehmen konnten. Durch gewaltige Ozeane von streitsüchtigen Nachbarn getrennt, gestärkt durch eine gesunde Entwicklung des völkischen Gedankens, durch eine klare Bevölkerungspolitik zu einer neuen von Machtwillen beseelten Rasse ansteigend, ist dieser Staat in der Lage, den Pazifismus zu predigen und ihn auch praktisch mit Erfolg zum Besten seines eigenen Volkes zur Durchführung zu bringen. Dieses Land hat nicht die Ungunst der inneren Gegensätzlichkeiten Europas, aber es hat damit auch nicht den produktiven geistigen Fortschritt im wechselseitigen Anreiz der Gegensätze. Die Vereinigten Staaten müssen deshalb mehr um den geistigen Fortschritt ringen wie wir, die wir gewohnt sind, den Gegensätze ineinander zu verarbeiten und zu verweben. Es ist kein Zufall, daß die amerikanische P r o d u k t i o n vom Standpunkt des systematischen Aufbaues zur Weltwirtschaft die Führerin der Welt ist, während die amerikanische K o n s t r u k t i o n als solche doch erst allmählich und immerhin mühevoll den Ideen des fruchtbareren europäischen Kulturkonglomerats zu folgen vermag Allerdings entsteht hier eine Gefahr: der große Wohlstand Amerikas und der wirtschaftliche Tiefstand des europäischen Kontinents wird vielleicht einst hierin auch Wandel schaffen und den Untergang des Abendlandes, wenn man an ihn glauben will, im wesentlichen als kulturellen Niedergang bewirken.

Es sind alle Möglichkeiten für den Luftverkehr in den »Staaten« vorhanden. Der Luftverkehr wird hier wirtschaftlich, weil das Tempo des Ausbaus der Verkehrswege dieses riesigen kontinentalen Länderblocks mit dem tatsächlich vorliegenden Verkehrsbedürfnis nicht Schritt hält. Besonders nach Einführung des Nachtluftverkehrs, wie ihn vor kurzem großzügigerweise der Generalpostmeister der Vereinigten Staaten durchgesetzt hat, wird eine erhebliche Leistungssteigerung des transkontinentalen Luftverkehrs erwartet werden dürfen.

Auch vom m i l i t ä r i s c h e n Standpunkt aus ist dieses Land durchaus auf der Höhe. Es versichert sich der neuesten Konstruktionen; es entwickelt alle Fabrikationsmethoden in wechselseitigen Beziehungen zwischen dem wirtschaftlichen und militärischen Dienst. Und dabei leistet es sich nicht einmal das Machtmittel einer großen Luftrüstung. Es hält seine Rüstungen in dem Rahmen, der nach dem heutigen Stande der Technik zur Erhaltung des technischen Gleichgewichts gerade notwendig ist. Auch hier befinden sich die Vereinigten Staaten wieder durch ihre äußere Unabhängigkeit in einer sehr glücklichen Lage. — Der P a n a m a k a n a l hat die Flotte der Vereinigten Staaten sehr stark bewegungsfähig gemacht. Vor allen Dingen aber hat dieser Neubau die Handelswege, die bisher von Europa durch den Suezkanal nach dem Südosten Asiens und nach Australien verliefen, durch den Stillen Ozean hindurch in die Nähe des eigenen Machtbereiches geleitet. So konnte es dahin kommen, daß erstmals in diesem Jahre der Suezkanal an durchfahrenden Schiffen hinter dem Verkehr im Panamakanal zurückbleiben mußte.

Wie zu Lande und zur See, wurde diese Hauptschlagader der amerikanischen Weltpolitik a u c h z u r L u f t ausreichend gesichert.

Noch ist nach dem heutigen Stande der Technik des Kriegsluftfahrzeugs der nordamerikanische Länderblock zur Luft unangreifbar von Europa und Asien her. Höchstens können Flottenangriffe mit ihren zahlenmäßig stets begrenzten, a u f S c h i f f e n m i t g e f ü h r t e n Luftstreitkräften für überraschende, offensive Kriegsführung gegen die Vereinigten Staaten in Frage kommen. Das Risiko einer Landung von Erd- und Luftstreitkräften dagegen unter dem Schutze einer vorher errungenen Seeherrschaft über die Kriegsflotte der „Staaten" wird nach den Kriegserfahrungen von Antwerpen, Gallipoli, Saloniki, Palästina, Kut el Amara und D. Ostafrika selbst keine europäische oder asiatische Großmacht übernehmen wollen. So sind es die E n t f e r n u n g e n und der geringe Stand der Lufttechnik zur Überbrückung dieser Entfernungen, welche den mächtigsten Schutz Nordamerikas zur Luft ausmachen. — Gegen die immerhin möglichen feindlichen Flottenangriffe zur See und zur Luft aber schützt die eigene starke Flotte und Luftstreitmacht.

Und weiter und weiter geht das wirtschaftliche Aufstreben der Vereinigten Staaten. Sie erstreben die Welthegemonie Amerikas auch zur Luft; sie haben es leicht dabei, denn ihnen steht zur Verfügung G e l d , ihnen steht zur Verfügung M o r a l i n e i n e m g e s u n d e n V o l k , und ihnen steht zur Verfügung e i n e p o l i t i s c h e E i n i g k e i t , das wichtigste Fundament staatlichen Wohlergehens.

J a p a n als Inselreich neigt dazu, seine Macht auf der S e e geltung zu fundieren, trotzdem es eine überraschend große Armee hat. Zur Luft ist dieses Japan außerordentlich schwierig auf dem Landwege zu überfliegen. Es gibt in ganz Japan nur sehr wenige Stellen, die überhaupt die Landung von Flugzeugen gestatten. Hieraus ergibt sich ein fortgesetztes Drängen der japanischen Luftfahrt nach der See. Japan hat französische Instrukteure für die Landfliegerei und englische für die Seefliegerei. Schon durch diese politische Zerteilung hat es die technische Abhängigkeit von einem

dieser beiden Staaten vermieden. Ausgehend von der Notwendigkeit, das Inselreich machtpolitisch zu sichern, ist Japan bestrebt, vor allen Dingen die Verbindung mit dem asiatischen Kontinent aufrecht zu erhalten. Nur mit der vollen Beherrschung dieser Verbindungswege im Kriegsfalle ist die dauernde Belieferung der japanischen Rüstungsindustrien mit Kohlen und Erzen und des Volkes selbst mit Lebensmitteln auf die Dauer gewährleistet. Die in chinesischen und mandschurischen Bergwerken und verarbeitenden Industrien investierten Werte können sich nur bei Beherrschung der Seewege für Japan im Kriegsfall bezahlt machen. So ist auch die sich entwickelnde japanische Luftmacht wie die Land- und Seemacht auf die Lösung dieser Zukunftsaufgaben in erster Linie eingestellt. Die S e e ist hierbei ihr wichtigstes Element.

Bereits drei Flugzeugmutterschiffe besitzt Japan im Jahre 1925, England deren sogar fünf oder sechs, während die Vereinigten Staaten bisher nur über ein einziges verfügen, das zudem noch fünf Knoten langsamer läuft, als die Durchschnittsgeschwindigkeit der Flotte beträgt. Darin liegt trotz der zahlenmäßigen Unterlegenheit der japanischen Seestreitkräfte doch ein gewisses Gleichgewicht gegenüber dem so starken amerikanischen Gegner.

Die industriellen Unternehmungen der Luftfahrt lehnen sich im Sinne der englischen industriellen Entwicklung stark an vorhandene leistungsfähige S c h i f f s w e r f t e n an. Es ist das Bestreben, sowohl aus wirtschaftlichen Gründen (Beschaffung von Kapital und Produktionserfahrungen) wie aus konstruktiven Erfahrungsgesichtspunkten, aus der Verbindung zwischen Seefliegerei und Schiffsbau den größten Nutzen zu ziehen.

V. Gedanken für künftige Entwicklung der Luftfahrt.

Nun möchte ich die machtpolitische Zukunftsentwicklung der Luft ganz kurz andeuten.

Der U m f a n g der Machtentwicklung wird bestimmt werden durch die Stoßkraft der einzelnen Länder. Die industrielle und Wirtschaftskraft des Luftfahrzeugbaues wird abhängig sein von der allgemeinen wirtschaftlichen Kraft der verschiedenen Staaten. — Die militärische Grundlage, unterteilt in die Ziele der Luftfahrt auf Land, auf See und als selbständige Luftstreitmacht, wird sich den operativen Grundlagen des Kriegsplanes eines jeden Landes aufs engste anzupassen haben. Die Ziele der selbständigen Luftstreitmacht im Kampf gegen die Kraftquellen des Gegners außerhalb der Operationsgebiete von Heer und Flotte bedürfen der sorgfältigsten Untersuchung. Mit dem technischen Fortschritt werden die Anschauungen über den Luftkrieg in stetem Fluß bleiben. Es wird hier kaum eine Regel, einen feststehenden Erfahrungsgrundsatz je geben. In jedem Lande werden die Verhältnisse verschieden liegen. — Der Umfang der Luftrüstung wird wie die Grundlage der Luftfahrzeugindustrie weiterhin bestimmt sein auch von der Wirtschaftskraft, vom Geld. In dieser Beziehung werden wir enge Grenzen ganz allgemein, aber abgestuft nach dem internationalen Wohlstand, bald finden können. Die Rohstoffe, soweit sie vorhanden und im Besitz der verarbeitenden Länder sind, spielen auch für die technischen und militärischen Wege eine große Rolle. Es ist sehr wohl möglich, daß die Luftrüstung als solche ausgeschaltet werden kann durch Sperrung der Zufuhr an Rohstoffen und Betriebsmitteln, z. B an Rohölen. Es ist möglich, daß damit ein Volk von den höchsten kriegerischen Eigenschaften besiegt werden kann, ähnlich wie Deutschland besiegt wurde, trotz aller seiner Siege auf der See, zu Lande und zur Luft, durch den reinen Wirtschaftskrieg und den Hunger. Gerade diese Seite der Kriegführung hat England am tiefsten erfaßt; seine Einstellung ist hierin stets die folgerichtigste gewesen. Auch Frankreich und andere Länder erkennen die große Bedeutung der Unabhängigkeit von fremder Rohstoffzufuhr. Diese Länder aber werden den Nachteil politischer Unterlegenheit durch wirtschaftliche Friedensmaßnahmen in Vorbereitung eines Krieges gegenüber der starken Stellung des über die ganze Welt verbreiteten Weltmachtgebildes des britischen Reiches oder der Bedeutung eines geschlossenen Wirtschaftsgebietes, wie bei den Vereinigten Staaten, angesichts der Aussichten eines »Zermürbungskrieges« nie voll auszugleichen vermögen.

Die T y p e n e n t w i c k l u n g d e r L u f t f a h r z e u g e wird auch bestimmte Richtlinien zeigen. Soweit sie auf den Zielen des Landkriegs und Seekriegs aufbaut, wird die Typenbildung in erster Linie in der Richtung auf die verschiedenartigen militärischen Aufgaben liegen. Eine reichliche Spezialisierung der Typen wird die Folge sein. Für den friedlichen Luftverkehr, und das ist das wichtigste und größte Ziel, das man der Luftfahrt wünschen kann, wird in erster Linie die Steigerung von Flugbereich und Flug-

Bevölkerungsziffern der Staaten der Welt.

(Nach Stat. Jahrbuch f. d. Deutsche Reich.)

Verteilung auf die Gesamtbevölkerung der Welt.

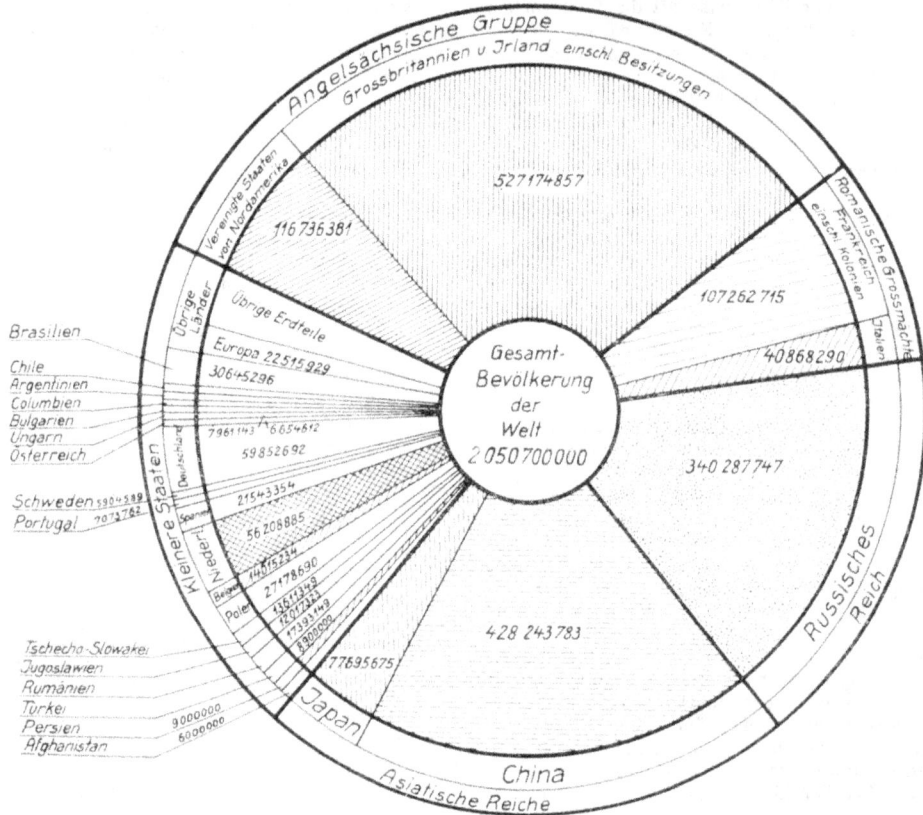

Angelsächsische Gruppe
Grossbritannien u. Irland einschl. Besitzungen
527174857
Romanische Grossmacht einschl. Kolonien
Frankreich einschl. Kolonien
Italien
Vereinigte Staaten von Nordamerika
116736381
Übrige Länder
Übrige Erdteile
Europa 22515929
30645296
7961143 6654612
59852692
107262715
40868290
Gesamt-Bevölkerung der Welt 2050700000
340287747
Russisches Reich
Brasilien
Chile
Argentinien
Columbien
Bulgarien
Ungarn
Österreich
Deutschland
Kleinere Staaten
Spanien
Niederlande
Belgien
Polen
21543354
56208885
4675234
27178690
13561313
12907733
17393149
9900000
77695675
428243783
Schweden 5904389
Portugal 7072762
Tschecho-Slowakei
Jugoslawien
Rumänien
Türkei
Persien
Afghanistan
9000000
6000000
Japan
China
Asiatische Reiche

Abb. 11.

geschwindigkeit das Ziel sein. Weit hinaus in die Welt zu kommen wie das Schiff, möglichst lange ohne Stützpunkt auf langen Strecken wirtschaftlich arbeitend in die Ferne zu ziehen, das ist das Ziel, für das leider aus technischen Gründen heute noch so mancherlei Grenzen gezogen sind. Aus dem Vortrag des Herrn Dr. Rohrbach, aus früheren Vorträgen dieser Gesellschaft — ich erinnere nur an die Vorträge von Prof. Baumann, Junkers u. a. — geht hervor, daß dieses Ziel in Deutschland ganz klar erkannt ist. Wir werden es erleben, daß auf diesem Gebiete der große Erfolg der deutschen Luftfahrt, wie er uns heute schon vorliegt, in friedlichem Sinne noch weitaus zu steigern ist.

Der Ausbau der Organisation wird immer abhängig sein vom technischen Wirkungsgrad und der politischen Freiheit des betreffenden Landes. Auch er wird letzten Endes abhängig von der finanziellen und wirtschaftlichen Möglichkeit. Der Ausbau der Bodenorganisation darf, so kostspielig er ist, nicht als Nebenzweck betrachtet werden. Schon die Rohstoffzufuhr gehört hier ebenso dazu, wie der Ausbau der Stützpunkte der Friedens- und Kriegsluftfahrt, die den gesamten Systems des Nachrichtendienstes und der vielen anderen Hilfsmittel.

Der fliegerische Nachwuchs, so arg vernachlässigt bei uns und so ungeheuer gefördert in der ganzen übrigen Welt, ist der Träger jeder Leistung. Wir fördern ihn nicht durch Zusammenschlüsse in Vereinen, wir fördern ihn nicht durch Reden und Vorschläge, sondern wir fördern ihn durch praktische Luftfahrt, durch inniges Zusammenarbeiten zwischen Industrie und Sport einerseits, mit den Vereinen als werbende Hilfskraft andererseits, sowie im weitesten Sinne durch Heranziehung des Interesses der Gesamtheit des deutschen Volkes durch Behörden, Schulen und Presse.

Für die politische Ausmünzung ist die Luftfahrt sowohl von dem Standpunkte der Wirtschaft, wie vom Standpunkte der reinen Macht gesehen, von äußerster Bedeutung. Einem Volke, wie dem deutschen, das keine Luftfahrt bei Heer, Flotte und als

selbständige Luftstreitmacht kennt und dessen Luftverkehr völlig geknebelt ist, wird seine machtpolitische Stellung aufs äußerste erschwert. Unsere Stellung ist nicht die der freien Nationen, welche zusammenwirken im friedlichen Wettlauf um den Austausch der Güter der Welt und um die Hebung der Schätze, die im Boden liegen. Des deutschen Volkes Stellung ist auch zur Luft die eines Gefesselten, eines Geknechteten, der dem Befehl der Anderen gehorcht. Unsere Bündnisfähigkeit ging verloren.

In diesem kritischen Sinne sind vom deutschen Standpunkt auch alle Organisationen zu betrachten, die geschaffen oder umgebaut wurden, um der deutschen Freiheit stärker noch als bisher Abbruch zu tun.

Die F. A. I. (Fédération Aéronautique Internationale), dieses ehrwürdige Gebilde mit seiner großen, fruchtbaren Vergangenheit vor dem Kriege, war nicht in der Lage, Deutschland nach dem Kriege in seinen Verband wieder aufzunehmen. Ich glaube, daß auch Deutschland nicht in eine derartige Körperschaft wieder eintreten darf, solange nicht sämtliche Schranken gefallen sind und bevor auch nicht der ethische Charakter dieses Gebildes sich nicht wesentlich geändert hat.

Die C. I. N. A. (Convention Internationale de Navigation Aérienne) ist nur die Fortsetzung des Völkerbundes in dem Lufthoheitsbereich mit dem ursprünglichen Ziele der Fesselung der deutschen Luftfahrt. Dieser Verband ist somit nur ein Mittel zur Knebelung unserer Souveränitätsrechte mehr. Auch dieses Gebilde wird, so hoffen wir dringlichst, nie einen deutschen Vertreter in sich aufnehmen, wenn nicht vorher alle Schranken fallen. Die Frage des Völkerbundes unterliegt in der Beurteilung ganz anderen Einflüssen, als diese ihm angegliederte, außenpolitisch belanglose Neuschöpfung des Versailler Vertrags.

Die I. A. T. A. (International Air Traffic Association), diese Organisation, welche lediglich dem friedlichen Luftverkehr, dem freien Austausch der Güter dient, die lediglich friedliche Zwecke verfolgt und sich auch an deutsche Wirtschaftsverbände, Luftverkehrsunternehmen, Politiker und Techniker gewandt hat, kann von seiten der deutschen Luftfahrt nur warm begrüßt werden Sie darf und muß unterstützt werden in allen den Fragen, die unser Reich angehen Es ist an sich notwendig, international zusammenzuarbeiten, aber es ist notwendig, die eigene Souveränität dabei nicht zu opfern Schließlich sind wir Deutsche ja in einer günstigen geographischen Lage. Über uns führen alle Wege nach Nordosten, Osten und Südosten, nach dem ganzen britischen Besitz, sowie nach dem europäischen und asiatischen Besitz Rußlands. Über uns hinweg geht der Weg in die Verbündung unseres westlichen Nachbarlandes. Diese zentrale Lage darf Deutschland nimmer mehr für ein Linsengericht verschachern, auch nicht um zeitweiliger Konzessionen willen Es gibt größere Gesichtspunkte Es gibt Protestler, die aus Elsaß-Lothringen fortgegangen sind und die 48 Jahre in der Verbannung lebten, um persönlich zu Trägern einer geistigen Entwicklung zu werden, deren Ziel die Erkämpfung der alten Besitzzustandes war. Es gibt Protestler, die das tschechische Reich, Böhmen usw. verlassen haben, um den Zusammenbruch der uns verbündeten österreich-ungarischen Monarchie von außen her mit heißem Bemühen zu bewerkstelligen. So wird auch Deutschland zur Luft Protestler finden, die niemals einer Verschleuderung deutscher Lebensinteressen zustimmen werden.

Ich möchte schließen.

Ein Blick auf die Bevölkerungsdichten der Welt in Abb. 11 zeigt uns, daß alles politische Sein, soweit es auch von der Wirtschaft abhängen mag, immerhin Schwankungen in der Gesamtentwicklung der Jahrhunderte unterliegen wird Sie sehen den großen Kreisausschnitt der angelsächsischen Gruppen. In dem kleineren britischen Sektor dieses Ausschnitts sind alle durch Großbritannien aufgenommenen fremden Stämme mitenthalten. Das englische Volk selbst und die Vereinigten Staaten treten dazu. Wir sehen in einem weiteren riesigen Sektor den Kreisen in den Grenzen des Russischen Reiches, das heute keine Einwanderungspolitik im Sinne der Einwanderungspolitik der Vereinigten Staaten durchzuführen gewillt ist. China, aufgelöst in innere Wirren und in seiner Zukunft ungewiß, besitzt aber als Rasse große Bedeutung Zusammen mit Japan enthält es den größten Teil der Kräfte der gelben Rasse in Asien. Japan selbst vermöchte wohl Chinas Vorkämpfer zu werden in Verbindung mit anderen Gruppierungen. Dazwischen sehen wir die zahlreichen Träger der sog. »westlichen Kultur«, die aber nur noch in der Schaffung von materiellen Werten eine Art Kultur ist, deren Wesen aber kein Glück der Menschheit mehr zu begründen Wir sehen hier zahlreiche Staaten der weißen Rasse vereinigt. Ob die große Masse von Völkern aller Schattierungen in Unterdrückung durch die wenigen weißen Großmächte weiter verbleiben wird und unter welchen Kombinationen Änderungen eintreten werden, ist nicht zu übersehen.

Eins ist für uns deutsche Luftfahrer und für das ganze große Vaterland gewiß· Das nächste Ziel unserer Luftpolitik und der mit ihr eng zu verbindenden Außenpolitik des Reiches ist Wiedergewinnung der Freiheit der deutschen Luftfahrt in bezug auf die wirtschaftliche und politische Handlungsfreiheit Es dreht sich für uns um die Ausnutzbarkeit aller technischen Möglichkeiten Es handelt sich aber auch, innerpolitisch gesehen, um den Ausbau der inneren Einigkeit der deutschen Luftfahrt. Diese Einigkeit darf nicht gestört werden, wie schon gestern bemerkt

worden ist, durch Hereinziehung rein politischer Begriffe in das einzig ideelle Ziel der Luftfahrt. Reden mit innerpolitischem Einschlag sind innerhalb der Luftfahrt nur selten gehalten worden und dann nur in begrenztem Kreise. Innerhalb der großdeutschen Luftfahrt soll eine Einigkeit herrschen von der äußersten Rechten bis zur äußersten Linken und es soll dabei niemand ausgenommen werden, der deutscher Zunge ist. (Starker Beifall.)

Aussprache:

Ehrenpräsident Prinz Heinrich von Preußen:

Der Vortrag, den uns Hauptmann Baeumker gehalten hat, ist so ungeheuer lehrreich von den verschiedensten Gesichtspunkten aus, daß es kaum möglich ist, auf alle Einzelheiten einzugehen, denn er umfaßt zu viel. Ich glaube aber, einige springende Punkte zum Schluß doch noch herausheben zu dürfen:

Klar erwiesen ist zunächst, wie eine Wechselwirkung besteht zwischen wirtschaftlicher Macht und rein militärischer Macht. Das sind zwei Machtfaktoren, die Hand in Hand gehen.

Es ist ferner bewiesen durch diesen Vortrag die ungeheure Lüge, die immer wieder weiter verbreitet wird, die Lüge der sog. Abrüstung. Es rüstet niemand ab, sie rüsten Alle. Das einzige Land, das nicht mehr rüsten darf, ist Deutschland — aus begreiflichen Gründen.

Und als Drittes scheint mir aus dem Vortrage hervorzugehen die ungeheure Bedeutung und die Zukunftsmöglichkeit der Luftfahrt. Es werden Perspektiven eröffnet, die, ich möchte sagen, die kühnen Phantasien eines Jules Verne und Anderer nicht nur verwirklichen, sondern in Zukunft noch übertreffen werden. Konflikte militärischer Natur — wir sahen das schon am Ende des Weltkrieges — werden höchstwahrscheinlich ein Schwergewicht finden in der Luft, ob ein Entscheidung, vermag ich nicht zu sagen. Aber der Machtfaktor des Luftkrieges ist doch heutzutage so scharf in den Vordergrund getreten, wie sich das wohl wenige Menschen je haben träumen lassen.

Da wir zur Zeit bezüglich der Erstehung und der Schaffung einer Luftflotte noch geknebelt sind, möchte ich glauben, es ist ein Glück zu nennen, daß die Wissenschaftliche Gesellschaft für Luftfahrt sich seinerzeit für wissenschaftlich-technische Arbeit konstituieren durfte. Ich möchte aber auch glauben, daß die WGL in Verbindung mit der Luftindustrie berufen ist, sich neben anderen Aufgaben in den Dienst der deutschen Politik zu stellen. Mit anderen Worten, es ist nicht nur eine WGL und wir haben nicht nur eine Luftindustrie, sondern mir scheint, daß nun zwangsläufig eine weitere Aufgabe uns hier erwächst, die eben darin besteht, uns unter solcher Führung mit allen Kräften in der Luftfahrt ein wirtschaftliches Machtmittel zu schaffen, dessen wir in Zukunft bedürfen werden. Also die WGL bedeutet jetzt schon im Verein mit der Luftindustrie ein Rückenmark für die ganze zukünftige Entwicklung der deutschen Luftfahrt.

Ich habe mich veranlaßt gefühlt, Herr Hauptmann Baeumker, Ihrem Vortrage diese paar Worte noch hinzuzufügen, weil Ihr Vortrag nach jeder Richtung so außerordentlich anregend war.

Es erübrigt sich für mich, Ihnen nur noch den Dank der Zuhörerschaft von ganzem Herzen auszudrücken, was ich hiermit getan haben will. (Erneuter Beifall.)

VIII. Die Entwicklung leichter und kleiner Flugzeuge im In- und Auslande.

Vorgetragen von G. Lachmann.

Es wäre verfrüht, schon jetzt von einer irgendwie abgeschlossenen Entwicklung dieser nach dem Kriege entstandenen Formen des Flugzeugbaues zu reden. Immerhin haben sich gewisse Richtlinien in der Verwendung und der Bemessung und Formgebung der Einzelteile herangebildet, die einen Rückblick auf die bisherige Entwicklung rechtfertigen und Schlüsse für die Zukunft ziehen lassen. Retrospektive Berichte über eine Entwicklungsspanne, wo die Dinge noch stark im Fluß waren, haben erfahrungsgemäß in der Form statistischer Aufstellungen für den Ingenieur geringes Interesse. Es ist daher im folgenden versucht worden, die wesentlichen Richtlinien der Entwicklung herauszugreifen. Die Beschreibung einzelner Maschinen ist dabei auf wenige kennzeichnende Vertreter beschränkt worden.

Um eine gewisse Einteilung der Bauarten vornehmen zu können, muß man begrifflich unterscheiden. Zur Zeit besteht noch eine ziemliche Unklarheit über den Gebrauch der Begriffe »Leicht- und Kleinflugzeug« und »Segelflugzeug mit Hilfsmotor«. Eine Einteilung ist möglich nach Leistung, Gewicht und räumlichen Abmessungen. Der letzte Weg erscheint am unzweckmäßigsten, da kleine Flugzeuge sowohl bei kleiner Leistungsbelastung und hoher Flächenbelastung (Rennflugzeuge) als auch umgekehrt bei geringer Flächen- und hoher Leistungsbelastung möglich sind.

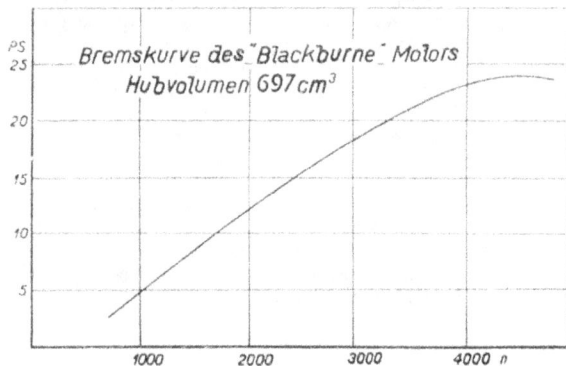

Abb. 1.

Eine Begriffsbestimmung auf Grund der Leistung ist ebenfalls unsicher, insbesondere bei den Flugzeugen, bei welchen sich die motorische Leistung dem unteren Grenzwert nähert. Man liest zuweilen von der sogenannten »Nennleistung«. Dieser Begriff ist jedoch außerordentlich dehnbar, wie man aus dem Bremsdiagramm eines kleinen raschlaufenden Motors ersehen kann (Abb. 1). Man findet oft »Nennleistungen« von 6½ PS angegeben, während ein Blick auf das Bremsdiagramm lehrt, daß der betreffende Motor bei der zu Grunde gelegten Drehzahl das 2,5- bis 3-fache leistet. Andererseits bietet der Leichtmotorenbau noch reiche Entwicklungsmöglichkeiten, so daß es durchaus wahrscheinlich ist, daß die heutigen Werte für das PS-Gewicht noch wesentlich herabgedrückt und die Leistungen gesteigert werden können. Dagegen scheint sich das Baugewicht des Flugzeuges schon stark einem Kleinstwert angenähert zu haben.

Ich entscheide mich daher für den Ausdruck »Leichtflugzeuge« für solche Flugzeuge, die eine obere Grenze von 250 kg für das Leergewicht nicht überschreiten. Die sogenannten »Segelflugzeuge mit Hilfsmotor« fallen von selbst unter diese Einteilung.

Für Flugzeuge, die oberhalb dieser Gewichtsgrenze bis zu 600 kg gebaut werden, hat sich in der Praxis der Ausdruck »Kleinflugzeuge« am stärksten eingebürgert, obwohl diese Bezeichnung, wie wir gesehen haben, unsachlich und unzureichend ist.

Entwicklung der Flugzeuge mittleren Gewichts.
(Bis 600 kg Leergewicht.)

Deutschland. Unter dem Eindruck der für den Flugzeugbau getroffenen Einschränkungen der Entente und gefördert durch das Erscheinen geeigneter luftgekühlter Kleinmotoren auf dem Markte entwickelten sich in Deutschland nach dem Erlöschen des Bauverbotes eine ganze Reihe von Flugzeugen mit einer Leistung von 35 bis 70 PS. Der Raum verbietet ein näheres Eingehen auf die einzelnen Bauarten, die im übrigen durch die Veröffentlichungen in zahlreichen Fachzeitschriften genügend bekannt sein dürften.

Abb. 2. Junkers-Hochdecker.

Man kann dieses erste Entwicklungsstadium in Deutschland als die Zeit der Typenbildung und der Suche nach Verwendungsmöglichkeiten bezeichnen. Der Grundsatz war, eine Maschine zu bauen und auf gut Glück herauszubringen, um es der weiteren Entwicklung zu überlassen, einen bestehenden Bedarf zu erfüllen oder neue Möglichkeiten des Bedarfes heranzubilden. Es schwebte natürlich meistens die eine oder andere bestimmte Verwendungsmöglichkeit vor, was auch oft in der Typenbezeichnung zum Ausdruck kam. In der nachstehenden Zusammenstellung sind die bekanntesten deutschen Bauarten (Stand 1923) nach ihrem ausgesprochenen Verwendungszweck geordnet.

Reine Sportflugzeuge	Schulflugzeuge	Reise- und Zubringer-Maschinen
Rieseler und Mark-Eindecker Sablatnig E. Entler D. Udet E.	Dietrich Gobiet D. Junkers E. Udet E. Heinkel E.	Junkers Limousine E. Caspar Lim. E. Udet Limousine E. Dornier Libelle E.

Aus dieser Aufstellung fällt die kleine, von Heinkel konstruierte U-Boot-Maschine, die für ausschließlich militärische Zwecke in Frage kommt, heraus.

Die Entwicklung ist heute in ein neues Stadium getreten. Mit ziemlicher Klarheit haben sich die Verwendungsmöglichkeiten für diese Flugzeugbauarten ergeben und bestimmen Typ und Konstruktion. Als reines Sportflugzeug hat sich aus dieser Gruppe keine Bauart bleibende allgemeine Verwendung sichern können.

Reiseflugzeuge für den privaten und geschäftlichen Schnellverkehr haben sich gleichfalls noch nicht durchsetzen können.

Abb. 3. Udet U 10-Tiefdecker.

Trotz zahlreicher Anpreisungen und Erörterungen dieser Möglichkeit dürfte hier eine außerordentliche Überschätzung des tatsächlichen Bedarfs vorliegen. Auch sind die technischen Voraussetzungen für diesen Anwendungszweck noch lange nicht erfüllt. Der private Schnellverkehr mit Flugzeugen verlangt eine umfassende Entwicklung der Bodenorganisation, die an der Peripherie jeder größeren Stadt Landeplätze mit Unterkunftsräumen vorsieht, wo Monteure sich der Maschine annehmen, unter Umständen Aus-

Abb. 4. Heinkel-Tiefdecker mit Spaltflügelklappe.

besserungen vornehmen, Betriebsstoffe auffüllen usw., und von wo aus man mit Hilfe bereitgestellter Kraftwagen das Innere der Stadt schnellstens erreichen kann.

Als ausschließliche Anwendungszwecke sind daher geblieben die Ausbildung von Flugschülern und der Zubringedienst mittels leichter Limousinen auf den Nebenstrecken der internationalen Luftlinien. Zu diesen Anwendungszwecken tritt wahrscheinlich in

Zukunft noch in stärkerem Maße der Überwachungsdienst von Hochspannungsleitungen.

Im letzten Jahre ist ein starkes Aufblühen der Flugbegeisterung und der Lust am Fliegenlernen in Deutschland festzustellen. Nachfrage und Angebot nach geeigneten Schulflugzeugen sind sich zweckvoll begegnet und haben an vielen Plätzen des Reichs zur Gründung von Fliegerschulen durch die am Absatz ihrer Flugzeuge interessierten Firmen geführt.

Die untenstehende Zahlentafel gibt einen Überblick über neuere deutsche Bauarten, die im Laufe dieses Jahres herausgekommen sind.

Entwicklung im Ausland.

Noch ehe das Bauverbot der deutschen Flugindustrie erlaubte sich in beschränktem Maße wieder zu betätigen, hatte man im Auslande bereits mit dem Bau leichter und kleiner Maschinen begonnen. In erster Linie dürfte das eine Rückwirkung auf die ausbleibenden Heereslieferungen gewesen sein. Die verschiedenen Firmen versuchten durch die Lieferung von Flugzeugen für private und sportliche Zwecke einen neuen Markt zu eröffnen. Ein im Jahre 1920 in »Aeronautics« erschienene Zahlentafel enthält eine Zusammenstellung von 28 in England, Frankreich, Italien, Schweden und Amerika gebauten Sportflugzeugen, darunter auch bereits einige Leichtflugzeuge. Von diesen genannten Maschinen sind allerdings nur 15 als fliegerisch erprobt bezeichnet.

F r a n k r e i c h. Hier sind zu nennen: Potez in Duraluminiumbauart mit 50 PS Potez, später mit 45 PS Anzani, Spad mit 45 PS Anzani, später als Schulmaschine mit nebeneinanderliegenden Sitzen und 80 PS Le Rhône gebaut, Caudron mit 80 PS Le Rhône, De Monge mit 45 PS Anzani, Farman »Sport« Doppeldecker mit 45 PS Anzani oder 60 PS Le Rhône-Motor. Es handelt sich bei den genannten Bauarten durchweg um normale verspannte Doppeldecker (Einstieler) von sehr einfachen, oft primitiven Formen.

Abb. 5. Avro »Baby«.

E n g l a n d. Hier brachten A. V. Roe & Co. das durch seine hervorragenden Flüge bekannte »Avro Baby« heraus[1]. Diese Maschine, deren Flugleistungen mit einem Motor gleicher Stärke

[1] 1920 Flug London-Rom ohne Zwischenlandung bis Turin.
1921 London-Moskau.
1280 km ohne Zwischenlandung in Australien.

Firma und Typ	Motor	Leergewicht kg	Zuladung kg	Spannweite m	Fläche m²	Flächenbelastung G/F kg/m²	Leistungsbelastung G/N kg/PS	Geschwind. km/k in Bodennähe	Bemerkungen
Dietrich-Gobiet-Hochdecker D. P. VII a	50/55 PS Siemens luftgekühlt	300	210	9,66	13,5	38	9,3	145	—
Udet-Tiefdecker U 10	50/55 PS Siemens luftgekühlt	315	255 (max)	10,6	14	40,6 (max)	9,82	155	—
Junkers-Hochdecker T 19	70 PS Junkers luftgekühlt oder 80 PS Siemens luftgekühlt	480 bzw. 470	270 bzw. 350	—	21,2	35,4 bzw. 38,7	10,7 bzw. 10,2	140 bzw. 138	—
Junkers W 23 E Hochdecker W 23 D	80 bzw. 120 PS Umlaufmotor	515 bzw. 535	250	—	21,2	36 bzw. 37	9,6 bzw. 6,5	133 bzw. 150	Als Ein- u. Doppeldecker zu fliegen
	120 PS Umlaufmotor	590	230	—	33,2	24,7	6,8	125	—
Focke-Wulf A 16 Limousine	75 PS Siemens	570	400	13,9	27	36	13	130 ÷ 140	—
Heinkel H E 18 Tiefdecker	80 PS Siemens	522	190	11,0	17	41,8	10,2	140	—

(35 PS) zum Teil bis heute noch nicht wiederholt worden sind, stellte zweifellos für die damalige Zeit das erfolgreichste Kleinflugzeug des Auslandes dar. Es dürfte daher gerade für uns von besonderem Interesse sein, etwas näher auf seine Konstruktion, insbesondere auf die Baugewichte einzugehen, um einen Vergleich mit den heutigen deutschen Bauarten zu gewinnen. Die Hauptabmessungen und Teilgewichte sind in den nachstehenden Zahlentafeln zusammengefaßt. (Auf Grund einer freundlichen Mitteilung der Firma A. V. Roe & Co.)

| Spannweite | | Gesamt-länge | Flächen-tiefe | Gesamte Flügel-fläche | Fläche d. Verwin-dungs-klappen | Höhen-flosse-fläche | Höhen-ruder | Seiten-ruder |
| Ober-flügel | Unter-flügel | | | | | | | |
m	m	m	m	m²	m²	m²	m²	m²
7,6	7	6,5	1,22	16,5	4 × 0,3	1,22	0,79	0,65

Gewichtsangaben:

1. **Z e l l e.**

Flügel mit Klappen und Strebenanschlüssen	50,8	kg
Stiele	5,4	»
Spanndrähte	2,0	»
Flügelgewicht	58,2	»
Gewicht pro 1 km² Fläche	3,5	»/m²

2. **R u m p f.**

Rumpf mit Bespannung und Motorhaube .	54	kg
Steuereinrichtung mit Kabeln	5,9	»
Instrumente, Beleuchtung usw.	3,1	»
Gesamtes Rumpfgewicht	63	kg

3. **F a h r g e s t e l l.**

Streben und Achse	9,5	kg
Räder	8,39	»
Schwanzsporn	1,81	»
Gewicht des gesamten Fahrgestells	19,7	kg

4. **L e i t w e r k.**

Höhenflosse mit Höhenruder	7,5	kg
Seitenruder	1,56	»
Gewicht des gesamten Leitwerks	9,06	kg
Gewicht der kompletten Zelle ungefähr	150	kg

5. **M o t o r a n l a g e.**

Motor (35 PS Green) mit Magneten . . .	93	kg
Auspuff	2,26	»
Kühler mit Rohren leer	10,90	»
Kühlwasser in Motor und Kühler	9,06	»
Luftschraube	5,45	»
Öltank mit Kühler und Rohrleitung. . . .	1,81	»
Benzintank mit Rohrleitung und Pumpe . .	6,80	»
Gewicht der kompletten Motoranlage	129,28	kg

Leergewicht des kompl. Flugzeugs einschl.
Kühlwasser . . . . 280 kg
Nutzlast (Pilot, 36 kg Benzin und 6,4 kg Öl) 115 »
Gewicht des betriebsfertigen Flugzeugs . . . 395 »
Flächenbelastung: 24 kg/m², Leistungsbelastung
G/N = 11 kg/PS.

Flugleistungen.

Geschwindigkeit (max) in Bodennähe	137 km/h
Horizontalgeschwindigkeit bei 25 vH Leistungs-überschuß in 900 m Höhe	115 m/h
Theoretische Landegeschwindigkeit	64 km/h
Aktionsradius	630 km

Das Flugzeug, ein durchaus normaler, einsitzier verspannter Doppeldecker von typisch englischer Linienführung in Holz-Drahtausführung, war zunächst als Einsitzer gebaut und wurde später in einen Doppelsitzer umgewandelt.

Außer dem »Avro-Baby« sind in England von der Firma Austin noch etwa fünf »Whippets« mit 45 PS Anzani-Motoren gebaut worden. Es gelang jedoch nicht, abgesehen von verschiedenen nach dem Auslande, insbesondere nach Indien, gelieferten »Avro-Babys«, derartige Maschinen in nennenswertem Umfange im Mutterlande einzubürgern. Anschaffungs- und Unterhaltungskosten waren für den privaten Besitzer zu hoch, dazu kam die Konkurrenz durch die zahlreichen von der Aircraft Disposal Company zu billigen Preisen vertriebenen Heeresflugzeugen.

A m e r i k a. Auch hier waren die maßgebenden Firmen neben den nach dem Kriege entstandenen Neugründungen und privaten Konstrukteuren bestrebt, Interesse und Absatz für Sportflugzeuge zu finden. An mittelschweren Flugzeugen sind bis 1920 etwa acht

Abb. 6. Einbau des 35 PS Green-Motors in das Avro »Baby«.

verschiedene Typen herausgebracht worden, von denen vier geflogen sind, die aber mehr oder weniger nur die Rolle von Versuchstypen spielten. Von einer durchgreifenden Anwendung solcher Flugzeuge zu Sport- oder privaten Reisezwecken kann bis jetzt noch keine Rede sein. Ein gewisser Absatz scheint sich nur dann entwickelt zu haben, wenn eine Verbindung mit militärischen Zwecken, insbesondere die Ausbildung von Flugschülern möglich war. Als leichtes Botenflugzeug für die Armee ist von dem Ingenieur-Department in Mc Cookfield der sog. »Messenger-Doppeldecker« konstruiert und in Lizenz von Lavrence Sperry gebaut worden. Es

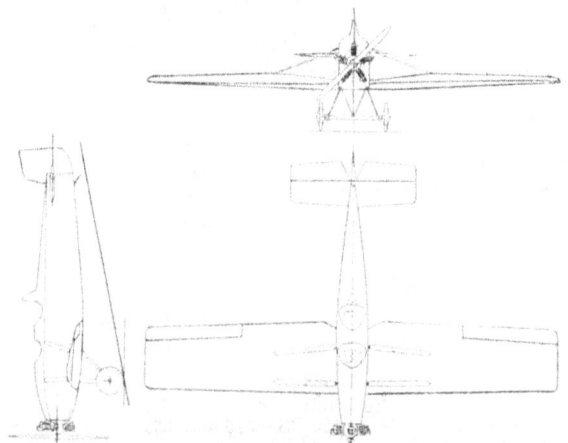

Abb. 7. Avia-Tiefdecker.

handelt sich um einen einsitzigen Rumpfdoppeldecker in verspannungsloser, aber verstrebter Ausführung, der auch mit abnehmbarem Fahrgestell erprobt wurde. Von neueren Bauarten, die zwar der Bezeichnung nach auch privaten Zwecken dienen sollen, in erster Linie aber wohl nur als Schulmaschinen in Anwendung kommen, sind zu nennen: der »Skylark«-Doppeldecker der Bethlehem Aircraft Corporation und der Longren-Doppeldecker, beide mit 60 PS Laverence-Motor (3 Zylinder luftgekühlt), ferner die Schulmaschine von Huff Daland und Dayton Wright, die »Swallow« mit 90 PS Curtiss-Motor und der »Swanson Freeman«-Doppeldecker mit 80 PS Le Rhône.

Aus dem übrigen Ausland sind in erster Linie die Avia-Werke (Milos Bondy in Prag, Tchechoslowakei), zu nennen, die im Jahre 1920 ein als verstrebter Tiefdecker gebautes Sportflugzeug herausbrachten (Avia B H I). Als Motor diente zuerst ein 35 bis 40 PS Austro Daimler, später ein 50 PS Gnome und ein 45 PS Anzani. Derselbe Typ wird neuerdings mit dem 60 PS Walter Stern-Motor ausgerüstet und sowohl als Schulzweisitzer (Avia BH IX) als auch als Schuleinsitzer BH X in erster und wohl ausschließlicher Linie für die Armee geliefert.

In Italien ist vor einigen Jahren von Macchi ein leichter Doppeldecker mit 35 PS Anzani-Motor gebaut worden, von dessen Anwendung man jedoch nichts mehr gehört hat.

Dieser Überblick möge genügen. Wir entnehmen hieraus die wesentliche Erkenntnis, daß die Anwendung mittelschwerer Maschinen zu privaten Zwecken in fast allen Ländern nach dem Kriege versucht, bisher aber nur in Deutschland in gewissem Umfange erfolgreich geglückt ist. Der Absatz derartiger Maschinen ist im Auslande in nennenswertem Umfange nur in Verbindung mit militärischen Interessen geglückt.

Entwicklung der Leichtflugzeuge.

Deutschland. Das eigentliche Leichtflugzeug, durch eine weise Bezeichnung auch »Segelflugzeug mit Hilfsmotor« genannt, hat sich in Deutschland aus den beiden Komponenten: mittelschweres Flugzeug und Segelflugzeug entwickelt. Die stärkste Beeinflussung ging hierbei unstreitig von den motorlosen Flugzeugen aus, und zwar war dieser Einfluß sowohl aerodynamischer als auch konstruktiver Natur.

Die Segelflugentwicklung erreichte in Deutschland im Jahre 1922 mit den Stundenflügen von Hentzen und Martens einen Höhepunkt. Schon damals hätte es nur eines Schrittes bedurft, um ein brauchbares Leichtflugzeug zu schaffen.

Abb. 8. Motoreinbau beim ersten Leichtflugzeug der Aachener Segelflugzeugbau, G. m. b. H.

Zweierlei Ursachen waren schuld daran, daß der Schritt zum Leichtflugzeug noch nicht getan wurde. Es fehlte vor allem an geeigneten Leichtmotoren. Klemperer hat seinerzeit an verschiedenen Türen angeklopft, ohne auf Interesse und Beachtung zu stoßen. Dazu kam die etwas zu einseitige Einstellung nach der Richtung des reinen Segelfluges hin als Folgeerscheinung einer Überschätzung der unmittelbaren praktischen und technischen Auswirkung der erzielten Erfolge.

Nach dem Rhön-Wettbewerb 1923 führte das von der Aachener Segelflugzeug-G. m. b. H. gebaute Leichtflugzeug (Abb. 8) mehrere erfolgreiche Flüge in der Rhön aus. Diese Maschine darf wohl als eines der ersten deutschen Leichtflugzeuge gelten. Es war ein halbfreitragender Hochdecker, der aus dem Rheinlandsegelflugzeug entwickelt war. Der Flügel bestand aus einem festen, mit den Rumpfspanten verbundenen Mittelstück, an welches die Flügelaußenteile mittels Verschraubungen leicht lösbar angeschlossen werden konnten. Der in Sperrholz ausgeführte Rumpf zeigte im

wesentlichen rechteckigen Querschnitt. Der Einstieg erfolgte durch eine seitliche Tür mit »tragendem« Verschluß. Zum Antrieb diente ein Mabeco-Fahrradmotor, dessen Drehzahl durch ein besonderes Getriebe im Verhältnis 1 : 3 untersetzt wurde Bemerkenswert ist noch die Anlaßvorrichtung, mit Hilfe derer der Motor in bequemer Weise vom Führersitz in Gang gesetzt werden konnte. Die Hauptdaten dieser Maschine waren folgende:

Spannweite	12,7	m
Fläche	15	m²
Längen über alles	5,5	m
Leergewicht betriebsfähig	160	kg
Geschwindigkeit	75	km/h

Als weiterer deutscher Vorläufer der Leichtflugzeugbewegung ist zu nennen: der Daimler Eindecker (Abb 9), auf dem Schrenk hervorragende Flüge, darunter auch Passagierflüge, ausgeführt hat. Es handelt sich um einen normalen Hochdecker mit freitragenden Flügeln von 12,6 m Spannweite und 24 m² Fläche Zum Antrieb diente ein Fahrradmotor, der nach Angabe

Abb. 9. Daimler-Leichtflugzeug.

der Firma Daimler 12 PS leistete. Erwähnenswert sind an dieser Stelle noch die Vorversuche von Martens mit einem auf der Rumpfspitze des »Strolch« aufgesetzten kleinen Ilo-Motors, dessen Leistung aber zu gering war, um etwas anderes als verlängerte Gleitflüge zu ermöglichen (Abb. 10). Martens hat mit dieser Vor-

Abb. 10. Segelflugzeug mit Hilfsmotor von Martens.

richtung im Winter 1923/24 in der Rhön und im Frühjahr 1924 in Rossiten verschiedene Flüge ausgeführt. In Rossiten führte auch Budig seinen bekannten kleinen Doppeldecker mit selbsttätiger Stabilisierung vor, der mit einem Viktoria-Fahrradmotor ausgerüstet war. Auch bei dieser Maschine erwies sich der Leistungsüberschuß als zu gering, so daß sie nur zu ganz kurzen Flügen kam.

In diesem Jahre stand die konstruktive Tätigkeit auf dem Gebiete des Leichtflugzeugbaues in Deutschland vollkommen im Zeichen des Angewiesenseins auf ausländische Leichtmotore. Erst in letzter Zeit ist von der Firma Siemens-Schuckert ein für die

Abb. 11. Leichtflugzeug »Habicht« von Blume und Hentzen.

Zwecke des Leichtflugzeuges umgebauter Fahrradmotor herausgekommen, der sich in dem Hochdecker von Hentzen und Blume bewährt hat. (Abb. 11 und 12). Er besitzt zwei Zylinder in V-förmiger Anordnung mit doppelten Ventilen, die hängend im Zylinder-

Abb. 12. Leichtflugzeug »Habicht«.

kopf angeordnet sind. Bei 3500 Umdrehungen in der Minute leistet er 20 PS. Die Drehzahl der Schraube wird mittels eines Getriebes auf 1500 Umdrehungen herabgesetzt.

Abb. 13. Zweisitziges Leichtflugzeug C 17 der Caspar-Werke.

Abb. 14. Leichtflugzeug der Bahnbedarf-A.-G., Darmstadt.

Im wesentlichen waren die meisten Konstrukteure auf englische Leichtmotore (Douglas und Blackburne) angewiesen. Abb. 15 zeigt den »Kolibri« des Udet-Flugzeugbaus München-Ramersdorf, der unter Führung von Udet bei dem diesjährigen Wettbewerb in der Rhön am erfolgreichsten abschnitt. Es ist ein Hochdecker von

Abb. 15. Leichtflugzeug »Kolibri« des Udet-Flugzeugbau, München.

200 kg Leergewicht mit Sperrholzrumpf. Als Motor dient ein 750 m³ Douglas.

Das Überwiegen der Einsitzerbauarten in Deutschland ist in erster Linie als ein Kompromiß mit der Motorenfrage anzusehen. Zweisitzer sind bisher nur von der Aachener Segelflugzeugbau-G. m. b. H., den Caspar-Werken in Travemünde und von Messerschmidt in Bamberg gebaut worden.

Frankreich. Der erste Anstoß zur Entwicklung ausgesprochener Leichtflugzeuge ging zweifellos von Frankreich aus. Im Gegensatz zu der im Jahre 1920 in Deutschland entstandenen Segelflugbewegung, welche das Leichtflugzeug durch systematische Forschung unter Bildung selbständiger Bauformen heranzüchten wollte, finden wir in Frankreich schon bald nach dem Kriege — wenn wir von den technisch nicht ernst zu nehmenden Versuchen mit »Aviettes« (fliegende Fahrräder) absehen, — Leichtflugzeuge dadurch entstehen, daß man die bisherigen Bauformen der größeren Maschinen gewissermaßen durch storchschnabelmäßige Verkleinerung ins winzige übersetzte.

Farman brachte schon im Jahre 1919 einen kleinen Eindecker »Moustique« von einfachsten Formen und nur 100 kg Leergewicht heraus, der zuerst mit einem 20 PS ABC-Motor und später mit einem 16 PS Salmson-Kleinmotor ausgerüstet wurde. Stärkeres Interesse beanspruchen die beiden von de Pischof konstruierten Leichtflugzeuge »Avionette« und »Estafette«, die in beachtenswerter Weise schon das Bestreben verkörperten, die Bauformen zu vereinfachen und auf ein Mindestmaß zu beschränken, indem jedes Bauelement zur Erfüllung möglichst vielseitiger Aufgaben herangezogen wurde. Auf Grund dieses richtig erkannten und folgerichtig durchgeführten Prinzips des Leichtbaues gelang es, bei dem ganz in Leichtmetall ausgeführten Doppeldecker »Avionette« ein Leergewicht von angeblich nur 102 kg zu verwirklichen.

Die einige Jahre nach dem Kriege wieder einsetzenden starken Luftrüstungen Frankreichs lenkten das Interesse der Industrie in starkem Maße wieder auf die Konstruktion schwerer Maschinen von

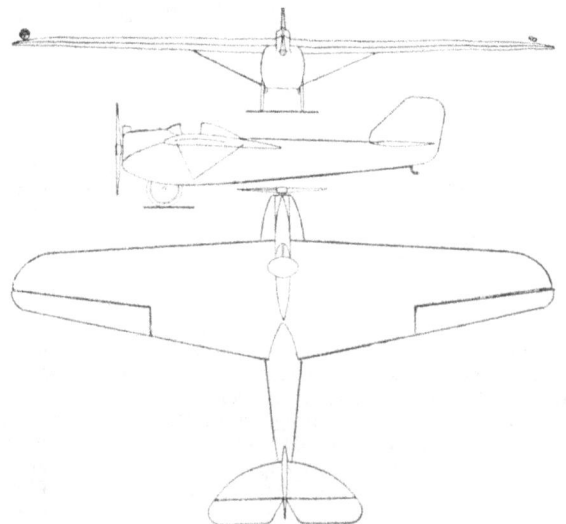

Abb. 16. Leichtflugzeug von Breguet.

großen Leistungen. Daneben gab es gewisse einflußreiche Kreise (Fonck), die sich energisch gegen die in Frankreich nach den deutschen Rhönerfolgen erneut einsetzenden Bestrebungen zur Heranbildung leichter und kleiner Maschinen mit dem Argument wandten, daß der Fortschritt des Flugzeugbaues lediglich in der Vergrößerung von Leistung und Geschwindigkeit beruhe. Die Erfahrungen des Segelfluges führten später in Frankreich dazu, die Leichtflugzeuge in stärkerer Anlehnung an erprobte Segelflugzeuge zu konstruieren. Ein bemerkenswerter Vertreter dieser Richtung ist der Dewoitine-Eindecker, ein Hochdecker mit freitragenden Flügeln von 12,6 m Spannweite, der mit verschiedenen Motoren (15 PS Clerget, 16 PS Salmson und 15 PS Vaselin-Motor) geflogen ist.

Die englischen Erfolge dürften in erster Linie dazu beigetragen haben, daß sich in Frankreich eine ganze Reihe von Konstrukteuren dem Leichtflugzeug zugewandt haben; um Namen zu nennen: Breguet, Mignet, Blériot, Beaujard-Viratelle, Ligreau, Marais usw. Ein Eingehen auf alle diese Bauarten ist unnötig. Es sind fast durchwegs einsitzige Hochdecker, die keine besonderen konstruktiven Fortschritte gegenüber den deutschen oder englischen Konstruktionen aufweisen. In der Zeit vom 27. Juni bis zum 10. August ds. Js. fand der von der L'Association Française Aérienne veranstaltete Rundflug für Leichtflugzeuge quer durch Frankreich statt, der von Buc ausging und über eine Gesamtstrecke von 1800 km führte, die in 8 Etappen erledigt werden mußte. Von den 15 gemeldeten Teilnehmern konnten nur drei die Vorprüfung erledigen, die in einem Fluge über 50 km und einem Höhenflug auf 2000 m bestand. Das Gesamtergebnis war kläglich. Nur eine Maschine, ein Farman-Eindecker unter Führung von Drouhin konnte den Wettbewerb mit einer Durchschnittsgeschwindigkeit von 85,553 km/h beenden.

E n g l a n d. Der englische Wettbewerb für Leichtflugzeuge in Lympne (8. bis 13. Oktober 1923) bedeutete zweifellos einen sehr starken Impuls für die Leichtflugzeug-Entwicklung.

Von fast sämtlichen englischen Flugzeugfirmen beschickt und hervorragend aufgezogen, führte er zu überraschenden Erfolgen. Ich habe über diesen Wettbewerb ausführlich in einem Referat auf einem flugtechnischen Sprechabend der WGL. berichtet, so daß ich mich an dieser Stelle auf die wesentlichen englischen Erfahrungen beschränken darf.

Die wichtigsten Lehren und Erfahrungen des Wettbewerbs waren folgende:

1. Der Schwerpunkt der Leichtflugzeugentwicklung beruht in der Verbesserung der Betriebssicherheit der kleinen Motoren.

2. Der zukünftige, Absatz und allgemeine Anwendung versprechende Typ ist nicht der Einsitzer, insbesondere nicht das »Segelflugzeug mit Hilfsmotor«, sondern der leichte, betriebssichere Zweisitzer.

Die bemerkenswertesten Einsitzerbauarten, die sich aus dem Wettbewerb entwickelt haben und in beschränkter Zahl als Übungsflugzeuge in das R. A. F. eingeführt worden sind, sind der De Havilland-Eindecker DH 53 (Abb. 17 und 18) und der Parnall Pixie, beides Tiefdecker mit oberen Flügelstielen.

Abb. 17. De Havilland-Eindecker D. H. 53.

Der DH 53, der zwar in Lympne keinen Preis gewann, aber sowohl durch seine hervorragenden Flugeigenschaften als auch seine vorzügliche konstruktive Durchbildung auffiel, ist ein kennzeichnender Vertreter für die unproblematische, auf klare, einfache und vernünftige Gesichtspunkte eingestellte Art des englischen Flugzeugbaues. Neuerdings wird das Flugzeug an Stelle des 750 m³ Douglasmotors mit dem Blackburne »Tomtit« (698 cm³) ausgerüstet. Das Betriebsgewicht der Maschine hat sich dadurch etwas erhöht

— von 236 kg auf 240 kg — die Flugeigenschaften konnten jedoch wesentlich verbessert werden.[1]

Drehzahl der Schraube (direkter Antrieb) am Boden	3050
Drehzahl beim Steigen	3000
Drehzahl im Horizontalflug	3400
Horizontalgeschwindigkeit in Bodennähe	117 km/h
Horizontalgeschwindigkeit in 2000 m Höhe	103 »
Steiggeschwindigkeit am Boden	1,95 m/s
Steiggeschwindigkeit in 2000 m Höhe	0,725 »
Steiggeschwindigkeit in 3000 m Höhe	0,49 »
Steigzeit auf 3000 m Höhe	38,5 min

Die Höchstgeschwindigkeit des Parnall Pixie II beträgt angeblich 160 bis 170 km/h, die Gipfelhöhe ungefähr 4500 m.

Abb. 18. De Havilland-Eindecker D. H. 53 im Fluge.

Außer der bereits erwähnten militärischen Anwendung hat sich ein bemerkenswerter Absatz von einsitzigen Leichtflugzeugen in England nicht entwickeln können. Einesteils sind die Anschaffungskosten für den in Frage kommenden Kreis flugsportlich interessierter Privatleute noch zu hoch, andererseits eignet sich der Eindecker nicht für die Entwicklung eines auf vereinsmäßiger Grundlage betriebenen Flugsportes, da die Ausbildungsmöglichkeit fehlt. Es dürfte für diejenigen Kreise in Deutschland, die den Einsitzer noch propagieren, wissenswert sein, zu erfahren, daß von den erfolgreichen Maschinen des Wettbewerbs zu Lympne nur vier Stück in private Hände übergegangen sind, und zwar je ein D H 53, ein Parnall Pixie, ein ANEC und ein Avro.

Ich scheue mich nicht, an dieser Stelle zu sagen, daß die Engländer im Leichtflugzeugbau um eine Phasenverschiebung voraus sind, da sie nach den Erfahrungen ihres ersten Wettbewerbs sich mit Entschiedenheit auf die Entwicklung des leichten Zweisitzers eingestellt haben. Diese Bestrebungen wurden in entscheidender Weise durch die Ausschreibungen des diesjährigen, demnächst wieder in Lympne stattfindenden Wettbewerbs gefördert. In der Tatsache, daß der Wettbewerb in diesem Jahre im Gegensatz zu dem vorjährigen rein national ist, drückt sich sehr deutlich die Absicht und das Ziel aus, die britischen Flugzeugfabriken dazu anzuregen, geeignete leichte Ausbildungsflugzeuge für die Luftstreitkräfte heranzubilden. Verlangt werden Zweisitzer mit Doppelsteuerung, die das Lufttüchtigkeitszeugnis des Luftministeriums hinsichtlich ihrer statischen Bausicherheit besitzen und die ihre fliegerischen Eigenschaften durch vorherige Probeflüge beweisen müssen. Der Motor darf ein Hubvolumen von 1100 cm³ nicht überschreiten. (Diese Begrenzung erscheint verschiedenen Konstrukteuren mit Recht zu niedrig, um ein wirklich betriebssicheres Flugzeug herzustellen; insbesondere soll Capt. Geoffry de Havilland, der als einer der aussichtsreichsten Bewerber galt, aus diesem Grunde vom Wettbewerbe zurückgetreten sein.) Leichte Auf- und Abrüstung und Unterbringung auf kleinem Raum im abgerüsteten Zustand werden gefordert. Die sehr strenge fliegerische Prüfung sieht eine Punktwertung für Geschwindigkeit, Steigleistung, Ge-

---

[1] Ich verdanke die nachstehenden Angaben, die ein Bild von den hervorragenden Flugleistungen geben, der Liebenswürdigkeit von Mr. Walker, dem Chefingenieur der De Havilland-Werke.

schwindigkeitsbereich, kurzen Auslauf und schnellen Start vor. Maschinen, die eine Landegeschwindigkeit von 72 km/h über- oder eine Mindestgeschwindigkeit von ungefähr 96 km/h unterschreiten, sind von vornherein ausgeschlossen.

Nach dem Charakter der Ausschreibungen zu schließen, scheint es, als ob es auch das Schicksal der Leichtflugzeugbewegung sein sollte, ins rein militärische Fahrwasser zu entgleiten. Zeitungsnachrichten zufolge plant das englische Luftministerium jedoch eine weitgehendere und allgemeinere Anwendung. Es sind bereits Vorbereitungen im Gange, um an geeigneten Plätzen private Vereinigungen mit Unterstützung der Behörden ins Leben zu rufen zur Stärkung bzw. Erweckung des »air sense« unter der englischen Jugend. Endgültige Schritte sollen in dieser Richtung geschehen, wenn die Erfahrungen mit leichten Zweisitzern vorliegen. Diese Vereinigungen sollen einesteils ehemaligen Heeresfliegern und Reserveoffizieren des R. A. F. die Möglichkeit zur Erweiterung ihres Trainings geben, anderseits sollen junge, flugsportlich begeisterte Leute unter ihrer Anleitung das Fliegen erlernen. Man hofft hinsichtlich der Kosten für die Flugstunde auf 5 bis 5,7 sh. zu kommen.

Abb. 19. »Gannet«-Doppeldecker der Gloustershire Aircraft Works.

Amerika. In Amerika ist die Leichtflugzeugbewegung noch zu sehr im Fluß und im Anfangsstadium, als daß man etwas Bestimmteres über ihre Einstellung und ihre bisherigen Erfolge aussagen könnte. Bis April 1924 sind nach »Aviation« von privaten Konstrukteuren etwa 5 Leichtflugzeuge mit Motorradmotoren (Indian, Harley Davidson, Ace) gebaut worden. Von den älteren in die Jahre 1919 und 1920 zurückreichenden ersten Vorläufern ist anscheinend nur der »Bellanca«-Doppeldecker von Maryland mit 35 PS Anzani-Motor und 180 kg Leergewicht zum Fliegen gekommen.

Die gleichen Kreise, die sich vergeblich bemüht haben, die Segelflugbewegung in Amerika einzubürgern, suchen jetzt allgemeines Interesse für das Leichtflugzeug zu erwecken. Die Widerstände scheinen einerseits in einer gewissen Verständnislosigkeit vieler maßgebenden Kreise gegenüber den Aufgaben und Zielen des Leichtflugzeuges zu bestehen. Es scheint auch in Amerika noch viele Flieger zu geben, die ein Flugzeug, das weniger als 200 PS besitzt, a priori verwerfen. Die Veranstaltung von Wettbewerben, die auf die Züchtung praktisch brauchbarer Gebrauchsmaschinen hinauslaufen, findet wenig Interesse beim Publikum, das auf die Sensation der reinen Geschwindigkeitsprüfungen eingestellt ist.

Die konstruktive Entwicklung steht noch ausgesprochen auf dem Einsitzerstandpunkt, bedingt durch den Mangel an geeigneten amerikanischen Leichtmotoren. Die Leistungen der neu herausgekommenen spezifischen Leichtflugzeugmotoren, z. B. des vom Air Service entworfenen und von der Steel Production Engineering Co. in Springfield, Ohio, hergestellten Leichtmotors (15 PS bei 2200 Umdrehungen und 23 kg Gewicht) kommen für Zweisitzer nicht in Frage.

Von neueren Bauarten sind zu nennen die Eindecker von Mummert und Allen, beides Hochdecker mit Harley Davidson-Motoren.

Auch im übrigen Ausland hat die Leichtflugzeugbewegung vereinzelt Fuß gefaßt. In Holland ist von Van Carley ein Hochdecker von bemerkenswerter konstruktiver Durchbildung mit einem Dreizylinder-Anzani-Motor (25 PS) konstruiert worden (Abb. 20).

In der Tschechoslowakei wird von den Aviawerken ein dem DH. 53 ähnlicher Tiefdecker mit Vaslinmotor gebaut. In Italien wurde vor etwa einem Jahr ein leichter Eindecker »Pegna Rondin« mit 400 cm³ ABC-Motor erprobt, ein typisches Segelflugzeug mit Hilfsmotor, das in seinem konstruktiven Aufbau gewisse Ähnlichkeit mit dem Aachener Segelflugzeug »Blaue Maus« zeigte, erprobt. In Spanien ist ein Zweidecker mit

Bristol-»Cherub«- Motor, Alfaro II, in Finnland ist von Adaridy und in Ungarn von Trotzkai ein leichter Eindecker gebaut worden.

Im einzelnen ohne besonderes konstruktives Interesse, sind diese Ausläufer insofern bemerkenswert, als sie den heutigen Umfang und die Ausbreitung der Leichtflugzeugbewegung andeuten.

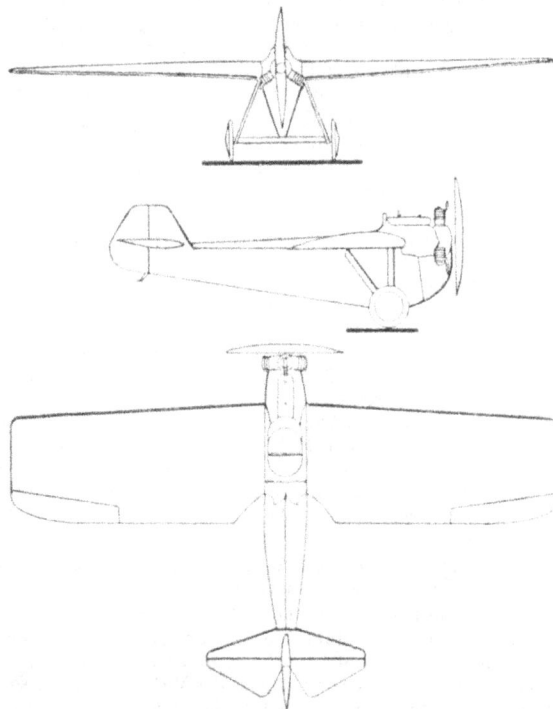

Abb. 20. Holländisches Leichtflugzeug von van Carley.

Allgemeine konstruktive Richtlinien.

Alle allgemeinen Richtlinien für die Konstruktion einer Maschine oder eines Fahrzeugs entspringen zunächst dem »Zweck« der Maschine. »Zweck« wiederum ist nicht irgendeine der vielseitigen Anwendungsmöglichkeiten, z. B. Sport, Verkehr, Ausbildung, sondern gleichbedeutend etwa mit technischer Idee oder technischer Aufgabe. Zweck der leichten Flugzeuge ist sicheres und billiges Fliegen bei geringstem Aufwand an Baugewicht.

Die Sicherheitsforderungen sind bei dieser Definition bewußt den wirtschaftlichen Gesichtspunkten vorangestellt worden. Es kommt m. E. zur Zeit ungleich mehr darauf an, daß derartig leichte und kleine, in erster Linie privaten Interessen dienende Flugzeuge spielend leicht zu fliegen sind, auf ganz kleinen Plätzen gelandet werden können, und eine wirklich betriebssichere und zuverlässige Kraftquelle besitzen, als daß sie etwa die bestehenden Durchschnittsleistungen hinsichtlich Geschwindigkeit und Brennstoffverbrauch um einige 5 oder 10 Hundertteile verbessern. Der Begriff »sicher« umfaßt sowohl die allgemeine statische Bausicherheit als auch Stabilitäts- und Steuereigenschaften und die Betriebssicherheit des Motors, während der Begriff »billig« die wirtschaftlichen Gesichtspunkte einschließt.

Es ist zwecklos und geradezu entwicklungshemmend, wenn man bei diesen Flugzeugen die Gesichtspunkte der Wirtschaftlichkeit, insbesondere die Transport- oder Verkehrsökonomie in den Vordergrund stellt, ehe die Frage der Betriebssicherheit in einer befriedigenden und das Vertrauen der breiten Masse erweckenden Weise gelöst worden ist.

A. Probleme der Flugsicherheit.

Für die Sicherheit in der Luft ist in erster Linie die Zuverlässigkeit der Kraftquelle maßgebend. Diese wird einerseits gewährleistet durch die geeignete konstruktive Durchbildung des Motors. Die wichtigsten konstruktiven Probleme beruhen in der Verwirklichung eines geringen PS-Gewichtes, in der Erzielung eines schwingungslosen Laufes und in der Erreichung eines betriebsfähigen Temperaturgleichgewichtes aller Teile durch ausreichende Kühlung und Schmierung. Neben diesen unmittelbaren Gesichtspunkten ist in mittelbarer Hinsicht der Grad der

Inanspruchnahme des Motors während des normalen Fluges von ausschlaggebendem Einfluß auf seine Lebensdauer und seine Betriebssicherheit. Es ist eine technische Binsenwahrheit, daß ein Motor, der dauernd bis hart an die Grenze seiner Leistungsfähigkeit beansprucht wird, sich naturgemäß sehr rasch abnutzt und keine Gewähr für vollkommene Betriebssicherheit bieten kann. Das Geheimnis der erstaunlichen Zuverlässigkeit der in den Verkehrsflugzeugen der internationalen Linien eingebauten Motoren, B.M.W., Rolls Royce »Eagle« und Napier »Lion«, dürfte in erster Linie auf dem beträchtlichen Leistungsüberschuß beruhen, den diese Motoren im Reiseflug besitzen.[1]

Dieser Grundsatz der Motorschonung durch genügenden L e i s t u n g s ü b e r s c h u ß von mindestens 30 bis 50 vH der Maximalleistung im Sparflug müßte mit gleicher Streng auf die kleinen und leichten Maschinen übertragen werden, bei welchen wir häufig eine unzulässig hohe Beanspruchung des Motors im Normalflug feststellen können. (z. B. bei neueren Zubringermaschinen und bei den verschiedenen Leichtflugzeugen.)

Bei den sog. »Segelflugzeugen mit Hilfsmotor« soll die Kraftreserve durch den Gewinn an Windenergie ermöglicht werden. Diese an sich äußerst reizvolle Möglichkeit besteht natürlich nur da, wo sich infolge der Geländebildung oder thermischer Einflüsse geeignete Luftströmungen ausbilden können. Ich glaube, daß es für ein von derartigen lokalen Vorbedingungen vollkommen unabhängiges Leichtflugzeug nicht der richtige und zweckmäßige Grundsatz ist, hinsichtlich der Leistungsbemessung die unterste Grenze anzustreben. Nach dem heutigen Stande des Leichtbaues und der aerodynamischen Erkenntnis zu urteilen, dürften wir uns hinsichtlich des zum Fliegen mit 100 bis 120 km/h[2] erforderlichen Leistungsbedarfes bereits stark einem Minimum genähert haben. Die großen Erfolge des reinen Segelfluges haben in Deutschland in vielen Kreisen zu einer gewissen Überschätzung der rein aerodynamischen Möglichkeiten geführt, so daß man sich etwas davor scheut, oder es unter der technischen Würde hält, an eine Verstärkung der Leistung durch Verbesserung der Kraftquelle zu denken.

Eine weitere selbstverständliche Zuverlässigkeitsforderung ist die vollkommene B a u s i c h e r h e i t in allen Fluglagen und auf dem Boden. Diese wiederum ist bedingt durch eine eingehende statische Berechnung und Festigkeitsprüfung der einzelnen Teile unter Zugrundelegung bestimmter Sicherheitsfaktoren. In der Wahl der Lastvielfachen besteht noch keine Einheit, da seitens der DVL noch keine neuen Vorschriften herausgekommen sind. Die meisten Firmen halten sich daher an die alten Vorschriften der Bau- und Liefervorschriften und legen entweder die im Abschnitt V gegebenen Lastvielfachen oder nach eigenem Ermessen höhere Werte für die statische Berechnung zugrunde. In England werden für die Bausicherheit der Leichtflugzeuge durchweg die bekannten Bestimmungen des Luftministeriums für die Erlangung des Lufttüchtigkeitszeugnisses (air-worthiness certificate) berücksichtigt. Beim De Havilland-Eindecker, der sich besonders für Kunstflüge eignet, besitzen die Holme eine vier- bis fünffache Sicherheit gegen Bruch (also 12- bis 15-faches Lastvielfaches!). Mit Rücksicht auf die Ausführungen von Herrn Prof. Baumann möchte ich auf diesen Punkt nicht weiter eingehen.

Selbstverständlich und doch noch verhältnismäßig wenig entwickelt ist die Forderung, die auf die Gewährleistung s i c h e r e r und a u s r e i c h e n d e r S t e u e r w i r k u n g in a l l e n F l u g l a g e n , insbesondere bei geringen Geschwindigkeiten, hinzielt. Die am Quadrat der Geschwindigkeit verhältige Steuerdrücke zwingen besonders bei den Leichtflugzeugen infolge der niedrigen Flächenbelastungen zu einer wesentlichen Vergrößerung der Steuerflächen im Vergleich zu den sonst üblichen Abmessungen und zu einer sorgfältigen Auswahl von Form und Querschnitt der Ruder. Allgemein gesprochen finden wir bei vielen Bauarten oft noch sehr rückständige, lediglich dem persönlichen Geschmack und Gefühl des betreffenden Konstrukteurs entsprungene Steuer- und Leitwerkformen, obwohl bereits — allerdings fast ausschließlich in der englischen und amerikanischen Literatur — zahlreiche Untersuchungen und Richtlinien für die zweckmäßigste aerodynamische Ausbildung der Steuer, insbesondere der Querruder, vorliegen. Der beschränkte Raum verbietet mir, an dieser

---

[1] Es sind z. B. Fälle bekannt geworden, wo mit dem bekannten Napier »Lion«-Motor 160 000 km Flugstrecke ohne Notlandung auf unvorbereitetem Platz zurückgelegt worden sind oder 16 000 km Flugstrecke ohne Überholung des Motors.

[2] Bei geringeren Geschwindigkeiten ist die Abhängigkeit von Wind und Wetter zu groß.

Stelle hierauf näher einzugehen.[1] Eine wesentliche Verbesserung der Seiten- und Querruderwirkung scheint durch das von de Havilland neuerdings wieder eingeführte Differentialruder bewirkt zu werden. Das Prinzip dieser Einrichtung beruht einfach darin, daß der Ausschlag der gesenkten Klappe etwas kleiner ist als der Ausschlag der gehobenen. Auf diese Weise wird besonders das bei der üblichen Querruderausführung mit gleichen Ausschlägen auftretende verkehrt drehende Seitenmoment, welche die Seitenruderwirkung besonders bei großen Anstellwinkeln stark herabsetzt, vermindert.

Ein bedauerlicher Unglücksfall, der sich in diesem Jahre ereignete, und zwei tapferen Piloten das Leben kostete, hat die Aufmerksamkeit erneut auf die bei leichten und kleinen Flugzeugen etwas vernachlässigte Frage der B r a n d s i c h e r u n g durch besondere Brandspants hingelenkt.

Die S i c h e r h e i t von A b f l u g und L a n d u n g hängt in erster Linie von der Festigkeit des Fahrgestells und der Minimalgeschwindigkeit ab. Es hat keinen Sinn, die Konstruktion des Fahrgestells hinsichtlich Gewichts- und Widerstandsverminderung auf die Spitze treiben zu wollen, wenn dadurch die Betriebssicherheit des Flugzeuges gefährdet wird. Im übrigen ist der Anteil des Fahrgestellwiderstandes geringer als gemeinhin angenommen wird. Für ein Leichtflugzeug vom Typ des De Havilland-Eindeckers mit normaler Fahrgestellbauart dürfte er nicht mehr als 8 bis 10 vH des Gesamtwiderstandes betragen.

Die Landegeschwindigkeit ist bestimmt durch die Größe der Flächenbelastung und den Höchstauftrieb des Profils. Die wirtschaftlichste Flächenbelastung liegt bei den Leichtflugzeugen heutiger Bauart zwischen 40÷50 kg/m², bei den Flugzeugen mittlerer Geschwindigkeit zwischen 50—65 kg/m². Bei weiterer Verkleinerung der tragenden Flügelfläche nimmt der induzierte Widerstand in stärkerem Maße zu, als der Profilwiderstand abnimmt. Gewöhnlich wird bei Leichtflugzeugen und auch bei mittelschweren Flugzeugen mit Rücksicht auf die hohe Leistungsbelastung und damit auf das Steigvermögen eine geringere Flächenbelastung zugrunde gelegt, im Durchschnitt 20 bis 25 kg/m² bei Leichtflugzeugen und 30 bis 40 kg/m² bei Flugzeugen mittleren Gewichts. Das einzige bisher bekannt gewordene Leichtflugzeug mit einer Flächenbelastung von ungefähr 40 kg/m² ist der erwähnte Parnall Pixie II Aber selbst mit dieser Flächenbelastung überschreitet die theoretische Landegeschwindigkeit bei Anwendung dicker Profile mit hohen Auftriebsbeiwerten kaum die Landegeschwindigkeit unserer alten B-Maschinen Bei aerodynamisch sehr hochwertigen Maschinen ist das lange Ausschweben bei der Landung, insbesondere bei Not- oder Außenlandungen, sehr unangenehm. Es erscheint zweckmäßig, diesem Nachteil durch besondere Einrichtungen, z. B. durch Flügelklappen zu begegnen, wobei naturgemäß den Einrichtungen der Vorzug zu geben ist, die nicht nur die Gleitzahl verschlechtern, sondern gleichzeitig durch eine Auftriebsvergrößerung die Landungsgeschwindigkeit vermindern.

Für die Länge des Anlaufs und die Sicherheit des Abflugs auf beschränktem Gelände, insbesondere auf Plätzen, die von Bäumen oder Häusern eingefaßt sind, ist der Leistungsüberschuß des Motors von ausschlaggebender Bedeutung. Auch aus diesem Grunde erscheint es daher erforderlich, bei Leichtflugzeugen und Flugzeugen mittleren Gewichts nicht zu hart an die obere Grenze der Leistungsbelastung zu gehen. Eine Steiggeschwindigkeit von mindestens 1,5 ÷ 2 m/s ist für beide Flugzeugarten unbedingt zu fordern, wenn der Start nicht jedesmal zu einigen angstvollen Minuten für den Piloten werden soll.

Bauart	Anlaufstrecke m	Auslaufstrecke m
Mark I	171,0	48 85
Mark II	102,5	49,22
Udet I	220	125,6
Udet II	173	121,2
Albatros	185,5	111,5
Junkers	225,5	98,57
Dietrich-Gobiet	149	137,05

Offizielle Messungen des An- und Auslaufs von Leichtflugzeugen liegen noch nicht vor. Dagegen bot der diesjährige Samland-

---

[1] Eine ausführliche Würdigung findet diese Frage in dem soeben im Verlage R. Oldenbourg erschienenen Buche »Leichtflugzeugbau«. M. 6.50

küstenflug in Königsberg Gelegenheit, ein einwandfreies und unparteiliches Bild über die An- und Auslaufstrecken der bekanntesten deutschen Flugzeuge mittleren Gewichts zu gewinnen. Die damals erzielten Leistungen sind in der vorstehenden Zahlentafel zusammengestellt, und es bedarf wohl keines weiteren Hinweises, daß bei diesen Flugzeugbauarten noch wesentliche Verbesserungen in dieser Richtung erforderlich sind.

B. Probleme der Wirtschaftlichkeit.

Die reinen Gestehungskosten, d. h. Material und Löhne, verhalten sich bei einem Flugzeug mittleren Gewichts in normaler Holz-Stahlrohrausführung zu den Kosten des Motors ungefähr wie 1:1. Eine Ersparnis an Materialkosten ist nur durch eine Mengen- bzw. Gewichtsersparnis möglich. Die reinen Lohnkosten können stark durch eine schon beim Entwurf berücksichtigte Unterteilung der Konstruktion in einzelne getrennte Aggregate vermindert werden, die vollständig unabhängig voneinander hergestellt und in möglichst einfacher Weise zusammengestellt werden können. Dieses Bauverfahren, das dem neuzeitlichen Maschinenbau, insbesondere dem Kraftwagenbau, entnommen ist, führt zu einer wesentlichen Beschleunigung der reinen Montagearbeiten. Einzelne Hauptbauteile der erwähnten Art sind beispielsweise: Motor mit sämtlichen dazu gehörigen Einrichtungen, wie Hebel, Schaltbrett, Öltank, Brandspant usw. zu einem einzigen Aggregat zusammengefaßt, Höhen- und Seitenleitwerk, gesamte Steuerung mit Leitwerkverstellung (Abb. 21 bis 23). Die Abbildungen geben Beispiele vom konstruktiven Aufbau des Udet U 10 Tiefdeckers.

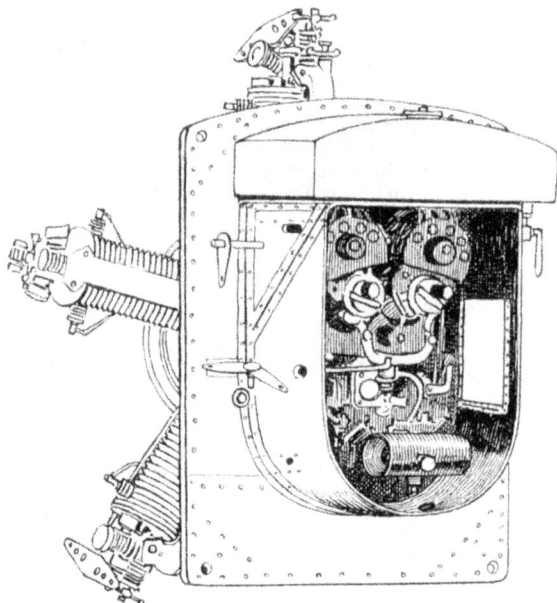

Abb. 21. Ausbildung des Motorspants beim Udet-Tiefdecker U 10.

Reiner Metallbau wird in Deutschland nur von Dornier und Junkers, in England im Leichtflugzeugbau von Short und Bristol angewendet. Er setzt eine langjährige fabrikatorische Erfahrung voraus und dürfte unter allen Umständen teurer als der Holzbau

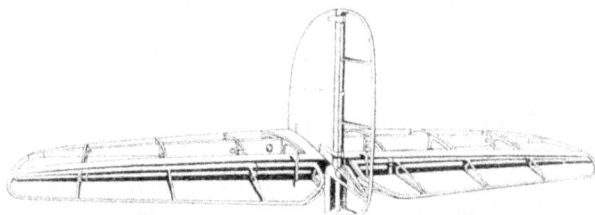

Abb. 22. Leitwerk des U 10-Tiefdeckers.

werden. Im Metallbau verhalten sich die Kosten für Material und Löhne ungefähr wie 2:1. Das gleiche Verhältnis wird heute ungefähr auch bei kleinen Holzflugzeugen mit Stahlrohrrümpfen (Dietrich-Gobiet) erreicht (bei einer Serie von 8 bis 10 Stück). Die

reinen Gestehungskosten werden also beim Metallbau gegenüber dem Holzbau bzw. der gemischten Bauweise entscheidend durch das Verhältnis der Materialkosten bestimmt. Daran dürfte auch die Fabrikation in größeren Serien etwas ändern, da diese Vorteile natürlich in entsprechender Weise auch für die andere Bauweise geltend gemacht werden können. Die Anschaffungskosten von Metallflugzeugen betragen daher heute mehr als das Doppelte des Preises gleichwertiger Holzflugzeuge. Dieser große Unterschied im Anschaffungspreis ist vor allem daran schuld, daß sich leichte Metallflugzeuge bisher trotz ihrer unbestreitbaren großen Vorzüge, vor allem hinsichtlich der Lebensdauer, nicht einzubürgern vermochten.

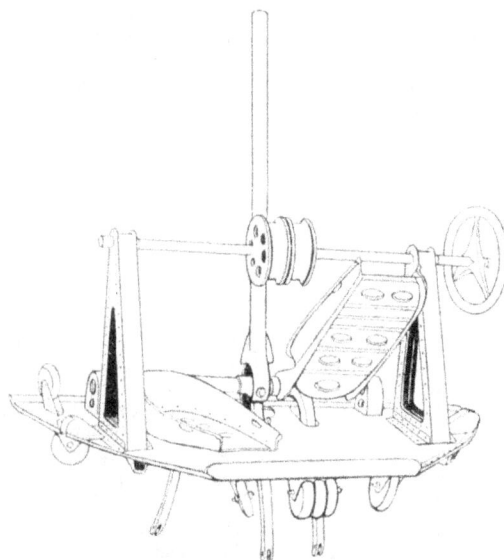

Abb. 23. Zu einem Aggregat vereinigte Steuereinrichtung.

Für die laufenden Unterhalts- und Betriebskosten bedeutet es eine wesentliche Verbilligung, wenn man die Flügel mit wenigen Handgriffen seitlich an den Rumpf heranschlagen kann und den Schwanzsporn beim Bodentransport an einem vorgespannten Kraftwagen aufhängen kann. Die Wichtigkeit derartiger Fragen kann nur von einem Flugzeugführer oder noch besser von einem fliegenden Konstrukteur beurteilt werden, der selbst praktische Erfahrungen in Überlandflügen hat. Man muß einmal selbst mit einem schwerdemontierbaren Flugzeug notgelandet sein und alle Schwierigkeiten der Unterbringung, der Bewachung auf freiem Feld und der Beförderung auf der Straße durchgemacht haben, um die außerordentliche praktische Bedeutung dieser Gesichtspunkte ermessen zu können. Die Unterschätzung derartiger fliegerischer Fragen, deren Bedeutung natürlich bei solchen Flugzeugen, die eine möglichst große Unabhängigkeit von vorbereiteten Flugplätzen haben sollen, besonders stark ins Gewicht fällt, rührt daher, daß die meisten Konstrukteure das Flugzeug nur auf dem Reißbrett, aber nicht in der Luft oder im praktischen Betriebe erleben.

Die reine Transportökonomie des Flugzeuges habe ich bewußt, wie eingangs erwähnt, an letzte Stelle gerückt, um damit auszudrücken, daß in dieser Hinsicht im Vergleich mit den übrigen Gesichtspunkten der Wirtschaftlichkeit das verhältnismäßig kleinste Bedürfnis für weitere Verbesserungen besteht. Die Wirtschaftlichkeit des Fluges ist sowohl durch rein aerodynamische Gesichtspunkte — hohe Gleitzahl und guter Propellerwirkungsgrad — als auch durch konstruktive Momente bestimmt. Es kommt vor allem darauf an, daß die Nutzlast einen großen Anteil am Gesamtgewicht ausmacht. Man ist heute bei den führenden Bauarten schon ziemlich nahe an ein Verhältnis von 1:1 des Leergewichts zur Zuladung gelangt, eine technische Leistung, die alle anderen Schnellverkehrsmittel ähnlicher Geschwindigkeit in den Schatten stellt. Der bereits erwähnte Samland-Küstenflug bot eine gute Vergleichsmöglichkeit der Flugwirtschaftlichkeit bewährter deutscher Kleinflugzeuge. Die Ergebnisse dieses Wettbewerbs sind in der nachfolgenden Zahlentafel zusammengefaßt:

Name der Firma	Motor	Benzin-verbrauch für 1 h in kg	Durch-schnittl. Ge-schwind.	Nutz-last kg	Steig-zeit auf 1000 m min
Albatros E. . . .	70 PS Siemens	18,4	148,4	210	7,4
Dietrich Gobiet D.	70 PS Siemens	23,9	121,59	250	15,8
Stahlwerk Mark E.	35 PS Baer	11,4	105,10	104	15,6
Junkers E.	70 PS Siemens	23,7	149,96	350	8,9
Udet E.	55 PS Siemens	9,4	145,24	220	13,4
Udet E.	55 PS Siemens	13,0	140,10	220	7,6

Das Streben des Leichtbaues nach weitgehender Ausnützung der »Gewichtsfestigkeit« (Verhältnis der zulässigen Spannung zum spez. Gewicht) des Materials führte dazu, viele Konstruktionsteile, die früher aus Stahl hergestellt wurden, durch entsprechende Ausführungen in Leichtmetall zu ersetzen. Dieser Grundsatz darf natürlich nicht dazu führen, daß die Betriebssicherheit, die eine gewisse Derbheit der Konstruktion verlangt, leidet. Es darf keine Stellen geben, wo man nicht anfassen darf. Ferner ist der Frage der zulässigen Durchbiegungen insbesondere bei den Tragflügeln erhöhte Bedeutung beizumessen, um gefährliche Flügelschwingungen zu vermeiden. Auch hängt die sichere Steuerwirkung der Querruder in hohem Maße von der Verdrehungssteifigkeit der Flügel ab.

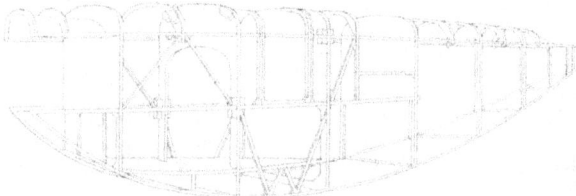

Abb. 24. Spantengerüst für einen Sperrholzrumpf (Kolibri).

Das am Udet-Tiefdecker U 10 verwirklichte Flügelgewicht von 4 bis 5 kg/m² dürfte für einen freitragenden Eindecker bei einer Flächenbelastung von 40 kg/m² einen schwerlich noch wesentlich zu unterbietenden Grenzwert darstellen. Das geringe Einheitsgewicht wurde neben der erwähnten ausgedehnten Anwendung von Leichtmetall für die Innenversteifung und die Querrudergerippe dadurch erreicht, daß der Rippenabstand nach den Flügelenden zu entsprechend der abnehmenden Belastung vergrößert wurde.

Abb. 25. Rumpf in Holz-Draht, Ausführung (Avro »Baby«).

Beim Aufbau der Rümpfe scheinen in stärkerem Maße noch Gewichtsersparnisse möglich zu sein. Die nachstehende Zahlentafel liefert einen Vergleich dreier typischer Rumpfbauarten.

Rumpfbauart	Flugzeug u. Motor	Gewicht des nackten Rumpfes
Holz-Draht	Avro Baby 35 PS Green	54 kg
Stahlrohr	Dietrich Gobiet E. 55 PS Siemens	42 »
Sperrholz m. trag. Haut	Udet E. 55 PS Siemens	39,3 »

Zu dem Stahlrohrrumpf ist noch zu bemerken, daß bei ihm die Gewichtsersparnis noch nicht sehr weit getrieben ist, so daß man annähernd vom gleichen Baugewicht beider Konstruktionen sprechen kann. Dabei ist die Anzahl der zur Herstellung erforderlichen Lohnstunden wesentlich geringer, sie beträgt einschließlich der Bespannungs- und Lackierarbeiten 116, so daß also 4 Arbeiter einen kompletten Stahlrohrrumpf in 3½ bis 4 Tagen fertig stellen können. Eine Gewichtsverminderung dürfte bei dieser Bauart durch Anwendung von Leichtmetallrohren möglich sein.

Bemerkenswert ist der durch von Loessl am Caspar-Eindecker eingeschlagene Weg, der zu einem sehr geringen Rumpfgewicht führt. Die Loesslsche Bauart besteht darin, daß ein aus geschweißten Stahlrohren bestehendes Chassis zur Befestigung des Motors, der Flügel, des Fahrgestells und der Sitze dient, während ein ganz leichter spantenloser Sperrholzrumpf die Verbindung mit dem Leitwerk vermittelt. Bedenklich erscheint allerdings bei dieser Bauart das Verhalten des Holzrumpfes unter dem Einfluß der Feuchtigkeit.

Zweckmäßiger als ein Vergleich der sogen. Transportökonomie ist insbesondere bei Gegenüberstellung der Leistungen anderer Schnellverkehrsmittel ein Vergleich hinsichtlich der Wirtschaftlichkeit der Personenbeförderung, indem man in dem bekannten Ausdruck für die Transportökonomie die Nutzlast durch die Anzahl der beförderten Personen ersetzt:

$$V = \frac{n \cdot v_m}{b},$$

wobei n die Anzahl der beförderten Reisenden, v_m die durchschnittliche Reisegeschwindigkeit und b den Brennstoffverbrauch pro Stunde bezeichnen. Dieser Vergleich hat zwar den Nachteil, daß Fahrzeuge miteinander verglichen werden, bei denen die Durchschnittsgeschwindigkeit in verhältnismäßig starkem Maße voneinander abweichen. Die Kehrwerte von V haben jedoch eine sehr anschauliche praktische Bedeutung, indem sie den Betriebstoffverbrauch x in kg pro Person und km angeben. Für verschiedene private Schnellverkehrsmittel ergibt sich folgende Übersicht:

Verkehrsmittel	Anzahl d. beförd. Personen	Durchschn. Geschwind. v km/h	b	x Pfg.
Motorrad	2	60	3,6	1,20
Tourenauto	4	50	8,4	1,68
Mittelschweres Flugzeug . .	2	130	16,8	2,58
Einsitziges Leichtflugzeug .	1	100	5,4	2,16
Zweisitziges Leichtflugzeug .	2	100	7,2	1,44
Kleinauto	2	50	4,2	1,68

(Hinsichtlich des Wertes von b ist zu bemerken, daß für den Ölverbrauch ein Zuschlag von 12 vH zu dem Brennstoffverbrauch gemacht worden ist. Für den Benzinpreis wurde M. 0,40 pro 1 kg zugrunde gelegt.)

Man ersieht aus diesem Vergleich, daß die reinen Betriebsstoffkosten eine verhältnismäßig geringe Rolle spielen und daß das leichte Flugzeug hinsichtlich der Verkehrswirtschaftlichkeit in der Luft sehr gut einen Vergleich mit anderen Schnellverkehrsmitteln duldet. Es erscheint daher nicht unberechtigt, diesen Gesichtspunkt der Wirtschaftlichkeit an die letzte Stelle zu setzen.

Besondere konstruktive Gesichtspunkte.

Ein- oder Doppeldecker:

Die konstruktive Entwicklung der Leichtflugzeuge und der Flugzeuge mittleren Gewichts hat sich in entschiedener Weise dem Eindecker zugewandt. Die früher übliche Doppeldeckerbauart aus Flächen dünnen Querschnitts, Stielen und Diagonalverspannung aus Stahldraht oder Kabeln wird heute bei uns a priori als überlebte »alte Schule« betrachtet. Ein freitragender Doppeldecker ist bei gegebener Fläche und Spannweite, gegebenem Auftrieb und gleichem Profil dem freitragenden Eindecker durch das ungünstigere Verhältnis von Profildicke zu Spannweite unterlegen. Bei gleicher Spannweite, gleichem Auftrieb und gleicher Geschwindigkeit ist der induzierte Widerstand des Doppeldeckers allerdings etwas geringer. Nach der Prandtlschen Mehrdeckertheorie ist der Widerstand des Doppeldeckers bekanntlich um einen Faktor k vom Eindecker verschieden, wobei k beispielsweise für ein Verhältnis h/b (Abstand der Flächen zur Spannweite) = 0,15 und gleicher Spannweite von Ober- und Unterflügel 0,779 beträgt. Im übrigen ist der Anteil des induzierten Widerstandes bei den heute üblichen Abmessungen und den Gewichts- und Leistungsverhältnissen relativ gering. Die nachstehende Abbildung (26) gibt ein Bild von der Zusammensetzung der Teilwiderstäände eines normalen Leichteindeckers mit Flügelstielen und Abmessungen sowie Leistungen des D. II. 53. Man erkennt hieraus, daß der induzierte Widerstand im Verhältnis zu Profil und Rumpfwiderstand eine untergeordnete Rolle spielt. Es hat also keinen Sinn, bei derartigen Maschinen mit der Spannweite derart ins Extrem zu gehen wie bei den Segelflugzeugen.

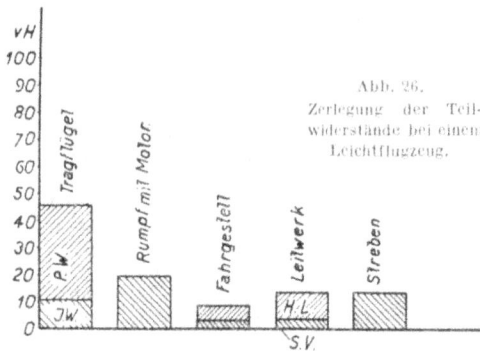

Abb. 26.
Zerlegung der Teilwiderstände bei einem Leichtflugzeug.

Das günstigere Verhältnis von Profildicke zu Spannweite sichert dem Eindecker unter sonst gleichen Bedingungen hinsichtlich Widerstand und Auftrieb den Vorteil geringeren Baugewichts gegenüber dem freitragenden oder mit Torsionsendstielen gebauten Doppeldecker. Die Brückenkonstruktion der »alten Schule« ergibt allerdings ein geringeres Baugewicht, jedoch ist — wie die Nachrechnung von Beispielen stets lehren dürfte — der zusätzliche Widerstand der Streben und der Verspannung größer als die geringe Verminderung des Profilwiderstandes durch die Anwendung eines dünneren Flügelschnittes. Die praktische Erfahrung lehrt, daß die aerodynamischen Vorzüge der freitragenden Eindeckerbauart die Gewichtsvorteile der verstrebten und verspannten Bauart schwerlich überwiegen, jedenfalls sind die Unterschiede praktisch nicht so bedeutend, wie gemeinhin angenommen wird. Ein Vergleich möge dies lehren. Ich wähle hierzu zwei englische Leichtflugzeuge, den De Havilland-Eindecker und den Doppeldecker »Gannet« der Gloucestershire Aircraft Co., die die gleiche Motoranlage besitzen (Blackburne »Tomtit« von 698 cm³ Hubvolumen, und für welche zahlenmäßige Angaben dank der Liebenswürdigkeit der beiden Firmen vorliegen.

1. Gannet-Doppeldecker. Betriebsgewicht mit 10,8 Liter Benzin und Pilot (76 kg) . . . . 209 kg

Gewicht der Motoranlage:

Motor	36,2	kg
Rohrleitungen usw.	4,54	»
Tanks	2,26	»
Benzin	6,55	»
Öl	0,66	»
Luftschraube	2,26	»
Sonstiges	4,54	»
	57	kg

Gewicht der Zelle . . . . 76 kg
Flächenbelastung . . . . $G/F = 21,8$ kg/m²
Leistungsbelastung . . . . $G/N = 8,4$ kg/PS

2. Betriebsgewicht des DH 53 . . 250 kg
Gewicht der Zelle unter den gleichen Voraussetzungen für die Motoranlage . . . . . 107 kg
Flächenbelastung . . . . $G/F = 21,6$ kg/m²
Leistungsbelastung . . . . $G/N = 9,6$ kg/PS

Die Leistungsbelastung beim Eindecker ist also bei fast gleicher Flächenbelastung um ungefähr 11,5 vH größer als beim Doppeldecker. Dieser Unterschied genügt anscheinend, um die aerodynamischen Vorteile des Eindeckers aufzuwiegen, da für beide Flugzeuge annähernd die gleiche Höchstgeschwindigkeit angegeben wird (117 km/h).

Man ersieht hieraus, daß es etwas voreilig ist, wenn man ohne weiteres Überlegen den freitragenden Eindecker seiner aerodynamischen Vorzüge wegen als unbedingte Forderung für leichte und kleine Flugzeuge befürwortet. Der eigentliche Grund für die Überlegenheit des Eindeckers über den verspannten Doppeldecker ist mehr konstruktiver Natur. Er beruht in der Vereinfachung von

Form und Bauart und in der Vergrößerung der Betriebssicherheit durch den Wegfall zahlreicher unsicherer Bauglieder, wie Streben, Drähte und Beschläge.

Für gewisse Sonderzwecke, z. B. für Schulflugzeuge, bei denen es darauf ankommt, eine möglichst niedrige Flächenbelastung bei handlichen Formen zu verwirklichen, besitzt die Doppeldeckerbauart unbestreitbare Vorteile.

Tiefdecker oder Hochdecker.

Die Anordnung der Flügel beim Eindecker ergibt sich aus einer ganzen Reihe konstruktiver, aerodynamischer und fliegerischer Erwägungen, ohne daß es richtig und zweckmäßig wäre, den einen oder anderen Gesichtspunkt ausschließlich zu bevorzugen Rein aerodynamisch betrachtet, spielt das Zusammenwirken von Schraubenstrahl und Flächenanordnung auf die Größe der Luftkräfte eine ausschlaggebende Rolle. Ich habe vor einigen Jahren in der Göttinger Versuchsanstalt eine Reihe systematischer Untersuchungen in dieser Richtung vorgenommen und dabei gefunden, daß die Anordnung der Flügel in der Mitte des Rumpfes durchaus ungünstig ist, und die Tiefdeckerbauart mit hochliegender Schraubenachse sich günstiger verhält hinsichtlich des Verhältnisses von zusätzlichem Auftrieb zu zusätzlichem Widerstand, als die übliche Hochdeckerbauart mit auf der Druckseite der Flügel liegender Schraubenachse. Am günstigsten erwies sich die Hochdeckerbauart mit hochliegender Schraubenachse. Die Schirmeindeckerbauart mit Zwischenraum zwischen Rumpf und Flügeln ist von mir seinerzeit nicht untersucht worden. Auf Grund der praktischen Erfahrungen mit dieser Bauart darf man annehmen, daß hierbei anscheinend sehr günstige aerodynamische Verhältnisse vorliegen.

In konstruktiver Hinsicht ermöglicht der Tiefdecker die einfachste Flächenanordnung und die Lagerung der Sitze über den Holmen, während die Hochdeckerbauart dazu zwingt, die Sitze zwischen den Holmen anzubringen und die Schirmeindeckerbauart einen besonderen Baldachin verlangt. Von englischer Seite wird die Tiefdeckerbauart mit Flügelstielen (semi-cantilever) bevorzugt, da sie eine einfache Nachstellung des Anstellwinkels und der V-Stellung ermöglicht. Weiterhin betonen die Engländer beim Tiefdecker die Möglichkeit, das Leitwerk hierbei oberhalb der Flügel anzuordnen und es dadurch dem insbesondere bei großen Anstellwinkeln störenden Einfluß der von den Flügeln abgelösten Grenzschicht zu entziehen.

Trotz dieser unbestreitbaren konstruktiven Vorteile besteht in Deutschland, dem Entstehungsland des Tiefdeckers, eine wachsende Abneigung der Piloten gegen diese Bauart. Man bevorzugt stark den Schirmeindecker, einmal des besseren Schutzes der Insassen beim Überschlag wegen und ferner wegen seiner geringen Neigung zum Trudeln. Gerade dieser letzte Einwand, der natürlich für Sportflugzeuge von Bedeutung ist, verdient besondere Beachtung. Trudeln kann sich bekanntlich nach der Hopfschen Theorie nur dann als stationärer Zustand ausbilden, wenn das schwanzlastige Kreiselmoment dem beim Trudeln entstehenden kopflastigen aerodynamischen Moment das Gleichgewicht zu halten vermag. Der Wert des Kreiselmoments kann nun stark herabgesetzt werden, wenn ober- und unterhalb des Schwerpunktes bedeutende Massen angeordnet sind. Es ist daher leichter, einen Hochdecker oder einen Doppeldecker trudelfrei zu bekommen als einen Tiefdecker, insbesondere da die einen erheblichen Beitrag für die Größe des Trägheitsmoments um die Querachse liefernden Flügel bei der Tiefdeckerbauart oft in Höhe oder in großer Nähe des Schwerpunktes angeordnet werden. In der Tat scheint die praktische Erfahrung diese theoretische Erkenntnis zu bestätigen. Meine persönlichen Erfahrungen und Beobachtungen beschränken sich allerdings auf die Dietrich Gobiet-Flugzeuge. Es ist außerordentlich erstaunlich, wie leicht und sicher die bekannten Doppeldecker DP II a und der Hochdecker DP VII a aus dem Trudeln durch leichtes Drücken herauszubekommen sind. Hinsichtlich des Verhaltens der Tiefdecker bestehen infolge des Mißtrauens der Piloten geringere praktische Erfahrungen.

Schlußwort.

Ich möchte die rein technischen Ausführungen mit einer Bemerkung allgemeinerer Art beschließen.

Ich hoffe, daß Ihnen die Gegenüberstellung der deutschen und ausländischen Leistungen gezeigt hat, daß die technische Entwicklung des leichten und kleinen Flugzeuges bei uns in guten Händen ist. Es wäre aber schildbürgerhaft, wenn wir neben der Entwicklung der Maschine den Menschen vergessen wollten. Der fliegerische Ersatz aus den Reihen ehemaliger Heeresflieger geht zur Neige, und junger Nachwuchs muß herangebildet werden, wenn nicht einmal die Zeit kommen soll, wo ausländische Piloten unsere deutschen Verkehrsflugzeuge fliegen sollen. In der Entwicklung dieses Nachwuchses sehe ich die eigentliche Mission des Leichtflugzeuges, nicht etwa in einer Erfüllung der Losung: »Jedem sein Leichtflugzeug«. Ein nennenswerter Absatz an private Besitzer kommt z. Zt. schwerlich in Frage. Ich glaube aber bestimmt, daß es den zahlreichen schon bestehenden und noch zu gründenden Vereinigungen möglich sein dürfte, sich zweisitzige Leichtflugzeuge mit Doppelsteuerung anzuschaffen Damit wäre einesteils ehemaligen Piloten die Gelegenheit geboten, wieder fliegerische Übung zu er-langen. Sie könnten gleichzeitig junge, fliegerisch begeisterte Leute ausbilden und ihnen als lebendige Tradition den Geist unserer ehemaligen Fliegerei auf diese Weise vererben, nicht aus irgend-welchen militärischen Gesichtspunkten heraus — dieser Gedanke wäre angesichts der Luftflotten unserer ehemaligen Gegner ein Wahnsinn — sondern zum Wohle und zur Erhaltung unserer fried-lichen Luftfahrt. Diese Bestrebungen verdienten m. E. in gleicher Weise seitens der leitenden Behörden unterstützt zu werden wie die Segelflugbewegung. Man wird auf diesem Wege nicht nur neue Flugzeugführer, sondern auch einen Typ heranbilden können, der seit den ersten Entwicklungstagen der Flugtechnik selten geworden ist, den Typ des fliegenden Konstrukteurs.

IX. Betrachtungen zur Weiterentwicklung der Heeresflugzeuge und Motoren im Ausland.

Vorgetragen[1]) von Alfred Richard Weyl.

Einführung.

Der Militärflugzeugbau der Gegenwart ist ein umfassendes Gebiet, das im Rahmen eines kurzen Vortrages schwerlich erschöpfend Behandlung finden kann. Im Folgenden sollen deshalb nur einige Fragen von rein technischen Gesichtspunkten aus des Näheren betrachtet werden, die besondere Beachtung verdienen. Die angeschnittenen Punkte dürften wahrscheinlich für die Entwicklung des Flugzeugbaues von einiger Bedeutung sein. Eine Kritik wird sich aus naheliegenden Gründen auf ein Mindestmaß zu beschränken haben. Da die den folgenden Ausführungen zugrunde liegenden technischen Unterlagen im wesentlichen der Fachpresse und Mitteilungen der Baufirmen[2]) entnommen werden, kann vieles nicht den allerneuesten Stand der Technik verkörpern. Auf Richtigkeit und Vollständigkeit konnten manche Angaben naturgemäß nicht nachgeprüft werden.

Ebenso wie beim Verkehrsflugzeugbau wirtschaftliche und Verkehrsprobleme seitens des Technikers nicht übersehen werden dürfen, ebensowenig darf bei der Erörterung von Fragen auf dem Gebiete des Militärflugzeugbaues die militärische Seite, d. h. die taktischen und strategischen Erfordernisse unberücksichtigt bleiben. Dies gilt sowohl für den Entwurf als auch für die fachliche Kritik.

Die folgenden Betrachtungen beschränken sich lediglich auf Flugzeuge der Landkriegsführung. Es darf hierbei indessen nicht außer acht gelassen werden, daß das Flugzeug in den Jahren seit dem Kriege nicht mehr als ein Hilfsmittel des Landkrieges oder des Seekrieges betrachtet werden darf, sondern heute schon eine vom eigentlichen Erdkampf in vieler Hinsicht unanhängige Waffe darstellt, die der Kriegsführung zu Lande und der Kriegsführung zur See mindestens gleichgestellt werden muß.

Der eigentliche Luftkrieg kann in großen Zügen in eine vorwiegend defensive und in eine vorwiegend offensive Führung gegliedert werden. Bei dem Ausbau einer zeitgemäßen Landesverteidigung müssen naturgemäß beide Seiten Berücksichtigung finden. Die Abwehr und Bekämpfung feindlicher Luftstreitkräfte ist Aufgabe der Jagdstreitkräfte. Ihr Endziel ist die Gewinnung der Luftherrschaft. Der eigentliche Luftkrieg wird im wesentlichen von denjenigen Streitkräften getragen, die durch Niederzwingen des Erdgegners in dessen eigenem Lande eine Entscheidung herbeiführen. Diesem Zwecke dienen in erster Linie die Bombenstreitkräfte. Ein Zwischenglied bilden diejenigen Flugzeugarten, die in Verbindung mit den auf der Erde kämpfenden Streitkräften arbeiten; hierzu gehören Aufklärungsflugzeuge, Truppenflugzeuge, Infanterieflugzeuge, Meldeflugzeuge und auch Schlachtflugzeuge, die unmittelbar in den Erdkampf der Front eingreifen.

Überblick über die Entwicklung.

Die allgemeine technische Entwicklung des Militärflugwesens, die im Auslande seit Kriegsende vor sich gegangen ist, darf nicht überschätzt werden. Sie ist trotz der großen Rüstungen der Großmächte im großen und ganzen nur durch die Verwendung von stärkeren, leichteren und leistungsfähigeren Motoren, als man sie gegen Kriegsende besaß, gekennzeichnet. Fortschritte zeigen sich vorerst in Einzelheiten, die für das Ganze genommen nur von mehr untergeordneter Bedeutung sind.

Von hoher Wichtigkeit ist vor allem aber die weitergeführte Anpassung der einzelnen Flugzeugarten an einen sehr eng begrenzten Verwendungszweck, d. h. eine weitgehendere Spezialisierung, als man sie gegen Kriegsende kannte. Als Beispiele dafür seien die Flugzeuggattungen der amerikanischen Fliegertruppe und der französischen Fliegertruppe angeführt.

Die hier gegebene Zusammenstellung der Flugzeuggattungen entstammt einem Zeitpunkt, der bereits etwa ein bis zwei Jahre zurückliegt. Trotzdem verkörpert diese Zusammenstellung nur ein Programm. Eine ganze Reihe der darin aufgeführten Flugzeuggattungen besteht vorläufig nur auf dem Papier und soll erst noch geschaffen werden. Die Friedensentwicklung hat sich meist vorläufig darauf beschränkt, brauchbare Jagdflugzeuge als defensive Waffe und leistungsfähige Bombenflugzeuge für Tag- und Nachtflüge als offensive Waffe zu schaffen. Für die Führung eines Abwehrkampfes (strategische Defensive) ist die Bereitstellung ausreichender Jagdstreitkräfte als eine unerläßliche Vorbedingung. Infolgedessen ist auch bei den bestehenden Luftmächten der Anteil der Jagdstreitkräfte an den gesamten, jederzeit verfügbaren Luftstreitkräften ein unverhältnismäßig hoher [1]) Die technische Weiterentwicklung mehrmotoriger Großflugzeuge für den nächtlichen Fernbombenflug ist vorläufig noch gering. Hier rächt sich besonders die Unterbindung der deutschen Arbeiten auf diesem Gebiete! Eine besondere Bedeutung wird naturgemäß der Entwicklung von starken Flugmotoren beigemessen, da es zweifellos leichter ist, in kurzer Zeit im Kriegsfalle notwendige Flugzeuggattungen herauszubringen, als Hochleistungsmotoren zu entwickeln. Auf solche Motoren wird im zweiten Teil des Vortrages kurz eingegangen werden.

Die Baustoffrage.

Der Frage der Baustoffe wird von den einzelnen Mächten viel Aufmerksamkeit geschenkt. Hier ist es nicht, wie beim Verkehrsflugzeugbau, der Gesichtspunkt größerer Lebensdauer und Wirtschaftlichkeit, der zunächst geltend gemacht werden muß, sondern Fragen der Feldbrauchbarkeit, der schnellen und einfachen Erzeugung in großer Zahl und der Ersparnis an totem Gewicht. Die Lebensdauer spielt bei Militärflugzeugen eine nur untergeordnete Bedeutung, insofern als die einzelnen Bauarten in der Friedenszeit vorläufig noch verhältnismäßig schnell veralten und nicht mehr frontbrauchbar bleiben, während im Kriege naturgemäß die Verwendbarkeit des einzelnen Flugzeugs eine nur sehr beschränkte Zeitdauer haben wird. Der Rohstoffbeschaffung ist von den Großmächten besondere Aufmerksamkeit zugewendet worden; so ist beispielsweise in fast allen großen Staaten die Duraluminherstellung in Gang gebracht worden. Das in den Vereinigten Staaten und in England erzeugte Material steht dem deutschen Duralumin an Güte nicht nach.

---

[1]) Die zu Beginn des Vortrages sehr vorgerückte Zeit nötigte zur Fortlassung mehrere Abschnitte der hier vollständig wiedergegebenen Arbeit.

[2]) Denen für die freundliche Unterstützung an dieser Stelle vom Verfasser gedankt sei!

[1]) Vgl. hierzu A. Baeumker, ZFM 1922, Heft 16; über den Umfang der Luftrüstungen vgl. Baeumker, Luftstreitkräfte der Großmächte, Illustrierte Flug-Woche, 12. März 1924, S. 34.

Zahlentafel 1. Flugzeuggattungen der U.S.-Fliegertruppe.

Bauarten Nr.	Muster	Bestimmung	Motor	Höchstgeschwindigkeit [km/h] in [km] Höhe	Steigleistung	Gipfelhöhe (Diensthöhe)	Flugdauer	Dienstlast	Bewaffnung (st. = starr, bew. = beweglich, gek. = gekuppelt)	Bombenlast
I	PW	Tag-Jagdeinsitzer	wassergekühlt	235 km/h in 4,6 km	6,1 km in 21'	7,3 km	2,5 h in 4,6 km + 0,5 h in 0 km	240 kg	1 st. MG, 12,7 mm Kal. / 1 st. MG, 7,65 mm Kal.	—
II	PN	Nacht-Jagdeinsitzer	luft- oder wassergekühlt	205 km/h in 3,1 km	4,6 km in 20'	6,4 km	2,5 h in 4,6 km + 0,5 h in 0 km	252 kg	2 st. MG, 7,65 mm Kal.	—
III	PA	Tag-Jagdeinsitzer	luftgekühlt	218 km/h in 4,6 km	6,1 km in 20' / 4,6 ÷ 7,3 km in 30'	7,6 km	2,5 h in 4,6 km + 0,5 h in 0 km	242 kg	1 st. MG, 12,7 mm Kal. / 1 st. MG, 7,65 mm Kal.	—
IV	PG	Panzer-Jagdeinsitzer	luft- oder wassergekühlt	200 km/h in Bodennähe	—	—	1,5 h in Bodennähe	242 kg (ohne Panzer)	1 st. MG, 12,7 mm oder 11 mm Kal. / 1 st. MK, 37 mm Kal.	—
V	TP	Tag-Jagdeinsitzer	nicht vorverdichtend / vorverdichtend	210 km/h in 4,6 km / 235 km/h in 5,2 — 9,5 km	6,1 km in 30' / 6,1 km in 21' / 7,6 km in 28' / 9,2 km in 37'	6,7 km / 10,4 km	2,5 h in 4,6 km + 0,5 h in 0 km / 2,0 h in 6,1 km + 2,0 h in 0 km	430 kg	1 st. MG, 12,7 mm Kal. / 1 st. MG, 7,65 mm Kal. / 2 gek. bew. MG, 7,65 mm Kal. / 1 Rumpfboden-MG, 7,65 Kal.	136
VI	GA	Schweres Schlachtflugzeug	—	194 km/h in Bodennähe	—	—	1,5 h in Bodennähe	—	1 MK, 37 mm Kal. / 4 bew. MG } 7,65 mm Kal. / 1 Erd-MG (fest) / 1 Erd-BG (bew.)	136
VII	JL	Panzer-Zweisitzer für Infanterieflüge	—	178 km/h in Bodennähe	—	—	3 h in Bodennähe	430 kg	2 gek. bew. MG } 7,65 mm Kal. / 1 bew. Erd-MG	136
VIII	NO	Zweisitzer für Nachterkundung	luft- oder wassergekühlt	177 km/h in 4,6 km	4,6 km in 25'	6,1 km	4 h in 3,1 km + 0,5 h in 0 km	420 kg	1 st. MG } 7,65 mm Kal. / 2 gek. bew. MG / 1 Rumpfboden-MG	90
IX	AO	Artillerieflug und Überwachung (Dreisitzer)	luft- oder wassergekühlt	177 km/h in 4,6 km	4,6 km in 25'	6,1 km	5 h in 4,6 km + 0,5 h in 0 kg	630 kg	2 bew. gek. MG } 7,65 mm Kal. / 2 bew. gek. MG / 1 Rumpfboden-MG	136
X	CO	Aufklärungs-Zweisitzer	luft- oder wassergekühlt	176 km/h	—	—	4 h in 3,1 km + 0,5 h in 0 km	440 kg	1 st. MG } 7,65 mm Kal. / 2 bew. gek. MG / 1 Rumpfboden-MG	90
XI	DB	Tag-Bombenflug (Zweisitzer)	luft- oder wassergekühlt	—	4,6 km in 30'	5,3 km	5 h in 3,1 km + 0,5 h in 0 km	700 kg	1 st. MG } 7,65 mm Kal. / 2 bew. gek. MG / 1 Rumpfboden-MG	220
XII	NBS	Nacht-Bombenflug auf kurze Entfernung (Mehrsitzer)	luft- oder wassergekühlt	—	—	—	5 h in 3,1 km + 0,5 h in 0 km	1300 kg	2 bew. gek. MG } 7,65 mm Kal. / 2 bew. gek. MG / 1 Rumpfboden-MG	680
XIII	NBL	Nacht-Bombenflug auf weite Entfernung (Mehrsitzer)	luft- oder wassergekühlt	154 km/h	3,1 km in 35'	—	6 h in Bodennähe	3340 kg	2 gek. bew. MG } 7,65 mm Kal. / 2 gek. bew. MG / 1 Rumpfboden-MG	2300
XIV	TA	Schul-Zweisitzer	luftgekühlt	200 km/h	3,1 km in 15'	5,0 km	2,5 h in Bodennähe	64 + Besetzung	nur für Übungszwecke	—
XV	TW	Schul-Zweisitzer	wassergekühlt	200 km/h	3,1 km in 15'	5,0 km	2,5 h in Bodennähe	64 + Besetzung	nur für Übungszwecke	—
Alert		Schutz-Einsitzer für Flughäfen (Küste)	luft- oder wassergekühlt	hoch! wendig!	6,1 km in 18'	—	1,5 h in Bodennähe	160 kg	1 st. MG, 12,7 mm	keine

Zahlentafel II. Französische Heeresflugzeug-Baumuster 1922.

Art	Muster-Kennzeichnung	Bestimmung	Dienstlast kg	Flugdauer h	Theor. Gipfelhöhe km	Betriebs-Gipfelhöhe km	Geschwindigkeit in Gipfelhöhe km/h	Landegeschwindigkeit in Meereshöhe km/h
Jagd	C. 1	Jagdeinsitzer für große Höhen	220 — 270¹)	2½ — 3	9,0	7,0	240	120
	c. 1	Jagdeinsitzer für geringe Höhen	220 — 270¹)	2½ — 3	6,5	4,0	270	120
Jagd und Aufklärung	C. Ap. 2	Tagzweisitzer für Jagd und Aufklärung	400	4	8,5	7,0	200	110
	C. An. 2	Nachtzweisitzer für Jagd und Aufklärung	400 — 450¹)	4	6,0	3,0	190	90
Erkundung	A. 2	Zweisitzer für Naherkundung u. Artillerieflug	450	3	6,0	1,0 — 3,0	200	90
	Ad. 2	Zweisitzer für Naherkundung u. Artillerieflug	450	3	6,0	1,0 — 3,0	200	90
	Ab. 2	Panzer-Zweisitzer für Infanterieflug	350	2½	4,5	1,0	180	80
Bombenwurf	Bp. 2	Tagbombenzweisitzer für große Entfernungen	580	7	7,5	5,0	190	90
	BS. 2	zweisitziges Tagbomben- und Schlachtflugzeug	720	4	5,0	1,0 — 2,0	200	100
	Bpr. 3	Schutzdreisitzer für Tagesbombenflüge	520	6	7,5	5,0	210	100
	Bn. 2	Nachtbombenzweisitzer und Schutzflugzeug für Nachtflüge	940	4	4,0	2,0	150	80
	Bn. 4	Mehrsitziges Nachtbombenflugzeug für große Entfernungen	2220	7	4,5	2,0	150	80
Kolonien	T. O. E.	Tropenbrauchbares Mehrmotorenflugzeug für die Kolonien	750	6	4,5	2,0	160	75

¹) Die höhere Dienstlast bezieht sich auf den Einbau einer Schnellfeuerkanone anstelle eines der beiden Maschinengewehre.

Der Metallbau gewinnt im Kriegsflugzeugbau der Jetztzeit mehr und mehr an Bedeutung. Immerhin ist das Holzflugzeug, soweit es sich um Flugzeuge kleinerer Abmessungen handelt, noch keinesfalls als verdrängt zu betrachten. Es ist sogar nicht ausgeschlossen, daß hinsichtlich der Wertschätzung des Metallbaues ein gewisser Rückschlag eintreten kann, sobald nämlich bei einer Erzeugung einer größeren Anzahl verschiedener Flugzeugbauarten kleinerer Abmessungen die Erzeugungskosten und Arbeitszeiten in erster Linie in Betracht gezogen werden müssen. Der Metallbau, insbesondere der Leichtmetallbau, ist vorläufig dem Holzflugzeug oder der gemischten Bauart gegenüber nur dann unbedingt im Vorzuge, wenn es sich um die Massenherstellung ein- und derselben Flugzeugbauart bei verhältnismäßig langfristiger Vorbereitung handelt. Zunächst geht die Entwicklung der einzelnen Flugzeugbauarten dazu noch ein wenig zu sprunghaft und zu schnell vor sich. Außerdem kann die Frage des Metallbaues, insbesondere des Stahlbaues, von den einzelnen Mächten nur im Zusammenhang in der übrigen Rüstungsindustrie betrachtet werden.

Die Franzosen, die ja durch ihre Kontrollkommissionen sich seit dem Kriegsende einige Erfahrungen auf dem Gebiete des Leichtmetallbaues in Deutschland haben sammeln dürfen, geben dem Leichtmetallbau den Vorzug. England steht dem Leichtmetallbau noch zögernd gegenüber und bevorzugt Stahlkonstruktionen. Die Vereinigten Staaten bevorzugen für kleinere Heeresflugzeuge gemischte Bauweisen, wobei Holz, Stahl und Leichtmetall Verwendung finden.

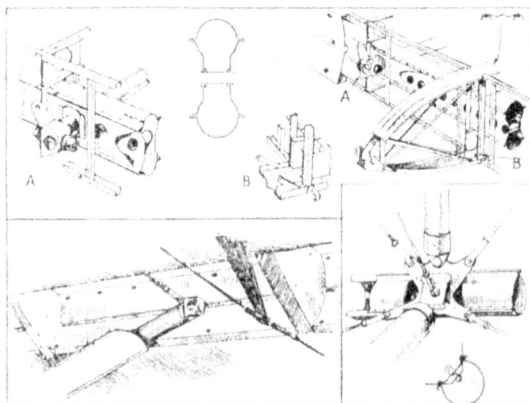

Abb. 1. Beispiel des hochentwickelten englischen Stahlprofilbaues von Boulton & Paul (A.D. North).
Oben: Flügel, Holm und Rippen; unten rechts: Rumpfaufbau (Rumpfholm mit Streben); unten links: Höhenflossenabstützung (»Flight«).

Bei Großflugzeugen kann eine Entscheidung über die Frage Holz oder Metall auch nach der Ansicht des Auslandes kaum zweifelhaft sein. Es fragt sich höchstens, ob man solche Flugzeuge unter Bevorzugung des Leichtmetalls (Frankreich und Amerika) oder unter Bevorzugung des Stahl p r o f i l baues (England) baut. Abb. 1 zeigt ein Beispiel des englischen Stahlprofilbaues, das an ähnliche Ausführungen von Dornier erinnert.

Der Stahl r o h r bau hat in allen Ländern Anhang, soweit es sich um die von Fokker seit langen Jahren vertretene gemischte Bauart von Stahlrohrrümpfen und Holzflügeln handelt. Die Vorzüge dieser Bauart sind so offensichtlich, daß man fast sagen kann, daß zahlenmäßig wohl die große Mehrheit der in Frage kommenden Flugzeugarten diese Bauweise verkörpert.

Das S p e r r h o l z ist im wesentlichen in Frankreich in Gebrauch. Man muß sagen, daß die Franzosen seit langem in der Sperrholzverarbeitung, besonders was Rumpfkonstruktionen anbelangt, führend sind. Die bevorzugte Verwendung von Schalenrümpfen aus Sperrholz hat insofern eine besondere Bedeutung, als ein Schalenrumpf Vibrationen recht gut abdämpft. Bei dieser Gelegenheit sei auch darauf hingewiesen, daß der Achtzylinder-V-Motor (z. B. 300 PS-Hispano-Suiza), der ja bekanntlich freie, wagerecht in Höhe der Kurbelwelle angreifende Massenkräfte zeigt, nur dann ungünstig in Zellen mit verhältnismäßig großen Knicklängen der Flügelholme, wie z. B. einstieligen Tragzellen, einzubauen ist, wenn durch geeigneten Einbau für eine Dämpfung der von den freien Massenkräften herrührenden Vibrationen Sorge getragen ist. Das kann in ausgezeichneter Weise durch den Einbau in einem Schalenrumpf aus Sperrholz geschehen. Bei den S p a d flugzeugen finden wir daher die halbstielige Bauart nur in Verbindung mit dem typischen Schalenrumpf. Ein derartiger Rumpf ist in ausgezeichneter Durchbildung außerdem noch bei den Nieuport-Jagdflugzeugen zu finden, deren bekanntester Vertreter, der Nieuport 29 C - 1 (Abb. 32), in größerer Anzahl bei der französischen Fliegertruppe eingeführt ist. Der Rumpf dieses Flugzeuges wird aus Furnierstreifen über einer zerlegbaren Form gewickelt. Zum Schluß wird er außen mit Stoff bespannt. Vorher werden (auf der Form) leichte Spanten, nachher die Motorlagerung eingebaut. Die Wickelarbeit wird meist von Frauen verrichtet. Der Aufbau dieses Rumpfes kostet ohne Spanten und Motorträgereinbau nicht weniger als 550 Arbeitsstunden (einwandfreie amerikanische Angabe).

Bei H o l z f l ü g e l n wird im allgemeinen dem wohl zuerst von Fokker eingeführten Kastenholm mit Sperrholzstegen der Vorzug gegeben. Für kleinere Flugzeuge wird diese Holzbauart sicherlich recht leicht, schnell herstellbar und gut ausbesserbar. Für größere Flugzeuge versprechen gebaute Sperrholzholme eine größere Gewichtsersparnis, sind aber mit Rücksicht auf die große Zahl von einzelnen kleineren Leimstellen im allgemeinen kaum als ganz so feldbrauchbar anzusprechen. Auch die Rippendurchbildung der kleineren Heeresflugzeuge mit Holzflügeln hat sich mehr und mehr der einfachen Sperrholzrippe mit Gurtleisten und einfachen bzw. doppelten Sperrholzstegen genähert. Nur in der Zahl und Art der Aussparungen finden sich größere Abweichungen. Rippen mit Dreiecksaussteifungen finden sich vorwiegend bei Großflugzeugflügeln.

Beim Metallbau ist bei kleineren Flugzeugen die Frage zwischen dem R o h r bau und dem P r o f i l bau noch nicht entscheidend geklärt. Die Entwicklung des Auslandes scheint aber im Leichtmetallbau kleiner Flugzeuge dahin zu gehen, mit Rücksicht auf die schwierigeren Rohrnietungen und die umständlichere Ausbesserungsfähigkeit von Rohrkonstruktionen dem Aufbau aus Profilen etwa in der Art, wie es bei uns von D o r n i e r und R o h rb a c h gemacht wird, den Vorzug geben. Bei dieser Art des Aufbaues legt man hohen Wert darauf, daß selbst unter Darangabe von Gewicht die Nieten überall gut zugänglich liegen. Man scheut sich hierbei nicht, in auf Knickung und Biegung beanspruchten Bauteilen freie Nietkanten nach außen zu legen, trotzdem das, wie auch die Versuche von D o r n i e r bereits vor Jahren gezeigt haben, der Festigkeit abträglich ist. Vom Standpunkt der Festigkeit aus muß man bekanntlich stets freie Nietkanten in der Nähe der neutralen Faser unterbringen.

Der Aufbau der R ü m p f e aus Leichtmetallprofilen entspricht im wesentlichen dem der Flügel moderner Leichtmetallflugzeuge. Nur wird bei den Rümpfen häufig von einer Stoffbekleidung abgesehen und der ganze Rumpf mit dünnen Leichtmetallblechen abgedeckt. Die Duraluminblechverschalung der Rümpfe ist bei einzelnen französischen Flugzeugen, wie z. B. beim B r e g u e t XIX-Aufklärungsdoppeldecker und beim Dewoitine-D 1 c 1 - Jagdeindecker sehr sorgfältig durchentwickelt, um aerodynamisch günstige Formen zu erhalten. Auf Arbeitszeit und Kosten ist allerdings dabei wenig Rücksicht genommen.

Über die Frage der Flügelbekleidung herrscht im ausländischen Militärflugzeugbau keinerlei Einheitlichkeit. Sicher ist es jedoch, daß man bei kleineren Flugzeugen mehr Wert auf eine leicht abnehmbare Bekleidung legt, um dadurch den Flügel leichter ausbessern zu können. Aus diesem Grunde bevorzugt man getränkten Stoff sogar bei Leichtmetallflügeln von verspannungsloser oder freitragender Bauart. Frankreich vertritt hierbei die Vorzüge einer leicht abnehmbaren Flügelbekleidung mit besonderem Nachdruck, um Flügelinneres und Steuerleitungen gut übersehen zu können. Bei einigen neueren französischen Flugzeugen ist allerdings auch Leichtmetallblech zur Flügelbekleidung in Anwendung gekommen. Aber auch in diesem Falle ist es keine tragende Außenhaut mit Rücksicht auf leichte Abnehmbarkeit. Eins der wenigen kleineren französischen Heeresflugzeuge, das eine tragende Metallhaut besitzt, ist der F e r b o i s - Tiefdecker von Bernard, Bauart Hubert, ein Jagdeinsitzer mit 300 PS-Hispano-Suiza, der erst kürzlich nach 18 Monate langer mühevoller Bauzeit seine ersten Versuchsflüge ausgeführt hat. Das Flugzeug erscheint in seinem gesamten Leichtmetallaufbau[1]) durchaus beachtenswert, wenn auch seine Konstruktion gerade keine Verminderung an Arbeitskosten und an Arbeitszeit darstellen dürfte.

Flugzeuge mit s p e r r h o l z beplankten Flügeln sind vielfach in den Vereinigten Staaten zu finden. In weitem Maße und mit großem Erfolg wird diese Bauart nach wie vor von F o k k e r in den Erzeugnissen seiner »Nederlandsche Vliegtuigenfabriek« vertreten. In den Vereinigten Staaten findet man eigenartigerweise häufig Beplankungen mit Zweilagensperrholz; diese Bauweise ist von C u r t i s s eingeführt worden und wird sehr gerühmt. Die Flügelbeplankung wird dabei in v o r g e b o g e n e m Zustande auf das ausschholmige Flügelgerippe aufgebracht.

Der S t a h l r o h r b a u findet heute fast ausschließlich nur noch beim Aufbau der Rümpfe Anwendung. Hier hat sich das von F o k k e r eingeführte Verfahren der geschweißten und verspannten Rohrrümpfe in weitem Umfange eingeführt, weil es verhältnismäßig billig und in den Händen von einwandfreiem Arbeitspersonal einfach und zuverlässig ist. Bestechend wirkt an derart aufgebauten Rümpfen die überaus hohe Ausbesserungsfähigkeit, die wohl von keiner anderen Bauweise erreicht sein dürfte. Dieser Umstand darf bei der Bewertung der Feldbrauchbarkeit keineswegs außer acht gelassen werden.

Bei dem Aufbau von F l ü g e l n findet jedoch die S t a h l r o h r konstruktion heute selten Anwendung. Es ist auffällig und erscheint u. E. nicht gerechtfertigt, daß ein mit so gutem Erfolg benutztes Bauverfahren wie die von der A. E. G. (König) und im Auslande, z. B. von V o i s i n , in so reichem Maße benutzten Stahlrohrbauweisen im modernen Militärflugzeugbau gegenstandslos geworden. Eine höhere Bedeutung hat der Stahlbau in bezug auf S t a h l p r o f i l konstruktionen in England gewonnen. Das Anwendungsgebiet dieser Bauverfahren dürfte indessen zunächst bei Großflugzeugen zu suchen sein.

Bei Heeresflugzeugen und insbesondere bei solchen Flugzeugen, die starker Beschießung von der Erde aus ausgesetzt sind, wie z. B. Infanterieflugzeugen, ist beim Entwurf die Schußsicherheit der lebenswichtigen Tragwerkteile ganz besonders von Bedeutung. In den Vereinigten Staaten bevorzugt man für diesen Zweck die Verwendung von Flügeln, die mehr als zwei Holme besitzen, sich also der auch in Deutschland nicht unbekannten Flügelbauart mit a u f g e l ö s t e n Holmen nähern. In Frankreich und England

glaubt man der Schußsicherheit dadurch Rechnung zu tragen, daß man das Tragwerk der Flügel durch überzählige Bauglieder nach Möglichkeit statisch unbestimmt hält und die einzelnen lebenswichtigen Bauglieder so bemißt, daß sie die bei Ausfall eines Haupttraggliedes entstehenden zusätzlichen Beanspruchungen voll aufzunehmen vermögen. Dieses Bestreben kommt in den Bauvorschriften der englischen, der französischen und auch der U. S.-Fliegertruppe für die besonders in Frage kommenden Flugzeuggattungen zum Ausdruck.

Besonderer Nachdruck wird von der englischen Fliegertruppe darauf gelegt. Als Beispiel dafür diene der seit längerer Zeit in der englischen Fliegertruppe eingeführte S i d d e l e y - » S i s k i n «-Doppeldecker, ein Jagdeinsitzer mit 380 PS-Siddeley-»Jaguar«-Motor (Abb. 2). Dieses Flugzeug ist an sich ein normal verspannter einstieliger Doppeldecker, dessen Stielfußpunkte im unteren Flügel, wie ein Eindecker alter Bauart mit verspannten Tragflügeln, nochmals gegen einen besonderen Spannbock unter dem Rumpf abgespannt sind. Das bedeutet zweifellos eine erhöhte Sicherheit, aber auch einen erhöhten Stirnwiderstand, der nur auf Kosten der Flugleistungen erkauft werden kann.

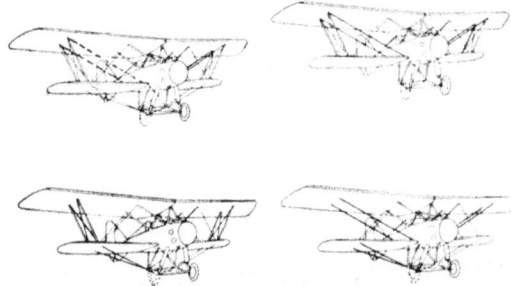

Abb. 2. Schußsicheres Tragwerk beim englischen Siddeley-»Siskin«, erreicht durch statisch unbestimmte Ausbildung des Flügelfachwerks.
Links oben: Flugzeug mit vollständigem Tragwerk; rechts oben: Hilfsverspannung weggeschossen; links unten: Haupttragkabel weggeschossen; rechts unten: Stiele weggeschossen.

Die Schußsicherheit der F l ü g e l bildet naturgemäß nur ein Teil des Fragenkomplexes der Schußsicherheit des fliegenden Flugzeugs; der zweite wesentliche Teil, nämlich die Schußsicherheit des Triebwerks und die damit verbundene Frage der Brandsicherheit wird weiter unten noch gestreift werden.

Der vorstehende kurze Überblick über Bauverfahren bezieht sich in erster Linie nur auf k l e i n e Flugzeuge, wie etwa Jagd- und Aufklärungsflugzeuge. Bei G r o ß flugzeugen liegen in vieler Hinsicht andere Verhältnisse vor. Man hat es hierbei im Auslande zunächst einmal mit einer großen Menge von veraltetem Material aus der Kriegszeit zu tun, das man mit Rücksicht auf andere Rüstungsaufgaben heute noch nicht ersetzen kann und das auch, wenigstens soweit es die Nachtbombenflugzeuge anbelangt, vor der Hand noch seiner militärischen Aufgabe gewachsen sein dürfte. Die Zwei- und Mehrmotoren-Großflugzeuge der Kriegszeit sind in ihrem Aufbau zur Genüge bekannt. Soweit sich neuere Konstruktionen diesen Vorbildern aus den letzten Kriegsjahren anschließen, lohnt es sich kaum, hierauf näher einzugehen. Interessant ist hierbei vor allem nur, daß Frankreich in den letzten Jahren Zweimotorenflugzeuge ablehnt, weil diese Flugzeuge für militärische Zwecke die geringste Zuverlässigkeit bewiesen haben. Die französischen Militärbehörden fördern heute vorwiegend die Entwicklung von drei- und viermotorigen Flugzeugen. Wirkliche Neubauten auf dem Gebiete des Großflugzeugbaues sind dem Baustoff nach Metallflugzeuge, der Bauform nach nähern sie sich dem einmotorigen Flugzeug normaler Bauform oder aber dem zweimotorenflugzeug normaler Bauform, wie sie z. B. der S t a a k e n e r R o h r - b a c h eindecker oder J u n k e r s projekte verkörpern. In jedem Fall ist bei diesen Neukonstruktionen vom Metallbau in ausgiebigem Maße Gebrauch gemacht. Strittig ist nur die Frage, ob man in lebenswichtigen Teilen, wie Holme und Streben, Stahl- oder Leichtmetallprofilen den Vorzug geben soll.

Die Flugzeugformen.

Nach dieser kurzen Übersicht über den gegenwärtigen Stand der Baustoffrage sei auf einzelne Richtlinien im ä u ß e r e n Aufbau kleinerer Heeresflugzeuge näher eingegangen.

Die Erwartung des Jahres 1918, daß die kommende Bauform des hochleistungsfähigen Heeresflugzeuges der f r e i t r a g e n d e

---

[1]) Vgl. ZFM 1923, S. 59.

Eindecker sein würde, hat sich nicht bestätigt. Der freitragende Eindecker hat trotz aller seiner aerodynamischen Vorzüge, die ja — besonders bei uns — mitunter auch überschätzt worden sind, im Militärflugzeugbau nur wenig Eingang gefunden. Der Grund hierfür ist in einer Reihe von Umständen zu suchen, die hier kurz zu erwähnen wären. Einmal mag es vor allem beim Jagdflugzeug die Forderung hoher Wendigkeit sein, die den Eindecker dem Doppeldecker oder gar dem Dreidecker unterlegen sein läßt. Weiterhin ist es die Frage der Baufestigkeit und des Baugewichtes. Wir müssen hierbei berücksichtigen, daß die im Auslande geforderten Baufestigkeiten für Heeresflugzeuge weitaus höher sind als die Lastvielfachen, die den Flugzeugen unserer ehemaligen Fliegertruppe zugrunde gelegt waren. Bei freitragenden Flügeln von verhältnismäßig großer Spannweite ergibt sich bei den geforderten außerordentlich hohen Lastvielfachen, die z. B. bei der französischen Fliegertruppe den 15fachen Wert des Fluggewichtes erreichen, ein so hohes Einheitsgewicht der Flügel, daß man von der freitragenden Bauart Abstand nehmen muß.[1]) Bei Anwendung günstiger Seitenverhältnisse führt überdies meist die Rücksicht auf Schwingungsfestigkeit und unsymmetrische Beanspruchungen auf praktisch unvorteilhafte Flügelgewichte.

Die Mehrzahl der ausländischen Kriegsflugzeuge sind so entweder Doppeldecker oder verstrebte Eindecker. Dreidecker sowie verspannte Eindecker sind fast ganz verschwunden.

Ein neuerer Dreidecker ist ein versuchsweise gebautes Großflugzeug, das mit Fug und Recht als das derzeit größte der Welt bezeichnet werden kann. Es ist dies der Barling-»Bomber«-Mehrmotoren-Dreidecker der amerikanischen Fliegertruppe, der

Abb. 3. Amerikanisches Barling-»Bomber«-Großflugzeug für Fernbombenflüge bei Nacht. Versuchsbauart.
Sechs 400 PS-Liberty-Motoren, insgesamt also 2400 PS. Spannweite 40 m, Fluggewicht 18,2 t. Derzeit größtes Heeresflugzeug der Welt.

über nicht weniger als sechs 400 PS-Liberty-Motoren mit insgesamt 2400 PS Leistung verfügt (Abb. 3). Das Flugzeug besitzt eine Spannweite von 40 m. Nach unseren Begriffen stellt es nichts dar, was einen Fortschritt gegenüber dem Stande unseres R-Flugzeugbaues aus den Jahren 1916/1917 kennzeichnen könnte. Es ist noch zum wesentlichen eine Holzkonstruktion. Die Versuchsflüge damit haben offiziellen Verlautbarungen zufolge befriedigt, was auch bei dem erheblichen Leistungsüberschuß dieses Ungetüms nicht gerade verwunderlich sein kann.

Von weiterhin verschwundenen Bauarten sind die Gitterrumpfflugzeuge zu erwähnen. Das Verschwinden dieser Flugzeuge ist sicherlich keine Überraschung Wo man heute zentral gelegene Druckschrauben anwenden will, da zieht man die Doppelrumpfbauart, wie sie beispielsweise unser deutscher Ago CI-Doppeldecker aufgewiesen hat, des geringeren Stirnwiderstandes wegen vor. Überhaupt scheint der Doppelrumpfbauart noch ein großes Feld der Anwendung auf dem Gebiete der mehrmotorigen Flugzeuge in Aussicht zu stehen. Von Druckschrauben kommt man infolge ihrer Unzuträglichkeiten im Feldbetrieb mehr und mehr ab. Diese Entwicklung ist ja vom deutschen Großflugzeugbau her gut bekannt.

Die Anforderungen an Jagdflugzeuge.

Die am meisten entwickelten einmotorigen Heeresflugzeuge sind unstreitig die Jagdflugzeuge. Vor einem Überblick über die

---

[1]) So müßte der Piaggio-Jagdeindecker mit 300 PS-Hispano-Suiza (vgl. S. 101) nach den französischen Bauvorschriften ein Lastvielfaches der Flügel von 10,5 besitzen. Nach Bruchprüfungen hat dieses Flugzeug tatsächlich ein Lastvielfaches im A-Fall von 18. U. E. sind die Flügel danach viel schwerer als notwendig gebaut.

wichtigsten Ausführungsformen moderner Militärflugzeuge soll deswegen kurz auf die recht verschiedenartigen Anforderungen eingegangen werden, die an diese Art von Flugzeugen zu stellen sind.

Ein brauchbares Jagdflugzeug soll in jeder Höhe eine überlegene Geschwindigkeit besitzen, äußerst steigfähig und wendig sein; seine Gipfelhöhe soll höher liegen als die aller übrigen Flugzeuggattungen. Zudem muß es sich verhältnismäßig leicht fliegen lassen, im Sturzflug schnell eine sehr hohe Geschwindigkeit gewinnen und an Kampfkraft überlegen sein. Die Besatzung muß ein freies Sichtfeld nach allen Seiten besitzen, so daß eine überraschende Annäherung von Gegnern unmöglich ist. Beim Jagdzweisitzer treten noch die Forderungen eines freien Schußfeldes für den MG-Schützen und gute Verständigungsmöglichkeit zwischen den Insassen hinzu. Da das Jagdflugzeug gewöhnlich nahe hinter der Erdkampffront Verwendung findet, muß es auf kleinen und schlechten Plätzen gestartet und gelandet werden können. Verlangt werden zudem ständige Betriebsbereitschaft, kürzestes Startklarmachen in jeder Jahreszeit und Widerstandsfähigkeit gegen Unbilden der Witterung, da eine gute Unterbringung der Flugzeuge meist nur selten möglich sein wird. Die Schuß- und Brandsicherheit ist bei dieser Flugzeugart besonders zu beachten. Wichtig ist auch die Ausbesserungsfähigkeit, die eine ganz wesentliche Forderung der Feldbrauchbarkeit gerade bei dieser Flugzeugart darstellt.

Die Jagdflugzeuggattungen.

Man sieht aus dieser kurzen Aufzählung, welche Fülle voneinander meist widersprechenden Anforderungen an diese eine Flugzeugart gestellt werden, und man erkennt leicht, daß alle diese Forderungen wohl schwerlich von einem einzigen Flugzeugmuster befriedigend erfüllt werden können. Die technische und taktische Entwicklung geht daher dahin, entsprechend mehr oder minder betonten Einzelforderungen besondere Jagdflugzeuggattungen zu schaffen.

Zwanglos fällt von vornherein aus dem Rahmen der gewöhnlichen Jagdflugzeuge sofort das Panzerjagdflugzeug heraus, das der Bekämpfung von unmittelbar in den Erdkampf eingreifenden Flugzeugen, d. h. Infanterie- und Schlachtflugzeugen, dienen soll. Dieses Flugzeug braucht keine hohen Steigleistungen, da seine gepanzerten Gegner ebenfalls über keine solchen verfügen. Es bedarf aber einer genügenden Geschwindigkeit und Wendigkeit und vor allen Dingen einer gesteigerten Waffenwirkung gegen Panzerziele, die nur durch den Einbau von großkalibrigen Maschinengewehren oder Schnellfeuergeschützen erreicht werden kann. Mit Rücksicht auf seine Bekämpfung von der Erde her muß es zweckdienlich ebenfalls mit einem ausreichenden Panzerschutz versehen sein. Aus dem gleichen Grunde sind auch sein Tragwerk und alle lebenswichtigen Teile möglichst schußsicher auszubilden.

Eine besondere Jagdflugzeugart ist der in den Vereinigten Staaten entwickelte Schutzeinsitzer (vgl. Zahlentafel I auf S. 97), der ausschließlich der Verteidigung von Flughäfen, d. h. dem Luftschutz zu dienen hat. Der Schutzeinsitzer ist in erster Linie auf hohe Steiggeschwindigkeiten gebaut; der Flugbereich und damit auch die Dienstlast sind auf das kleinstmögliche Maß beschränkt. Diese Jagdflugzeugart findet grundsätzlich nur hinter der eigenen Front Verwendung und kann immer mit verhältnismäßig guten Flughäfen rechnen.

Bei den übrigen Flugzeugen geht zurzeit die Entwicklung dahin — abgesehen von der Unterteilung in Jagdeinsitzer und Jagdzweisitzer, die mehr taktischer als konstruktiver Natur ist — zwei Jagdflugzeuggattungen nebeneinander zu entwickeln. Wir wollen diese Gattungen entsprechend der Benennung des Auslandes nach der Art ihrer Luftkampftätigkeit als »Kurvenkämpfer« und »Sturzflugjäger« kennzeichnen.

Vom Standpunkte des Flugtechnikers aus ist es ohne weiteres klar, daß hohe Geschwindigkeit, äußerste Steigfähigkeit und höchste Wendigkeit normalerweise in Widersprüchen zueinander stehen. Man kann ein Flugzeug auf größte Geschwindigkeit in einer gegebenen Höhe bauen. Man darf aber dann nicht verlangen, daß es gleichzeitig auch die beste erreichbare Steigfähigkeit und die beste Wendigkeit erzielt. Steigfähigkeit, Gipfelhöhe und Wendigkeit sind hingegen — wenigstens aerodynamisch — eng miteinander verknüpft.

Um diesen kaum überbrückbaren Gegensätzen aus dem Wege zu gehen und um bestmögliche Leistungen zu erreichen, ist man auf die beiden Jagdflugzeugarten des »Kurvenkämpfers« und des

»Sturzflugjägers« gekommen. Der »Kurvenkämpfer« soll an sich die überlegene Steigfähigkeit und die überlegene Wendigkeit besitzen. Der »Sturzflugjäger« soll nach Möglichkeit eine möglichst große Gipfelhöhe haben — die in erster Linie ein Problem des Höhenmotors ist —, muß aber vor allem an Geschwindigkeit überlegen sein. Der Name gründet sich auf den Umstand, daß sein Angriff vielfach im Sturzflug, und zwar überraschend erfolgt. Man kann so auch die beiden Flugzeugarten als »Angriffs«- und »Abwehrjäger« kennzeichnen. Der »Kurvenkämpfer« verkörpert dabei die Abwehr, während der »Sturzflugjäger« den Träger des Angriffs darstellt. Aerodynamisch braucht der »Sturzflugjäger« nicht auf große Steiggeschwindigkeiten, sondern nur auf große Wagerechtgeschwindigkeiten zugeschnitten zu werden; die erwünschte große Gipfelhöhe wird dann lediglich durch ein gutes Verhalten des Motors mit abnehmender Luftdichte erreicht. Der »Kurvenkämpfer« braucht in erster Linie große Steiggeschwindigkeiten, und zwar in seiner Arbeitshöhe. Diese setzt — abgesehen von der rein aerodynamischen Durchbildung — in erster Linie eine möglichst geringe effektive Leistungsbelastung in der entsprechenden Luftdichte und eine nicht zu hohe Flächenbelastung voraus.

Eine ähnliche Unterteilung der Jagdflugzeuge enthalten die vorher mitgeteilten Flugzeuggattungen Frankreichs in der Gliederung der Jagdeinsitzer in solche für geringe Höhen und solche für große Höhen. Als Höhen in diesem Sinne sind natürlich nicht die flugmechanisch erreichbaren Gipfelhöhen, sondern die tatsächlich zugrunde zu legenden Arbeitshöhen anzunehmen.

Die wichtigsten Flugzeugausführungen.

Die vorherrschenden Bauformen des modernen einmotorigen Heeresflugzeuges sind, wie vorher erwähnt, der verstrebte Eindecker und der Doppeldecker mit vornliegender Zugschraube und hinten liegendem Leitwerk. Die Ausbildung des Eindeckers als Tiefdecker, bei dem der Rumpf auf dem Flügel liegt, hat sich im allgemeinen bei Landflugzeugen nicht einzuführen vermocht. Die baulichen Vorteile für diese Anordnung liegen auf der Hand. Entscheidend ist bei der Wahl der Flügellage die Sicht, auf die man naturgemäß beim Heeresflugzeug, ebenso wie auch auf das Schußfeld besonderen Nachdruck legen muß. Das Kriegsflugzeug mit den besten Leistungen wird unbrauchbar, wenn es nicht über das für seinen Verwendungszweck erforderliche freie Sichtfeld verfügt. Ein genügend freies Sichtfeld ist aber beim Tiefdecker gemeinhin nicht zu erreichen, da der verhältnismäßig breite Flügel dicht unter oder vor den Insassen liegt und dadurch einen großen toten Sichtwinkel ergibt.

Abb. 4. Avia-»B. H. 19«-Jagdeinsitzer der tschechoslowakischen Fliegertruppe. 300 PS-Hispano-Suiza-Motor. Holzbau von Beneš und Hajn.

Die versuchsweise Ausführung eines modernen Jagdeinsitzers als Tiefdecker zeigt Abb. 4 in dem Avia - B. H. 19. - Jagdeinsitzer von Beneš und Hajn mit 300 PS-Hispano-Suiza-Motor, eine tschechische Holzkonstruktion, die eine sehr saubere Durchbildung verrät. Das Flugzeug hat im allgemeinen befriedigt und ist in geringem Umfange auch zur Einführung gelangt. Die Avia - Flugzeugwerke sind heute ebenfalls zum Hochdecker und zum Doppeldecker bei ihren Kriegsflugzeugkonstruktionen übergegangen.

Einen weiteren Tiefdecker stellt der in Abb. 5 wiedergegebene italienische Piaggio - Jagdeinsitzer mit 300 PS-Hispano-Suiza-Motor dar, der vor kurzer Zeit von der italienischen Fliegertruppe erprobt worden ist und der weiter oben Erwähnung fand. Auch bei dieser modernen Konstruktion liegen die Sichtverhältnisse lange nicht so günstig wie etwa beim richtig durchgebildeten Hochdecker.

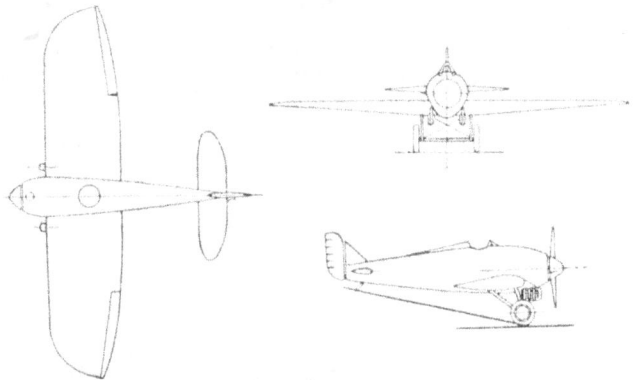

Abb. 5. Übersichtsskizzen des italienischen Piaggio-Jagdeinsitzers mit 300 PS-Hispano- Suiza-Motor. Holzbau. Das Flugzeug ist noch nicht zur Einführung gekommen. Konstruktion Pegna.

Die Tiefdeckerbauart hat so wesentliche Bedeutung nur bei Seeflugzeugen gewonnen. Trotzdem diese außerhalb des Rahmens der Betrachtungen liegen, sei hier ein als Landflugzeug und Seeflugzeug verwendbares modernes Torpedoflugzeug von Fokker mit 450 PS-Napier-»Lion« in Abb. 6 aufgeführt. Das geteilte Fahrgestell kennzeichnet das moderne Torpedoflugzeug. Das Torpedo wird dabei normal im eingewölbten Rumpfunterteil gelagert. Dieser Eindecker ist von der amerikanischen Marine angekauft worden und hat befriedigt.

Die normale Eindeckerbauart, der »Mitteldecker«, mit seitlich des Rumpfes angeordneten Flügeln, wie sie von der Vorkriegszeit her in den klassischen Eindeckern von Blériot, Nieuport und Morane - Saulnier bekannt ist, ist gegenwärtig für militärische Zwecke fast bedeutungslos. Es läßt sich hierbei in den meisten Fällen rein baulich nicht umgehen, den Flügel zu teilen, so daß die einzelnen Flügelhälften nicht unmittelbar aneinander angeschlossen werden können, sondern durch eine Brückenkonstruktion, als welche gewöhnlich das Rumpfvorderteil herangezogen wird, miteinander verbunden werden müssen. Diese Ausführung fällt natürlich schwerer aus als die moderne Bauform,

Abb. 6. Fokker »T 3«-Torpedoeindecker mit 400 PS-Napier-»Lion«. Der Eindecker kann auch als Seeflugzeug mit zwei Schwimmern an Stelle der Räder Verwendung finden. Die Zuladung beträgt als Landflugzeug etwa 2300 kg, d. h. rd. 4,5 kg/PS. Höchstgeschwindigkeit etwa 185 km/h. Zweisitzer.

bei der man den Flügel durchlaufend ausführt. Als eine neuere Ausführung dieser Art sei hier der französische Salmson - Béchereau - Jagdeinsitzer mit 500 PS-Salmson-Achtzehnzylindermotor angeführt. Béchereau ist der Konstrukteur der Deperdussin-Eindecker und der bis Sommer 1918 gebauten Spad - flugzeuge. Interessant ist hierbei auch der Kühlereinbau an der Flügelvorderkante — ein Übergang zum Tragflächenkühler, auf den später noch zurückgekommen wird.

Gegen diese Bauart spricht ferner der Nachteil ungenügender Sicht. Bei normalen Eindeckerkonstruktionen für militärische Zwecke ist es nicht möglich, den oder die Insassen noch vor dem Flügel unterzubringen, damit sie einen unbehinderten Ausblick nach vorn unten haben. Immerhin sind gerade in letzter Zeit einige Projekte und Versuchsbauten bekannt geworden, die sich wieder der sog. normalen Mitteldeckerbauweise nähern. Hierzu gehören aber auch solche Flugzeuge, die den Flügel zwar nicht in geteilter Bauart seitlich des Rumpfes, sondern ungeteilt unmittelbar auf dem Rumpf zu liegen haben. Diese Flugzeuge, von den beispielsweise eine neuere Ausführung, der de Marçay - Jagdeinsitzer (Abb. 7) angeführt sein mag, kann man vom militärischen Standpunkt noch nicht als Hochdecker ansprechen, denn den Hochdecker kennzeichnet der in Augenhöhe liegende Flügel, über den und unter dem die Insassen hindurchsehen können.

Abb. 7. Französischer De Marcay-Jagdeinsitzer (Versuchsbauart). 300-PS-Hispano-Suiza-Motor. Baujahr 1923. Im wesentlichen Holzbau.

Erwähnt sei hierbei eine vor etwa zwei Jahren herausgebrachte Versuchsausführung, bei der es durch Anordnung eines weit vorn liegenden, recht groß bemessenen Fahrgestellflügels gelungen ist, den Insassen noch dicht vor der ein wenig eingezogenen Flügelvorderkante unterzubringen. Es ist dies der in Abb. 8 gezeigte Nieuport 37 - Jagdeinsitzer mit 300 PS-Hispano-Suiza-Motor. Der Konstrukteur hat hierbei gewisse Schwierigkeiten in der Anordnung von Führersitz und Rumpf gehabt, um den Insassen noch vor dem Flügel unterbringen zu können. Er hat sich damit geholfen, daß er den Flieger so hoch setzte, daß er mit den Beinen noch über dem Motor ruht, ähnlich wie es bei dem bekannten Albatros L. 58-Verkehrseindecker der Fall ist. Außerdem hat er die Flügelvorderkante gegen den Rumpf zu etwas einziehen müssen. Der Kopf des Insassen liegt unmittelbar vor dem vorderen Hauptholm. Der Fahrgestellflügel mußte zum Momentenausgleich verhältnismäßig groß bemessen und möglichst weit nach vorn verlegt werden. Seine Vorderkante liegt deshalb noch vor der Luftschraubenebene. Beidseitig ragt er über die Räder noch ein gutes Stück hinaus, so daß man beim Landen auf bewachsenem Gelände häufig

Beschädigungen, wenn nicht gar Bruchlandungen zu befürchten hat. Der Ausblick für den Insassen erscheint bemerkenswert gut. Das Flugzeug bietet wohl das freieste Sichtfeld, was je in einem Jagdeinsitzer erreicht wurde, wenn man von den englischen Gitterschwanz-Jagdeinsitzern der Jahre 1916 und 1917 (z. B. De Havilland D. H. 2 und F. E. 8) absehen will.

Einen nicht zu unterschätzenden Nachteil des Flugzeugs scheint die mangelhafte Zugänglichkeit des in den Sperrholz-Schalenrumpf sehr gedrängt eingebauten Motors und seiner Zubehörteile zu bilden. Der Motor ist mit einer Rateau - Abgasturbine und Vorver-

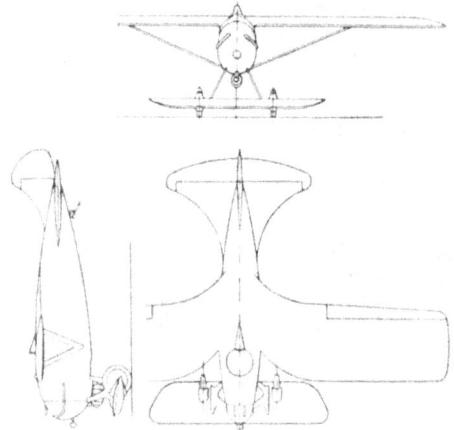

Abb. 8. Französischer Nieuport-Delage 37 C-1-Jagdeinsitzer. Versuchsbau mit 300 PS-Hispano-Suiza und Rateau-Vorverdichter. Holzkonstruktion. Baujahr 1922. Nicht flugbewährt.

dichter ausgestattet. Dieser Jagdeinsitzer, bei dem eine ausgezeichnete Sicht auf Kosten wesentlicher Betriebseigenschaften erkauft worden ist, hat sich nicht eingeführt.

Die am häufigsten benutzte Bauform des Militäreindeckers ist der Hochdecker. Für normale Ausführungen bietet der Hochdecker sicherlich das beste Sicht- und Schußfeld. Die typische Ausführung ist die, daß man den oder die Insassen nicht etwa unter, sondern hinter dem Flügel, gegebenenfalls in einem Sichtausschnitt des Flügels unterbringt und den Flügel so legt, daß ihn die Insassen in Augenhöhe vor sich haben. Zur Vergrößerung des Sichtfeldes nach vorn[1] und nach vorn oben ist man bestrebt, das Flügelmittelteil möglichst dünn und wenig tief zu halten.

Nach Möglichkeit ist man weiterhin bestrebt, Hochdeckerflügel ungeteilt auszuführen. Bei Jagdflugzeugen wird dies auch meist möglich sein. Transportfragen wird hierbei im allgemeinen geringere Bedeutung beigemessen. Transportfragen betont in erster Linie nur England.

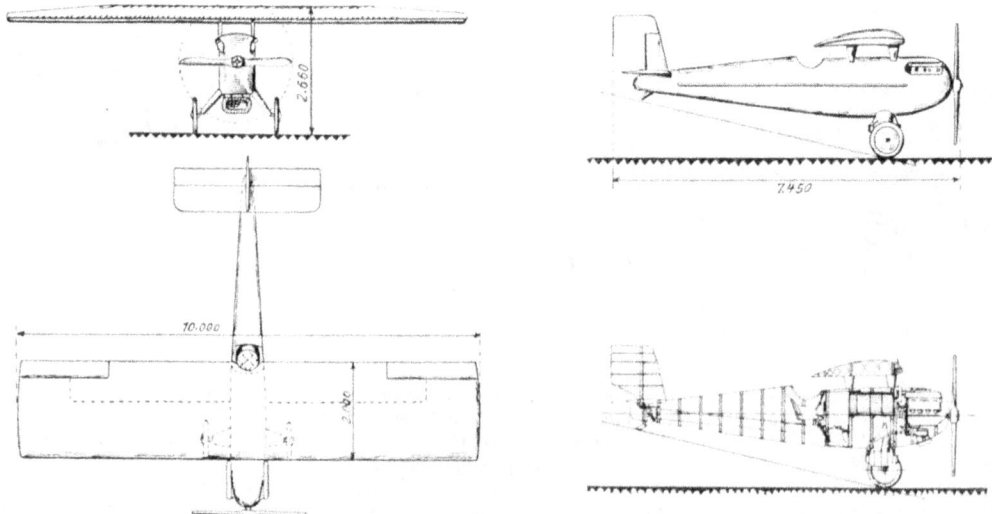

Abb. 9. Übersichtsskizzen des Dornier-»Falke«-Jagdeinsitzers mit 300 PS-Wright-Hispano-Motor. Baujahr 1922. Deutsche, im Auslande hergestellte Metallkonstruktion. Höchstgeschwindigkeit in Bodennähe, auf einem Dreiecksflug gemessen, 262 km/h. Wohl der schnellste Jagdeinsitzer dieser Motorleistung.

Ganz freitragende Hochdecker sind verhältnismäßig selten. Der bedeutendste Vertreter dieser Gattung ist der von deutscher Seite im Auslande entwickelte Dornier-»Falke«-Jagdeinsitzer, der heute wohl eines der modernsten und fortschrittlichsten Jagdflugzeuge darstellt (Abb. 9 bis 10). Hier ist der durchlaufende ungeteilte Flügel auf vier kurzen Stützen gelagert, die fest und eckensteif mit dem Flügel verbunden sind. Die Abnahme des Flügels erfolgt durch Lösen der vier Befestigungsstellen der Flügelstützen am Rumpf. Abb. 10 zeigt die Flügelaufhängung.

Abb. 10. Flügelbefestigung des Dornier-»Falke«-Jagdeinsitzers. Die vier Flügelstützen sind mit dem Flügel fest verbunden und am Rumpf abnehmbar. Die Flügelholme bestehen aus hochwertigem Profilstahl, die Rippen aus Duraluminprofilen und die Flügelbekleidung aus glatten Duraluminblechen. Bei der neuesten Ausführung sind die Querruder mit Stoff bespannt, um ihr Gewicht möglichst gering zu halten. Der Rumpf ist ein Duralumin-Schalenrumpf.

Zur Erzielung geringer Widerstände und hoher Geschwindigkeiten muß man vor allem die Widerstände im Schraubenstrahl möglichst gering halten. In ausgezeichneter Weise ist diesem Gesichtspunkt beim »Falken« entsprochen worden. Auf der Berücksichtigung dieser Forderung beruhen übrigens auch die guten Flugleistungen gewisser ausländischer Militärflugzeuge, wie z. B. des Nieuport-29 C1-Jagddoppeldeckers und des Curtiss-Jagdeinsitzers, die sonst in ihrer Ausführung als zweistielige verspannte Doppeldecker sehr günstige Flugleistungen gar nicht erwarten lassen würden. Sehr lehrreich ist gerade in dieser Hinsicht ein Vergleich des Nieuport 29 C1-Doppeldeckers mit seinen geringen Rumpfwiderständen mit neueren englischen Hochdeckern (z. B. Bristol-»Bullfinch«), deren Rumpfwiderstände recht hoch anzunehmen sind. Was man durch günstige Flügelausbildung an schädlichen Widerständen mühsam eingespart hat, gibt man am Rumpf und Rumpfzubehör in reichem Maße an erhöhten Widerständen wieder zu!

Abb. 11. Fokker D X-Jagdeinsitzer mit 300 PS-Hispano-Suiza. Baujahr 1921. Das Flugzeug zeigte sehr gute Flugleistungen, wird aber nicht mehr gebaut. Der Flügel ist ganz mit Sperrholz beplankt; das Flugzeug zeigt das bekannte Fokkersche Bauverfahren.

Von Hochdeckern mit freitragenden Flügeln verdient noch der in Abb. 11 dargestellte Fokker D X - Panzerjagdeinsitzer mit 300 PS-Hispano-Suiza-Motor seiner überaus guten Flugleistungen wegen besondere Erwähnung. Das bereits 1921 herausgebrachte Flugzeug sieht dem etwas später gebauten Fokker F VI-Jagdeinsitzer mit dem gleichen Motor sehr ähnlich und wird, wie jener, zurzeit nicht mehr hergestellt, da sich vermutlich die überaus

scharfen Baufestigkeitsforderungen der Großmächte ohne hohe Zugabe an Flügelgewicht nicht mehr verwirklichen lassen.

Einen nahezu freitragenden Hochdeckerflügel besitzt der Avia B. H. 7-Jagdeinsitzer (Abb. 12) mit 300 PS-Hispano-Suiza-Motor. Dieses Flugzeug hat sehr befriedigt und ist in der tschechoslowakischen Fliegertruppe zur Einführung gelangt. Sein Aufbau erscheint recht geschickt. Bemerkenswert ist der im Fahrgestell eingebaute Kühler. Der Rumpf ist ein Sperrholzboot. Die Form der Nabenhaube schließt sich dem Rumpf gut an und entspricht

Abb. 12. Avia-B. H. 7-Jagdeinsitzer mit 300 PS-Hispano-Suiza. Baujahr 1922/23. Das Flugzeug ist in der tschechischen Fliegertruppe eingeführt.

den heutigen Bauanschauungen. Eine Kielflosse fehlt, wie bei allen Avia - Flugzeugen. Der Flügel ist ebenso auch wie beim Fokker und beim »Falken« nicht geteilt.

Die folgenden Flugzeuge können nicht mehr als mit freitragenden Flügeln ausgeführt bezeichnet werden. Abb. 13 zeigt einen Jagdeinsitzer von Dewoitine, der mit einem 300 PS-Hispano-Motor ausgerüstet ist. Er hat verhältnismäßig viel Verbreitung gefunden, trotzdem er eines der kostspieligsten neueren Flugzeuge sein dürfte. Gegenwärtig werden für die Zwecke der französischen Fliegertruppe der 450 PS-Hispano-Suiza-Motor und der Lorraine-Dietrich-Motor gleicher Leistung versuchsweise eingebaut; auch der 450 PS-Gnôme et Le Rhône-(Bristol)-»Jupiter« ist in einem dieser Flugzeuge zu Vergleichszwecken eingebaut worden. Das Flugzeug stellt eine äußerst interessante, in mancher Beziehung geradezu mustergültig durchgearbeitete Leichtmetallbauart dar. Die Durchbildung im einzelnen wirkt bestechend, besitzt aber den Nachteil sehr hoher Arbeitszeiten und Herstellungskosten. [Die Franzosen geben sich jetzt viel Mühe, diese Konstruktion im Auslande abzusetzen. Die Flugleistungen, vor allem die Steigleistungen, befriedigen anscheinend sehr, während

Abb. 13. Dewoitine-D 1 C-1-Jagdeinsitzer mit 300 PS-Hispano-Suiza-Motor. Baujahr 1922. Reine Leichtmetallkonstruktion mit sehr bemerkenswerten Einzelheiten, aber recht kostspieligen Aufbau, die sowohl in der französischen Fliegertruppe, als auch bei den mit französischem Heeresgerät ausgerüsteten Staaten eingeführt ist.

die Wendigkeit u. E. neuzeitlichen Anforderungen kaum zu genügen vermag.

Abb. 14 zeigt einen neueren Wibault-Jagdeinsitzer, der einen vorverdichtenden 300 PS-Hispano-Suiza-Motor mit Rateau-Abgasturbine besitzt. Dieses Flugzeug ist besonders auf gute Flugleistungen in großen Höhen hin gebaut. Damit soll es in der Hauptsache der Jagd auf Fernaufklärungsflugzeuge dienen.

Gemäß den Bauanschauungen seines Konstrukteurs ist es im wesentlichen eine Leichtmetallbauart; hier ist jedoch im Gegensatz zum Dewoitine-Eindecker nicht nur der Flügel, sondern auch der Rumpf mit gelacktem Stoff bekleidet. Man erkennt die Duralumin-Kastenholme mit den ausgesparten Stegen und das Leichtmetallfachwerk des Rumpfes. Seitlich am Rumpf liegen die beiden Lamblin-Faßkühler, die beim Dewoitine-Eindecker unter dem Rumpfvorderteil angeordnet sind.

Abb. 14. Unbespannter Wibault-3 C-1-Jagdeinsitzer für große Höhen mit 300 PS-Hispano-Suiza-Motor und Rateau-Abgasturbinenvorverdichter. Leichtmetallkonstruktion. Die Flügel- und Rumpfbekleidung besteht aus gelacktem Stoff.

Einen bemerkenswerten schwedischen Hochdecker stellt Abb. 15 in Gestalt des J. 23-Jagdeinsitzers der schwedischen Militärwerkstätten, eine Konstruktion von Dr. Malmèr vor; das Flugzeug, das anläßlich der Gothenburger Luftfahrt-Ausstellung viel Anerkennung erntete, ist mit einem deutschen 260 PS-Mercedes-Motor ausgerüstet und hat gute Steigleistungen gezeigt. Die Querruder sind mit einem Düsenschlitz ausgeführt, um bei größeren Anstellwinkeln, d. h. kurz vor der Landung, eine wirksame Quersteuerung zu gewährleisten.

Abb. 15. Schwedischer J 23-Jagdeinsitzer mit 260 PS-Mercedes-Motor von Malmèr. Holzkonstruktion, Querruder mit Düsenschlitz. Das Flugzeug ist bei der schwedischen Fliegertruppe eingeführt.

Ein neuartiges französisches Jagdflugzeug ist der Gourdou-Lesseurre-Eindecker (Abb. 16), der als eins der ersten französischen Jagdflugzeuge mit einem luftgekühlten Sternmotor höherer Leistung ausgerüstet wurde. Hier ist nämlich der Nachbau des bekannten

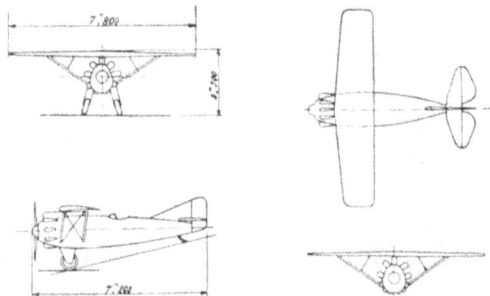

Abb. 16. Gourdou-Lesseurre-C I-Renneindecker und -Jagdeinsitzer. 450 PS-Bristol-»Jupiter«-Motor. Einziehbares Fahrgestell. Beachtenswert ist die Motorverkleidung. Baujahr 1923. Das Flugzeug hat sich in dieser Ausführung nicht einzuführen vermocht.

englischen Bristol-»Jupiter«-Motors von rd. 500 PS Leistung bei neun Zylindern eingebaut. Zur Herabsetzung des Luftwiderstandes hat man in sehr beachtenswerter Weise nach einem eng-

lischen Vorschlage den Querschnitt des Rumpfbugs so gestaltet, daß er nur das Motorgehäuse umfaßt, während die frei herausragenden Zylinder von besonderen windschnittigen Verkleidungen mit einstellbaren Kühlluftschlitzen umfaßt sind. Das Flugzeug besitzt weiterhin ein einziehbares Fahrgestell, bestehend aus zwei je ein Rad tragenden Blechkörpern, die nach hinten in den Rumpf eingeklappt werden können. Auch dieses französische Heeresflugzeug, das in geänderter einfacherer Ausführung gegenwärtig erst erprobt wird, stellt eine Leichtmetallbauart unter Bevorzugung des Duralumins dar. Bei der neueren geänderten Ausführung hat man auf das einziehbare Fahrgestell verzichtet und die ganze Ausführung der üblichen verstrebten Hochdeckerbauweise mit Sternmotor mehr angepaßt.

Abb. 17. Koolhoven-F. K. 31-Jagdzweisitzer mit 450 PS-Bristol-»Jupiter«-Motor. In etwas abgeänderter Form und mit vollständig geändertem Fahrgestell wird dieses Flugzeug gegenwärtig in Frankreich von der Firma De Monge nachgebaut; es soll sich in der neuen Ausführung recht bewähren.

Auch mehrsitzige Flugzeuge werden mitunter als Hochdecker ausgeführt. So zeigt Abb. 17 den Koolhoven F. K. 31-Jagdzweisitzer mit 450 PS-Bristol-»Jupiter«-Motor. Dieses niederländische Flugzeug entstammt einem Ingenieur, der in England vor und während des Krieges zu den führenden Flugzeugfachleuten gehört hat und jetzt in seiner holländischen Heimat sich eine eigene Flugzeugfabrik gegründet hat. Der Eindecker ist bereits 1922 entstanden. Er besteht in seinen wichtigsten Teilen aus Metall. Der Jagdzweisitzer hat ungeprüften Presseangaben zufolge beachtenswerte Flugleistungen, konnte sich bisher aber schwer einführen. Vergleichsflüge mit schwereren Fokkerzweisitzern haben kein für diesen Eindecker günstiges Ergebnis geliefert, trotdem hat der bekannte französische Flugzeugkonstrukteur De Monge die Lizenz zum Nachbau des Flugzeuges für die französische Fliegertruppe erworben.

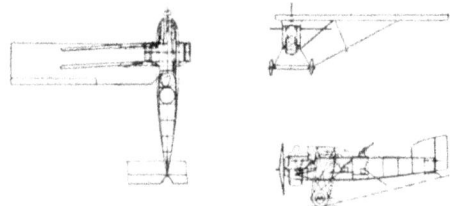

Abb. 18. Übersichtsskizze des Lioré-Olivier »Le O-8«-Nachtjagdzweisitzer der französischen Fliegertruppe. 300 PS-Renault-Motor. Leichtmetallkonstruktion unter Bevorzugung von Duraluminrohr.

Einen Vertreter einer besonderen Flugzeuggattung zeigt Abb. 18 in dem Lioré-Olivier Le. O. 8-Nachtjagdzweisitzer mit 300 PS-Renault-Motor. Dieses Flugzeug, das nach unseren Begriffen über eine reichliche Flügelverstrebung verfügt und einen unbeholfenen Aufbau verrät, ist wegen seiner günstigen Flugeigenschaften und Leistungen in der französischen Fliegertruppe eingeführt worden. Auch hier findet im weitgehenden Maße Duralumin aus Baustoff Verwendung. Zum Rumpfaufbau und zur Flügelverstrebung dienen Duraluminrohre. Auf die Absteifung der Flügel gegen das Fahrgestell wird noch später zurückzukommen sein.

Ein zweisitziges Aufklärungsflugzeug in Hochdeckerbauart ist auch der Hawker-»Duiker« mit 400 PS-Bristol-»Jupiter«-Motor. Die Baufirma ist ebenso wie auch der Konstrukteur aus den bekannten Sopwith-Flugzeugwerken hervorgegangen. Beachtenswert ist bei diesem Flugzeug das achsenlose, geteilte Fahrgestell, dem wir bei neuzeitlichen Heeresflugzeugen noch mehrfach begegnen werden. Über die Bewährung dieses eigenartigen Flugzeugs, dessen Flügel eine ausgebrochene Sichelform bei ausgeprägter Flügelverwindung zeigt, ist bei der Geheimniskrämerei der englischen Luftfahrtbehörden bisher nichts bekannt geworden.

Als letzter Hochdecker sei noch in Abb. 19 ein litauisches Militärflugzeug der Bauart D o b c e w i c z gezeigt. Das Flugzeug ist ein Zweisitzer für taktische Erkundung und besitzt einen 220 PS-Benz-Motor. Bei dem unmittelbaren Aufbau des Flügels auf dem schmal gehaltenen Rumpf dürfte die Sicht hier kaum den Anforderungen eines neuzeitlichen Aufklärungsflugzeuges genügen.

Abb. 19. Litauischer Dobcewicz-Aufklärungszweisitzer mit 200 PS-Benz-Motor (»The Aeroplane«).

Am meisten vertreten ist heute unstreitig der D o p p e l - d e c k e r. Seine Durchbildung ist außerordentlich mannigfach. Neben der bekannten verspannten normalen einstieligen, normal zweistieligen und normal mehrstieligen Ausführung finden sich im Heeresflugzeugbau von heute eine große Reihe von Sonderausführungen, wie verspannungslose Doppeldecker, halbstielige Tragzellen und gitterförmig verstrebte Tragzellen. Nur der Doppeldecker mit freitragenden Flügeln hat keinen Eingang gefunden.

Für die Wahl der Ausführung ist die Bedeutung, die der Konstrukteur den einzelnen Gesichtspunkten beimißt, entscheidend. Legt er auf ein leichtes Baugewicht den Hauptwert und will er zudem eine geringe Flächenbelastung erreichen — Gesichtspunkte etwa, wie sie für den Entwurf von tragfähigen Nachtbombenflugzeugen in Frage kommen —, so erscheint die mehrstielige verspannte Bauart nach der Ansicht des Auslandes durchaus am Platze.

Als Schulbeispiel dafür mögen die im weiten Umfange in der französischen Fliegertruppe eingeführten Farman - »G o l i a t h« - Zweimotoren- und Dreimotorendoppeldecker, sowie die Bombenflugzeuge von C a u d r o n und P o t e z sein. Hierbei gehören auch

Abb. 20. Viermotoriges Farman-Nachtbombenflugzeug der französischen Fliegertruppe, 1600 PS Gesamtleistung, 11 t Fluggewicht, 5 h Flugdauer bei Vollgas. Im Sparflug rd. 1000 km Flugbereich.

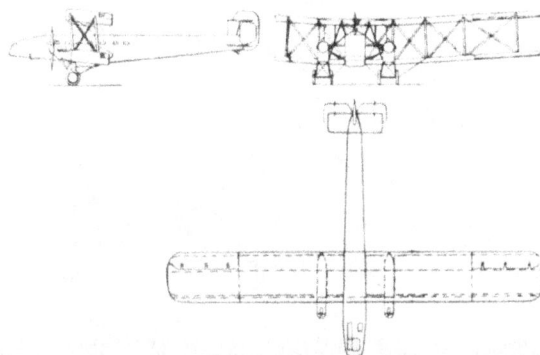

Abb. 21. Armstrong-Siddeley-»Awana«-Truppentransportflugzeug mit zwei 450 PS-Napier-»Lion«-Motoren. Tragfähigkeit 25 Mann mit voller Ausrüstung. Eingeführt bei der englischen Fliegertruppe und mit Erfolg bei Kolonialkämpfen eingesetzt.

Truppentransportflugzeuge, wie z. B. der in Abb. 21 gezeigte A r m s t r o n g - »A w a n a« - Zweimotoren-Doppeldecker (zwei 450 PS Napier-»Lion«) und der V i c k e r s - »V i r g i n i a« - Zwei-

Abb. 22. Vickers-»Virginia«-Nachtbombenflugzeug mit zwei 450 PS-Napier-»Lion«-Motoren. Eingeführt bei der englischen Fliegertruppe.

motoren-Doppeldecker (zwei 450 PS-Napier-»Lion«). Hat man es dagegen mit einer Flugzeuggattung zu tun, bei der hohe Geschwindigkeiten in Frage kommen, so darf man mit größeren Flügeleinheitsgewichten rechnen, um geringere Widerstände zu erreichen und demgemäß die Doppeldeckerzelle ein- oder gar halbstielig ausführen. Vom Weglassen der Verspannung hält man im allgemeinen im Auslande nicht viel; man verwendet dort übrigens ausschließlich Profildrähte, deren Luftwiderstände nicht hoch anzunehmen sind.

Die wichtigsten Flugzeuge, bei denen stets eine Bauart ohne freiliegende Verspannung zur Anwendung kommt, sind die F o k k e r - Flugzeuge. Nach den ausgezeichneten Leistungen der Fokker-Flugzeuge zu urteilen, müßte es sich doch lohnen, freiliegende Verspannungen wegzulassen und Flügelverstrebungen auf ein Mindestmaß zu verringern. Auf Grund der vorzüglichen Erfolge von F o k k e r - Flugzeugen hat auch der Flügelaufbau, wie ihn z. B. unser F o k D VII-Jagdeinsitzer verkörperte, immerhin in ziemlich weitem Umfange Eingang in den Militärflugzeugbau der Gegenwart gefunden.

F o k k e r selbst ist allerdings vom Flügelaufbau des F o k D VII abgekommen. Seine neuesten Jagdeinsitzer (Abb. 23) be-

Abb. 23. Fokker D XIII-Jagdeinsitzer mit 450 PS-Napier-»Lion«-Motor. Eines der leistungsfähigsten Jagdflugzeuge der Welt, das in größerer Anzahl bei ausländischen Fliegertruppen Einführung gefunden hat. Erreichte Gipfelhöhe (ohne Höhenmotor und ohne Vorverdichter) 8,4 km, Höchstgeschwindigkeit 275 km/h in Bodennähe. Steigzeit auf 5 km Höhe mit voller Ausrüstung 12 min. Flächenbelastung rd. 72 kg/m². Ausgezeichnete Wendigkeit. Gemischtbau mit Stahlrohrrumpf und Sperrholzflügel. Das Flugzeug muß in erster Linie als Hochdecker mit abgestrebtem Flügel angesprochen werden, da der Unterflügel sehr klein gehalten ist. Das hier gezeigte Flugzeug besitzt schon die neuere endgültige Querruderausführung (lang und schmal und ohne Ausgleichslappen). Die Ohrenkühler sind in den Rumpf einziehbar.

sitzen einen schmalen Unterflügel, dessen Hauptholm gegen die beiden Hauptholme des großen überkragenden Oberflügels durch einen V-Stiel ohne äußere Verspannungen abgestrebt ist. Dieser Stiel ist hauptsächlich ein sog. »Torsionsstiel«.

Bei diesen F o k k e r - Flugzeugen, die man sich aus dem Flügelaufbau des F o k D VII entstanden denken kann, ist eine Rückkehr zum Eineinhalbdecker festzustellen.

Abb. 24. Bréguet-19 A-2-Aufklärungsflugzeug mit 350 PS-Lorraine-Dietrich-Motor. Leichtmetallkonstruktion unter Bevorzugung des Duralumins mit sehr weit durchgebildeten Baueinzelheiten, die in zunehmendem Maße in der französischen Fliegertruppe und auch außerhalb Frankreichs in verschiedenen Staaten eingeführt wird. Baujahr 1922/23. Das Flugzeug wird auch als Tagesbombenflugzeug ausgeführt.

Unter einem E i n e i n h a l b d e c k e r versteht man bekanntlich einen Doppeldecker, dessen Oberflügel eine beträchtliche größere Spannweite und Tiefe als der Unterflügel besitzt. Der Eineinhalbdecker, im Auslande verschiedentlich mit dem französischen Wort »Sesquiplan« gekennzeichnet, bietet nach dem Hochdecker das beste Schuß- und Sichtfeld. Diese Bauform hat daher zunehmend Eingang gefunden.

Als Beispiel sei dafür eines der besten französischen Heeresflugzeuge, der B r é g u e t XIX-Doppeldecker (Abb. 24 und 25) angeführt. Dieses Flugzeug, das in großer Zahl in der französischen

Fliegertruppe und auch außerhalb Frankreichs zum Dienstgebrauch eingeführt worden ist, dient sowohl zur Fernaufklärung (Muster XIX A - 2) als auch zum Tagesbombenwurf (Muster XIX B - 2). Unterschiedlich sind dabei Innenausstattung, Tragfläche und Gewichte. Dieser Doppeldecker ist unzweifelhaft eines der am besten durchdachten und vorgeschrittensten französischen Heeresflugzeuge. Als Baustoff dient fast ausschließlich Duralumin, das hier in meisterhafter Weise angewendet wird. Der statische Aufbau des Flugzeuges kann uns zwar von vornherein insofern nicht befriedigen, als Haupttragglieder an Fahrgestellteilen angreifen. Man erinnere sich, daß in den deutschen »Bau- und Liefervorschriften für Heeresflugzeuge« von Anfang an die Forderung

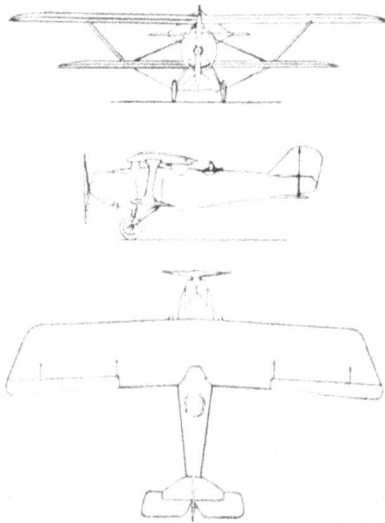

Abb. 25. Übersichtsskizze des Bréguet 19-Doppeldeckers. Ausführung als Tagesbomben- und als Fernaufklärungsflugzeug.

vertreten ist, daß an Fahrgestellteilen keinerlei Tragglieder des Flügelfachwerkes angreifen dürfen. In Frankreich und anderswo kennt man diese wohlbegründete Forderung nicht. Wir finden bei einer ganzen Reihe ausländischer Flugzeuge Flügelverspannungen und Flügelverstrebungen an Fahrgestellteilen angreifen. Der schwerwiegende Nachteil dieser Anordnung liegt darin, daß bei einer Beschädigung des Fahrgestells auch das Tragwerk in Mitleidenschaft gezogen wird. Da gemeinhin die Flügel den teuersten und am schlechtesten auszubessernden Teil des Flugzeuges darstellen, so ist es wichtig, daß der Flügel bei Beschädigungen, wie sie leicht vorkommen, nach Möglichkeit geschont wird. Nach deutschen Begriffen wären aus diesem Grunde Flugzeuge wie der B r é g u e t XIX-Doppeldecker nicht feldbrauchbar. Ebensowenig wird heute im Auslande die wohlbegründete Forderung der deutschen B. V. L.,

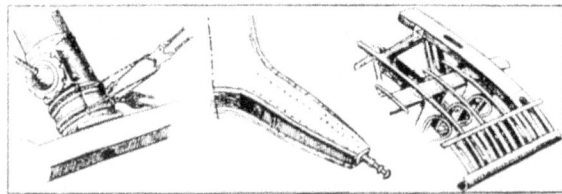

Abb. 26. Baueinzelheiten des Bréguet 19-Doppeldeckers (Erklärung im Text).

daß der Schwanzsporträger keinen Teil des Flossentragwerks bilden darf, erfüllt.

Der Bréguet XIX-Doppeldecker ist, wie gesagt, in seiner konstruktiven Durchbildung durchaus bemerkenswert. Abb. 26 gibt einige Skizzen des Leichtmetallaufbaues dieses Flugzeuges. Die linke Skizze zeigt die Befestigung der Verspannungsseile. In der Mitte sieht man das untere vordere Ende des in seiner Länge einstellbaren Flügelstiels. Auch er besteht aus über einer Form zusammengenieteten Duraluminblechen. Rechts ist der Flügelaufbau mit dem vorderen Duralumingitterholm erkennbar. In jedem Flügel sind zwei Holme angeordnet. Die Flügelrippen sind aus Duraluminprofilen zusammengebaut. Beide Flügel sind geteilt und besitzen eine leichte Pfeilstellung von 5 vH. Eine mäßige

V-Stellung findet sich nur im Oberflügel. Auch die Querruder sind nur im Oberflügel angeordnet. Von dem ganzen Leitwerk besitzt nur das Höhenruder Ausgleichslappen zur Entlastung. Der Rumpf besteht aus Duraluminrohren, die durch besondere Verbindungsstücke aus dem gleichen Baustoff (Abb. 27) miteinander verbunden und verspannt werden.

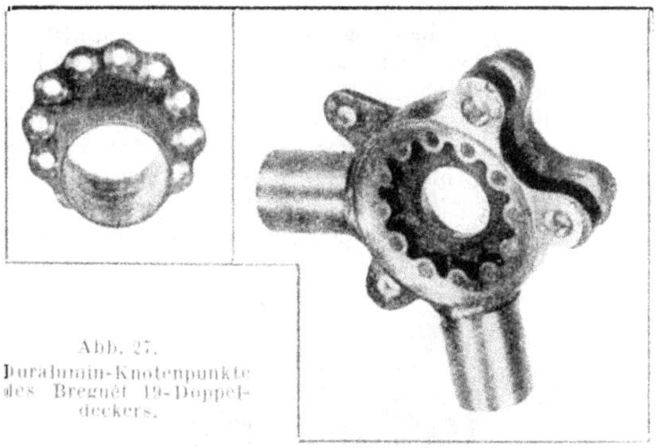

Abb. 27. Duralumin-Knotenpunkte des Bréguet 19-Doppeldeckers.

Einen kleinen Einblick in den Rumpfaufbau gewährt das folgende Bild, das die Motorlagerung und die Kühleranbringung zeigt. Der links unten erkennbare Hängekühler ist im Fluge einziehbar. Die Kühlwassertemperaturregelung bildet eine Eigenheit jedes

Abb. 28. Kühleraufhängung beim Bréguet 19-Doppeldecker.

Abb. 29. Betriebsstoffbehälterlagerung beim Bréguet 19-Doppeldecker. Die Betriebsstoffbehälter bestehen aus Aluminium.

neuzeitlichen Heeresflugzeuges. Die biegsame Kühlwasserzuleitung, die auf der Abb. erkenntlich ist, stammt von Levasseur und besteht aus galvanisch verkupferten Stahlstreifen, die auf einem Rohr aus elastischem Stoffgewebe spiralig aufgerollt und mit Asbestfasern abgedichtet sind. Das Gewicht eines derartigen biegsamen Kühlwasserrohres ist 1,8 kg/m.

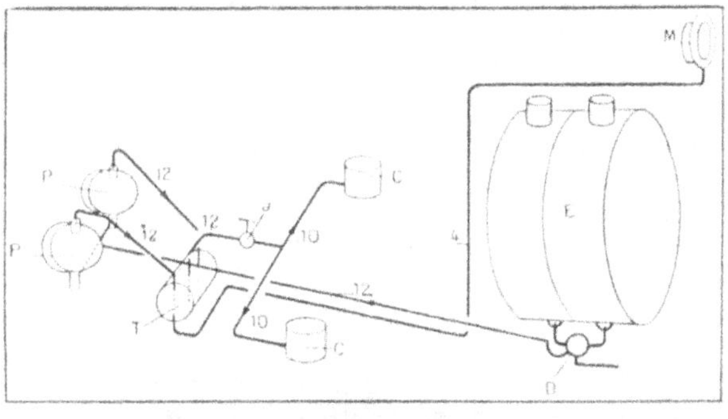

Abb. 30. Brennstoffleitungsschema beim Bréguet 19-Doppeldecker (Erklärung im Text).

Die folgende Abb. 30 teilt das Brennstoffleitungsschema des Bréguet XIX dar. E sind die Behälter, D ist ein Rohrschalter zum Abschalten des einzelnen Behälters, P kennzeichnet die beiden A. M.-Brennstoffpumpen. T ist eine Art Sammeltopf, a ist ein Hahn zur Regelung der Brennstoffzufuhr, während C die beiden Vergaser darstellt. M ist der Brennstoffdruckmesser. Im normalen Betriebe ist a geöffnet und D in Mittelstellung, so daß die Pumpen den Brennstoff gleichmäßig beiden Behältern entnehmen und beide Vergaser versorgen. Wenn eine Pumpe durch eine Störung außer Betrieb gesetzt wird, schaltet sie sich selbsttätig ab, während die andere die doppelte Brennstoffmenge fordert, ohne daß seitens der Flugzeugbesatzung ein Handgriff getan wird. Der Führer wird auf den eingetretenen Brennstoffpumpenschaden nur dadurch aufmerksam, daß der Brennstoffdruck am Manometer von 2,3 m Flüssigkeitssäure auf 1,5 m fällt. Die angeschriebenen Zahlen geben den lichten Rohrdurchmesser in Millimetern an.

Abb. 31. Fokker-D C I-Doppeldecker für Jagd und Aufklärung mit 450 PS-Napier-Lion-Motor. Das Flugzeug ist aus dem Fokker C IV entwickelt und besitzt gegenüber diesem geringere Tragfläche und daher höhere Geschwindigkeiten.

Fokker ist bei seinen zweisitzigen Flugzeugen im Gegensatz zu seinen Jagdeinsitzern wieder zu der äußeren Form des Fok D VII zurückgekehrt. Die konstruktive Durchbildung hat sich nicht wesentlich geändert. Wohl sind aber diese niederländischen Konstruktionen in vielen Einzelheiten verfeinert und in Flugeigenschaften und in Flugleistungen auf eine Höhe gebracht worden, die nur von wenigen anderen Heeresflugzeugen gleicher Art erreicht wird. Dieser Umstand ist nicht zum wenigsten darauf zurückzuführen, daß bei den Fokker-Flugzeugen Konstrukteur und Flieger durch eine glückliche Personalunion, wie fast sonst nirgends, zusammenarbeiten. Eine derartige Zusammenarbeit ist eine der Hauptforderungen des neuzeitlichen Flugzeugbaues.

Abb. 31 stellt das zweisitzige Fokker-Flugzeug D C I für Jagd und Aufklärung dar. Dieses Flugzeug ist mit einem 500 PS-Napier-»Lion« (hochverdichtend) ausgestattet und ist aus dem etwas schwereren und größeren Fok C IV mit dem gleichen Motor ent wickelt. Es ist ein sowohl in Flugleistungen als auch in Flugeigenschaften durchaus überlegenes Flugzeug.

Aus dem C IV bzw. dem DC I ist der neueste Fokker-Zweisitzer, Baumuster C V mit 400 PS-Liberty, der für die Vereinigten Staaten gebaut wird, hervorgegangen. Der Rumpf ist hier etwas schmäler als beim C IV. Das Flugzeug besitzt als erstes ein abnehmbares Rumpfvorderteil. Vorn ist ein Bugkühler eingebaut. Mit allen diesen Fokker-Zweisitzern läßt sich jede Art Kunstflug bei voller Belastung durchführen. Ein Vergleichsfliegen ließ uns sogar den Fokker C IV mit 500 PS-Napier-»Lion«-Motor wendiger erscheinen als den französischen Dewoitine C I-Jagdeindecker (Einsitzer). Einzelheiten der Fokker-Flugzeuge werden noch bei der Erörterung der Flugzeugbewaffnung im Bilde gezeigt werden.

Abb. 32. Nieuport 29 C-1-Jagdeinsitzer. Eines der verbreitetsten französischen Jagdflugzeuge, das in Frankreich, Italien und auch anderwärts in großer Zahl zur Ausführung gelangt ist. 300 PS-Hispano-Suiza-Motor. Sperrholzschalenrumpf und Holzflügel. Baujahr 1919.

Die bauliche Entwicklung des neuzeitlichen Heeresflugzeuges geht, wie bereits erwähnt, mehr und mehr zum halb freitragenden Hochdecker und zum einstieligen Doppeldecker über. Die Frage, ob man ohne Verspannung bauen soll oder in althergebrachter Weise das Flügelfachwerk mit Zuggliedern absteifen soll, ist noch umstritten. Eine eckensteife Bauart unter Verwendung von Vieren-

Jagdzweisitzers, der etwa die Aufgabe des Bristol-»Fighter« zu erfüllen hat, sei der Vickers-»Vixen«-Jagdzweisitzer mit 450 PS-Napier-»Lion« angeführt.

Bei Sonderbauarten, wie schweren Torpedoflugzeugen mit einem Motor, hält man aber nach wie vor an einer normalen zwei- oder gar mehrstieligen verspannten Doppeldeckerbauart fest. Zweistielig ist der Hanley Page-»Hanley«-Torpedodoppeldecker mit 450 PS-Napier-»Lion«-Motor, der auch noch durch die erstmalige Anwendung eines Düsenflügels bei einem Militärflugzeug besonders beachtenswert ist. Das Fahrgestell ist für Torpedoflugzeuge charakteristisch.

Die Mehrheit der Jagdeinsitzer ist stets einstielig gewesen. Die bedeutungsvollsten Ausnahmen davon sind der Nieuport 29 C I-Jagdeinsitzer (Abb. 32), der bereits vorher Erwähnung fand, und der Curtiss-Jagdeinsitzer (Abb. 33), der durch seine Schnelligkeit überrascht hat und mit dem s. Zt. in einem großen Dauer-

Abb. 34. Short-»Springbok«-Jagd- und Aufklärungszweisitzer mit 400 PS-Bristol-»Jupiter«-Motor. Eines der ersten Versuchsflugzeuge aus Leichtmetall der englischen Fliegertruppe. Normale zweistielige, verspannte Ausführung. Flügel- und Rumpfbekleidung aus Duraluminblech.

fluge zwischen Sonnenaufgang und Sonnenuntergang der nordamerikanische Kontinent überflogen wurde. Das letztgenannte Flugzeug hat einen Rumpf aus Stahlrohren, Holzflügel mit aufgelösten Holmen und besitzt den vielgerühmten 400 PS-Curtiss D 12-Motor (s. auch Abb. 47). Eine neuere Ausführung dieses Jagdeinsitzers zeigt wiederum den Übergang zur einstieligen Bauart. Ein

Abb. 33. Curtiss-Jagdeinsitzer. Baujahr 1923 mit 375 PS-Curtiss-D 12-Motor. Das Flugzeug ist in der amerikanischen Fliegertruppe eingeführt.

deckträgern hat sich nicht überall einzuführen vermocht. Die Gründe sind darin zu suchen, daß die Baugewichte leicht zu hoch werden und daß dadurch trotz der Ersparnis an Stirnwiderstand die Flugleistungen verschlechtert werden. So z. B. ist man auch von Portalrahmen anstelle eines ausgekreuzten Stielpaares, wie sie der amerikanische Le Père-Doppeldecker aufwies, abgekommen. Nur der N-Stiel hat sich unter dem Einflusse des Fokkerschen Flügelaufbaues in weitem Umfange einzuführen vermocht. Flügelstiele in I-Bauart sind seltener zu finden.

Unzweifelhaft geht die Entwicklung aber dahin, bei kleinen und mittleren Flugzeugen die bisher vorherrschende normal verspannte, zweistielige Bauart zugunsten der einstieligen Bauart zu verlassen. Diese Entwicklungsrichtung fällt besonders bei den neueren englischen Heeresflugzeugen ins Auge. Als Beispiel eines

durch seine bauliche Durchbildung sehr bemerkenswertes englisches Flugzeug ist der in Abb. 34 gezeigte Short Aufklärungszweisitzer mit 400 PS-Bristol-»Jupiter«-Motor. Dieses Flugzeug ist eine Ganzmetallbauart, die manche Anlehnung an die bekannten Bauverfahren von Dornier zeigt. Es ist das einzige englische Militärflugzeug, bei dem in größerem Umfange Leichtmetall verwendet ist.

Weder ein- noch zweistielig ist z. B. das italienische Ansaldo-S. V. A. 5-Aufklärungsflugzeug (Abb. 35), dessen Tragzelle die für neuere italienische Heeresflugzeuge typische und auch bei uns nicht unbekannte V-Verstielung aufweist. Auch das italienische Fiat-»C R«-Jagdflugzeug (Abb. 36), ein sehr leistungsfähiger neuerer Jagdeinsitzer mit 300 PS-Hispano-Suiza-Motor, zeigt diesen Tragflügelaufbau. Auffallend ist hier der größere Unterflügel, der die entlasteten Querruder enthält. Auf diese eigenartige Anordnung wird noch zurückgekommen werden.

Abb. 35. »Ansaldo-S. V. A. 5«-Aufklärungsdoppeldecker der italienischen Fliegertruppe mit 200 PS-S. P. A.-Motor. Man beachte die Flügelverstrebung, die zuerst in Deutschland im Jahre 1911 versucht wurde. Diese Flügelverstrebung ist für das italienische Flugwesen typisch.

Von normalen einstieligen Jagdeinsitzern sei noch ein Flugzeug gezeigt, das in erster Linie von Flugzeugträgern (Flugzeugmutterschiffen) aus Verwendung finden soll. Es ist dies der Parnall-»Plover«-Schiffsjagdeinsitzer mit 400 PS-Bristol-

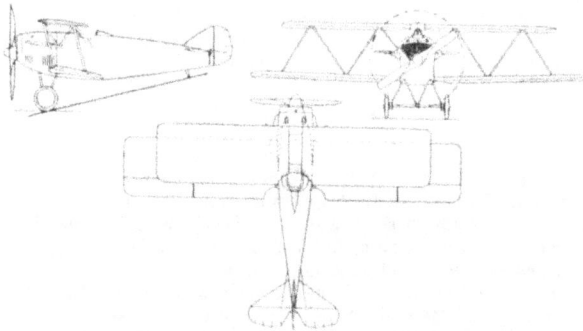

Abb. 36. Fiat-»C. R«.-Jagdeinsitzer mit 300 PS-Hispano-Suiza-Motor, eine Versuchskonstruktion der italienischen Fliegertruppe, die ebenfalls die V-Verstielung aufweist. Baujahr 1923/24.

»Jupiter«-Motor (Abb. 37). Dieses Flugzeug ist mit Rücksicht auf seinen Verwendungszweck im Fahrgestell so durchgebildet, daß es sich auf begrenzter glatter Landefläche mit Hilfe von Brems-

Abb. 37. Parnall-»Plover«-Jagdeinsitzer für Marinezwecke der englischen Fliegertruppe mit 400 PS-Bristol-»Jupiter«-Motor. Das Flugzeug soll in erster Linie von Bord von Flugzeugträgern aus eingesetzt werden, besitzt dementsprechend Schwimmfähigkeit und gute Landefähigkeit.

vorrichtungen nach dem Aufsetzen schnell zum Stillstand bringen läßt. Bei Flugzeugen dieser Art ist einer niedrigen Landegeschwindigkeit und ausreichenden Steuerbarkeit beim Landen viel Bedeutung zu schenken.

Die Quersteuerung.

Bei allen englischen Flugzeugen wird der Querwendigkeit besondere Beachtung beigemessen. Fast überall finden wir daher bei den Engländern Querruder im Ober- und Unterflügel. Bei dem Parnall »Plover« sind, wie erkennbar, ebenfalls doppelte Querruder angeordnet.

Die Bewertung von sehr groß bemessenen Querrudern findet zunächst darin eine besondere Begründung, daß man in England die Fähigkeit des seitlichen Abrutschens, insbesondere kurz vor der Landung (das sog. »Side-Slip-Landing«) stark betont. Bei den Luftflotten anderer Staaten ist das vorläufig kaum so der Fall. Für den Flug mit normalen Geschwindigkeiten kann man natürlich ausschließlich im Oberflügel angeordnete Querruder so bemessen, und aerodynamisch so ausbilden, daß eine ausreichende Querwendigkeit gewährleistet ist. Bekannt ist es z. B., daß hinter dicken Flügelschnitten gut geformte Querruder dann sehr wirksam sein können, wenn man sie sehr schmal und lang hält. Erinnert sei dabei nur an die neueren Fokker-Flugzeuge mit ihren sehr schmalen, aber außerordentlich wirksamen Querrudern, die sich über fast die ganze Flügelspannweite erstrecken. Im überzogenen Fluge, d. h. kurz vor einer »mit wenig Fahrt« ausgeführten Landung dürften allerdings derartige Querruder weniger wirksam sein. Im allgemeinen braucht man sie aber auch dabei nicht — abgesehen von »Side-slip-landings«.

In Frankreich fußte man auf aerodynamischen Untersuchungen Eiffels und ordnete nach dem Kriege längere Zeit hindurch die Querruder nur im Unterflügel an, weil dadurch eine wirksamere Quersteuerung gewährleistet schien. Bekannt sind die Spad-Flugzeuge der Jahre 1918 bis 1922 mit den nur im Unterflügel angeordneten Querrudern. In neuerer Zeit beginnt man davon auch wieder abzukommen, weil die unten liegenden Querruder baulich gerade nicht sehr erwünscht sind, zumal, wenn man die Spannweite der Unterflügel gering halten will. Im allgemeinen läßt sich daher sagen, daß die nur im Unterflügel angeordneten Querruder wieder mehr und mehr zugunsten der nur im Oberflügel angeordneten Querruder aufgegeben werden. Ausnahmen finden sich nur bei solchen Flugzeugen, bei denen aus statischen Gründen der Unterflügel mit wesentlich größerer Spannweite als der Oberflügel ausgeführt ist. Dies ist z. B. bei dem französischen Wibault-Nachtbombenflugzeug der Fall. Besonders bemerkenswert sind auch in dieser Hinsicht die italienischen Fiat-Jagdflugzeuge Muster C R (Einsitzer) und Muster C S (Zweisitzer). Beide besitzen eine ausgezeichnete Wendigkeit.

Die Formgebung des Flügels.

Bei der Flügeldurchbildung sei noch der Grundriß der Flügel kurz betrachtet.

Während des Krieges schien es, als ob einer leichten Pfeilstellung aus Gründen der Einfachheit keine Zukunft mehr beschieden sein würde. Heute findet man doch wieder Flugzeuge, bei denen eine mehr oder minder ausgeprägte Pfeilstellung der Flügel festzustellen ist. Die Gründe hierfür sind indessen selten aerodynamischer Natur, sondern meist praktische Fragen der Sicht und der Lastverteilung. Beispielsweise haben auch die letzten Spad-Flugzeuge der Kriegszeit, wie z. B. der Spad S. 20-Doppeldecker, der sowohl ein- als

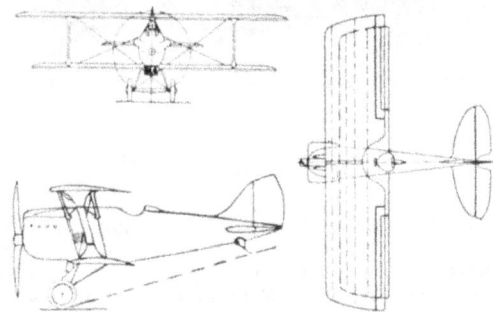

Abb. 38. Übersichtsskizze des Spad 61 C-1-Jagdeinsitzers mit 450 PS-Lorraine-Dietrich-Motor. Das Flugzeug wird in zwei Ausführungen, nämlich in Holz-Metallaufbau und in reinem Holzbau hergestellt. Die letztere Ausführung ist in größerer Anzahl in der polnischen Fliegertruppe zur Einführung gelangt.

auch zweisitzig geflogen werden kann, und einen 300 PS-Hispano-Suiza besitzt, einen ziemlich stark pfeilförmig bestellten Oberflügel bei geradem Unterflügel. Bis zum vergangenen Jahre war diese Anordnung ein Charakteristikum der Spad-Flugzeuge des Konstrukteurs Herbemont. Bei den neuesten Spad-Flugzeugen, wie bei Spad S 61 (Abb. 38 und 39) und beim Spad S 81-Jagdeinsitzer, ist man aber von Pfeilstellung des Oberflügels abgekommen und verwendet überall gerade durchlaufende Flügel. Bei vereinzelten neueren englischen Flugzeugen (»Bristol-»Bloodhound«) findet sich neuerdings eine ausgeprägte Pfeilstellung beider Flügel, die so stark ist, daß sie an die bekannten deutschen Pfeildoppeldecker der Vorkriegszeit erinnert. Verbreiteter ist die Pfeilform der Flügel bei Großflugzeugen.

Die bahnbrechenden Untersuchungen von Prof. P r a n d t l und seiner Göttinger Mitarbeiter auf aerodynamischem Gebiete haben auch im Auslande zur Folge gehabt, daß man einer zweckmäßigen Ausbildung des Flügelumrisses und der aerodynamischen Durchbildung des Flügels an sich mehr Beachtung schenkt, als es während der Kriegszeit der Fall gewesen ist. Obwohl die Prandtlsche Tragflügeltheorie im Auslande noch nicht überall die ihr zukommende volle Anerkennung gefunden zu haben scheint, hat man doch überall eingesehen, daß zum mindesten ein günstiges S e i t e n v e r h ä l t n i s die Flugleistungen verbessert, wenn man nur dadurch die Baugewichte des Tragwerkes nicht unverhältnismäßig erhöht. Anderseits ist man sich aber auch wohl bewußt, daß es zwecklos ist, bei verhältnismäßig s c h n e l l e n Flugzeugen, wie es ja Jagdflugzeuge naturgemäß sind, übermäßig günstige Seitenverhältnisse zu wählen, weil ja diese Flugzeuge normalerweise mit verhältnismäßig kleinen Anstellwinkeln fliegen, bei denen der induzierte Widerstand noch gering ist. Es kann sicher nicht zweckmäßig sein, Bauforderungen auf Grund aerodynamischer Gesichtspunkte, die für Segelflugzeuge und Leichtflugzeuge von geringer Geschwindigkeit gelten, auf Flugzeuge von sehr viel höheren Geschwindigkeiten zu übertragen.[1]) Schnelle Flugzeuge benötigen

Abb. 39. Rumpfvorderteil des Fahrgestells des Spad 61 C-1-Jagdeinsitzers. Der Hängekühler ist im Fluge einziehbar. Seitlich am Rumpf ist ein Ölkühler für den Motor erkennbar.

bei weitem nicht so günstige Seitenverhältnisse und Flügelabstände (bei Doppeldeckern) als langsame Flugzeuge. Bei der Betrachtung der Steigfähigkeit kommt nun allerdings die »S t e i g z a h l« in Frage, deren Maximum bei Anstellwinkeln liegt, bei denen der induzierte Widerstand bereits recht erhebliche Werte zu erreichen pflegt. Gegenüber dem langsamen Flugzeug ist bei dem schnellen Heeresflugzeug hierbei allerdings nicht außer acht zu lassen, daß für die Steigleistung das Produkt aus »Steigzahl« und Quadrat des Luftschraubenwirkungsgrades von Bedeutung ist und daß bei schnellen Flugzeugen eben dieser Luftschraubenwirkungsgrad auch bei nicht untersetzter Luftschraube höher veranschlagt werden kann als bei langsamen Flugzeugen, wenn man die Widerstände im Schraubenstrahl gering hält. Der Kompromiß, den der Konstrukteur bei fast jedem Flugzeugteil, auch beim Flügel, abzuschließen hat,

---

[1]) Aus diesem Grunde dürfte die Bedeutung der Segel- und Leichtflugzeugforschung für die Entwicklung von Hochleistungsflugzeugen u. E. vielfach doch recht überschätzt werden.

besteht zwischen Baugewicht und günstiger aerodynamischer Formgebung, gleiche Baufestigkeiten vorausgesetzt.

Es kann so leicht einmal der Fall eintreten, daß ein aerodynamisch von vornherein wenig günstig anmutendes Flugzeug infolge seines überaus geringen Baugewichtes einem aerodynamisch sehr gut durchgebildeten Flugzeug mit erheblich höheren Baugewichten in den Flugleistungen ü b e r l e g e n ist, weil die Leistungsbelastungen eben um so viel verschieden sind.

Außerdem muß man beachten, daß bei den überaus hohen Fluggeschwindigkeiten neuzeitlicher Heeresflugzeuge die Übertragung der W i n d k a n a l v e r s u c h s e r g e b n i s s e auf die wirkliche Ausführung noch nicht so geklärt scheint, wie es der Konstrukteur braucht.

Damit soll freilich nicht etwa gesagt werden, als ob der Windkanalversuch für den Konstrukteur moderner Heeresflugzeuge bedeutungslos wäre. Das ist er unter keinen Umständen. Indessen gewährt er aber auch keine ganz zuverlässige Annahme zur Ermittlung der Flugleistungen, sondern nur mehr Vergleichswerte. Die überaus hohen Geschwindigkeiten von fast 430 km/h, die in Amerika mit Rennflugzeugen erreicht worden sind, und die vielleicht schon in absehbarer Zeit normale Geschwindigkeiten leistungsfähiger Heeresflugzeuge darstellen können, bieten für die aerodynamische Durchbildung der Flugzeuge eine Reihe neuer Probleme, über die wohl erst eingehende Versuche im Druckluftwindkanal oder im Kohlensäurewindkanal Aufschluß geben könnten. Auch treten gerade bei hohen Fluggeschwindigkeiten mitunter Erscheinungen auf, die bisher nicht klar erforscht sind und die den Konstrukteur zwingen, andere als die bisher verwendeten und als am günstigsten geschätzten Bauformen zu wählen. Bei einem Teil dieser Erscheinungen, nämlich den Schwingungsvorgängen, lassen sich allerdings gerade an Segelflugzeugen gewonnene Erfahrungen nutzbringend verwerten. Aber auch hier scheint die Zulässigkeit einer unmittelbaren Übertragung nicht sichergestellt.

Sicherheit und Abwehr.

S c h u ß s i c h e r h e i t.

Eine besondere Bedeutung schenkt man bei allen Heeresflugzeugarten dem Problem der Schuß- und Brandsicherheit. Die Frage der Schußsicherheit wurde schon vorher kurz gestreift. Es handelt sich dabei darum, die Wahrscheinlichkeit, daß ein Treffer das Flugzeug zum Absturz bringt, auf ein Minimum zu begrenzen. Als durch Treffer besonders gefährdet sind in dieser Hinsicht die sog. lebenswichtigen Bauteile erster Ordnung, wie z. B. Holme, Flügelstiele, Tragdrähte und Tragseile anzusprechen. Werden solche Teile durch Treffer erheblich beschädigt, so ist mit Wahrscheinlichkeit auf einen schweren Bruch am Flugzeug mit unvermeidbarem Absturz zu rechnen. Lebenswichtige Teile zweiter Ordnung wären etwa Steuerseile, Steuerorgane, Rudergelenke, Hängeseile und solche Bauteile, die gewöhnlich doppelt vorhanden sind und von denen zur Not eines für ein glattes Niedergehen entbehrt werden kann. Auch die wichtigsten Fahrgestellteile dürften hierher gehören. Bedenklicher sind schon solche Treffer in der Luftschraube, die diese zum Auseinanderfliegen bringen. Denn gewöhnlich folgt darauf ein Herausbrechen des durchgehenden Motors aus seiner Lagerung.

Das Ausland, das sich der hier angedeuteten Gesichtspunkte voll bewußt ist, hat nun daraus gefolgert, daß für Flugzeuge, die heftigen Erdangriffen ausgesetzt sind, wie z. B. Infanterie- und Schlachtflugzeuge, Flügelkonstruktionen mit t r a g e n d e r Außenhaut oder mit a u f g e l ö s t e n Holmen sowie Schalenrümpfe aus Sperrholz oder Leichtmetall die größte Widerstandsfähigkeit gegen Schußverletzungen aufweisen. Anders liegt es allerdings mit der Ausbesserbarkeit, die beispielsweise gerade bei Sperrholzschalenrümpfen nicht günstig ist.

P a n z e r u n g.

Ein Schutz der Insassen gegen feindliche Treffer wäre durch eine P a n z e r u n g zu erreichen. Eine Panzerung bedeutet aber ein hohes Gewicht, das nur in Kauf genommen werden kann, wenn die geforderten Flugleistungen gering sind. Man findet daher auch Panzerungen fast nur bei solchen Flugzeugen, die in den Erdkampf einzugreifen bestimmt sind und bei denen zum mindesten auf hohe Steigleistungen Verzicht geleistet werden kann. Die französischen Bauvorschriften sehen allerdings für jedes militärische Flugzeug die Einbaumöglichkeit von gepanzerten Sitzen vor. Diese S i t z p a n z e r u n g soll für jeden Insassen mit einem Höchstgewicht von 50 kg erreicht werden. Man kann im Zweifel sein, ob beispielsweise bei einem Jagdflugzeug nicht eine Gewichtsersparnis von 50 kg und die damit erreichte Verbesserung der Flugleistungen der etwas fragwürdigen Panzerung des Sitzes vorzuziehen wäre. Schließlich sind es ja nicht die edelsten Teile, die durch einen Panzersitz geschützt werden. Die Franzosen legen indessen allem Anschein nach gerade hohen Wert darauf.

Brandschutz.

Besondere Bedeutung beim Heeresflugzeug verdient dagegen die Frage der Brandsicherheit. Brände im fliegenden Flugzeug können auf drei Ursachen zurückgeführt werden, nämlich erstens auf Schäden am Motor, die einen Vergaserbrand herbeiführen, ferner auf Selbstentzündung von an Bord befindlichen Gegenständen, wie z. B. von Munition o. dgl., und schließlich infolge des Beschusses mit Brand- oder Explosivmunition durch den Luft- oder Erdgegner. Vom militärischen Standpunkt wäre hier nur die letztgenannte Ursache zu streifen. Man muß verhindern, daß der aus einem durchschossenen Behälter herauslaufende Brennstoff sich am oder im Flugzeuge entzünden kann, bezw. daß der in Brand geratene Betriebsstoff ohne Gefährdung des Flugzeugs und der Insassen abbrennen kann. Weiterhin wäre dafür Sorge zu tragen, daß bei einem schon in Brand geratenen Flugzeuge die gesamte Betriebsstoffmenge so schnell als möglich und ohne weitere Gefährdung des Flugzeuges entleert werden kann. Hierbei sei bemerkt, daß es sich bei Flugzeugbränden zunächst immer um ein Inbrandgeraten von Betriebsstoff, niemals aber um die Entzündung eines eigentlichen Flugzeugteils, bestehe er nun aus Holz oder gelacktem Stoff, handeln kann.

Es ist in dieser Beziehung ein weit verbreiteter Irrtum, wenn man annimmt, daß das M e t a l l flugzeug von vornherein brandsicherer wäre. Das Metallflugzeug ist nur insofern bei einem Flugzeugbrand von einigem Vorteil, daß die einzelnen Metallteile bei einem anhaltenden Brande des Flugzeuges nicht so leicht ihre Form und Festigkeit aufgeben, wie es hölzerne oder Stoffteile des Flugzeuges tun würden. Bei einem anhaltenden Flugzeugbrande im fliegenden Flugzeug wird es aber schließlich nur in ganz seltenen Fällen möglich sein, das brennende Flugzeug zur Erde zu bringen, bevor die Insassen schwere Brandwunden erlitten haben. Die Vorzüge des Metallflugzeuges dürften u. E. hinsichtlich des Brandschutzes doch meist ü b e r s c h ä t z t werden. Die Betriebsstoffe sind dasjenige, was wir bei einem Brande zu fürchten haben. Hierzu gehört übrigens auch das Schmieröl.

Abb. 40. Fokker C-1-Doppeldecker mit 185 PS-B. M. W. III a-Motor, der u. a. auch in der holländischen und dänischen Fliegertruppe eingeführt ist. Das Flugzeug ist mit einem Fahrgestelltank ausgestattet.

Bezüglich der Brandsicherung von Flugzeugen bei Schußverletzungen wird es sich also in erster Linie darum handeln, die Betriebsstoffanlage zweckentsprechend auszubilden. Es gibt verschiedene Verfahren dazu. Ein Weg besteht darin, daß man den gefährdeten Betriebsstofftank abwirft bzw. ihn ähnlich einem Freiballon »reißt«, um den Betriebsstoff fast augenblicklich entleeren zu können. Gebräuchlicher und richtiger ist der geschützte Tank, der durch geeignete Formgebung und einen Gummiüberzug es verhindert, daß Brandgeschosse den Betriebsstoff zur Entzündung bringen. Man muß sagen, daß das Ausland, insbesondere England und Frankreich, schon während der letzten Kriegszeit klar erkannt haben, welche Wege bei der Konstruktion von geschützten Betriebsstoffbehältern einzuschlagen waren. Die einzelnen Schutzarten, wie sie z. B. der I m b e r - und der L a n s e r - Tank verkörpern, sind mit kleinen Abänderungen bis heute beibehalten worden. Ihre Verbreitung ist allgemein. Jedes neuzeitliche Heeresflugzeug besitzt entweder einen abwerfbaren oder einen geschützten Brennstoffbehälter.

Von der Möglichkeit, einen gewissen Brandschutz durch geeignete Anordnung der Brennstoffbehälter zu erreichen, wird beim modernen Heeresflugzeug seltener Gebrauch gemacht. Wenn man die Brennstoffbehälter a u ß e r h a l b des Rumpfes anordnet, so gibt das im allgemeinen einen erhöhten Stirnwiderstand und vergrößerte Massenträgheitsmomente, die bis zu einem gewissen Grade die Wendigkeit beeinträchtigen. F o k k e r ist von seiner an und für sich ausgezeichneten Unterbringung des Betriebsstoffes im Fahrgestellflügel (Abb. 40) abgekommen, weil der ziemlich dicht über der Erde liegende Behälter und seine Zuleitungen bei Landungen häufigen Beschädigungen ausgesetzt sind. Die Unterbringung des gesamten Betriebsstoffes in einen F a l l tank ist bei den starken Motoren meist nicht möglich und vom Standpunkte der Brandsicherheit auch nicht sehr erwünscht, obwohl diese Anordnung die beste Betriebssicherheit verspricht. D r u c k tanks sind von fast allen Heeresverwaltungen ausgemerzt worden.

Weitere Maßnahmen zum Brandschutz in militärischen Flugzeugen erstrecken sich auf den Einbau von feuersicheren Brandspanten, auf die geschützte Verlegung von Brennstoffleitungen und auf die gefahrlose Abführung von Leckbrennstoff.

Es würde zu weit führen, hier auch noch den Brandschutz von Flugzeugen beim Bruch und bei Vergaserbränden zu behandeln. Es ist dies ein Gebiet, das bei unseren Verkehrs- und Sportflugzeugen nicht genügend Beachtung finden kann, das aber leider mitunter noch ziemlich vernachlässigt erscheint.

Schutz der Insassen beim Bruch.

Ein sachgemäß gebautes Heeresflugzeug muß dem Schutze der Insassen nach Möglichkeit Rechnung tragen. Jede Luftmacht ist sich wohl bewußt, daß der Ersatz brauchbaren fliegenden Personals weitaus schwerer ist als etwa der Ersatz von Flugmaterial. In allen Staaten wird daher sorgfältig darauf geachtet, daß die Besatzung militärischer Flugzeuge auch in jeder Weise geschützt ist. Der Schutz der Insassen beim Bruch ist ein Umstand, der schon lange angestrebt wird, der aber nur bei ganz wenigen Flugzeugen genügend Berücksichtigung gefunden hat. Hierher gehören die sog. S o l l b r u c h s t e l l e n im Flugwerk, die es verhindern, daß bei einer zu harten Landung unzulässig hohe Beanspruchungen in Flugzeugteile geleistet werden, die schwer ersetzbar sind oder deren Bruch die Insassen unmittelbar gefährden würde. So z. B. ist es nicht ratsam, Fahrgestellbefestigungen am Rumpf übermäßig stark auszuführen, da es besser ist, daß bei einer Fehllandung das Fahrgestell nach Aufnahme des ersten stärksten Stoßes nach hinten wegbricht und dadurch das Flugzeug vor Überschlag und stärkerer Beschädigung und Gefährdung der Insassen bewahrt. Für die Bemessung solcher Sollbruchstellen läßt sich natürlich keinerlei Regel aufstellen, da sie Gefühlssache des Konstrukteurs bleibt und im Grunde genommen die richtige Wahl meist Zufallsache ist.

Abb. 41. Schwerer Bruch nach Absturz beim Dornier-»Falke«-Jagdeinsitzer. Man beachte, daß der Rumpf vor und hinter dem Insassenraum gebrochen ist, während der Sitzraum selbst vollständig in seiner Form erhalten geblieben ist.

Indessen kann man aber bei allen Flugzeugen einen Grundsatz befolgen, der auch in den alten deutschen »Bau- und Liefervorschriften für Heeresflugzeuge«[1] während des Krieges zu finden gewesen ist. Gemeint ist die A u s s t e i f u n g d e r S i t z r ä u m e. Bei einem schweren Sturz darf bei richtiger Durchkonstruktion

---

[1] Vgl. Wilh. H o f f, Die Festigkeit deutscher Flugzeuge, Berichte und Abhandlungen der WGL, Heft 8.

der Rumpf nur vor bzw. hinter den Insassenräumen brechen; auf keinen Fall darf der Rumpf aber dort brechen, wo durch die Ausschnitte für die Sitzräume eine Unterbrechung in den Rumpfwänden vorhanden ist. Außerdem sollen hinter den Insassen keine schweren Massen, wie Betriebsstoffbehälter usw. eingebaut sein. In welch' ausgezeichneter Weise dieser Forderung bei einem von deutscher Seite konstruierten Heeresflugzeug entsprochen worden ist, zeigt Abb. 41. Es stellt einen schweren Sturz des Dornier-»Falken«-Jagdeinsitzers nach einem am Flügel eingetretenen Schaden dar. Man erkennt, daß bei diesem Bruch der Rumpf vor und hinter dem Insassen gebrochen ist, daß aber der Sitzraum selbst vollkommen erhalten geblieben ist. Der Insasse ist dadurch und infolge der Tatsache, daß hinter ihm keine schweren Massen untergebracht waren — ein zweiter wichtiger Punkt! — vor schweren Verletzungen bewahrt worden. Er hat sich bei diesem Absturz aus über 50 m Höhe, der diesen wohl mit gutem Recht als »restlos« zu bezeichnenden Bruch zur Folge hatte,

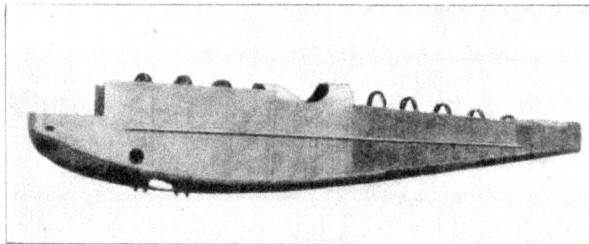

Abb. 42. Schalenrumpfaufbau des »Dornier-Falke«-Jagdeinsitzers mit der günstigen Aussteifung des Sitzraumes.

nur eine Gehirnerschütterung und einen leichteren Beinbruch zugezogen. Abb. 42 zeigt den Rumpfaufbau dieses Flugzeuges. Wir sind überzeugt, daß bei einem großen Reihe ausländischer Jagdeinsitzer ein derartiger Sturz weitaus bösartigere Folgen für den Insassen gezeigt hätte. Wenn man bedenkt, daß die Leistung des fliegenden Personals im hohen Maße von dem unbedingten Vertrauen zum Flugzeug abhängt, so wird man einsehen, daß auf diesen Gesichtspunkt noch mehr Wert gelegt werden muß, als es zurzeit der Fall zu sein scheint.

Zerlegbarkeit.

Eine gewisse Bedeutung wendet man bei ausländischen Flugzeugen, insbesondere bei Großflugzeugen, der Frage der Zerlegbarkeit zu. Hier ist es insbesondere England, das darauf dringt, daß möglichst viele Heeresflugzeuge schnell beiklappbare Flügel besitzen. Ein Grund hierfür mag darin zu erblicken sein, daß man im Ernstfalle mit einem Schiffstransport von Heeresflugzeugen rechnet und unter keinen Umständen, ebenso wie bei der behelfsmäßigen Unterbringung der Flugzeuge, das recht langwierige Aufrüsten der fast durchweg verspannten Flugzeuge in Kauf nehmen möchte. Die Ausführung der beiklappbaren Flügel bietet konstruktiv nicht viel Neues. Wohl ist es eine nicht zu unterschätzende Erschwerung für den Konstrukteur und eine Erhöhung des Baugewichtes; es ist aber keine Aufgabe, die grundsätzliche Hemmnisse bieten könnte. Als Drehpunkt wird bei Doppeldeckern gewöhnlich der Hinterholmanschluß am Baldachin gewählt.

Fahrgestellentwicklung.

Bei der Fahrgestellentwicklung sind einige Punkte bemerkenswert. Während man bei Kriegsende der Ansicht war, zu einem Normalfahrgestell gekommen zu sein, ist heute die Fahrgestellausbildung wie denn je von einer Vereinheitlichung entfernt. In dieser Beziehung sind zunächst einmal die Engländer an den Einbau von Stoßdämpfern gegangen. Ihr Gesichtspunkt war der, daß man das lästige und auch gefährliche »Springen« der Flugzeuge bei harten Landungen oder bei Landungen auf unebenem Gelände beseitigt, indem man an Stelle der sonst üblichen Federung, die ja, streng genommen, als solche keine Energie vernichten soll, Organe einbaut, welche eine gewisse kinetische Energie aufnehmen und vernichten, d. h. in andere Energieformen überführen.[1]

Zur Stoßdämpfung benutzt man am besten die innere Reibung von Flüssigkeiten oder halb elastischen Körpern. Schließlich ist auch eine Gummifederung keine reine Federung, sondern infolge

[1] Vgl. Weyl, ZFM 1923, S. 48.

der inneren Reibung des Gummis stoßdämpfend und deshalb der Stahlfederung bei weitem überlegen. Die Engländer verwenden für gewöhnlich Stoßdämpfer mit einer durch Öl abgeschlossenen Luftmenge, die zusammengedrückt und bei der auch die innere Reibung des zähflüssigen Öls zur Energievernichtung mit ausgenutzt wird. Eine interessante Stoßdämpfung zeigt Abb. 43 in dem Hartfort-Stoßdämpfer. Es handelt sich hierbei um zwei Reibscheiben, die beim Durchfedern der Achse gegeneinander verdreht werden. Diese einfache und zuverlässige Ausführung einer leicht einbaubaren Stoßdämpfung verdient Beachtung.

Abb. 43. Französischer Hartford-Stoßdämpfer mit Reibscheiben, der zwischen Radachse und Hilfsachse am Fahrgestell befestigt wird.

Die weitere Entwicklung im Fahrgestellaufbau zielt dahin ab, einen möglichst geringen Stirnwiderstand zu erreichen. Einen nicht unwesentlichen Anteil an Stirnwiderstand hat neben den Rädern eine freiliegende normale Federung. Man versucht deshalb diese Federung im Rade selbst unterzubringen. Eine sehr sinnreiche und nach den Erfolgen in Geschwindigkeitswettbewerben

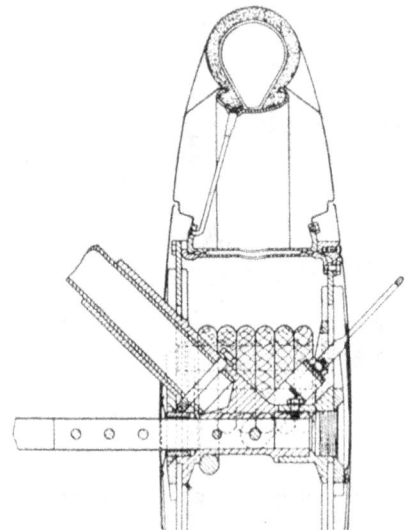

Abb. 44. Innengefedertes Laufrad des Curtiss-Renneinsitzers.

offenbar bewährte Anordnung zeigt Abb. 44 in dem federnden Rad der neuen Curtiss-Rennflugzeuge. Hierbei besitzt der feststehende Nabenteil des Rades einen Durchmesser von fast 40 cm und birgt in seinem Innern eine normale Gummifederung. Auf seinem Umfange läuft der verhältnismäßig schmale Radkranz. Beim Dornier-»Falken« hat man eine freiliegende Federung dadurch umgangen, daß man den ganzen Fahrgestellschenkel schwenkbar in einer im Rumpfe liegenden Federung gelagert hat. (Abb. 45 und 46). Eine andere Ausführung, die aber auf ähnlichen Grundsätzen wie beim »Falken« beruht, besitzt der neue Curtiss P. W. 8-Jagdeinsitzer, bei dem jedoch besondere Federungsstreben vom Radachsenstummel zur gegenüberliegenden Rumpfseite in einer Gummifederung geführt sind (Abb. 47). Beachtenswert ist dabei, daß der Gummi beim Durchfedern zusammengedrückt und nicht, wie üblich, ausgedehnt wird, und daß die einzelnen Gummiplatten leicht auswechselbar sind. Bei längeren Flügen in größeren Höhen, d. h. also bei sehr tiefen Temperaturen, leidet der Gummi erheblich. Eine schnelle Auswechselbarkeit der Gummifederung ist daher bei Jagdflugzeugen unbedingt zu fordern.

Abb. 45. Fahrgestell mit schwenkbarem Radschenkel und im Rumpf liegender Federung des Dornier-»Falke«-Jagdeinsitzers. Links am Rumpf der Lamblin-Kühler.

Bei den beiden zuletzt besprochenen Fahrgestellausführungen muß es auffallen, daß das Fahrgestell insofern von der üblichen Bauform abweicht, als eine durchgehende Achse vermieden ist.

Abb. 46. Fahrgestell des Dornier-»Falke«-Jagdeinsitzers, von vorn gesehen.

Bei größeren Flugzeugen ist die Anordnung geteilter Fahrgestelle selbstverständlich darin begründet, daß Abwurfgeschosse, insbesondere Torpedos, frei zum Abwurf gebracht werden müssen. Bei kleineren Flugzeugen beruht diese konstruktive Maßnahme, die

baulich gerade keine Erleichterung darstellt, auf einer Forderung der amerikanischen Luftstreitkräfte, die neuerdings auch von den Engländern übernommen worden ist. Man glaubt, durch das Vermeiden einer durchgehenden Achse mit den dazu gehörigen Versteifungen die Landefähigkeit auf mit Schnee bedeckten oder sehr unebenen Geländen wesentlich verbessern zu können.

Der Luftwiderstand der R ä d e r ist recht hoch und läßt sich nur durch geeignete Verkleidungen oder Einziehen der Räder etwas verringern. Von derartigen Verkleidungen wird jedoch nur selten Gebrauch gemacht. Einziehbare Räder haben im Heeresflugzeugbau bisher keine Anwendung gefunden. Das Anwendungsgebiet beiklappbarer Fahrgestelle liegt vorläufig nur bei Rennflugzeugen. Auch da sucht man aber den konstruktiv schwierigen und verwickelten Aufbau gern zu umgehen. Dieses Problem kann heute noch nicht als gelöst betrachtet werden.

Kühler.

Das Kühlerproblem.

Eine besondere Rolle in der Verringerung des Stirnwiderstandes, der durch die hohe Fluggeschwindigkeit geboten ist, spielt die Ausbildung der Kühler. Ein Jahr nach dem Kriege etwa setzte der

Abb. 47. Bauart 1924 des Curtiss-P. 8-Jagdeinsitzers mit geändertem Fahrgestell. 400 PS-Curtiss-D 12-Motor. Die Federung liegt im Rumpf.

geschickt aufgebaute Faßkühler von L a m b l i n (Abb. 48) zu einem Siegeszuge ein, der ihn fast zwei Jahre hindurch zum bevorzugten Kühler aller neuzeitlichen Flugzeuge machte. Der Vorzug des L a m b l i n - Kühlers lag aber nicht nur in seinem geringen Stirnwiderstand gegenüber den normalen plumpen Kühlern der französischen Flugzeuge, sondern in seinem geringen Gewicht und seiner überaus leichten Einbaumöglichkeit. Der L a m b l i n -

Abb. 48. Aufhängung der beiden miteinander verbundenen Lamblin-Faßkühler unter dem Rumpf des Dornier-»Falke«-Jagdeinsitzers. Die Motorhaube ist hochgeklappt und zeigt die Zugänglichkeit des eingebauten Motors.

Kühler[1] hat nicht voll befriedigt. Von maßgebenden Seiten des In- und Auslandes konnte man hören, daß diese Kühlerbauart bei weitem nicht den Erwartungen entsprochen hätte. Man muß jedoch berücksichtigen, daß dort, wo sie nicht befriedigte, auch der schlechte Einbau schuld sein mochte, denn die Kühlwirkung des Lamblin-Kühlers ist von der Durchwirbelung des Kühlwassers in hohem

[1] Vgl. B a r t e l s , Illustrierte Flugwoche 1924, Heft 26, S. 383.

Maße abhängig. Die in den äußeren Formen plump und unschön anmutenden Faßkühler wurden bald durch neuere Formen und Nachahmungen verdrängt. Beispielsweise zeigt Abb. 49 einen im Fahrgestell angeordneten Kühler neuerer Form beim Avia-Hochdecker. Beibehalten sind bei sämtlichen Kühlern dieser Art die dünnen Radialrippen, durch die das Wasser stark durchwirbelt strömt und seine Wärme unter Vermittlung der dünnen, gut wärmeleitenden Blechwand an die vorbeiströmende Luft abgibt. Die

Abb. 49. Zwischen den Fahrgestellstreben angeordneter Kühler beim Avia B. II. 7-Jagdeinsitzer.

Kühlluft wird so geleitet, daß Schwingungen der strömenden Luft an bzw. in den Kühlrippen nicht auftreten. Daher der geringe Luftwiderstand und die gute Kühlwirkung. Ein gewisser Nachteil dieser Kühler ist wohl darin zu erblicken, daß sie zur Erzielung einer guten Durchwirbelung des Kühlwassers möglichst tief angeordnet werden müssen und infolgedessen bei Schußverletzungen den ganzen Betrieb im wahren Sinne des Wortes trocken legen. Diesem Übelstande sucht man mitunter durch kleine Zusatzbehälter, die gleichzeitig der Ausdehnung des Wassers beim Erwärmen und etwaiger Dampfbildung Rechnung tragen, über dem Wasserspiegel in den Zylindermänteln vorzubeugen.

Tragflächenkühler.

Eine bemerkenswerte neuere Kühlerausführung ist der Tragflächenkühler, den Curtiss 1922 eingeführt hat, und der nicht mit dem Tragflügelkühler nach Seppeler verwechselt werden darf (Abb. 50). Diese Kühlerart ist insofern ideal

Abb. 50. Curtiss-Tragflächenkühler.

zu nennen, als der durch sie bedingte Stirnwiderstand praktisch Null wird. Die Grundidee ist recht naheliegend. Auf die Flügelbekleidung werden zwei leicht gewellte Messingbleche derart aufgelegt, daß zwischen ihnen längs ihrer Wellen das Kühlwasser zirkulieren kann. Im Flügel sind dann die Sammelröhren für Zu- und Abführung des Kühlwassers untergebracht. Als Baustoff dient gewöhnlich Messingblech von ausreichender Weichheit. Tragflächenkühler sind natürlich auf der Flügeloberseite, und zwar in der Gegend der Flügelvorderkante, am wirksamsten. Man ordnet ihn jedoch gewöhnlich auf Ober- und Unterseite des Flügels an und sieht für beide Seiten gemeinsame Sammelrohre vor. Diese Sammelrohre werden zweckmäßig unmittelbar an einem Holm längs geführt. Die erforderliche Kühlfläche für einen stärkeren Motor ist verhältnismäßig groß, kann aber auch bei Rennflugzeugen mit sehr kleiner Tragfläche und 500 PS-Motoren ohne weiteres sichergestellt werden. Der Tragflächenkühler setzt sich aus einer Anzahl ein-

zelner Kühlerelemente von etwa 30 bis 60 cm Breite zusammen, um leckgewordene Kühlerteile schnell ausschalten zu können. Für das Anlassen der Motoren bei kaltem Wetter verwendet man zunächst nur die innen liegenden Kühlerelemente, um das Kühlwasser schnell auf die günstigste Temperatur zu bringen. Diese Kühlerart wird nicht nur in Amerika, sondern auch in Frankreich gebaut. Der französische Moureux-Tragflächenkühler ähnelt dem Curtiss-Kühler; nur erfolgt die Verbindung der einzelnen Kühlbleche durch eine neuartige Falzung. In England hat Fairey das Recht zum Nachbau des Curtiss-Kühlers erworben.

Der Tragflächenkühler ist, wie gesagt, erst in der Nachkriegszeit entstanden. Schon 1920 wurde der erste Curtiss-Kühler dieser Art für die Rennflugzeuge des Gordon-Bennet-Wettbewerbs entworfen, infolge Zeitmangels und ungenügender Erprobung aber in die Curtiss-Flugzeuge eingebaut. Im folgenden Jahre wurden zwei Curtiss-Tragflächenkühler hergestellt und an einem Curtiss-»Oriole«-Doppeldecker mit C 6-Motor versucht. Diese Kühler hatten eine gesamte Kühlfläche von etwa 7,8 m², d. h. also etwa 0,042 m²/PS. Sie wogen je 16,8 kg, d. h. 4,30 kg/m². Der Wasserinhalt betrug pro Kühler 7,25 kg, d. h. 1,95 kg/m². Diese erste Kühlerbauart ergab mangels genügender Kühlfläche und unzulänglicher Bauweise viel Störungen. Beide Ausführungen waren als unbrauchbar zu betrachten. — Januar 1922 wurden zwei neue Tragflächenkühler mit um die Hälfte vergrößerter Kühlfläche gebaut. Der erste Kühler wurde auf die gleiche Weise wie die vorher erwähnten Versuchskühler hergestellt und wog 21,7 kg, d. h. 3,8 kg/m²; er enthielt 7,7 kg Wasser, d. h. 1,32 kg/m². Der andere der letztgenannte Versuchskühler wurde nach einem neuen Verfahren gefertigt, um die Anstände der ursprünglichen Kühlerbauart zu beheben. Jeder Kühlerstreifen wurde getrennt gebaut und getrennt vor dem Zusammenbau zum eigentlichen Kühler geprüft. Diese Kühlerbauart wog 2,2 kg, d. h. 3,8 kg/m² und faßte 6,6 kg Wasser, d. h. 1,12 kg/m². Der erste dieser beiden neuen Kühler zeigte während eines Prüffluges genau dieselben Anstände als die ursprünglich gebauten Versuchskühler. Es mußte daher eine dritte neue Kühlerbauart entwickelt werden. Dieser Versuchskühler wurde nach einem vollständig neuen Verfahren hergestellt, um Gewicht zu sparen und um den ganzen Aufbau zu vereinfachen. Der Sammleraufbau mit Lötungen und der ganze Zusammenbau der einzelnen Kühlerelemente wurde geändert und so ein Kühler geschaffen, der bei gleicher Kühlfläche nur 19,5 kg wog, d. h. 3,35 kg/m² und dabei 5,8 kg Wasser faßte (1,0 kg/m²). Die letztgenannten beiden Kühlerbauarten wurden vom 24. Januar 1922 bis 16. Juni desselben Jahres an einem Curtiss-»Oriole«-Doppeldecker mit Curtiss C 6 A-Motor in allen Wetterbedingungen erprobt. Sämtliche Flugleistungen wurden sorgfältig aufgezeichnet. Während dieser Flüge wurde eine größte Höhe von 4,75 km erreicht und ein Lufttemperaturbereich zwischen —19⁰ und +27⁰ C. Eine besondere Schwierigkeit bot während dieser Versuche die Entfernung der Luft aus den Kühlerelementen beim Einfüllen des Wassers. Übriggebliebene Luftsäcke fanden gelegentlich ihren Weg in die Kühlwassermäntel des Motors und bildeten dort Dampftaschen, die den Druck im Kühlwassersystem so steigerten, daß die Kühler platzten. Durch Einfügen eines Sicherheitsventils mit großem Querschnitt in die Sammelrohre der Kühler wurde dieser Übelstand befriedigend behoben.

Die neueren Tragflächenkühler der Curtiss-Bauart haben ein Flächengewicht, das zwischen 300 und 325 g/m² liegt. Bei diesen Kühlerausführungen beträgt der Wasserinhalt zwischen 100 und 112 g/m². Weitere Versuchsausführungen der Curtiss-Tragflächenkühler hatten die Verringerung des Kühlereinheitsgewichtes auf 225 bis 250 g/m² zur Aufgabe.

Modellmessungen im Windkanal zeigten anderseits, daß der Tragflächenkühler in der Ausführung von Curtiss praktisch keine Erhöhung des Widerstandes zur Folge hat. Die Versuche wurden an den verschiedenartigsten Flügelschnitten durchgeführt. Als Beweis der Leistungssteigerung infolge der Tragflächenkühler mag dienen, daß der Navy-Curtiss-Renndoppeldecker, Bauart 1921, mit Lamblin-Kühler, die damals geringsten Widerstand zu bieten schienen, eine Höchstgeschwindigkeit von 300 km aufwies, während das gleiche Flugzeug mit einem Curtiss-Kühler unter den gleichen Bedingungen 322 km erreichte. Nach anderen Angaben soll die Geschwindigkeit eines Flugzeuges mit Tragflächenkühler gegenüber dem gleichen Flugzeug mit Bugkühler um volle 20 vH gesteigert werden.

Eine sehr wesentliche Einzelheit der Curtiss-Jagdflugzeuge ist eine Verbindung des Tragflächenkühlers mit einem Öltemperaturregler. Dadurch ist es möglich, den Motor und sein Schmieröl in kürzester Zeit auf Betriebstemperatur zu bringen.

Man verwendet eben zum Anwärmen des Öles die an das Kühlwasser abgegebene Wärme. Für die Jagdfliegerei ist es eine unerläßliche Vorbedingung, daß die Flugzeuge in kürzester Zeit bei jedem Wetter startklar gemacht werden können. Bei modernen Jagdflugzeugen mit stärkeren Motoren dauert es aber bei kaltem Wetter mitunter 20 min, ehe der Motor die für den Start notwendige Betriebstemperatur in allen seinen Teilen erreicht hat. Die von Curtiss entwickelte Anordnung verringert die Zeit zum Startklarmachen auf ein Mindestmaß.

Im Heeresflugzeugbau hat immerhin der Tragflächenkühler nur in geringem Umfange Eingang gefunden, da man wegen seiner Verwundbarkeit bei Treffern im Flugzeug starke Bedenken gegen seine Verwendung hegt. Vorläufig sind es nur die Curtiss-Jagdflugzeuge, die als neuzeitliche und eingeführte Heeresflugzeuge mit dieser Kühlerart ausgestattet sind. Die Zunahme der Flugleistungen infolge des wesentlich verringerten Stirnwiderstandes darf indessen nicht unterschätzt werden. Auch die Betriebssicherheit hat bisher voll befriedigt.

Eine ähnliche Kühlerausbildung ist übrigens vor längerer Zeit schon von R. Wagner als Kondensator in Vorschlag gebracht worden. Hierbei lag allerdings das Vorbild von Hiram Maxim, der bei seinem Dampfflugzeug Teile des Tragflügels als Kondensator ausbildete, sehr nahe.

Luftschrauben.

Reed-Luftschraube.

Eine bedeutsame Förderung scheint der Flugzeugbau in der letzten Zeit durch die Einführung einer besonderen Luftschraubenart gewonnen zu haben. Unabhängig von den seit vielen Jahren bekannten Bestrebungen zur Schaffung von brauchbaren Metallluftschrauben kam 1920 der amerikanische Ingenieur Reed bei einer kurz nach Kriegsende begonnenen Untersuchung akustischer Probleme zum Entwurf einer Sirene auf die Idee einer neuartigen Luftschraubenbauart. Reed untersuchte umlaufende Sirenenflügel und gelangte dabei zu der Anschauung, daß es möglich sein muß, mit elastischen Luftschrauben, deren Umfanggeschwindigkeit weit oberhalb der Schallgeschwindigkeit liegt, noch brauchbare Ergebnisse zu erzielen. Er setzte sich damit — vermutlich ohne es selbst zu wissen — in krassem Gegensatz zu der allseitig vertretenen Anschauung, daß man die Umfangsgeschwindigkeiten der Luftschraube zwecks Erzielung eines günstigen Wirkungsgrades möglichst unterhalb der Schallgeschwindigkeitsgrenze halten müsse. Diese bekannte Anschauung hat auch in Versuchen, die der englische Luftfahrtbeirat kurz nach dem Kriege mit »Überschallgeschwindigkeitsluftschrauben« durchgeführt hatte, seine experimentelle Bestätigung gefunden. Es ist daher klar, daß bei ihrem ersten Bekanntwerden die Luftschraube von Reed eine sehr skeptische Aufnahme in Fachkreisen fand. Es handelt sich bei dieser Schraubenbauart aber um einige neue Gesichtspunkte, die es verständlich werden lassen, daß die Versuchsergebnisse in einem Widerspruch zu der üblichen Auffassung von der Steigerung der Umfangsgeschwindigkeit bei Luftschrauben stehen mußten.

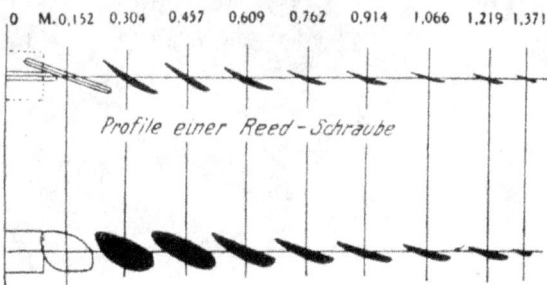

Abb. 51. Vergleich der Blattquerschnitte einer normalen Holzluftschraube mit einer entsprechenden Reed-Duraluminluftschraube.

Die Luftschraube von Reed ist verblüffend einfach. Sie besteht aus einem dünnen Duraluminblech mit zugeschärften Kanten, das entsprechend der Steigung nach beiden Seiten hin verdreht ist und in der Mitte in einer zweiteiligen Nabe gefaßt wird. Die Schraubenflügel besitzen überaus dünne, bei Holzluftschrauben bisher weder bekannte noch erreichbare Flügelschnitte (Abb. 51) und sind außerdem so biegsam, daß sie sich leicht von Hand verbiegen lassen. Ihre Steifigkeit erhält so die Schraube nur durch die Fliehkräfte. Es ist also gewissermaßen eine unstarre Metallluftschraube, die

in dieser unstarren Bauart an Luftschrauben von Professor v. Parseval erinnern. Die außerordentlich dünnen, messerartigen Flügelschnitte sind wesentlich, um bei Geschwindigkeiten, die der Schallgeschwindigkeit nahekommen oder diese übersteigen, noch einen günstigen aerodynamischen Wirkungsgrad abgeben zu können. Hierbei haben die Versuchsergebnisse, die die Amerikaner in Hochgeschwindigkeitsluftkanälen von 400 km/h Windgeschwindigkeit erreicht haben, ausgezeichnete Verwertung gefunden. Dünne Profile sind danach bei sehr hohen Geschwindigkeiten unbedingt überlegen. Die Wirkungsgradverbesserung soll bei der Reed-Schraube rd. 6 vH betragen.

Die Reedluftschraube gestattet es, schnellaufende Motoren ohne Untersetzung laufen zu lassen. Außerdem können bei den so gesteigerten Luftschraubendrehzahlen die Schraubendurchmesser verringert werden. Dadurch ergeben sich bauliche Vorzüge. Der Schraubenstrahlquerschnitt, der ja für die Widerstandsverhältnisse am Flugzeug wesentlich ist, wird kleiner, die Geschwindigkeitserhöhung in ihm aber bei gleichem Schub höher, so daß allerdings die Rumpfwiderstände noch mehr als sonst ins Gewicht fallen. Durch ihre elastische Bauweise bietet die Reedschraube anderseits eine bessere Anpassungsfähigkeit an den Motor. Die genannten Vorzüge der neuartigen Luftschraube, zu denen sich noch ihre leichte Herstellbarkeit gesellt, sind, wie leicht ersichtlich, für den Bau von Heeresflugzeugen außerordentlich hoch einzuschätzen. Der Preis ist allerdings höher als der einer normalen Holzschraube.

Es nimmt daher nicht wunder, daß sowohl England (Fairey) als auch Frankreich (Levasseur) die Rechte zur Herstellung derartiger Luftschrauben von dem Patentinhaber, der amerikanischen Curtiss-Flugzeug- und Flugmotorenfabrik, erworben haben.

Die Erprobung im Fluge hat die Erwartungen sogar noch übertroffen. Die Geschwindigkeitsrekorde der Amerikaner werden seit zwei Jahren ausschließlich mit Reedluftschrauben errungen. Auch bei Flugzeugen mit untersetzten Motoren hat sich eine Verbesserung der Flugleistungen durch die Duraluminschraube feststellen lassen. Der Heeresflugzeugbau ist gegenwärtig im Begriff, sich diesen neuesten Fortschritt zu eigen zu machen.

Verstelluftschrauben.

Für Flugzeuge mit Höhenmotoren sind Luftschrauben mit verstellbarer Steigung eine unerläßliche Vorbedingung. Infolgedessen wird auch in allen Staaten sehr eifrig an diesem Problem gearbeitet. Eine befriedigende Lösung, die sowohl genügend betriebssicher als auch einfach ist, scheint noch nirgends gefunden. Überall hat man sich klar erkannt, daß der Weg zur brauchbaren Verstelluftschraube nur über die Metallschraube führt. Auch diese liegt heute noch nicht in einer Form vor, die eine allgemeine Einführung in das Heeresflugwesen irgendeines Staates gerechtfertigt hätte, abgesehen von der Reedluftschraube, die ja ganz anderen Gesichtspunkten ihre Entstehung verdankt. Auf dem Gebiete der Verstelluftschraube arbeitet vorzugsweise: Micarta (USA), Leitner-Watts (England), Levasseur (Frankreich). Bemerkenswert ist die Micartaluftschraube, deren Flügel aus mit Harzstoffen getränkten und gepreßten Stoffstreifen besteht. Diese Luftschraubenbauart ist teuer, hat sich aber — Nachrichten zufolge — im Betriebe dem Holz zum mindesten gleichwertig, wenn nicht gar überlegen gezeigt.

Bewaffnung.

Die Bewaffnung des modernen Heeresflugzeuges hat seit der Kriegszeit nur geringe Fortschritte gemacht. Sie besteht nach wie vor im wesentlichen aus Maschinengewehren. Wir finden hier wieder die bekannten Ausführungen von Vickers, Lewis, Browning, Colt, Marlin, Hotchkiss, Thompson u. a. m. Es sind dies sämtlich luftgekühlte M.G.

Maschinengewehrentwicklung.

Bezüglich der Entwicklung der Waffe an sich ist das Streben nach Kalibervergrößerung weniger zur Verbesserung der ballistischen Leistung als zum Zwecke der Bekämpfung von Panzerzielen und Tanks hervorzuheben. Die Feuergeschwindigkeit ist wenig erhöht worden. Die Kalibervergrößerung geht von 7,65 mm auf 11,0 und 12,7 mm. Abb. 52 zeigt den Einbau eines derartigen großkalibrigen Maschinengewehrs in einem amerikanischen Heeresflugzeug; links ist ein normales Maschinengewehr eingebaut. Dazwischen liegt das sog. optische Zielgerät, das nicht mit einem Zielfernrohr verwechselt werden darf. Der Einbau ist der normale amerikanische Waffeneinbau in Flugzeuge.

Die Anordnung der Maschinengewehre gliedert sich bekanntlich in starr eingebaute und bewegliche Maschinengewehre. Das starr eingebaute Maschinengewehr feuert durch die Luftschraube und muß demgemäß mit einer Regelungsvorrichtung versehen sein, die die Abgabe von Schüssen nur dann gestattet, wenn sich keine Schraubenflügel vor den Lauf vorb bewegen. Diesem Zwecke

Abb. 52. Vereinheitlichter amerikanischer Waffeneinbau für Jagdeinsitzer in einem modernen Heeresflugzeug. Rechts das großkaliberige, links das kleinkaliberige M.-G., dazwischen das optische Zielgerät mit Hilfszielgerät.

dient die zuerst in Deutschland gefundene Maschinengewehr-Steuerung. Die Vereinigten Staaten verwenden gegenwärtig die Nelson-Steuerung, die auf Einzelschuß umgeänderte Maschinengewehre verlangt, während Frankreich und England größtenteils von der Constantinescu-Steuerung und deren Abarten Gebrauch machen. Umfangreiche Versuche erstrecken sich auch auf elektrische Maschinengewehrsteuerungen.

Abb. 53. Motorgewehr von Fokker. Die dargestellte Ausführung dieses Gewehrs ist bereits gegen Kriegsende bei uns versucht worden.

Abb. 54. Maschinengewehreinbau im Fokker D XI-Jagdeinsitzer mit optischem Zielgerät. Der einziehbare Kühler ist gut erkennbar. Der Waffeneinbau ist nach deutschem Vorbilde erfolgt.

Maschinengewehreinbau.

Der Einbau starrer Maschinengewehre bietet baulich mitunter Schwierigkeiten. Besonders schwierig ist der Einbau dann, wenn der Führer dicht hinter dem Motor sitzt. Der deutsche Waffeneinbau gilt heute im Auslande als vorbildlich. Auch die bekannte deutsche Zentralsteuerung der starren Waffen hat im Auslande noch nicht vollwertig nachgebaut oder durch andere Steuerungen ersetzt werden können. Beispielsweise läßt die betriebssichere Durchbildung der biegsamen Wellen noch viel zu wünschen übrig. Allerdings ist zu berücksichtigen, daß man in den letzten Jahren mit den Luftschraubendrehzahlen recht heraufgegangen ist und daß die Verwendung vierflügliger Schrauben die Maschinengewehr-Steuerung noch mehr erschwert.

Einen mustergültigen Einbau nach deutscher Art zeigt Abb 54 in dem Waffeneinbau eines Fokker D XI-Jagdeinsitzers. Bei dieser Ausführung finden vielfach auch deutsche Maschinengewehre, von denen größere Mengen ins Ausland gekommen sind, Verwendung.

Der französische Waffeneinbau wird heute im allgemeinen als mangelhaft bezeichnet, weil er zu wenig Starrheit besitzt.

Besonderer Wert ist auf ausreichende Kühlung der Waffen zu legen. Die Läufe müssen nach Möglichkeit im freien Luftstrom liegen. Für große Höhen ist für bewegte Schloßteile dagegen eine Heizung vorzusehen. Das englische Vickers-Maschinengewehr hat besondere Aluminiumkühlrippen auf dem Lauf. Besonders wichtig ist die Laufkühlung beim Eingriff in den Erdkampf, weil hierbei meist Dauerfeuer abgegeben wird.

Bewegliche Maschinengewehre.

Bei den beweglichen Maschinengewehren ist man, wie auch schon während der letzten Kriegszeit, zu zweiläufigen oder gekuppelten Zwillingsmaschinengewehren, die auf einen Drehkranz beweglich angeordnet sind, übergegangen (Abb. 55). Das Bewegen der Waffe im Drehkranz erfordert im Fluge erhebliche körperliche Anstrengung. Der Winddruck auf ein Zwillings-Lewis-Maschinengewehr beträgt z. B. in einem D. II. 4-Doppeldecker mit Liberty-Motor nicht weniger als 35 kg. Bei schnellen

Eine neue Waffe, die ursprünglich in Deutschland entwickelt worden ist, ist das Motorgewehr, eine Waffe, die nicht durch den Gasdruck bzw. den Rückstoß aufgeladen, abgeschossen und durch den Motor nur gesteuert wird, sondern dessen einzelne Funktionen unmittelbar vom Motor aus betätigt werden. Abb. 53 stellt das von Fokker entwickelte Motorgewehr dar. Wieweit die Versuche des Auslandes mit dieser Waffe gediehen sind, ist nicht bekannt.

Flugzeugen reicht dazu die physische Kraft des Schützen nicht mehr aus. Im Auslande arbeitet man daher an Ausgleichsvorrichtungen. Zu ganz zufriedenstellenden Ergebnissen ist man jedoch bisher nicht gelangt.

Zur Bekämpfung von Erdzielen verwendet man vielfach starr schräg nach unten im Rumpf eingebaute gewöhnliche Maschinengewehre. Ein in den Vereinigten Staaten beschrittener Weg zur Erhöhung der Kampfkraft eines Flugzeuges ist die Anordnung von möglichst vielen Maschinengewehren. So findet man bei einem sog. L a r s e n - Flugzeug, einem schlecht und ungeschickt umgebauten J u n k e r s - Verkehrseindecker, der Schlachtflügen dienen

Abb. 55. Beweglicher Waffeneinbau im Fokker C IV-Doppeldecker mit 400 PS-Liberty-Motor. Im Drehkranz sind zwei gekuppelte bewegliche Lewis-M.-G. angeordnet. Unter dem Rumpf ist der Lauf des beweglichen Rumpfboden-M.-G. erkennbar. Im Rumpf ist der Kasten zur Aufnahme der Patronentrommeln gut sichtbar. Links (vor dem Drehkranz) liegt der Führersitz .

sollte, nicht weniger als 32 Maschinengewehre eingebaut. Bei dem »B o e i n g« - G. A. X.-Panzerdreidecker der amerikanischen Fliegertruppe sind 8 Maschinengewehre vorgesehen, deren Betätigung von den drei Insassen die Fähigkeit von Jazzbandspielern erheischen dürfte.

Flugzeuggeschütze.

Die Verwendung von leichten Geschützen auf Flugzeugen ist seit der Kriegszeit vor allem in den Vereinigten Staaten, gefördert worden. Man neigt dort zur Verwendung von beweglich eingebauten Geschützen. Für andere nach vorn eingebaute Geschütze, wie sie z. B. für »K a n o n e n e i n s i t z e r« in Frage kommen, hat man in den Vereinigten Staaten den H i s p a n o - S u i z a - »C a n n o n«-Motor weiter entwickelt. Bei diesem Motor schießt das Geschütz durch die hohle Luftschraubennabe, was dadurch erreicht ist, daß die Luftschraube durch ein Getriebe von der Kurbelwelle aus angetrieben wird. Es sei an dieser Stelle bemerkt, daß dieser Motor in einem Geschützeinsitzer bereits während des Krieges von französischen Jagdfliegern, darunter auch von G u y n e m e r. mit Erfolg verwendet worden ist. Von derartigen, mit 37 mm-Geschützen ausgerüsteten Einsitzern ist man in Frankreich zunächst wieder abgekommen; sie sollten auch in erster Linie nur der Bekämpfung von U-Booten dienen.

Die gewöhnlichen Kaliber von Flugzeuggeschützen sind 20 und 37 mm. Für den W r i g h t - »Cannon«-Motor, der Verbesserung des H i s p a n o - S u i z a - »Cannon«-Motors, wird das 37 mm halbautomatische B a l d w i n - Flugzeuggeschütz verwendet. Das gleiche Geschütz wird auch im beweglichen Einbau bei M a r t i n - Zweimotorenflugzeugen versuchsweise angeordnet, wie Abb. 56 zeigt. Das Geschoß wiegt etwa 500 g und besitzt einen Aufschlagzünder.

In gleicher Weise werden auch versuchsweise 75 mm-Geschütze und 76,2 mm D a v i s - Geschütze verwendet. Das Davis-Geschütz ist dadurch beachtenswert, daß es r ü c k s t o ß f r e i ist. Die Patrone besitzt ein Gewicht von 6,7 kg und besteht aus einer beidseitig offenen Hülse, deren eines Ende das Geschoß und deren anderes Ende eine Blindladung trägt. Zwischen beiden befindet sich die Treibladung. Beim Schuß wird der Rückstoß durch gleichzeitigen Austritt der Blindladung vernichtet. Die Kanone besitzt der Patrone entsprechend ein beidseitig offenes Rohr, das in der Mitte zum Einsetzen der Patrone geteilt ist und dort den Lademechanismus trägt. Geschoß und Blindladung treten aus dem

Rohr an den entgegengesetzten Enden mit gleicher kinetischer Energie aus. Nachteilig ist bei diesem Geschütz der b e s c h r ä n k t e Feuerwinkel, da nach beiden Laufrichtungen hin freies Schußfeld vorhanden sein muß. Erprobungen dieses amerikanischen Geschützes haben befriedigt.

Im Rumpfboden eingebaute Maschinengewehre zum Angriff von Erdzielen sind bekannt. Neuartig ist nur der Einbau derartiger Maschinengewehre in einem Drehkranz. In Amerika werden im Rumpfbodendrehkranz zwei gekuppelte Maschinengewehre eingebaut, die zusammen eine Feuergeschwindigkeit von 2400 Schuß pro Minute besitzen sollen. Derart eingebaute Rumpfboden-Maschinengewehre dienen vornehmlich zur Abwehr von Schwanzangriffen im Luftgefecht. Sie sind auch bei der Mehrzahl der französischen Heeresflugzeuge eingeführt. Über die Bewährung von Maschinengewehren mit derart hohen Schußzahlen liegen bisher

Abb. 56. 37 mm-Baldwin-Flugzeuggeschütz, beweglich im Glenn Martin-Zweimotoren-Doppeldecker eingebaut. Über dem Verschluß ist der Zuführungsrahmen mit sieben Geschossen erkennbar.

keine ausreichenden Erfahrungen vor; es scheint aber nicht, als ob man heute dabei schon auf annähernd die gleiche Zuverlässigkeit rechnen kann wie bei den normalen Maschinengewehren.

Eine weitere Flugzeugwaffe, die immer wieder in Vorschlag gebracht wird, ist der F l a m m e n w e r f e r. Er hat keinen Eingang in die Heeresflugtechnik gefunden, trotzdem viele Versuche damit vorgenommen worden sind. In keinem Staat ist ein mit Flammenwerfern ausgerüstetes Flugzeug zum Dienstgebrauch eingeführt. Nach den Ergebnissen, die die in Deutschland während des Krieges angestellten Versuche gezeitigt haben, ist es auch nicht anzunehmen, als ob das Flammenwerferflugzeug als Waffe irgendwie von Bedeutung sein könnte.

Von hoher Bedeutung ist dagegen die G a s w a f f e. Der Gaskampf zur Luft wird zweifellos dem Anwendungsgebiete des Heeresflugzeugs noch ein weites Feld der Betätigung erschließen. Im Rahmen der vorliegenden Ausführungen würde es aber zweifellos zu weit führen, die technische Seite der Gaswaffe vom Standpunkt des Flugtechnikers des Näheren zu betrachten.

Der Stand des Baues starker Flugmotoren im Auslande.

Die Anforderungen, die an einen starken Flugmotor gestellt werden, sind recht widersprechend. Auf der einen Seite fordert man geringstes Gewicht und höchste Leistung, auf der anderen Seite verlangt man eine unbedingte Betriebssicherheit und eine möglichst lange Lebensdauer, auch bei wenig schonender Behandlung, wie dies bei Heeresflugzeugen in der Regel der Fall ist. Zudem ist in fast allen Fällen die Höhe des Betriebsmittelverbrauches von hoher Bedeutung. Für militärische Flugzeuge tritt dazu noch bei der Mehrheit der vorhandenen Flugzeuggattungen die Forderung, daß die Leistungsabnahme des Motors mit der Höhe möglichst gering bleibt.

Allgemein bietet ein Motor zwei Ursachen von Störungsmöglichkeiten, die entweder seine Lebensdauer oder aber seine Betriebssicherheit beeinträchtigen, nämlich Schwingungserscheinungen und Wärmestauungen in einzelnen Teilen. Schwingungserscheinungen führen zur vorzeitigen Abnützung oder zum Ermüdungsbruch des betreffenden Teils; Wärmestauungen bedingen durch Überhitzen bewegter Teile ein Heißlaufen des Motors oder Frühzündungen, die den ruhigen Gang beeinträchtigen und die Leistung vermindern. Wärmestauungen vermögen aber auch Brüche herbeizuführen, da die Festigkeit der normalen Baustoffe mit der

Zahlentafel III. Übersicht über einige neuere starke Flugmotoren.

Motorbezeichnung	Zylinderzahl	Bauart	Kühlung	Zylinderbohrung mm	Kolbenhub mm	Verdichtungsverhältnis	Untersetzung Kurbelwelle/Luftschraube	Gewicht (betriebsfertig) kg	Normalleistung PS	Normalleistung Umdr./min	Spitzenleistung PS	Spitzenleistung Umdr./min	Brennstoff g/PSh	Schmieröl g/PSh	Einheitsgewicht kg PS	Länge mm	Breite mm	Höhe mm
Liberty 12 A	12	2 × 6 in 45° V	Wasser	127	178	1 : 5,3	keine	385	400	1700	432	1850	210	10	0,894	1820	700	1210
Lorraine-Diétrich 450 PS	12	3 × 4 in 60° W	Wasser	120	180	1 : 5,3	keine	391*	450	1800	—	—	245	15	0,880	—	—	—
Lorraine-Diétrich 1000 PS	24	3 × 8 in 60° W	Wasser	200	126	—	keine	850*	1000	1600	—	—	—	—	0,850	—	—	—
Lorraine-Diétrich 400 PS	12	2 × 6 in 60° V	Wasser	120	170	1 : 5,25	keine	410*	410	1700	—	—	240	25	1,00	1493	1029	783
Hispano-Suiza F	8	2 × 4 in 90° V	Wasser	140	150	1 : 5,34	keine	280	300	1800	320	2000	250	11	0,875	1360	930	1000
Hispano-Suiza 600 PS	12	2 × 6 in 60° V	Wasser	140	150	—	keine	400	450	1800	600	2000	230	56	0,667	—	—	—
Hispano-Suiza 450 PS	12	3 × 4 in 60° W	Wasser	140	150	1 : 5,3	keine	376	450	1800	—	—	224	—	0,835	—	—	—
Farman W. D. 12	12	3 × 4 in 60° W	Wasser	130	160	—	—	520	400	1750	550	2050	220	—	0,945	—	—	—
Farman W. E. 12	12	3 × 4 in 60° W	Wasser	130	160	1 : 5,5	2 : 1	520	450	1800	520	2600	225	—	1,000	—	—	—
Farman W. D. 18	12	3 × 6 in 40° W	Wasser	130	180	1 : 5,5	keine	780	600	1660	800	1800	235	—	0,978	—	—	—
Fiat A. 14 (1917)	12	2 × 6 in 60° V	Wasser	170	210	1 : 4,5	keine	760	685	1650	750	1700	235	30	0,970	—	—	—
Wright T. 3 (hochverd.)	12	2 × 6 in 60° V	Wasser	148,5	158,5	1 : 6,5	keine	522	625	1800	715	2200	235	—	0,730	1400	667	785
Wright T. 3 (niedrigverd.)	12	2 × 6 in 60° V	Wasser	148,5	158,5	1 : 5,3	keine	522	600	1900	640	2000	—	—	0,816	1400	667	785
Wright J-3	9	Stern-Stand	Luft	114,2	140	1 : 5,1	keine	218	210	1600	230	1950	—	—	0,950	660	1120 ⌀	1120 ⌀
U. S. Eng. Div. W 1 A	18	3 × 6 in 40° W	Wasser	165	190	—	keine	—	1000	1400	—	—	—	—	1,18	—	—	—
U. S. Eng. Div. W 1	18	3 × 6 in 40° V	Wasser	139	165	—	keine	783	700	1700	—	1700	—	—	—	—	—	—
Salmson A. Z. 9	9	Stern-Stand	Wasser	140	170	1 : 5	1,5 : 1	330	300	1500	300	—	235	25	1,100	1225	1200 ⌀	1200 ⌀
Salmson C. M. 18	18	2×9 Doppelstern	Wasser	125	170	1 : 5	keine	450	500	1550	500	—	265	25	0,900	—	1200 ⌀	1200 ⌀
Renault 500 PS	12	2 × 6 in 60° V	Wasser	134	180	1 : 5,3	keine	456	480	1600	500	1620	250	25	0,910	1760	1070	780
Rolls-Royce »Condor III«	12	2 × 6 in 60° V	Wasser	140	190	1 : 5,3	keine	526	670	1900	720	2100	240	15	0,810	—	—	—
Rolls-Royce »Eagle IX«	12	2 × 6 in 60° V	Wasser	114	164	1 : 5,43	1800/1080	440	360	1800	398	2000	228	15	1,100	—	—	—
Packard 500 PS (1920)	12	2 × 6 in 60° V	Wasser	126	177	—	keine	422	500	1800	500	—	—	—	0,850	—	—	—
Packard 1 A (1921)	12	2 × 6 in 60° V	Wasser	127	133	1 : 6,5	keine	—	348	1800	362	1900	225	9	—	1610	690	910
Packard-Levasseur	12	2 × 6 in 60° V	Wasser	165	170	1 : 5,4	keine	566	500	1550	—	—	236	12	1,130	—	—	—
Napier-»Lion« (hochverd.)	12	3 × 4 in 60° V	Wasser	139,7	130,2	1 : 5,8	1,32 : 2,0	441	480	2000	538	2225	218	—	0,82	1440	1450	1600
Napier-»Cub«	12	4 × 4 in X	Wasser	158,8	190,5	1 : 5,3	1,8 0,752	1110	1000	1790	1085	2000	—	—	1,02	1800	1450	—
Bristol-»Jupiter IV«	9	Stern-Stand	Luft	146	190,5	1 : 5	keine	330	400	1550	445	1770	250	14,8	0,827	—	1350 ⌀	1350 ⌀
Armstrong-Siddeley-»Jaguar«	14	27× Doppelstern	Luft	127	140	1 : 5	keine	322	335	1500	385	1700	245	13	0,835	1184	1095 ⌀	1095 ⌀
Curtiss D-12	12	2 × 6 in V	Wasser	114,23	152,4	1 : 6,0	keine	308	415	2000	482	2300	264	6,8	0,640	1440	883	748
Beardmore-»Cyclon«-Dieselmotor	6	Reihe stehend	Wasser	217,5	304,8	—	keine	820	800	1220	—	—	—	—	1,02	—	—	—
Beardmore-»Typhoon«-Dieselmotor	6	Reihe hängend	Wasser	217,5	304,8	—	keine	820	800	1220	—	—	—	—	1,02	—	—	—

Temperatur ja schnell abnimmt. Diesem Umstande wird vielfach nicht genügend Rechnung getragen. Die Störungen an Hilfsgeräten sind gemeinhin untergeordneter Natur und können leichter ausgemerzt werden.

Der Konstrukteur eines Motors muß danach trachten, die ganze Maschine mit geringstem Gewicht zu bauen. Hierzu führen zwei Wege: einmal der Weg geringsten Materialaufwandes durch Verwendung hochwertiger Baustoffe und Vereinfachung und zweitens der Weg der Leichtbaustoffe. Der neuzeitliche Flugmotorenbau zeigt, daß beide Wege nebeneinander beschritten werden müssen, wenn etwas Ersprießliches herauskommen soll. Eine Kurbelwelle aus Duralumin für einen starken Motor ist danach genau so ein Unding, wie etwa ein Gehäuse aus Nickelstahlblech.

Zu beachten ist indessen, daß die Verwendung von Leichtmetallen nicht, wie oft genug angenommen wird, ausschließlich der Gewichtserleichterung dient, sondern in erster Linie aus thermischen Gründen gewählt ist. Die Leichtmetalle, insbesondere das Aluminium, haben bekanntlich eine wesentlich höhere Wärmeleitfähigkeit, als etwa Stahl oder Gußeisen. Beispielsweise sind Kolben aus einer Aluminiumkupferlegierung infolge ihrer größeren Völligkeit gegenüber Stahlgußkolben kaum leichter als jene, trotzdem dies gerade im Hinblick auf die Beschleunigungsdrücke sehr erwünscht wäre. Aluminiumkolben sind aber trotzdem ungemein überlegen, weil sie die Wärme vom Kolbenboden schneller abführen und dadurch die Anwendung von Bohrungen und Verdichtungsverhältnissen gestatten, die sonst nicht ohne die Gefahr von Selbstzündungen erreichbar wären. Ähnlich liegt es bei der Anwendung von Zylindermänteln und Zylinderköpfen aus Aluminium. Mehr an Gewicht wird bei der Verwendung von Elektron und ähnlichen Magnesium-Leichtmetall-Legierungen eingespart. Dafür ist die Wärmeleitfähigkeit des Elektrons etwas geringer als die der in Frage kommenden Aluminiumlegierungen. Vor allem aber sind die Unterschiede in Festigkeit und Härte der beiden Leichtbaustoffe bei den vorliegenden Arbeitstemperaturen sehr erheblich. Dies gilt in erster Linie für Kolben. Infolgedessen findet man beim modernen Hochleistungsflugmotor den aus einer Aluminiumlegierung bestehenden Kolben unbedingt vorherrschend. Die anderen Leichtmetalle haben im Auslande weniger Eingang gefunden. Bei Schubstangen erspart man rd. 10 vH Gewicht bei Verwendung von Duralumin gegenüber hochwertigem Stahl.

Von Qualität und Zuverlässigkeit der Baustoffe hängt im Motorbau alles ab. Vor allem sind es die hochwertigen Konstruktionsstähle, insbesondere die für Ventile, Ventilsitze, Ventilfedern, Kurbelwellen und Schubstangen benötigten Sonderstähle, von deren Güte der Konstrukteur abhängig ist. In dieser Beziehung ist Deutschland während des Krieges und als zwangsläufige Folge des Vernichtungsfriedens gegen früher ins Hintertreffen gekommen. An die bei uns hergestellten hochwertigen Konstruktionsstähle müssen wieder größere Anforderungen gestellt werden. Hochleistungsflugmotoren können sich nur in Ländern mit hochstehender Metalltechnik entwickeln lassen.

Von besonderer Bedeutung ist die Brennstoffrage. Ein erhöhtes Verdichtungsverhältnis verbürgt ohne erheblichen Mehraufwand an Gewicht und ohne Steigerung der Drehzahl eine erhöhte Leistung und eine Verringerung des Einheitsgewichtes bei erhöhtem thermischen Wirkungsgrad. Begrenzt ist das Verdichtungsverhältnis nur durch die Selbstzündungstemperatur und durch die Brenngeschwindigkeit des Gasgemisches. Beide hängen von dem verwendeten Brennstoff ab; erstere liegt beispielsweise beim sog. „Fliegerbenzin" niedriger als beim Benzol. Man darf also beim Benzol höhere Verdichtungsverhältnisse anwenden als beim Benzin. Leistung und thermischer Wirkungsgrad steigen also, trotzdem ein Brennstoff von geringerem Energiegehalt verwendet wird. Infolgedessen geht man beim modernen Flugmotor mehr und mehr zu Brennstoffgemischen aus Benzin und Benzol, künftig vielleicht auch zu Gemischen, die noch hochsiedendere Bestandteile enthalten. Dadurch lassen sich günstige Verdichtungsverhältnisse wie z. B. 1·6,5 (Wright T-3-Motor) erzielen, die mit reinem Leichtbenzinbetrieb schlechterdings unerreichbar wären. Nicht übersehen darf bei der Betrachtung des Brennstoffproblems werden, daß man unter allen Umständen das Auftreten von brisanten Zündungen in der Ladung vermeiden muß. Ein Zusammenhang zwischen der Selbstzündungstemperatur und dem Auftreten brisanter Zündungen besteht nach den Versuchen von Ricardo nicht. Durch brisante Zündungen wird die Betriebssicherheit ernstlich in Frage gestellt. In dieser Hinsicht sind die Untersuchungen des Engländers Ricardo für die Weiterentwicklung von hohem Wert. Diese Untersuchungen sind leider in Deutschland nicht so allgemein bekannt geworden, wie dies zu wünschen gewesen wäre. Von hoher Wichtig-

keit ist danach eine niedrige Brenngeschwindigkeit der verdichteten Ladung. Nach Ricardo kann die Brenngeschwindigkeit gar nicht niedrig genug sein. Ricardo erreicht abnorme hohe Verdichtungsverhältnisse, d. h. sehr niedrige Brenngeschwindigkeiten durch Zusatz von gekühlten Auspuffgasen zur Ladung. Ein ähnliches ließe sich wohl auch durch geeignete Zusätze zum Brennstoff selbst erzielen. Engländer und Amerikaner sollen mit solchen Zusatzmitteln (»antiknocking fuel dope«) befriedigende Erfolge erzielt haben. In erster Linie wurde Bleiäthyl (Pb [C_2H_5]$_4$) erprobt. Es gestattet in einer Beimischung von 1.1000 bei Leichtbenzin Verdichtungsverhältnisse bis zu 1:9 zu erreichen, hat aber einmal den Nachteil hoher Giftigkeit und ferner den, feste Ablagerungen im Zylinder zu bilden. Diese Ablagerung geht mitunter soweit, daß der Kolben zum Klemmen kommt. Ein weiteres im Auslande versuchtes Zusatzmittel ist beispielsweise Xylidin. In Frankreich hat Dumanois derartige Brennstoffzusätze untersucht. Die Entwicklung des Flugmotors gelangt so zu der Verwendung vorbereiteter Hochleistungs-Brennstoffe (»legierte Brennstoffe«).

Zur Schmierung bevorzugt das Ausland vegetabile Öle, insbesondere das Rizinusöl und Gemische aus Rizinusöl, polymerisierten Ölen und Mineralölen. Die Bedeutung der Mineralöle ist sehr zurückgegangen, weil die hohen Temperaturen leicht Ölkohlebildung zur Folge haben. Zu beachten ist, daß das Schmieröl neben der eigentlichen Schmierung heute noch mehr als früher den Charakter eines Kühlmittels für die bewegten inneren Teile annimmt und daher einer erhöhten Kühlung bedarf.

Eine wesentliche Förderung hat der Bau starker Flugmotoren im Auslande durch die überaus scharfen Prüfbedingungen der Militärbehörde gewonnen. Man kann sagen, daß die heutige Entwicklung derjenigen starken und leichten Motoren, die für militärische Zwecke in Frage kommen, ausschließlich einer intensiven Prüfarbeit zu danken ist, die die militärisch geleiteten Versuchsanstalten des Auslandes zusammen mit den Motorenfirmen geleistet haben. In erster Linie ist hier die Fliegertruppe der Vereinigten Staaten zu nennen. Heeres- und Marineluftfahrt dieses Landes haben dahin gearbeitet, daß Amerika gegenwärtig im Bau starker Flugmotoren zum mindesten zu den führenden Ländern gehört, wenn nicht gar selbst als führend anzusprechen ist. Jedes Motorenmuster, das dort von der Militärbehörde als gebrauchsfähig angesprochen werden soll, muß vorher einer Dauerprüfung von nicht weniger als 300 h Gesamtdauer unterzogen werden. Noch vor 1½ Jahren betrug die Prüfdauer 100 h. Jeder Dauerlauf zerfällt in Einzelläufe von 100 h Dauer, während deren der Motor zu Beginn und am Ende des Einzellaufs je eine halbe Stunde mit Vollgas und die übrige Zeit mit 9/10 Vollgasleistung zu laufen hat. Hat der Motor seinen Dauerlauf in einwandfreier Form ohne irgendwelche nennenswerte Anstände erledigt, dann wird er zerlegt und die Abnützung der einzelnen Teile aufs genaueste im Beisein des Konstrukteurs festgestellt. Erst nach Bestehen dieser Prüfung wird der Motor zur eingehenden Flugerprobung zugelassen. Neuerdings wurden sogar 300 h-Prüfläufe ununterbrochen durchgeführt. Da außerdem noch jeder neue Motorenentwurf, den der Konstrukteur später an militärische Stellen für Flugzeuge abzusetzen gedenkt, vor dem Bau den Versuchsanstalten zur Begutachtung vorgelegt wird, ist es den Vereinigten Staaten gelungen, Leistungen, Gewichte und Betriebssicherheiten zu erreichen, die man gemeinhin noch bei Kriegsende keinesfalls zu erhoffen gewagt hätte.

Auch in England hat man den gleichen Weg der Entwicklung mit viel Erfolg beschritten. Die Prüfdauer ist allerdings noch nicht so hoch wie in Amerika. Immerhin sind doch die Abnahmebedingungen erheblich schärfer als die deutsche Typprüfung für Flugmotoren bei Kriegsende. Frankreich hat sich seit einiger Zeit diesem Vorgehen angeschlossen. Auch hier haben die gesteigerten Prüfanforderungen eine bedeutsame Förderung der Flugmotorenentwicklung zur Folge gehabt.

Umlaufmotoren sind — von vereinzelten Ausnahmen abgesehen — aus dem neuzeitlichen Heeresflugzeugbau ganz verschwunden. In erster Linie liegt das daran, daß der Umlaufmotor sich praktisch wegen der hohen Flieh- und Corioliskräfte auch als Gegenlaufmotor kaum mit mehr als etwa 250 PS-Leistung ausführen läßt. An dieser Grenze war man bei Kriegsende bereits angelangt (160/220 PS-Sh IIIa, 200 PS-Goe IV, 230 PS-Bentley-Rotary II u. a. m.). Eine solche Leistung reicht heute, wo ein ganz neuzeitlicher Jagdeinsitzer mindestens 400 PS Leistung hat, nicht mehr für Heereszwecke aus. Die alten Bestände an Flugzeugen mit Umlaufmotor (z. B. Sopwith-»Snipe«-Jagdeinsitzer mit 230 PS-B.R. II) werden selbstverständlich heute noch aufgebraucht. Eine Leistungssteigerung des einsternigen Umlaufmotors ließe sich

Zahlentafel IV.   Stirnflächen und Leistungen neuerer Flugmotoren.

Motor	Verdichtungs-Verhältnis	Spitzenleistung PS	Spitzenleistung Umdr./min	Gewicht (betriebsfertig) kg	Einheits-gewicht kg/PS	Stirnfläche m²	Einheits-stirnfläche m²/PS
Napier-»Lion«, Serie II . . .	1 5,8	538	2225	441	0,820	0,53	0,00099
Hispano-Suiza-Achtzylinder .	1 5,34	320	2000	280	0,875	0,55	0,00162
Wright T-2-Zwölfzylinder . .	1 5,5	530	1800	558	1,048	0,54	0,00102
Wright T-3-Zwölfzylinder . .	1 5,3	640	2000	522	0,816	0,54	0,00085
Wright T-3-Zwölfzylinder . .	1 6,5	715	2200	522	0,730	0,54	0,00076
Liberty 12-Zwölfzylinder . . .	1.5,4	432	1850	385	0,894	0,52	0,00121
Curtiss D-12-Zwölfzylinder . .	1.6,0	482	2300	308	0,622	0,38	0,00079
Curtiss D-12-Zwölfzylinder . .	1 5,3	400	2200	304	0,762	0,38	0,00095
Curtiss D-12-A-Zwölfzylinder	1 6,0	508	2300	—	—	0,38	0,00075

heute vielleicht unter Verwendung unrunder Zylinder denken. Derartige Zylinder sind für Kraftfahrzeugzwecke bereits ausgeführt, Betriebserfahrungen damit liegen indessen noch nicht vor.

Sehr große Bedeutung wird im Auslande einer gedrängten Motorbauart mit möglichst geringen Motorquerschnitt beigemessen. Ein gewisses Maß dafür bietet die Stirnfläche je PS Leistung. Bei den heute zur Verwendung gelangten starken Motoren, die bei einem neuzeitlichen Jagdeinsitzer eine Durchschnittsleistung von 500 PS besitzen, ist der Rumpfquerschnitt ausschließlich durch den Querschnitt des eingebauten Motors bestimmt (Zahlentaf. IV).

Das Problem des Höhenmotors hat in den letzten Jahren im Auslande viel Beachtung gefunden, aber grundsätzlich genommen gegen ein Kriegsende keine erhebliche Förderung gewonnen. Die gangbaren Wege zur Schaffung von Höhenmotoren und Höhenflugmotoren sind ja bekannt. Der überbemessene und überverdichtende Motor, der kurz als Höhenmotor erster Art gekennzeichnet werden mag, hat im Auslande trotz der hervorragenden Versuchsergebnisse, die dort Versuche mit deutschen Motoren dieser Art geliefert haben, wenig Beachtung gefunden. Wenigstens hat man unseres Erachtens dort nicht die Folgerungen aus dem gezogen, was die deutschen Motoren der letzten Kriegszeit lehren mußten. Man hat eben dort den Hauptwert auf die Züchtung von leichten und zuverlässigen Schnelläufern gelegt. Gewiß hat auch der moderne starke Flugmotor eine leichte Überverdichtung, die sich darin vornehmlich äußert, daß man ihn in Bodennähe mit Brennstoffgemisch nicht längere Zeit hindurch mit Vollgas laufen lassen kann. Im übrigen aber ist er für geringere Luftdichten und niedrigere Lufttemperaturen nur insofern zugeschnitten, als er eine Brennstoffregelung für den Höhenflug besitzt, um das Anreichern des Gasgemisches zu vermeiden. So kommt es, daß einer der besten gegenwärtig für Militärflugzeuge vorhandenen Motoren, der 450 PS-Napier-»Lion« (hochverdichtende Ausführung mit einem Verdichtungsverhältnis von 1.5,8) in Jagdflugzeugen modernster Ausführung nicht über eine Höhe von etwa 8,5 km praktisch hinausbringen läßt. Ähnlich liegen die Verhältnisse bei fast allen anderen eingeführten Motoren der Gegenwart. Zur Steigerung der Gipfelhöhe muß man daher zu anderen Mitteln greifen.

Mit viel Nachdruck und auch mit recht guten Erfolgen wird nun im Ausland der Höhenmotor zweiter Art oder der sog. Höhenflugmotor entwickelt, der durch Vorverdichten des dem Verbrennungsraum zugeführten Gasgemisches die Abnahme der Motorleistung mit der Höhe verringert. Grundsätzlich Neues ist seit dem Kriegsende auf diesem Gebiete allerdings auch nicht geschaffen worden, denn der wichtigste Vorverdichter, der zur Anwendung gelangt, lag bereits beim Waffenstillstand betriebsfähig vor. Es ist dies der Abgasturbinen-Vorverdichter von Rateau. Rateau nützt in an sich bekannter Weise die in den Motorabgasen enthaltene Energie zum Antrieb eines Kreiselvorverdichters, eines einstufigen Gebläses, aus. Die normale Drehzahl des ganzen Aggregates liegt etwa bei 30000 Umdr./min. Das ganze Zusatzgerät ist an sich leicht genug, erschwert aber durch die erforderlichen zusätzlichen Kühleinrichtungen (Zwischenkühler) für die verdichtete Luft den Einbau in den Motor nicht unerheblich. Es hat vieler Mühe bedurft, ehe es gelang, diese Abgasturbine betriebssicher durchzubilden, da das Material des Rotors infolge der hohen Abgastemperatur und der hohen Drehzahl außerordentlich stark beansprucht ist. Heute ist diese Abgasturbine für eine ganze Reihe der bei der französischen Fliegertruppe eingeführten Motoren bis zu 500 PS-Leistung genügend betriebssicher durchgebildet, so daß man bereits weite Überlandflüge von über 7 h Dauer über Hochgebirge hinweg mit derartigen Höhenflugaggregaten ausgeführt hat. Die genauen Höhenleistungen der mit Rateau-Abgasturbinen ausgerüsteten Motoren sind nicht bekannt, man behauptet,

daß durch Einbau einer Rateauturbine die Diensthöhe eines gegebenen Flugzeuges um rd 3 km erhöht wird. Die Franzosen sind also damit in der Lage, Flugzeuge, die ihrer unzureichenden Höhenleistungen wegen heute nicht mehr als kriegsbrauchbar anzusprechen sind, durch Anbau der Abgasturbine wieder frontbrauchbar abzuändern, so daß veraltetes Flugmaterial nicht ohne weiteres ersetzt zu werden braucht. Das ist ein unleugbarer Vorzug der Abgasturbine. So ist z. B. der letzte Höhenweltrekord von etwa 12 km Höhe auf einem uns veraltet erscheinenden Gourdou-Leseurre-Jagdeinsitzer mit 300 PS-Hispano-Suiza normaler Bauart mit Rateau-Abgasturbine aufgestellt worden.

Versuche mit einem Abgasturbinen-Vorverdichter werden auch in den Vereinigten Staaten von der Militär-Versuchsanstalt für Luftfahrt in Dayton ausgeführt. Hierbei handelt es sich um die Abgasturbine von Moss, einem Ingenieur der General-Electric Co. Die Franzosen behaupten, daß diese Turbine weiter nichts als eine schlecht nachgebaute Rateau-Abgasturbine sei. Die Amerikaner haben erst bei der betriebsfähigen Durchbildung dieser Abgasturbine für den 400 PS-Liberty-Motor viel Schwierigkeiten gehabt. Vorläufig hat es nur zu Rekordflügen gelangt, die allerdings den Höhenrekord seinerzeit in amerikanische Hände gebracht haben. Zur Einführung ist diese Abgasturbine im Gegensatz zur Rateau-Abgasturbine zurzeit noch nicht in größerem Umfange gelangt. Daneben wird von den Amerikanern noch ein vom Motor unmittelbar angetriebener Vorverdichter, Bauart Roots, erprobt.

England beschäftigt sich mit dem Problem des Vorverdichters zurzeit nicht sehr eingehend. Die diesbezüglichen Versuche werden von der Kgl. Flugzeugwerft angestellt. Dort wird eine Abgasturbine und ein zwangläufig vom Motor angetriebener Vorverdichter erprobt. Flüge mit einer Abgasturbine sind bis 10 km Höhe durchgeführt worden. Die meisten Anstände haben sich dabei an Hilfsgeräten ergeben. Eine betriebssichere Lösung ist noch nicht gefunden.

Bis zu einem gewissen Grade kommt man heute noch um den eigentlichen Höhenmotor herum, wenn man sehr leichte und sehr starke Motoren entwickelt, die in der Arbeitshöhe dann immer noch genügende Leistung besitzen. Man muß nur verhindern, daß der Leistungsabfall mit der Höhe unverhältnismäßig stark wird, wie es z. B. bei den alten Gnôme-Umlaufmotoren der Fall war. In dieser Hinsicht haben die Engländer durch Schaffung von starken luftgekühlten Sternmotoren Bemerkenswertes geleistet. Den englischen Arbeiten auf diesem Gebiete sollte bei uns mehr Beachtung geschenkt werden. Es ist den Engländern tatsächlich gelungen, luftgekühlte Motoren von bis zu fast 500 PS Leistung bei einem Triebwerkgewicht von noch nicht 850 g/PS betriebssicher durchzuentwickeln!

Abb. 57 zeigt den Bristol-»Jupiter«-Sternmotor. Er besitzt neun Zylinder. Die Zylinder sind einschließlich des Verbrennungsraumes aus Stahl und nach Art von Umlaufmotorenzylindern mitsamt den Kühlrippen aus dem Vollen herausgedreht. Auf den Verbrennungsraum ist ein gegossener Aluminiumkopf mit Kühlrippen aufgesetzt, der die Ventilführungen und Gemischwege enthält. Dieser Kopf sitzt mit breiter Fläche auf dem Stahlzylinder, um einen guten Wärmeübergang zu erhalten. Jeder Zylinder besitzt zwei Einlaß- und zwei Auslaßventile, deren Führung ist sowohl im Aluminiumkopf, als auch im Stahlzylinder eingeschraubt und hält somit den aufgeschrumpften Kopfteil am Zylinder fest. Interessant und besonders beachtenswert ist bei dem Bristolmotor ein Ausgleichwinkelhebel für das Ventilspiel, der es verhindert, daß bei dem unvermeidbaren »Wachsen« des Zylinders im Betriebe der Ventilhub eine Änderung erfährt. Die Kolben bestehen aus Aluminium; die Nebenschubstangen sind an einer Hauptschubstange angelenkt. Der Motor besitzt drei Vergaser, von denen das Gasgemisch in eine am Hinterende des Kurbelgehäuses angeordnete

Gemischkammer strömt. Von dort aus wird das Gemisch unter Vermittlung einer feststehenden Ansaugspirale (Abb. 58) auf die einzelnen Zylinder verteilt.

Abb. 57. 400 PS-Bristol-»Jupiter«-Neunzylinder-Sternmotor, der stärkste flugbewährte Motor mit Luftkühlung. Dieser Motor wird in Frankreich von den durch ihre Umlaufmotoren früher weltbekannten Gnôme-et-Le-Rhône-Werken nachgebaut.

Der Bristol-»Jupiter« hat als erster luftgekühlter Sternmotor nach dem Kriege die scharfe englische Bauartenprüfung glatt erfüllt. Der 100 h-Dauerlauf wurde mit einer durchschnittlichen Drehzahl von 1580 Umdr./min entsprechend 350 PS Leistung (90 vH der Vollgasleistung) erledigt. Die Höchstleistung des geprüften Motors betrug bei 1620 Umdr./min 400 PS. Der Motor hat auch die französische Musterprüfung mit einem 50 h-Dauerlauf in fünf Einzelläufen bestanden und dabei 430 PS bei 1630 Umdr./min geleistet. Er wird gegenwärtig auch in Frankreich gebaut, und zwar

von den bekannten Gnôme-et-Le-Rhône-Werken, die bisher durch ihre Umlaufmotoren weltbekannt gewesen sind.

Die Spitzenleistung der neuesten, nur für militärische Zwecke gebauten Ausführung des Bristol-»Jupiter«-Motors liegt bei fast 500 PS. Der Konstrukteur des Motors ist Roy Fedden, der schon seit etwa 1917 an der Entwicklung dieser Motorbauart arbeitet.

Ein eigenartiges Bauelement des Motors stellt in Abb. 58 die erwähnte Ansaugspirale dar, die eine gleichmäßige Gemischverteilung auf die einzelnen Zylinder verbürgt. Durch die günstige Gemischdurchwirbelung wird eine schädliche Kondensation von Brennstoff überdies in ausgezeichneter Weise vermieden. Diese Art von Gemischverteilung ist das Ergebnis mehrjähriger umfangreicher Versuche; sie hat das Problem der Gemischverteilung, das gerade beim luftgekühlten Motor von größter Bedeutung ist, befriedigend gelöst. Einem ähnlichen, im Gegensatz zur vorliegenden Ausführung aber umlaufenden Bauelement werden wir beim Siddeley-»Jaguar«-Motor begegnen.

Nachteilig ist bei allen starken Sternmotoren der große Durchmesser. Es gibt allerdings für den Flugzeugkonstrukteur Mittel und Wege, diesem Übelstande Rechnung zu tragen. Der Motorenkonstrukteur kann seinerseits nur den Durchmesser des Motors dadurch verringern, daß er mehr Zylinder nimmt und diese in zwei Sternen hintereinander anordnet. Die zweisternige Motorbauart wurde bei luftgekühlten Motoren und auch bei Umlaufmotoren früher ungern angewendet, weil man die Erfahrung gemacht hatte, daß die hinten liegenden Zylinderteile zu wenig gekühlt wurden. Der englische Siddeley-»Jaguar«-Motor, ein 14 Zylinder von etwa 400 PS Leistung, hat diesen Übelstand bisher nicht gezeigt. Er besitzt zwei Sterne von je sieben Zylindern, die dicht hintereinander angeordnet sind. Der Motor ist in weitem Umfange bei der englischen Fliegertruppe eingeführt. Eine Lizenz zum Nachbau ist im Gegensatz zum Bristol-»Jupiter«-Motor bisher nicht erteilt worden, auch wird der Motor nur ungern an das Ausland verkauft.

Der Entwurf des Motors geht auf ebenfalls das Jahr 1917 zurück. Wie beim Bristol-»Jupiter«-Motor sind die Zylinder mitsamt den Kühlrippen aus dem vollen Stahl gedreht. Indessen ist der Stahlzylinder hier nur noch als Stahllaufbuchse zu bezeichnen; denn auf diesem offenen Teil ist ein Aluminiumzylinderkopf, der gleichzeitig den Verbrennungsraum darstellt, aufgeschrumpft. Die Zylinderkopfbefestigung ähnelt der des Siddeley-»Puma«-Motors. Der Verbrennungsraum besitzt eine etwa halbkugelige Gestalt. In dem mit Kühlrippen versehenen Zylinderkopf sind die Ventilführungen und die bronzenen Ventilsitze eingegossen. Jeder Zy-

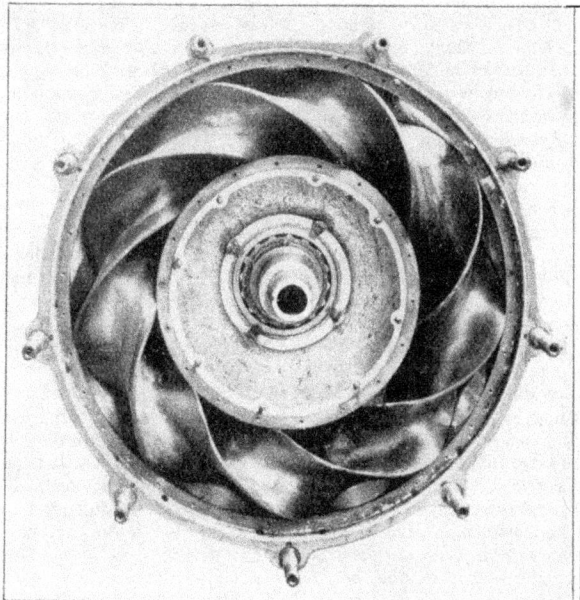

Abb. 58. Die feststehende Ansaugspirale des 400 PS-Bristol-»Jupiter« gewährt eine ausgezeichnete Gemischverteilung auf die einzelnen Zylinder.

Abb. 59. Die einsternige Ausführung des Armstrong-Siddeley-Sternmotors, der 175 PS-Siddeley-»Lynx«-Motor mit 7 Zylindern. Der Siddeley-»Jaguar«-Motor besitzt zwei solcher Sterne, die dicht hintereinander stehen und deren einzelne Zylinder gegen die des anderen Sterns auf Lücke versetzt sind.

linder besitzt ein Einlaß- und ein Auslaßventil, das durch in Kugeln gelagerte Schwinghebel und Stoßstangen von zwei Nockenscheiben mit je drei Nocken gesteuert wird. Die Kolben sind aus einer Aluminiumlegierung gegossen. Über dem Kolbenbolzen liegen drei gußstählerne Kolbenringe, darunter am unteren Kolbenmantel ein sog. Ölabstreifring. In der Hauptschubstange, die I-Querschnitt

Abb. 60. Seitenansicht des Siddeley-»Lynx«.

besitzt, sind die Nebenschubstangen, die Ringquerschnitt besitzen, angelenkt. Die Kurbelwelle ist doppelt gekröpft und durch Gegengewichte in der Kurbelarmebene ausgeglichen. Sie läuft in drei Rollenlagern; der Schraubenzug wird durch ein Druckkugellager am Luftschraubenende aufgenommen. Das Gehäuse ist dreiteilig. Im Gehäuse selbst ist kein Ölsumpf vorhanden. Die Drucköl-schmierung erfolgt durch zwei Pumpen. Die Vergasung bewirkt ein Doppelvergaser, der durch die Auspuffgase gut vorgewärmt wird. Zur Gemischverteilung dient eine mit Kurbelwellendrehzahl umlaufende Ansaugspirale am Hinterende des Kurbelgehäuses. Diese umlaufende Spirale gewährleistet neben einer guten Gemisch-durchwirbelung eine leichte Vorverdichtung des Gasgemisches und damit ein günstiges Verhalten des Motors in größeren Höhen. Der Motor hat die englische Bauartenprüfung im Juni 1922 glatt erfüllt. Die neueste für militärische Zwecke gebaute Ausführung leistet 400 PS. Das Gewicht des Motors liegt bei einer Durchschnittsleistung von 360 PS noch unter 0,9 kg/PS. Interessant ist ein Überblick über die Leistungsverbesserung dieser Motorenbauart an Hand der für das englische Air Ministry ausgeführten Abnahmeprüfungen:

Zeit	Motorart	Dauerleistung	Prüfdauer
Juni 1922	»Jaguar II«	325 PS	50 h
März 1924	»Jaguar III«	360 PS	50 h
August 1924	»Jaguar IV«	385 PS	100 h

Ein weiterer bemerkenswerter luftgekühlter Sternmotor ist der von der amerikanischen Wright Aeronautical Corporation hergestellte Wright J-Neunzylinder-Sternmotor[1]). Er hat 200 PS Nennleistung und findet besonders bei der U.S.-Marineluftfahrt Verwendung. Der Motor, von dem bis heute, also während einer Entwicklungszeit von etwa drei Jahren, vier reihenweise gebaute

[1]) Die luftgekühlten Wright-Motoren wurden ursprünglich von der amerikanischen Motorenfirma Lawrance entwickelt.

Ausführungen (J-1 bis J-4) bekannt geworden sind, hat derart befriedigt, daß man in Amerika zu der Ansicht kam, unter 300 PS nur noch luftgekühlte Motoren zu entwickeln. Darauf ist auch die Baupolitik der U. S.-Luftstreitkräfte in den letzten Jahren zugeschnitten worden.

Der Motor hat die vorgeschriebene 50 h-Prüfung der kleineren Motorenarten anstandslos bestanden. Muster J-4 leistet bei einem Verdichtungsverhältnis von 1:5,1 bei 1600 Umdr./min 210 PS. Das Leergewicht ist 218 kg, das Einheitsgewicht demnach etwas über 1 kg/PS. Bemerkenswert ist der geringe Brennstoffverbrauch. Bei diesem Motor sind mit Erfolg quecksilbergekühlte Ventile versucht worden.

Eine eigenartige Motorenbauart, die hier im Übergang von den luftgekühlten Sternmotoren zu den wassergekühlten Motoren zu erwähnen wäre, ist der wassergekühlte Sternmotor. Von ihm ist nur eine Ausführung gebaut und in Verwendung. Es ist dies der seit mehr als 10 Jahren bekannte französische Salmson-Motor. Seine Leistung ist bei einsterniger Ausführung auf etwa 300 PS und bei Doppelsternbauart auf rd. 500 bis 550 PS gesteigert worden.

Abb. 61. Ansaugleitungen mit dem umlaufenden Gemisch-verteiler beim 350 PS-Siddeley-»Jaguar«.

Der Anwendungsbereich dieses Motors, der fast nur in Frankreich gebraucht wird, ist in der letzten Zeit auch im Luftverkehr stark zurückgegangen. Wahrscheinlich wird dieser Motor ganz verdrängt werden. Die Betriebssicherheit des Salmson-Motors ist offenbar nicht so hoch wie die der anderen französischen Motoren. Störend wirkt beim Einbau vor allem der große Durchmesser, der einen erheblichen Rumpfquerschnitt bedingt. Demgegenüber fällt der Vorzug der kurzen Baulänge nicht so sehr ins Gewicht. Über die stärkste Doppelstern-Bauart liegen Betriebserfahrungen noch nicht vor; sie ist aber bereits in Militärflugzeugen versucht worden.

Von den wassergekühlten Motoren seien im übrigen nur ganz wenige der modernsten Vertreter näher vorgenannt. Über eine Zylinderleistung von 60 PS, die übrigens heutzutage nahezu auch von luftgekühlten Motoren erreicht wird, geht man der Kühl-schwierigkeiten wegen nicht gern hinaus. Man findet daher die obere Grenze für den Achtzylindermotor bei etwa 300 PS (Hispano-Suiza); die obere Grenze für Zwölfzylinder bei rd. 700 PS (Fiat). Darüber hinaus verwendet man 16 und 18 Zylinder in einem einzelnen Motor. Über 18 Zylinder ist man praktisch nicht hinausgegangen, wenn man von Versuchs- und Schauobjekten einiger Firmen absehen will.

Der Achtzylinder-V-Motor hat eigentlich nur in einer Ausführung durchschlagenden Erfolg gehabt. Das ist der Hispano-Suiza-Motor, der in den kleinen Ausführungen von 140 bis 220 PS Leistung schon von der Kriegszeit her bekannt sein dürfte. Konstruktiv ist die 300 PS-Ausführung nur in Einzelheiten entwickelt worden. Die Zylinderabmessungen usw. haben sich natürlich gegen die kleineren bekannten Ausführungen geändert. Für Heeresflugzeuge wird der Motor ohne Untersetzung gebaut. Die französische Marine verwendet den gleichen Motor untersetzt mit einer Nennleistung von 275 PS. Die naturgemäß vorhandenen freien Massenkräfte sind bei der Originalausführung des Motors mit 90° Zylinderwinkel überraschend gering; der Motor zeichnet sich durch einen sehr weichen Lauf aus. Weniger günstig werden in dieser Hinsicht seine Nachbauten in Amerika und in Italien beurteilt. Beim Aussetzen eines Zylinders ergeben sich bei der Bauart allerdings erhebliche freie Massenkräfte, die einen sehr guten Einbau voraussetzen. Kürzlich herausgekommen ist eine neue Ausführung von 350 PS Nennleistung mit zwölf Zylindern. Im äußeren Aufbau unterscheidet sie sich nur wenig von der bekannten 300 pferdigen Bauart.

Die verbreitetste Bauart starker Flugmotoren ist gegenwärtig der Zwölfzylinder-V-Motor mit 60° Zylinderwinkel. Nach dem Vorbild des zur Genüge bekannten Liberty-Motors sucht man bei Neukonstruktionen den Einbau dieses Motors in schnelle Flugzeuge vielfach dadurch zu verbessern, daß man einen geringeren Zylinderwinkel von 45° wählt. Das geht aber auf Kosten des Gleichgangs und des Massenausgleichs. Man kann aber auch Motoren dieser Art ohne Verkleinerung des Zylinderwinkels mit sehr kleiner Stirnfläche bauen. In den folgenden Lichtbildern seien zwei der besten Vertreter dieser Bauart wiedergegeben.

Abb. 62. 460 PS-Curtiss D-12-Motor, Konstruktion Kirkham. Mit einer Sonderausführung dieses Motors werden Fluggeschwindigkeiten bis zu 430 km/h auf längerer Rundflugstrecke erzielt.

Abb. 62 u. 63 stellt den vielgenannten Curtiss-D12-Motor dar, dessen Lizenz vor kurzem sich die Engländer (Fairey) gesichert haben. Dieser Motor ist vor allen Dingen dadurch bekannt geworden, daß mit ihm ausgerüstete Flugzeuge die fast märchenhaft klingende Geschwindigkeit von 429 km/h erreicht haben. Es ist klar, daß dieser Erfolg in erster Linie auf das Konto des Motors zu setzen ist.

Der Motor hat zwei Zylinderreihen mit 60° V-Stellung. Jede Zylinderreihe bildet einen Block. Beachtenswert ist die äußerst gedrängte Bauart. Die Zylinder haben 114,3 mm Bohrung und 152,4 mm Hub bei der normalen Ausführung. Der Hubraum beträgt somit etwa 18,75 l. Der Motor wird mit zwei Verdichtungsverhältnissen ausgeführt, und zwar mit 1:6,0 und 1:5,3. Bei hoher Verdichtung leistet er 482 PS bei 2300 Umdr./min, bei niedriger Verdichtung 400 PS bei 2200 Umdr./min. Der Brennstoffverbrauch ist für den hochverdichtenden Motor mit 264 g/PSh wenig günstig

Abb. 63. 460 PS-Curtiss D-12-Motor. Man beachte die gedrängte Anordnung der Hilfsgeräte, um einen kleinen Stirnquerschnitt und glatte äußere Formen zu bekommen. Dieser Motor wiegt (hochverdichtend) betriebsfertig 640 g/PS.

und zeigt, daß der thermische Wirkungsgrad des Motors bei weitem noch nicht die bei den deutschen B.M.W.-Motoren erreichte Höhe (29 vH) besitzt. Als Brennstoff dient für den hochverdichtenden Motor ein Gemisch aus Benzin und Benzol zu gleichen Teilen. Der Ölverbrauch des Motors ist mit fast 7 g/PSh gering zu nennen. Der thermische Wirkungsgrad des niedrigverdichtenden Motors ist mit 240 g/PSh etwas günstiger, aber bei weitem noch nicht so gut, als bei anderen neuzeitlichen Motoren. Die Hauptlager des Motors sind als Kugellager ausgeführt. Die Wasserpumpe fördert 230 l/min bei 2000 Umdr./min der Kurbelwelle. Die genannten beiden Ausführungen des Curtiss-Motors werden in Jagdflugzeuge der U.S.-Fliegertruppe eingebaut. Die Zuverlässigkeit des Motors hat im Flugbetriebe recht befriedigt.

Abb. 64. 675/700 PS-Wright T-3-Motor der Wright Aeronautical Corporation, Konstruktion Peterson. Dieser Motor wiegt (hochverdichtend) betriebsfertig 730 g/PS und hat eine Einheits-Stirnfläche von 7,6 cm²/PS.

Eine weitere Ausführung des Motors ist der Curtiss-D 12 A-Motor, der ausschließlich in den neuesten Rennflugzeugen Verwendung gefunden hat. Der Hauptunterschied gegen den normalen hochverdichtenden Curtiss D-12 ist der, daß die Bohrung um etwas mehr als 3 mm auf 117,5 mm vergrößert ist. Dadurch erhöht sich der Hubraum auf 19,75 l. Das Verdichtungsverhältnis ist das gleiche. Diese Ausführung des Curtiss-Motors leistet bei 2000 Umdr/min 447 PS, bei 2300 Umdr./min 508 PS, d. h. also ein Einheitsgewicht für den Motor von nur 610 g/PS. Der Brennstoffverbrauch dieser Ausführung wird mit 222 g/PSh angegeben und erscheint damit sehr viel günstiger, als bei den beiden normalen Ausführungen des Curtiss-Motors. Es ist nicht klar, auf welche konstruktive Maßnahmen diese erhebliche Verbesserung des thermischen Wirkungsgrades zurückgeführt werden muß.

Die Curtiss-Werke beabsichtigen bei künftigen Ausführungen ihrer Jagdflugzeugmotoren die Bohrung zu erhöhen und gleichzeitig die Drehzahl zu verringern, um eine längere Lebensdauer des Motors bei gleicher Leistung und bei gleichem Gewicht zu erhalten. Gleichzeitig dürften damit auch der volumetrische Füllungsgrad und der thermische Wirkungsgrad gesteigert werden. Besonders hervorzuheben ist bei dem Curtiss-Motor seine außerordentlich geringe Stirnfläche. Sie beträgt nur 7,5 cm²/PS und ist damit wesentlich geringer, als bei allen anderen Motoren. Beispielsweise hat der 300 PS-Hispano-Suiza 16 cm²/PS Stirnfläche (vgl. Zahlentaf. II).

Abb. 65. 650/720 PS-Rolls-Royce-»Condor III«.

Abb. 64 zeigt den amerikanischen Wright T 3-Motor von rund 700 PS Leistung. Auch dieser Motor hat die scharfen Prüfbedingungen der amerikanischen Militärluftfahrt glatt erfüllt. Jede Zylinderreihe besteht aus zwei Aluminiumzylinderblöcken zu je drei Zylindern mit eingegossenen Stahllaufbuchsen. Oben auf den Zylinderblöcken liegt ein Kopfteil aus Aluminium. Jeder Zylinder enthält zwei Einlaß- und zwei Auslaßventile. Die Ventilführungen liegen in aufgeschrumpften Aluminiumbronzebuchsen. Über jeder Zylinderreihe liegt über den Ventilen eine Nockenwelle; für jeden Zylinder sind zwei Nocken vorhanden. Jede Nocke steuert mittels Schwinghebel zwei Ventile. Vergaser und Ansaugleitung sind zwischen den Zylinderreihen untergebracht. Alle übrigen Zubehörteile sind am Hinterende gedrängt angeordnet. Die Schubstangen sind hier in der neuerdings mehr und mehr angewendeten Form von Gabelschubstangen ausgeführt. Der Schubstangenquerschnitt ist kreisrund. Die Aluminiumkolben besitzen vier schmale Dichtungsringe und einen sog. Ölabstreifring zur Kolbenführung. Ein besonderes Kennzeichen des Motors ist seine leichte und bequeme Zerlegbarkeit.

Abb. 66. Vorder- und Rückansicht des Rolls-Royce-»Condor III«.

Das Verdichtungsverhältnis ist für normale Motoren mit 1:6,5 überaus hoch und zwingt zur Verwendung gemischter Brennstoffe mit günstigem Toluolwert, d. h. mit niedriger Brenngeschwindigkeit. Der Motor wird gewöhnlich ohne Untersetzung gebaut. Damit eignet er sich in erster Linie für schnelle Flugzeuge. Mit Untersetzung besitzt der Motor um 5 cm größere Baulänge und ist 56 kg schwerer. Das Aluminiumgehäuse ist geteilt. Die Kurbelwelle liegt in 7 Hauptlagern, die im oberen Gehäuseteil untergebracht sind. Der untere Gehäuseteil stellt in erster Linie einen Ölsammelbehälter dar. Auch dieser Motor ist überaus gedrängt gebaut. Er besitzt eine besonders geringe Stirnfläche, die auf die Leistungseinheit bezogen der des für Rennflugzeuge gebauten Curtiss D-12 A-Motor mit 7,6 cm²/PS fast gleichkommt. In der Tat sind auch die Geschwindigkeitsunterschiede der von Wright und Curtiss im Vorjahre gebauten Rennflugzeuge (verspannte Doppeldecker mit Tragflächenkühler usw.) verhältnismäßig geringfügig gewesen.

Ein weiterer bemerkenswerter starker Flugmotor ist der englische Rolls-Royce-»Condor« III-Motor, der eine Höchstleistung von 720 PS hat. Die Rolls-Royce-»Condor«-Motoren sind nicht neu: der Beginn ihrer Entwicklung ist auf das Jahr 1917 zurückzuführen. Die neueste Ausführung muß daher als ein durchentwickeltes Erzeugnis angesehen werden. Der Motor ist ein normaler Zwölfzylinder-V-Motor mit einem Zylinderwinkel von 60°. Die Zylinder bestehen im Gegensatz zu den vorher erwähnten amerikanischen Motoren aus geschmiedetem Stahl und sind getrennt auf das Kurbelgehäuse aufgesetzt.

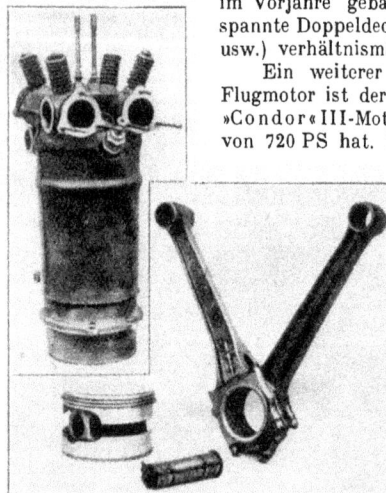

Abb. 67. Zylinder, Kolben, Kolbenbolzen und Schubstange des Rolls-Royce-»Condor III«. Man beachte die zentrische Anordnung der Ventile im kugeligen Verbrennungsraum. Der Gegenstand am Zylinderkopf ist keine Zündkerze, sondern ein Leitungsanschluß für das Anlaßgas.

Zylinderköpfe, Ventilsitze und Zündkerzensitze sind aus geschweißtem Stahl. Die Ventilöffnungen sind in den Zylinderkopf eingeschweißt; ebenso sind die aus gepreßtem Stahlblech bestehenden Kühlmäntel auf die außen verzinkten Zylinderwandungen aufgeschweißt. Die Nockenwellen sind über die Zylinderköpfe gelegt und laufen in 8 Lagern; Wellen und Nocken sind aus dem vollen Stück hergestellt, und an sämtlichen Lagerstellen einsatzgehärtet. Für jeden Zylinder sind 3 Nocken vorgesehen, von denen der mittlere zwei und die beiden äußeren je ein Ventil steuern. Zwischen Nocken und Schwinghebel sind wegen der radial im kugelförmigen Zylinderkopf angeordneten Ventile zylindrische Stößel eingesetzt. Die Kolben sind aus Aluminiumeinsatzmaterial. Sie besitzen zwei schmale Dichtungsringe und zwei Führungsringe. Die Schubstangen sind wie beim Wright T-3-Motor Gabelschubstangen. Der Schubstangenquerschnitt ist I-förmig. Schubstangen- und Kurbelwellenlager sind normale Weißmetall-Gleitlager. Der Motor besitzt im Gegensatz zu den früheren Ausführungen der »Condor«-Bauart ein einstufiges Untersetzungs-

Abb. 68. Der 450 PS-Napier-»Lion«-Motor, gegenwärtig einer der besten und am weitesten verbreiteten Flugmotoren zwischen 400 und 500 PS Leistung.

getriebe, das am Kurbelgehäuse fest angebaut ist. Die Brennstoffversorgung erfolgt durch eine Brennstoffpumpe, die stündlich 450 l Benzin, d. h. den 2½fachen Brennstoffverbrauch bei Vollast fördert. Der Motor hat ein Verdichtungsverhältnis von 1:5,3, einen Hubraum von 35 l und leistet bei 2100 Umdr./min der Kurbelwelle bis zu 720 PS; die Luftschraube ist etwa auf halbe Kurbelwellendrehzahl untersetzt. Die Kolbengeschwindigkeit hält sich mit 12 m/s in normalen Grenzen. Der Betriebsstoffverbrauch wird zu 220 bis 250 g/PSh angegeben. Auch hier ist auf eine gedrängte Bauweise besondere Rücksicht genommen. Gegenüber dem Wright T-3-Motor, der etwa gleiche Leistung besitzt, sind die Ausmaße — abgesehen von dem Untersetzungsgetriebe — nicht wesentlich verschieden. Man könnte daraus entnehmen, daß man heute bereits an eine Grenze der Abmessungen bei gedrängter Ausführung des normalen Zwölfzylinder-V-Motors angelangt ist.

Eine besondere Bauart, die zunehmend Eingang findet, verkörpert der Napier-»Lion«-Motor. Es ist dies die sog. W-Bauart mit drei im Querschnitt etwa W-förmig zugeordneten Zylinderreihen. Diese Bauart ergibt vor allen Dingen eine kurze Baulänge, was für Heeresflug-

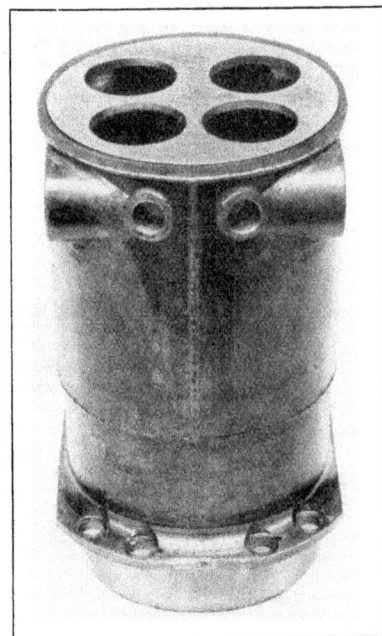

Abb. 69. Der geschweißte Stahlzylinder des 450 PS-Napier-»Lion«-Motors.

zeuge von besonderem Vorteil ist. Dafür ist allerdings die gesamte Breite verhältnismäßig größer als bei V-Motoren. Die Rümpfe müssen also beim Napier-»Lion«-Motor breiter gehalten sein, wenn man nicht die äußeren Zylinderreihen aus dem Rumpf heraustreten läßt, wie es z. B. Fokker macht. Die Stirnfläche ist hingegen auch beim Napier-»Lion«-Motor nicht so groß, als es auf den ersten Blick scheinen sollte (vgl. Zahlentafel II). Der Napier-»Lion«-Motor besitzt zwölf in drei Reihen angeordnete Zylinder.

Abb. 70. Kurbelwelle mit Getriebezahnrad und Schubstangen des 450 PS-Napier-»Lion«. Die Nebenschubstangen sind an die mittlere Hauptschubstange angelenkt.

Der Zylinderwinkel beträgt zwischen je zwei Reihen 60⁰, sodaß die beiden äußeren Reihen einen Winkel von 120⁰ miteinander einschließen. Die Zylinder sind aus Stahl und besitzen angeschweißte Kühlmäntel aus Stahlblech. Gemeinsam ist für jede Zylinderreihe der Kopfteil aus Aluminium. Die Stahlzylinder besitzen einen ganz flachen Verbrennungsraumabschluß, der vier große Ventilöffnungen enthält. Jeder Zylinder besitzt zwei Einlaß- und zwei Auslaßventile. Über jeder Zylinderreihe liegen zwei Nockenwellen nebeneinander. Die eine steuert die Einlaß- und die andere die Auslaßventile. Nockenwellen und Nocken sind aus dem Vollen hergestellt. Die Kolben bestehen aus einer Aluminiumlegierung und besitzen zwei Dichtungs- und zwei Führungsringe. Die Hauptschubstange gehört zum Kolben der mittleren Zylinderreihe; daran angelenkt sind die beiden Nebenschubstangen für die äußeren Zylinderreihen. Der Querschnitt aller Schubstangen ist I-förmig. Als Baustoff dient hochwertiger Stahl. Die Kurbelwelle läuft in fünf starken Rollenlagern. Der Motor besitzt ein fest angebautes Untersetzungsgetriebe, das die Luftschraube im Verhältnis 44:29 untersetzt. Für militärische Zwecke werden die Napier-»Lion«-Motoren mit einem Verdichtungsverhältnis von 1:5,8 gebaut. Neuerdings sind auch Motoren mit einem Verdichtungsverhältnis von 1:6,0 ausgeführt. Die letztere Bauart hat vielfach aber Schwierigkeiten, besonders bei den Zündkerzen ergeben. Die Spitzenleistung des Napier-»Lion«-Motors mit 1:5,8 Verdichtungsverhältnis liegt bei 535 PS, die etwa bei 2300 Umdr./min erreicht werden. Das Leergewicht des Motors beträgt nur 408 kg einschließlich aller Hilfsgeräte. Dieser Motor wird im weiten Umfange in Heeresflugzeuge des Auslandes eingebaut und hat sehr befriedigt. Er ist zurzeit wohl der am weitesten verbreitete Motor für Heeresflugzeuge.

Eine neuere, noch wenig erprobte Ausführung mit dem Kennnamen »Lioness« ist der »Lion«-Bauart ähnlich, besitzt aber hängende Zylinder und hat dadurch noch günstigere Einbaumöglichkeiten. Motoren mit hängenden Zylindern wird neuerdings mehr Beachtung geschenkt. Für Jagd- und Rennflugzeuge ist eine nicht untersetzte Ausführung des hochverdichteten Napier-»Lion« entwickelt worden. Bemerkt sei noch, daß der Napier-»Lion«-Motor keine Konstruktion der Nachkriegszeit darstellt, sondern bereits

gegen Kriegsende in England fertig entwickelt vorlag. Es ist übrigens einer der wenigen starken Flugmotoren, die sich sowohl im militärischen Flugwesen als auch im Luftverkehr gleich gut bewährt haben.

Auf Grund der guten Erfolge mit dem Napier-»Lion«-Motor sind in Frankreich einige starke Motoren entstanden, die Anlehnung an den Aufbau dieses ausgezeichneten Motors zeigen. Erwähnt sei hier vor allem nur der 450 PS-Lorraine-Diétrich, der 400 PS- und 650 PS-Farman-Motor und der 450 PS-Hispano-Suiza-Motor. Diese W-Motoren bilden — ausgenommen den 600 PS-Farman-Motor — die neuzeitlichen Jagdflugzeugmotoren der französischen Fliegertruppe, deren Einführung zum Dienstgebrauch in kurzer Zeit eine vollendete Tatsache sein dürfte.

Die Leistungsgrenze der ausgeführten Flugmotoren liegt heute etwa bei 1000 PS. Von Motoren dieser Stärke sind bisher eine ganze Reihe bekannt geworden, die jedoch meist nur Schauobjekte

Abb. 71. Der 1000 PS-Napier-»Cub«-Motor, der stärkste Motor, der bisher in Flugzeuge eingebaut wurde.

für Ausstellungen geblieben sind. Im Fluge versucht ist bisher wohl nur ein einziger Motor von 1000 PS Leistung. Dies ist der Napier-»Cub«-Motor, der bei den Engländern eingeführt worden ist. Seine Bauelemente entsprechen denen des Napier-»Lion«-Motors. Er besitzt 16 Zylinder, die in vier Reihen angeordnet sind, und zwar derart, daß die beiden oben liegenden Reihen einen kleineren Winkel einschließen, als die unten liegenden Reihen. Jeder Zylinder besitzt vier Ventile. An der Hauptschubstange sind hier drei Nebenschubstangen in bekannter Weise angelenkt. Für die Zündung sind vier Achtzylindermagnete vorhanden. Zur Vergasung dienen zwei Doppelvergaser, die mit Kühlwasser vorgewärmt werden. Der Motor ist untersetzt, und zwar im Verhältnis zu 1:2,04. Er leistet bei 1800 Umdr./min 1000 PS und bei 2000 Umdr./min etwa 1085 PS bei einem Verdichtungsverhältnis von 1:5,3. Der Brennstoffverbrauch wird mit 218 g/PS angegeben und erscheint recht niedrig. Das Gesamtgewicht des Motors beträgt 1110 kg. Die Gewichtsverhältnisse sind also nicht so günstig, wie beim hochverdichteten Napier-»Lion«-Motor. Die gesamte Baulänge ist 1,8 m, die Höhe 1,6 m und die Breite 1,45 m. Der Motor scheint bisher brauchbare Ergebnisse im Flugzeug geliefert zu haben. Bisher sind zwei Flugzeugarten mit diesem Motor gebaut und von der englischen Fliegertruppe in Gebrauch genommen worden (Avro-»Cub« und Blackburn-»Cubaroo«-Doppeldecker). Zum Anlassen des Motors dient ein Bristol-Gasstarter, der hier wohl zum ersten Male im Flugzeug zur Anwendung gekommen ist.

Tausendpferdige Flugmotoren werden in Frankreich von Lorraine-Diétrich und in den Vereinigten Staaten von der Militärversuchsanstalt für Luftfahrt in Dayton entwickelt. Auch die italienischen Fiat-Werke haben derart starke Flugmotoren im Versuch. Keiner dieser Motoren ist jedoch bisher in ein Flugzeug eingebaut worden. Dabei ist der 24zylindrige Lorraine-Diétrich-Motor bereits vor vier Jahren gebaut worden.

Eine interessante Motorart, der Zweireihenmotor mit doppelten Kurbelwellen und Vorgelege ist heute nur noch in einer Ausführung, und zwar in Frankreich in Gebrauch. Es ist dies der Bréguet-Bugatti-16 Zylindermotor mit zwei Reihen zu je acht Zylindern. Der Motor hat bisher keine nennenswerten Flugleistungen verzeichnen können; trotzdem wird an seiner Entwicklung weiter gearbeitet. Die Leistung liegt bei 450 PS. Die Bauart des Zwei-reihenmotors ist in Deutschland durch den gegen Kriegsende heraus-gebrachten Adler-Flugmotor bekannt.

Der Eigenart halber sei ferner noch eine Motorenbauart er-wähnt, die schon mehrfach vorgeschlagen und versucht worden ist. Es ist dies der sog. Trommelmotor, d. h. der Motor mit achsen-parallelen Zylindern. In den letzten Jahren hat sich vor allem die Versuchsabteilung der amerikanischen Heeresluftfahrt damit beschäftigt. Der von dieser Stelle entwickelte Almen-Trommel-motor befindet sich aber immer noch im Versuchsstadium. Er ist ausschließlich für mit einem starren Geschütz ausgerüstete Flugzeuge gedacht. Das Geschütz schießt dabei durch das hohle Mittelteil des Motors und durch die Luftschraubenwelle. Die Nenn-leistung wird mit 350 PS angegeben. Bestechend wirken die geringen Abmessungen und die günstigen Einbauverhältnisse dieser Motoren-art. So hat z. B. der Almen-Motor einen Durchmesser von 46 cm und eine Länge von 92 cm. Er hat zwei einander gegenüberliegende Trommeln von je 7 Zylindern, die eine Art Taumelscheibe an-treiben. In der Durchbildung des Wellenantriebes liegt eine der hauptsächlichsten, bisher nicht gelösten Schwierigkeiten. Über Gewichte und sonstige Konstruktionseinzelheiten ist bisher nichts bekannt geworden. Soweit bekannt, ist auch der Motor noch nicht im Fluge versucht worden.

Ein besonderes Interesse hat der Flugmotorenbau in den letzten Jahren dem Rohölmotor zugewendet. Seit Jahren werden in englischen und amerikanischen Forschungsanstalten Versuche aus-geführt, die der Entwicklung leichter und brauchbarer Rohölmotoren für Flugzwecke dienen. Die englischen Versuche bezogen sich allerdings weniger auf die Züchtung eines eigentlichen Diesel-Motors

Abb. 72. Versuchsweise gebauter Rohöl-Dieselflugmotor von Beardmore mit stehenden Zylindern.

für Flugzwecke, als auf die Entwicklung eines Motors mit Brenn-stoffeinspritzung und normaler Zündung (Otto-Prinzip). Die Ver-wendung von Rohöl im Flugzeug gewährt zunächst einmal den Vorzug der Brandsicherheit. Weiterhin darf der Vorzug der leichten Beschaffbarkeit und der hohen Wirtschaftlichkeit auch für Heereszwecke nicht unterschätzt werden. Zudem haben stationäre Dieselmotoren thermische Wirkungsgrade erzielt, die noch etwas höher sind, als die bei normalen Flugmotoren in bestem Falle er-reichen. Die Unterschiede betragen etwa 4 vH, fallen also immerhin ins Gewicht und vermögen zum mindesten das höhere Brennstoff-gewicht infolge des geringeren thermischen Energieinhaltes der ver-wendeten Brennöle auszugleichen.

Es darf aber nicht übersehen werden, daß die Schwierig-keiten der Entwicklung eines für Flugzwecke brauchbaren Roh-ölmotors außerordentlich groß sind. Bei stationären Diesel-maschinen arbeitet man heute mit Gewichten, die für Flugzeuge un-möglich in Betracht gezogen werden können. Schiffsmotoren sind auch nicht viel leichter. Ein für Flugzwecke brauchbarer Rohölmotor dürfte aber für den Luftverkehr nicht über 2 kg/PS

und für Heereszwecke nicht viel über 1 kg/PS wiegen. Die ein-fachste Möglichkeit der Verringerung des Einheitsgewichtes wäre wohl die Leistungssteigerung durch Erhöhen der Drehzahl. Diese beträgt bei schnellaufenden Dieselmaschinen etwa 400 bis 650 Umdr./min. Einer Steigerung der Drehzahl stehen aber vorläufig noch Schwierigkeiten im Wege. Außerdem müßte man dabei von vornherein wohl mit verschlechterten thermischen Wirkungs-graden rechnen.

In letzter Zeit ist indessen ein Rohölmotor bekannt geworden, der — obwohl noch im Fluge unerprobt — tatsächlich einen be-deutenden Fortschritt darzustellen scheint. Dieser Motor stammt von Beardmore und ist das Ergebnis jahrelanger Versuchs-arbeit. Die neueste bekannte Ausführung zeigt Abb. 73. Der Motor besitzt sechs in Reihen angeordnete Zylinder. Sein Äußeres zeigt entwickelte Formen. Über seine konstruktiven Einzelheiten darf auf Anordnung der englischen Behörden nichts bekannt gegeben werden. Es ist ein Motor nach dem Dieselprinzip mit Brennstoff-einspritzung und für den Rohölbetrieb ausbaubarer Hochspan-nungs-Funkenzuwendung. Er kann sowohl mit Benzin als auch mit mexikanischem Treiböl vom spez. Gewicht 0,9 betrieben werden. Zylinder und Kurbelgehäuse bilden ein großes Aluminium-gußstück, das am Hinterende und unten Deckel besitzt. An dem hinteren Deckel ist der Nockenwellen- und Hilfsgeräteantrieb be-festigt. Die drei großen ebenfalls mit Deckel versehenen Öffnungen an der einen Seite dienen zum Herausnehmen von Schubstangen und Kolben und vermitteln den Zugang zu den Kurbelwellenlagern. In den Aluminiumgußblock sind Stahllaufbuchsen für die Zylinder von oben her eingesetzt. Bei jedem Zylinder ist ein getrennter Zylinderkopf auf dem Aluminiumblock aufgeschraubt. Die Nocken-welle liegt vollständig im Motorblock und zwar seitlich; die Ventile werden durch kurze Stoßstangen und Schwinghebel in den Zylinder-köpfen betätigt. Jeder Zylinder hat vier radial im halbkugel-

Abb. 73. 600 PS-Beardmore-»Typhoon«-Rohöl-Dieselflugmotor mit sechs hängenden Zylindern.

förmigen Verbrennungsraum angeordnete Ventile. Eine besondere Aluminiumkappe überdeckt die Ventilbetätigung und ebenso die Zündkerzen, die für den Benzinbetrieb im Zylinderkopf zwischen den vier Ventilen eingeschraubt sind. Für den Rohölbetrieb werden die Zündkerzen ausgeschraubt und an ihrer Stelle die Einspritz-düsen für das Brennöl eingesetzt. Zündmagnete, Ölpumpen und Ölfilter sind am hinteren Gehäusedeckel um die Kurbelwelle herum zugänglich angeordnet. Darüber liegt auf der anderen Seite der Kurbelwelle die Wasserpumpe, die vom Steuergetriebe aus ange-trieben ist. Das Anlassen erfolgt, soweit bekannt, mit normalem Brennstoff. Der Motor wird gegenwärtig in zwei Ausführungen gebaut, und zwar besitzt die Bauart »Cyclon« stehende, die Bauart »Typhoon« hängende Zylinder. Der Motor soll bei einer Kurbel-wellendrehzahl von nur 1220 Umdr./min 800 PS leisten und dabei nicht mehr als 820 kg, d. h. also 1,02 kg/PS wiegen. Diese Leistung bezieht sich allerdings wohl nur auf den Benzinbetrieb, mit normalem Brennstoff. Der Motor soll in nächster Zeit in ein Flugzeug eingebaut werden. Eine dritte, noch weniger bekannte Ausführung besitzt acht in einer Reihe angeordnete Zylinder von gleichen Abmessungen; sie soll bei 1220

Umdr /min 1050 PS leisten. Das Gewicht dieser Ausführung wird mit 1070 kg, d. h. rd. 1 kg/PS angegeben.

Ein anderer Rohölmotor, der vor einigen Jahren auf einer französischen Ausstellung berechtigtes Aufsehen erregte, ist der italienische Garuffa-Motor[1]). Seine Bauart ist durch die nach dem Vorbilde des Salmson-Motors sternförmig angeordneten wassergekühlten Zylinder besonders bemerkenswert. Der seit etwa zwei Jahren versuchte Motor ist durch Beschreibungen in der Fachpresse bekannt. Auch er ist bisher noch nicht in ein Flugzeug eingebaut worden. Gute Prüfstandleistungen werden von einer anderen italienischen Schwerölmaschine, dem Bagnulo-Motor berichtet. Genauere Angaben über die Brauchbarkeit dieses Sechszylinder-Rohöl-Flugmotors liegen allerdings noch nicht vor.

Festgehalten muß auf jeden Fall werden, daß der Rohölmotor sich wohl kaum so leicht wie ein mit normalen Brennstoffen betriebener Motor bauen lassen wird. Für militärische Zwecke wird er daher nur in begrenztem Maße, und zwar bei ganz großen Aggregaten in Frage kommen können. Unbedingt notwendig ist es aber, daß auf diesem Gebiete weitergearbeitet wird. Gerade für uns, die wir unsere Luftfahrt auf den Luftverkehr beschränken müssen, ist der Rohöl-Flugmotor von besonderem Interesse. Es wäre wünschenswert, wenn die einschlägige deutsche Industrie besonders auf diesem Gebiete Schritte täte, um unsere teils unter dem Zwange eines verlorenen Krieges teils aus anderen Gründen eingebüßte Vormachtstellung auf dem Gebiete des Flugmotorenbaues wieder zu erringen. .

Unsere ganze Lage ist doch heute so, daß wir heute noch mehr und mehr genötigt sind, bei Bedarf von höheren Leistungen als etwa 250 PS ausländische Motoren zu verwenden. Gegenwärtig ist es

---

[1]) Eine Beschreibung dieses Motors ist in der »Illustrierten Flug-Woche«, Jahrg. 1923, zu finden.

für unsere Motorenindustrie hohe Zeit, die verlorene Stellung zurückzugewinnen. Daß es aber nicht leicht ist, dürfte vielleicht der vorstehende, naturgemäß unvollkommene Überblick über den Stand der stärkeren Flugmotoren gezeigt haben. Hoffen wir, daß die deutsche Motorenindustrie in der Lage ist, in Würdigung ihrer hohen nationalen Aufgabe, die sie im Kriege so vorbildlich erfüllt hat, bald den Rückschritt wieder einzuholen, den sie durch das Brachliegen des Flugmotorenbaues fraglos erlitten hat!

Im Vorstehenden wurde — soweit möglich — ein kurzer Überblick über den Stand der Heeresflugtechnik des Auslandes gegeben. Im Zusammenhang damit wurde versucht, einige neuere Probleme soweit zu erörtern, als es im Rahmen einer Veröffentlichung tunlich erschien.

Unserem Vaterlande ist ja jede Möglichkeit genommen, Luftstreitkräfte zu unterhalten und die technischen Mittel dafür zu entwickeln. Es sollte sich jeder Deutsche darüber klar sein, daß gerade dieser Umstand die dauernde Wehrlosmachung unseres Landes zur Folge haben muß, denn eine wirksame Landesverteidigung läßt sich mit fliegerlosen Machtmitteln heute nicht mehr durchführen.

Die Zukunft, auf die wir alle hoffen, muß lehren, ob es eine staatsmännische Klugheit des Feindbundes war, ein Land wie Deutschland zu einem wehrlosen Staatsgebilde zu machen! — — —

Der Heeresflugzeugbau birgt in technischer Hinsicht eine Fülle von neuen Problemen und Anregungen, die in weitem Maße auch für den allgemeinen Flugzeugbau und das gesamte Flugwesen von hoher Bedeutung sind Schon aus diesem Grunde wird der deutsche Luftfahrzeugingenieur, dessen Schaffen ja durch die berüchtigten »Begriffsbestimmungen« so außerordentlich geknebelt ist, nicht umhin können, sich wenigstens geistig mit dem Heeresflugzeugbau als interessantem technischem Gebiete zu beschäftigen!

X. Anhang.

A. Sondervorschriften für franz. Heeresflugzeuge (1922).
(Vgl. hierzu Zahlentafel II auf S. 98.)

C. 1 - Jagdeinsitzer für große Höhen.

Fluganforderungen: Leicht zu fliegen, ausreichend fest, sehr wendig und sturzflugfähig.
Sicht sehr wichtig (Hochdecker oder gestaffelter Doppeldecker). Oberflügel in Augenhöhe.
Winkel zwischen Sehstrahl an Unterflügelvorderkante und Senkrechter wenigstens 15°.
Senkrechte Sicht nach unten durch Sichtausschnitt.
Rumpfquerschnitt und Verkleidung so bemessen, daß der tote Sichtwinkel klein wird.
Verstellbarer Führersitz, der auch ein Umdrehen gestattet.

Bauanforderungen: Ausbaubarer Panzer zur Rückendeckung des Insassen.
Selbsttätiger Anlasser.

Bewaffnung: 2 Vickers-MG. oder
1 MG. und 1 MK. oder
Ein 7,65 mm-MG. und Ein 11 mm-MG.

Munition: Für jedes MG. 800 Patronen; für jede MK. 30 Schuß.

Betriebsstoffe: Für 3 h Vollgasflug in 0 km Höhe. Möglichst aufreißbare Tanks.

Ausrüstung: Heizung für den Flieger. Sauerstoffatmungsgerät. Leuchtsignalgerät. (Selbsttätiges Bildgerät und Funkspruchgerät zur Verständigung von Flugzeugen untereinander). Fallschirm.

Panzerung für den Insassen; nicht in der Dienstlast einbegriffen.

Dienstlast umfaßt Insassen, Bewaffnung mit Munition, Waffeneinbau, Atmungsgerät, Bordinstrumente, Heizgerät, Funkspruchgerät, Leuchtsignalgerät und Fallschirm.

c. 1 - Jagdeinsitzer für geringe Höhen.

Fluganforderungen: Wendigkeit, Festigkeit und Sichtfeld wie Muster C. 1 (für große Höhen), nur bessere Flugleistungen unter 4,0 km Höhe.

Bewaffnung: wie Muster C. 1 (für große Höhen).

Betriebsstoffe: wie Muster C. 1 (für große Höhen).

Ausrüstung: wie Muster C. 1 (für große Höhen), nur ohne Atmungsgerät.

Dienstlast: wie Muster C. 1 (für große Höhen).

C. Ap. 2 - Zweisitzer für Jagd und Aufklärung:

Fluganforderungen: Gute Höhenflugleistungen Sichtfeld für sitzenden Beobachter 30° nach vorn und senkrecht nach unten. Verständigungsmöglichkeit zwischen den Insassen ohne Telephon. Flugzeug muß leicht zu fliegen sein. Zuverlässiger Motor. Ausführung mit 500 PS und mehr; bei geringerer Motorleistung muß die Wendigkeit entsprechend höher sein.

Panzerung: Leichter Einbau von gepanzerten Sitzen.

Betriebsstoffunterbringung: Schußsichere oder leicht abwerfbare Behälter.

Bedienung: Doppelsteuer oder leichter Zugang zum Führersitz für den Beobachter.

Bewaffnung: Unbehindertes Schußfeld für den Beobachter, besonders nach hinten und unten, Einbaumöglichkeit für Rumpfboden-MG. zum Schießen nach unten und hinten.

Jagdzweisitzer	Aufklärungszweisitzer
1 oder 2 starre MG. (7,65 oder 11 mm MG.)	1 starres MG.
1 MK.	
2 bewegl. gekuppelte MG. bzw. 1 bewegl. MK. (jedoch so, daß nicht 2 MK. in einem Flugzeug eingebaut sind)	2 bewegl. gekupp. MG.

Munition:

500 Patronen	300 Patronen für jedes MG.
800 Patronen für die bewegl. MG.	
30 Schuß je MK.	

Betriebsstoffe: Ein Viertel des gesamten Brennstoffes in einem ausbaubaren und leicht abwerfbaren Tank.

Ausrüstung: Heizgerät für die Insassen und gegebenenfalls für die MG. Atmungsgerät, Leuchtsignalgerät, zwei Fallschirme.

Jagdzweisitzer	Aufklärungszweisitzer
Einbau von leichtem Bildgerät bzw. Reihenbildner	Einbau von 50 cm bis 120 cm Bildkammern mit mindestens 100 Platten
Einbaumöglichkeit für Funkspruchgerät zur Verständigung von Flugzeugen untereinander	Fernglaseinbau zur Sichterkundung

Dienstlast umfaßt Insassen, Fallschirme, Bewaffnung, Munition, Waffeneinbau, Bordinstrumente, Atmungsgeräte, Bildgerät, Heizgerät und Einbau, Fernglas und Einbau, Funkspruchgerät, Leuchtsignalgerät.

C. An. 2 - Zweisitzer für Nachtjagd und Nachtaufklärung.

Bauanforderungen: Nicht über 15 m Spannweite. Druckschraubenbauart zulässig. Motor mit wirksamer Schalldämpfung. Etwa 400 PS-Motorleistung.

Fluganforderungen: Sehr gute Gleitfähigkeit, geringe Landegeschwindigkeit. Guter Momentenausgleich bei guter Steuerbarkeit. Besonders wirksame Höhensteuerung.
Sicht vor allem nach vorn und unten gut. Ausreichende Verständigungsmöglichkeit der Insassen ohne Flugzeugtelephon.

Bedienung: wie bei Muster C. Ap. 2.

Betriebsstoffunterbringung: wie bei Muster C. Ap. 2.

Bewaffnung: 2 oder 3 starre MG. (7,65 mm oder 11 mm) mit einer Feuergeschwindigkeit von 2000 Schuß je Minute; bzw. 1 MG. und 1 MK.:
2 gekuppelte, bewegliche MG. oder 1 bewegl. MK.
Kein Flugzeug darf mit 2 MK. gleichzeitig ausgerüstet sein.

Munition: 1000 Patronen für jedes starre MG.
800 Patronen für jedes starre MG.
30 Schuß je MK.

Betriebsstoffe: Für 4 h Vollgasflug in Meereshöhe.

Ausrüstung: Heizgerät für Insassen und gegebenenfalls für die MG., Bordbeleuchtung und Scheinwerfer, zwei Fallschirme, F. T.-Gerät für Senden und Empfang insbesondere für Artillerieflug, Ortungsgerät (F. T.-Peilung), Leuchtbomben, Leuchtsignalgerät.

Dienstlast umfaßt Insassen, Bewaffnung, Munition, Waffeneinbau, Bordinstrumente, F. T.-Gerät, Heizgerät, Beleuchtung, Fallschirme, Ortungsgerät und Leuchtsignalgerät.

A. 2- und Ad 2 - A u f k l ä r u n g s - Z w e i s i t z e r.

B a u a n f o r d e r u n g e n . Spannweite nicht über 15 m. Sehr widerstandsfähiges Fahrgestell. Insassen möglichst dicht zusammen angeordnet. Sitzpanzerung leicht einbaubar. Doppelt geführte Steuerleitungen. 300 bis 400 PS. Motorleistung.

F l u g a n f o r d e r u n g e n . Sehr wendig. Leicht und ohne Ermüdung in Höhen bis 4,0 km zu fliegen. Landegeschwindigkeit höchstens gleich halber Fluggeschwindigkeit. Schneller Start. Sicht für die Insassen, insbesondere zur Erdbeobachtung aus geringer Höhe.

B e d i e n u n g : wie bei Muster C. Ap. 2.

B e t r i e b s s t o f f u n t e r b r i n g u n g . Gummigeschützte oder abwerfbare Tanks.

B e w a f f n u n g . 1 starres MG.
2 bewegliche MG.
1 Rumpfboden-MG zum Schießen nach unten und rückwärts. Ausbaubarer Bombenrahmen für 100 kg Bomben.

M u n i t i o n : 500 Patronen je MG.

B e t r i e b s s t o f f e . 3 h in Meereshöhe.

A u s r ü s t u n g : F T -Gerät für Sender und Empfang, Klaxon-Horn, Heizgerät, Atmungsgerät, zwei Fallschirme, zwei Leucht-pistolen und 20 Leuchtpatronen.

B i l d g e r ä t :

A r m e e f l u g z e u g	D i v i s i o n s f l u g z e u g
Schräger und senkrechter Bildgeräteinbau für 26 cm und 50 cm Kammer; senkrechter Einbau von 120 cm Kammer. Mindestens 50 Platten.	Schräger und senkrechter Bildgeräteinbau für 26 cm und 50 cm Kammer. Einbau von Platten und Filmreihenbilder.

Klappbarer Beobachtersitz und Meldetasche. Der Umtausch von F T -Gerät darf bei zwei Monteuren nicht mehr als drei Stunden Zeit erfordern.

D i e n s t l a s t umfaßt Insassen, Fallschirme, Bewaffnung und Einbau, Munition, Atmungsgerät, Bordinstrumente, Leucht-pistolen und Leuchtmunition, Bildgerät und Einbau, F. T.-Gerät

Ab 2 - P a n z e r z w e i s i t z e r f ü r D i v i s i o n s s t a f e l n.

B a u a n f o r d e r u n g e n : Doppelte Steuerleitungen und Anschlüsse; die einzelnen Leitungen müssen möglichst getrennt und entfernt voneinander liegen, so daß sie nicht leicht durch ein und dasselbe Geschoß beschädigt werden. Alle lebenswichtigen Teile müssen so bemessen werden, daß durch Gewehrfeuer nicht leicht ein Bruch herbeigeführt wird.

F l u g a n f o r d e r u n g e n : Hohe Wendigkeit. Flugzeug muß die Figur »8« in 100 m Höhe um 200 m entfernte Punkte ohne Einbuße an Höhe ausfliegen. Gute Bodensicht aus geringer Höhe für beide Insassen.

B e d i e n u n g . Wie bei Muster C. Ap. 2. Führer und Beobachter müssen möglichst dicht zusammensitzen.

P a n z e r u n g : Panzerschutz gegen normale Gewehrtreffer aus 300 m Entfernung von unten, hinten und von der Seite. Die Panzerung muß die ganze Ausrüstung einschließlich Motor, Motorzubehör, Kühler, F T und die Betriebsstoffbehälter, falls sie nicht nach der Lanser-Bauart geschützt sind, umfassen.

B e w a f f n u n g : 1 starres MG.
2 bewegliche gekuppelte MG. mit Tiefschußpivot,
1 Rumpfboden-MG mit Schuß- und Sichtfeld unter dem Rumpf

M u n i t i o n : 500 Patronen je MG.

A u s r ü s t u n g : F. T.-Sende- und Empfangsgerät, Heizgerät, Warnungshorn (Klaxon), Leuchtsignalgerät. Einbaumöglichkeit für Bildkammer oder Reihenbilder (Objektivöffnung mit Panzerklappe)

D i e n s t l a s t umfaßt Insassen, Bewaffnung und Einbau, Munition, Bordinstrumente, Leuchtsignalgerät, F. T.-Gerät, Heizgerät, Bildgerät.
Panzerung in der Dienstlast nicht einbegriffen.

Bp. 2 - Z w e i s i t z e r f ü r d e n F e r n b o m b e n w u r f b e i T a g e.

B a u a n f o r d e r u n g e n . Motor mit Anlasser. Sicht muß für das Fliegen im Geschwaderverbande besonders geeignet sein

und bequemes Aufsuchen und Anfliegen von Zielen ermöglichen. Sichtwinkel nach vorwärts 45° für den Führer und 75° für den Beobachter. Verdoppelte Steuerleitungen.

F l u g a n f o r d e r u n g e n . Leichtes Fliegen im Geschwaderverbande in Höhen über 5,0 km.
Geschwindigkeit nur wenig geringer als die von Jagdzweisitzern.

B e d i e n u n g : Wie bei Muster C. Ap 2. Sitze für lange Flüge besonders bequem ausführen. In der Höhe einstellbarer Drehsitz für den Beobachter, um sitzend Himmel und Erdboden beobachten zu können

B e t r i e b s s t o f f u n t e r b r i n g u n g . Aufreißbare Tanks. Ein oder mehrere Tanks im Gesamtfassungsvermögen von einem Viertel der ganzen Betriebsstoffmengen müssen leicht ausbaubar sein

P a n z e r u n g . Zwei gepanzerte Sitze sind vorgesehen.

B e w a f f n u n g . 1 starres MG.
2 gekuppelte MG im Drehkranz
Einbaumöglichkeit für Rumpfboden-MG. zum Schießen nach unten und hinten.

M u n i t i o n . Bei vollständiger Betriebsstofflast 200 kg Bomben-last. Außerdem abnehmbare Bombenrahmen für eine weitere Bombenlast, die einem Viertel des Betriebsstoffgewichtes und dem Gewicht der ausgebauten Tanks entspricht
Die Bombenrahmen müssen die Mitnahme folgender Abwerf-lasten gestatten
a) ganze Bombenlast in 10 kg Bomben (Brand- bzw Sprengbomben),
b) ganze Bombenlast in 50 kg, 100 kg oder 200 kg Bomben

A u s r ü s t u n g . Bildkammereinbau für Senkrechtaufnahmen von 50 bis 120 cm. Einbau für selbsttätigen oder Filmreihen-bildner (Senkrechtaufnahmen oder Schrägaufnahmen nach hinten zur Treffererkundung); Heizgerät für Insassen und gegebenenfalls für Bewaffnung Atmungsgerät; 2 Fallschirme. Gegebenenfalls Nachtbeleuchtung und Funksprecher zur Verständigung von Flugzeugen untereinander.

D i e n s t l a s t umfaßt zwei Insassen, Maschinengewehre, Munition, Waffeneinbau, Bordinstrumente, Bombeneinbau, Bombenlast, Atmungsgerät, Fallschirme, Bild- und Heizgerät mit Einbau und Funksprecher

B S. 2 - B o m b e n - u n d S c h l a c h t z w e i s i t z e r.

B a u a n f o r d e r u n g e n : Spannweite nicht über 18 m. Ein- oder mehrmotorig. Doppelte Steuerleitungen. Robustes Fahrgestell auch für schlechte Landeplätze Start muß auch auf behelfsmäßigen Landeplätzen gut sein Motor bzw Motoren mit Anlassern.

F l u g a n f o r d e r u n g e n . Gute Sicht nach vorn und unten für Führer und Beobachter. Gutes Schußfeld.

B e d i e n u n g : Wie bei Muster C. Ap. 2.

B e t r i e b s s t o f f u n t e r b r i n g u n g : Geschützte oder leicht abwerfbare Tanks. Ein Viertel der gesamten Betriebsstoff-menge in einem leicht ausbaubaren Tank. Für Schlachtflüge muß dieser Tank ausgebaut sein.

P a n z e r u n g :

B o m b e n f l u g	S c h l a c h t f l u g
Zwei ausbaubare Panzersitze	Zwei ausbaubare Panzersitze; ausbaubarer Panzerschutz unter dem Motor und unter den Insassen gegen normale Geschosse für Flughöhen über 400 m

B e w a f f n u n g :

1 starres MG.	Für den Führer. 2 MG zum Angriff von Erdzielen
Einbaumöglichkeit für Rumpf-boden-MG. zum Schießen nach unten und hinten	Für den Beobachter. 3 MG zum Angriff von Erdzielen; zwei oder ein MG. davon auch für Luftkampf verwendbar

M u n i t i o n :

500 Patronen je MG	ausreichend für 1 min Dauerfeuer

B o m b e n :

300 kg Bomben, und zwar entweder in 10 kg Bomben oder in 25 und 50 kg Bomben	100 kg Sprengbomben, die vom Führer und vom Beobachter ausgelöst werden können

Ausrüstung Einbau von zwei Fallschirmen, Leuchtsignalgerät, Heizgerät für Insassen und MG ; gegebenenfalls Einbau von Funkspruchgerät für Flugzeugverständigung, Bordbeleuchtung, selbsttätiger oder Filmreihenbildner für Senkrechtaufnahmen und Aufnahmen schräg nach hinten.

Dienstlast (ohne Panzerung) umfaßt Insassen, Waffen, Munition, Waffeneinbau, Bombeneinbau, Zielgerät, Bordinstrumente, Leuchtsignalgerät, Heizgerät, Bordbeleuchtung und Funkspruchgerät.

Bpr. 3 - Schutzdreisitzer für Tagesbombenflug.

Bauanforderungen : Schutzflugzeug für Flugzeuge der Gattungen B S. 2, Bp. 2 und gegebenenfalls A. 2. Motor mit Anlasser. Starke Bewaffnung. Freies Schußfeld.

Fluganforderungen : Ausreichende Wendigkeit für Abwehrluftkämpfe. Schneller Start.

Bedienung · Doppelte Steuerleitungen oder leichter Zutritt zum Führerraum.
Ein MG -Schütze ganz nahe beim Führer, so daß unmittelbare Verständigung möglich.

Panzerung : Einbaubare Panzersitze.

Betriebsstoffunterbringung. Tanks geschützt oder leicht abwerfbar. Ein Drittel der gesamten Brennstoffmenge in einem ausbaubaren Tank.

Bewaffnung: 2 gekuppelte, bewegliche MG. im vorderen Drehkranz mit Schußmöglichkeit nach hinten; Schußwinkel mindestens 15° über der Horizontale (in Flugrichtung).
2 gekuppelte, bewegliche MG. im hinteren Drehkranz.
2 gekuppelte, bewegliche MG. zum Schießen nach hinten unter dem Rumpf und einem Fenster zur Beobachtung und zum Zielen.
Ein Paar gekuppelte MG., kann durch eine MK. ersetzt werden.

Munition : 500 Patronen je MG.

Bomben : Mit Rücksicht auf Bewaffnung, Bedienung und Panzerung keine Bombenlast.
Ein ausbaubarer Bombeneinbau muß die Mitnahme von 250 kg Bomben gestatten.

Ausrüstung · Bildaufnahmen (senkrecht und schräg nach hinten) mit selbsttätigem oder Filmreihenbildner. Heizgerät für Insassen und Waffen Leuchtsignalgerät. 3 Fallschirme Gegebenenfalls Funkspruchgerät zur Flugzeugverständigung und Bordbeleuchtung.

Dienstlast (ohne Panzerung) umfaßt Besatzung, Waffen, Munition, Waffeneinbau, Atmungsgerät, Bordinstrumente, Heizgerät, Bildgerät und Einbau, Fallschirme und Funkspruchgerät.

Bn. 2 - Zweisitzer für Nachtbombenflug und Schlachtflug

Bauanforderungen : Spannweite nicht über 20 m. Robustes Fahrgestell. Druckschraubenbauart zulässig. Motor mit Schalldämpfer.

Fluganforderungen : Schneller und kurzer Start auch von behelfsmäßigen Landeplätzen. Gute Gleiteigenschaften. Guter Ausgleich. Beim Abstellen des Motors selbsttätiges Ansetzen zum Gleitflug.
Das Flugzeug ist für den Bombenwurf auf ungeschützte Ziele bestimmt, muß daher zum Abwurf sehr tief heruntergehen und dann schnell wieder Höhe gewinnen.

Bedienung : Wie bei Muster C. Ap 2.

Sicht : Muß besonders nach vorn und nach vorn unten gut sein.

Betriebsstoffunterbringung : Tanks geschützt oder leicht abwerfbar.

Bewaffnung 2 gekuppelte bewegliche MG. in Drehkranz für den Beobachter.
1 MG. zum Schuß nach hinten unten.
MG zum Eingriff in den Erdkampf geeignet.

Munition : 500 Patronen je MG.

Bomben : Bei Betriebsstoffen für 4 h Bombenlast von 500 kg; außerdem im ausbaubaren Bombenrahmen entsprechend einem Viertel der Brennstofflast. Der Bombeneinbau muß folgende Bombenlasten zulassen:
1. Ganze Last in 50 kg Bomben.
2. Ganze Last in 10 kg Bomben
3. Halbe Last in 50 kg und halbe Last in 100 kg Bomben

Ausrüstung : Einbau von Nachtbeleuchtung und gegebenenfalls Scheinwerfer, Heizgerät für Insassen und Waffen, zwei Fallschirme, F T -Peilgerät, Fallschirmleuchtbomben, Leuchtsignalgerät.

Dienstlast umfaßt Insassen ,Waffen, Munition, Waffeneinbau, Bombeneinbau, Zielgerät, Bordinstrumente, Heiz- und Leuchtgerät, Peilgerät, Leuchtsignalgerät

Bn. 4 - Mehrsitzer für Fernbombenabwurf bei Nacht.

Bauanforderungen : Muß eine möglichst große Last über 200 km Entfernung schleppen. Beweglichkeit kommt erst in zweiter Linie. Spannweite unbeschränkt, vorausgesetzt, daß die Flügel leicht abnehmbar sind und Unterbringung des Flugzeuges in einen Schuppen von 26 × 28 m gestatten.
Flugzeug muß mindestens 3 Motoren haben. Motoren im Fluge zugänglich. Schalldämpfung und Anlasser.

Bedienung · 4 Mann Besatzung (Flugzeugführer, Hilfsflugzeugführer, Bombenwerfer, Motorwart).
Durchgang im Rumpf muß Vertauschen der Plätze gestatten.

Sicht : Ausreichendes Sichtfeld besonders nach vorn und unten.

Fluganforderungen : Flugzeug muß sich mit einem stehenden Motor starten lassen

Betriebsstoffunterbringung : Tanks geschützt oder leicht abwerfbar.
Ein oder mehrere Behälter im Gesamtinhalt von einem Viertel der ganzen Betriebsstoffmenge leicht ausbaubar.

Bewaffnung : 2 gekuppelte bewegliche MG. im vorderen Drehkranz,
2 gekuppelte bewegliche MG. im hinteren Drehkranz,
2 gekuppelte bewegliche MG. unter dem Rumpf zum Schießen nach hinten mit einem Fenster im Rumpfboden zur Sicht und zum Zielen.
MG -Einbau muß Schießen auf Erdziele gestatten.

Munition : 500 Patronen je MG.

Bomben : 1500 kg Bombenlast bei Betriebsstoff für 6 h Flug. Außerdem ausbaubare Bombenrahmen für eine zusätzliche Bombenlast, die ein Viertel der Betriebsstofflast zuzüglich dem entsprechenden Behältergewicht beträgt.
Der Bombeneinbau muß folgende Bombenverteilung zulassen:
1. Ganze Last in 100 und 200 kg Bomben,
2. halbe Last in 50 kg Bomben, halbe Last in 100 und 200 kg Bomben,
3. drei 500 kg Bomben,
4. eine 1000 kg Bombe und eine 500 kg Bombe.

Ausrüstung : Nachtbeleuchtung und Scheinwerfereinbau. Heizgerät. 4 Fallschirme. F. T -Sende- und Empfangsgerät. Peilgerät. Einbau von Fallschirm-, Leuchtbomben- und Leuchtsignalgerät.

Dienstlast umfaßt Besatzung, Waffen. Munition, Waffeneinbau, Bombeneinbau, Bomben, Zielgerät, Bordinstrumente, Heizgerät, Bordbeleuchtung, F T.- und Peilgerät, Leuchtsignalgerät.

T. O E. - Kolonialflugzeug.

Bauanforderungen : Ausreichender Flugbereich. Leichter Umbau in Bombenflugzeug.
Wetterfestigkeit ausreichend für tropische Gegenden.
Austauschbarkeit.
Leichte Wartung und gute Ausbesserungsbarkeit.
Leichtes Auf- und Abrüsten zu Transportzwecken. Robustes Fahrgestell. Tropenbrauchbare Bereifung
Luft- oder wassergekühlte Motoren, die mit besonderer Berücksichtigung der Verhältnisse in den französischen Kolonien eingebaut sein müssen.
Flugzeug muß mehrmotorig sein und muß auch mit einem stehenden Motor seinen Auftrag erfüllen können. Motoren müssen leicht in Gang zu setzen sein.
Flugzeug muß einschließlich Besatzung 8 Insassen tragen können.

Fluganforderungen : Flugzeug muß sich leicht landen lassen und mit Rücksicht auf den Windeinfluß schnell sein.

Bewaffnung : Zwei bewegliche gekuppelte MG vorn, zum Schießen nach unten ein MG. hinten.

Munition : 500 Patronen je MG.

Bomben 300 kg Bombenlast in 10 kg Bomben.

Ausrüstung: Einbaumöglichkeit von Nachtbeleuchtung Fallschirm für den Beobachter.
F. T.-Sende- und Empfangsgerät. 50 cm Bildkammer

B. Sondervorschriften für Jagdflugzeuge der Vereinigten Staaten (1922/23).

(Vgl. Zahlentafel I auf S. 97.)

Bauart I. Jagdeinsitzer mit wassergekühltem Motor.

a) 1 Insasse   angenähertes Gewicht 82 kg
b) Brennstoff ½ h in Bodennähe,
      2½ h in 4,6 km Höhe
c) Schmieröl ½ h in Bodennähe,
      2½ h in 4,6 km Höhe,
d) Bewaffnung   angenähertes Gewicht 98 kg
e) Ausrüstungsgewicht   60 kg
Motor je nach Lieferungsvertrag (etwa 300 PS).

Bewaffnung.

1 Flugzeug-MG. 50 cal. (12,7 mm),
1 Flugzeug-MG. 30 cal. (7,65 mm),
2 Patronenkästen dafür,
2 Zuführungs- und Hülsenausstoßführungen,
1 Zielring und Hilfszielgerät,
1 Aldis-Zielgerät mit Befestigung,
2 MG.-Einbauten für die beiden MG.,
1 Bombenauslösevorrichtung,
1 35 mm Leuchtpistole,
2 Sockel für Positionsfackeln,
1 Munitionsbehälter für Leuchtpistole (12 Patronen),
1 Leuchtpistolenhalter,
1 Bombenrahmen-Muster XVIII.
Geforderte Leistungen bei Vollast:
a) 234 km/h in 4,6 km Höhe,
b) Steigzeit auf 6,1 km Höhe 21 min,
c) Diensthöhe 7,25 km.

Bauart II. Jagdeinsitzer mit luft- oder wassergekühltem Motor.

a) 1 Insasse   angen Gewicht 82 kg,
b) Brennstoffe: ½ h in Bodennähe, 2½ h in 4,6 km,
c) Schmieröl: ½ h in Bodennähe, 2½ h in 4,6 km,
d) Bewaffnung   angen. Gewicht 84 kg,
e) Ausrüstungsgewicht   86 kg.
Geforderte Leistungen bei Vollast:
a) 205 km/h in 3,0 km Höhe,
b) Steigzeit auf 4,6 km Höhe 20 min,
c) Diensthöhe 6,4 km.
Motor je nach Lieferungsvertrag (etwa 300 PS).

Bewaffnung:

2 Flugzeug MG. 30 cal (7,65 mm),
2 Patronenkästen für insgesamt 1000 Schuß,
2 Zuführungs- und Hülsenausstoßführungen,
1 Zielring und Hilfszielgerät,
1 Einheitszielgerät,
1 Einbau für 2 MG. mit Befestigungsschrauben,
1 Bombenauslösevorrichtung Muster XVIII,
4 Sockel für Positionsfackeln mit doppelten Fackelhaltern,
1 35 mm Leuchtpistole,
1 Patronenhalter für Leuchtpistole (12 Patronen),
1 Leuchtpistolenhalter.

Bauart III. Jagdeinsitzer mit luftgekühltem Motor.

a) 1 Insasse   rd. 82 kg,
b) Brennstoffe ½ h in Bodennähe + 2½ h in 4,6 km Höhe,
c) Schmieröl ½ h in Bodennähe + 2½ h in 4,6 km Höhe,
d) Bewaffnung   rd. 98 kg,
e) Ausrüstungsgewicht   rd. 56 kg.

Geforderte Leistungen:
218 km/h in 4,6 km Höhe,
Steigzeit auf 6,1 km Höhe 20 min,
Steigzeit von 4,6 km auf 9,3 km Höhe 30 min,
Diensthöhe 7,6 km.
Motor je nach Lieferungsvertrag (etwa 300 PS).

Bewaffnung

1 MG. 50 cal. (12,7 mm),
1 MG. 30 cal. (7,65 mm),
2 Patronenkästen für die MG,
2 Zuführungs- und Hülsenausstoßführungen,
1 Zielring und Hilfszielgerät,
1 Aldis-Zielgerät mit Befestigung,
2 MG.-Einbauten für die beiden MG,
1 Bombenauslösevorrichtung,
2 Sockel für Positionsfackeln,
1 35 mm Leuchtpistole,
2 Sockel für Positionsfackeln (Holz),
1 Leuchtpatronenhalter (12 Patronen),
1 Leuchtpistolenhalter,
1 Bombenaufhängevorrichtung Muster XVIII.

Bauart IV Jagdeinsitzer mit luft- oder wassergekühltem Motor.

a) 1 Insasse   rd. 82 kg,
b) Brennstoff 1½ h in Bodennähe,
c) Öl 1½ h in Bodennähe,
d) Bewaffnung (ausschl. Panzer)   rd 168 kg,
e) Ausrüstungsgewicht   rd. 17 kg.
Geforderte Leistungen bei Vollast:
a) 200 km/h in Bodennähe,
b) Steigleistung nicht von Bedeutung,
c) Gipfelhöhe nicht von Bedeutung.
Motor je nach Lieferungsvertrag (etwa 300 PS)

Bewaffnung:

1 MG. 50 cal. (12,7 mm) oder 11 mm mit MG.-Steuerung,
1 Patronenkasten für insgesamt 200 Schuß und Zuführung usw.,
1 Auswurf für leere Geschoßhülsen und Gurtteile,
1 MG.-Einbau mit Befestigungshülsen.

C. Sondervorschriften für Aufklärungsflugzeuge der Vereinigten Staaten (1924).

Vorführungsflüge. Jedes neue Flugzeugmuster muß einen Vorführungsflug mit seinem eigenen Führer auf das Risiko des Erbauers, aber auf Kosten der Regierung ausführen. Dieser Vorführungsflug muß aus einem Geschwindigkeitsflug in Bodennähe und Wendigkeitsvorführungen bestehen Die U S.-Fliegertruppe führt darauf vollständige Flugprüfungen mit Militärflugzeugführern durch, vorausgesetzt, daß die Flugzeuge auf Grund der Vorführungsflüge für flugtauglich gehalten werden. Die Prüfungsflüge dienen zum Zwecke der Eingruppierung der einzelnen Flugzeuge je nach ihrer Eignung für die Zwecke der Fliegertruppe. Alle Flugprüfungen sollen mit ein und derselben Luftschraubenart durchgeführt werden. Es ist nicht statthaft, Luftschrauben verschiedener Abmessungen getrennt nebeneinander zu verwenden. Bei keinem behördlichen Prüfflug darf die Drehzahl oder Motorleistung die höchste Motordrehzahl oder Leistung, die für den Motor auf Grund seiner Dauerprüfung für zulässig erachtet ist, überschreiten. Die Fliegertruppe liefert dem Flugzeugbauer sämtliche Waffen und Ausrüstungsteile, die für gewöhnlich von der Fliegertruppe gestellt werden. Der Flugzeugbauer hat dafür eine Sicherheit zu leisten.

Bauvorschriften für zweisitzige Fernaufklärungs-Flugzeuge, Muster X:
a) Besatzung 2 Mann   etwa 162 kg
b) Betriebsstoffe für ½ h in Bodennähe und 3½ h in 4,6 km Höhe, oder ½ h in Bodennähe und 730 km Flugbereich,
c) Öl 10 vH Raum des Brennstoffes
d) Bewaffnung   109 kg
e) Bordgeräte   9 kg
elektrische Einrichtung   100 kg
Verschiedenes   54 kg;

Flugleistungen bei normaler Drehzahl und voller Zuladung:
a) Höchstgeschwindigkeit in Bodennähe   240 km/h
b) Steigzeit   4,6 km in 20 min
c) Dienstgipfelhöhe   6,4 km
d) Landegeschwindigkeit   100 km/h

Diese Leistungen sollen ohne Vorverdichter erzielt werden. Das Fahrgestell darf keine durchgehende Achse besitzen Einziehbare Fahrgestelle sind nicht erwünscht.

Der Führersitz muß in wagerechter und senkrechter Richtung fest einstellbar sein Die Verstellweite muß wagerecht und senkrecht wenigstens 10 cm betragen.

An den Flügeln müssen Vorrichtungen zur Unterbringung von Land lichtern vorhanden sein. Sitze und Sitzräume müssen für die Besatzung möglichst bequem sein.

Rumpfabmessungen Der hintere Rumpfraum (Beobachtersitz) soll 82 cm breit sein (außen gemessen). Die Entfernung zwischen Rumpfboden und Oberkante des Drehringes soll 107 cm betragen

Zwischen Rumpf und Oberflügel darf nicht mehr als ein toter Winkel von 30⁰ in senkrechter Ebene für das Gesichtsfeld des Führers vorhanden sein Der untere Flügel darf die Sicht des Führers nicht mehr als 30⁰ über der Wagerechten verdecken, noch mehr als 45⁰ im senkrechten Gesichtsfelde Die Sicht des Beobachters darf nicht mehr als 30⁰ nach vorwärts von der Lotrechten vom Unterflügel verdeckt werden

Der Schußwinkel für den Schützen soll so sein, daß die Ziellinien der hinteren MG. sich nicht weiter als 46 m unter dem Rumpf schneiden Der Schütze soll imstande sein, wenigstens 30⁰ von der Lotrechten aus gerechnet, nach vorwärts zu schießen; wenn möglich, muß noch weiter nach vorn geschossen werden können.

Von äußerster Wichtigkeit ist, daß das Flugzeug leicht herzustellen ist, einen leichten und schnellen Triebwerks- und Zubehöreinbau gestattet und gut wartbar ist. Flugtauglichkeit, Steuerbarkeit und Flugeigenschaften müssen die Fliegertruppe befriedigen Doppelsteuerung muß vorgesehen sein. Metall-, Holz- oder Micarta-Luftschrauben dürfen verwendet werden.

Triebwerk. Die Wahl des einzubauenden Motors wird dem Ermessen der Baufirma überlassen Wenn keine Flügeltanks verwendet werden, müssen bruchsichere Brennstoffbehälter nach Vorschrift Nr. 28 302 geliefert und eingebaut werden. Abwerfbare Tanks sind erwünscht.

Motoranlasser sind vorgeschrieben. In das Flugzeug muß ein seitlich liegender Vorverdichter ohne große Änderung einbaubar sein Zusatzbetriebsstoffbehälter mit Fassungsraum für 250 km weiteren Flugbereich sind einzubauen

Bewaffnung Die Bewaffnung wird kostenlos von der Fliegertruppe geliefert und ist von der Baufirma einzubauen. Sie besteht aus einem festen 7,65 mm-MG. mit Nelson-Steuerung und zwei beweglichen Lewis-MG mit der notwendigen Munition Der Einbau des festen MG muß den abwechselnden Gebrauch von 7,65 mm-Marlin und Browning-MG gestatten.

Instrumente und Zubehör Der Einbau der Instrumente muß derart sein, daß sie unter allen Betriebsbedingungen, deren die Flugzeugart unterworfen ist, brauchbar sind. Jedes Gerät muß gekennzeichnet, zugänglich und leicht einbau- und auswechselbar sein. An Bordgeräten sind einzubauen folgende, von der Fliegertruppe kostenlos gelieferte Geräte:

Geschwindigkeitsmesser,
Venturi-Staudruckmesser,
Höhenmesser für 7,5 km Höhe,
Kompaß,
Borduhr,
Benzindruckmesser,
Öldruckmesser,
Drehzähler,
Neigungsmesser,
Universal-Brennstoffuhr,
kleine Visierlinse,
Kühlwasserthermometer,
Steuerzeiger.

Falls ein elektrischer Anlasser verwendet wird, ist der Bijur-Anlasser einzubauen. Die folgenden Ausrüstungsgegenstände sind vom Bewerber einzubauen·

Bildkammer »K 3«,
Rolls-Film,
Venturio-Fallschirm,
Anschnallgurte für MG-Schützen und Führer,
»Lebensretterkissen« (Schwimmweste),
Feuerlöscher,
Plane für Luftschraube, Sitze und Motor.

Die Sitze sind so anzuordnen, daß der Führer einen Kissenfallschirm verwenden kann. Der Beobachter ist mit Hängefallschirm auszurüsten. Sämtliche Instrumente und Bedienungshebel sollen durch Schilder gekennzeichnet sein.

Punktbewertung für Fernaufklärungsflugzeuge Die Bewertung erfolgt nach Punkten Die Gesamtzahl der Punkte beträgt 145. Die Punktbewertung ist gestaffelt nach der Bedeutung, die den einzelnen Eigenschaften und Anforderungen für Fernaufklärungsflugzeuge zukommen

Leistungen 30 Punkte

240 km/h in Bodennähe	10 Punkte
je 1,6 km/h mehr oder weniger	1 »
6,4 km Diensthöhe	10 »
je 610 m mehr oder weniger	1 »
20 min Steigzeit auf 4,6 km Höhe	5 »
für jede Minute Steigzeit mehr oder weniger	1 »
725 km Flugbereich	5 »

(1 Punkt mehr für je 40 km darüber),
(1 Punkt weniger für je 16 km darunter)

Flugeigenschaften: 35 Punkte.

Stabilität	10 Punkte
Wendigkeit und Steuerbarkeit	10 »
Start	5 »
Landen und Rollen	10 »

Wartung 20 Punkte

a) des Triebwerks	10 Punkte
b) des Flugzeugs	10 »
Die Leichtigkeit des Nachbaues	10 »

Verschiedenes: 50 Punkte

Sicht	5 Punkte
Gerätebau	5 »
Waffeneinbau	5 »
Einstellbare Höhenflosse	2 »
Steuerung	2 »
Sitzanordnung	2 »
Sicherheit der Besatzung	10 »
Verletzbarkeit der Motorkühlung	10 »
Motoranlasser	3 »
Vorkehrungen für den Vorverdichter	2 »
Zusätzlicher Betriebsstoffraum	4 »

insgesamt 145 Punkte

1 Flugeigenschaften: Flugzeuge, die so schlechte Flugeigenschaften haben, daß sie für militärische Zwecke unbrauchbar sind, werden nicht abgenommen, wie gut auch immer ihre Stellung nach der Punktwertung sein möge

a) Stabilität Kurz gesagt, bedeutet der Begriff Stabilität in diesem Falle, daß das Flugzeug ein ruhiges Schießen ermöglicht, insbesondere bezieht sich das auf das »Spuren«. Die Stabilitätseigenschaften sollen möglichst denen des D H. IV B-Doppeldeckers entsprechen

b) Wendigkeit und Steuerbarkeit: Hier wird das Verhalten des Lepère-Doppeldeckers als vorbildlich betrachtet.

c) Landen und Rollen: In dieser Beziehung ist die Eignung des Flugzeugs zur Landung auf schmalen Plätzen und die Steuerbarkeit des Flugzeuges bei geringen Geschwindigkeiten in der Luft und auf dem Boden maßgebend. Der Vorteil von achsenlosen Fahrgestellen und steuerbaren Schwanzspornen ist hierin von Bedeutung.

d) Start: Hierfür ist die Eignung, bei Seitenwind oder auf schlechten Plätzen zu starten, maßgebend. Vorbildlich ist hier wieder der D H. IV B-Doppeldecker.

2. Wartung:

a) Kraftanlage schließt ein: den Motor selber, alle Zubehörteile, wie Betriebsstoffbehälter, Leitungen, Anlasser, Pumpe, Verteiler und die Zugänglichkeit aller Teile.

b) Flugzeug schließt ein· die Unterhaltung des eigentlichen Flugzeuges, wie Beschläge, Rumpf, Flügel, Flügelaufhängung, Steuerteile und die Zugängigkeit aller dieser Teile.

3. Verschiedenes.

a) Sicht: Das gewünschte Gesichtsfeld ist bereits weiter oben mitgeteilt worden. Mangelhafte Sicht kann zur Ablehnung des Flugzeugs führen

b) Geräteeinbau. Kleine Abweichungen im Einbau der vorgeschriebenen Ausrüstung werden mit 5 Punkten berücksichtigt.

c) Waffeneinbau· Der Waffeneinbau hat nach den Vorschriften des »Handbook for Airplane Designers«, Juli 1922, zu erfolgen.

d) Einstellbare Höhenflosse: Dieser Punkt schließt alle Einrichtungen zur Einstellung der Höhenflosse und die Leichtigkeit und Bequemlichkeit der Einstellung ein.

e) Steuerung· Die Starrheit und Widerstandsfähigkeit gegen Abnutzung der Steuerung wird hierbei berücksichtigt.

f) Sitzanordnung. Hierbei wird die gesamte Sitzraumanordnung hinsichtlich der Bequemlichkeit und Brauchbarkeit für die Benutzung berücksichtigt. Dazu gehört auch der Schutz der Insassen vor dem Flugwind.

g) Sicherheit der Besatzung umfaßt alle Vorkehrungen, die zur Sicherung der Besatzung getroffen werden, so z. B. Brennstoffunterbringung in den Flügeln, abwerfbare Behälter, ferner für Schutz im Falle eines Bruches und Schutz beim Überschlag; Leichtigkeit des Fallschirmabsprungs usw.

h) Verletzlichkeit der Motorkühlung· In Anbetracht der Bestrebungen zur Einführung von Tragflächenkühlern, die die Flugleistung auf Kosten der verletzbaren Fläche steigern, sind hierfür 10 Punkte bereitgestellt worden.

i) Motoranlasser: Nach der Ausschreibung muß das Flugzeug mit einem Motoranlasser versehen sein. Es braucht kein elektrischer Anlasser, sondern kann ein Handanlasser irgendwelcher brauchbaren Art sein.

j) Vorkehrungen für den Vorverdichter: Worin die Vorkehrungen für den Einbau eines Vorverdichters bestehen, ist offen gelassen. Die Leichtigkeit des Einbaues eines seitlich liegenden Vorverdichters wird durch 2 Punkte berücksichtigt.

k) Zusätzlicher Betriebsstoffraum. Sämtliche Flugprüfungen werden entweder mit leeren oder ausgebauten Zusatztanks ausgeführt.

D. Festigkeitsforderungen der U. S.-Fliegertruppe (1921)[1].

1. Lastvielfaches für großen Anstellwinkel mit ganz vornliegenden Druckpunkt (dem deutschen A-Fall der B. L V entsprechend).

2. Lastvielfaches für kleinen Anstellwinkel mit einer, der größten Geschwindigkeit in Bodennähe entsprechenden Druckpunktlage

3· Für die Festigkeitsprüfung gefordertes negatives Lastvielfaches der Tragflügel bei einer Druckpunktlage in ein Viertel der Flügeltiefe von der Vorderkante entfernt.

4. Geforderte gleichmäßig verteilte Belastung des Höhenleitwerks für die Festigkeitsprüfung in kg/m².

5· Geforderte gleichmäßig verteilte Belastung des Seitenleitwerks für die Festigkeitsprüfung in kg/m².

----

[1] Im Jahre 1922 sind von der U S.-Fliegertruppe die Festigkeitsvorschriften ganz erheblich verschärft worden; die jetzt geltenden verschärften Vorschriften werden in der Z F M 1925 wiedergegeben!

6. Gefordertes Lastvielfaches des Rumpfes für die Festigkeitsprüfung.

Gattung	Bauart	(1)	(2)	(3)	(4) kg/m²	(5) kg/m²	(6)
I	Tages-Jagdeinsitzer mit wassergekühltem Motor	8,5	5,5	3,5	170	146	7
II	Nacht-Jagdeinsitzer mit luft- od. wassergekühltem Motor	7,5	5,0	3,5	146	122	6
III	Tages-Jagdeinsitzer mit luftgekühltem Motor	8,5	5,5	3,5	170	146	7
IV	Panzer-Jagdeinsitzer mit luft- od. wassergekühltem Motor	7,3	4,5—2,5	3,0	146	122	6
V	Jagdzweisitzer mit luft- od. wassergekühltem Motor	7,5	5,0	3,5	146	122	6
VI	Dreisitzer für Erdangriff mit Panzerung (luft- oder wassergekühlt)	7,3	4,5—2,5	3,0	122	97,5	5
VII	Panzer-Zweisitzer für den Infanterieflug (luft- oder wasser gekühlt)	6,3	4,0—2,5	3,0	122	97,5	5
VIII	Nachterkundigungszweisitzer mit luft- oder wassergekühltem Motor	6,5	4,5	3,0	122	97,5	5
IX	Artillerie-Dreisitzer	6,5	4,5	3,0	122	97,5	5
X	Aufklärungszweisitzer	6,5	4,5	3,0	122	97,5	5
XI	Tages-Bombenflugzeug	5,5	3,5	2,5	122	97,5	5
XII	Nacht-Bombenflugzeug für den Nahflug	4,5	3,0	2,5	97,5	73	4
XIII	Nacht-Bombenflugzeug für den Fernflug	4,0	2,5	2,0	73	49	3
XIV	Schulflugzeug mit luftgek. Motor (Stern od. Umlauf)	8,0	5,5	3,5	170	146	7
XV	Schulflugzeug mit wassergekühltem Motor	8,0	5,5	3,5	170	146	7

Sowohl für Berechnung als auch für Belastung wird die volle militärische Belastung zugrunde gelegt.

Für die Gattungen I, II, III, IV, V, XIV und XV wird für den Zustand des geradlinigen Sturzfluges mit Abtriebslast der vorderen Verspannungsebene und Auftriebslast der hinteren Verspannungsebene ein Lastvielfaches von 1,75 gefordert für Zwei- und Dreidecker mit entsprechender Tiefenverspannung oder Gleichwertigem, und ein Lastvielfaches von 3,0 gefordert, wenn keine derartige Verspannung vorhanden ist und bei Eindeckern.

Bei den anderen Flugzeuggattungen braucht die Sturzflugbeanspruchung lediglich zur Bemessung der Innenverspannung untersucht zu werden· Bei der Berechnung der Sturzflugbeanspruchung muß die Tiefenverspannung vernachlässigt werden.

Bei getrennt angegebenen Lastvielfachen, wie z. B. für Gattung IV (1) und (2) gilt die erste Zahl für das Fachwerk als Ganzes, die zweite für das Fachwerk mit irgendeinem ausgefallenen Bauglied.

BEITRÄGE

Selbständigkeit einer Luftstreitmacht.

Von A. Baeumker.

Eine der bedeutungsvollsten Erfahrungen des Weltkrieges ist die Erkenntnis der Notwendigkeit einer engen Zusammenfassung aller die Kriegsentscheidung beeinflussenden Faktoren unter einheitliche Leitung. Noch ist das unselige Auseinanderlaufen der zur Erreichung des Endziels im Weltkrieg deutscherseits beschrittenen Wege zwischen Heer, Flotte und politischer Führung in aller Gedächtnis. Vereinigung der die Kriegsentscheidung erkämpfenden Werte von der Taktik über die Operation zu Land, zur See und Luft bis zur politischen Maßnahme im Innern und nach Außen als Endzweck der kriegerischen Handlung bleibt danach das erstrebenswerte Ziel. Die Militärmächte der Welt haben ihre neuen Kriegsvorbereitungen hierauf eingestellt. Ihre Wege sind allerdings verschieden, entsprechend den Unterschieden ihrer militärpolitischen Grundlage.

Der heutige technische Stand der Militärluftfahrt als ein Teil dieser Vorbereitungen auf künftige Auseinandersetzungen hat eine feste Auffassung über die günstigste Organisationsform international noch nicht aufkommen lassen. Noch ist das Ziel dieser Organisation sehr verschiedenartig, je nachdem, ob der Nachdruck der Luftrüstung auf einer Luftkriegführung über Land oder über See, über dem Kampfgebiet oder im Herzen des feindlichen Volkes selbst liegen soll. Bei der Mehrzahl der Luftgroßmächte wird das Streben erkennbar, der Luftkriegführung eine mehr oder weniger selbständige Gestalt zu geben. In einzelnen Ländern, wie in England, Italien, hat dies schon zu praktischen Lösungen geführt. In anderen Staaten, wie in den Vereinigten Staaten, in Schweden und anderwärts ist diese Entwicklung im Fluß.

Gegen dieses Selbständigwerden der Luftstreitmacht sind in gegenläufiger Bewegung allenthalben aus Heer und Marine aller Länder ebenso zahlreiche erbitterte Gegner erstanden, wie für eine solche Organisationsform neue Verfechter auftreten. Überwiegend haben diese Kämpfe die Klärung der Organisationsfrage in einem bestimmten Falle zum Ziel. Insbesondere die Auseinandersetzungen in England und den Vereinigten Staaten sind auf das Interesse des eigenen Staates begrenzt. Nur in kleineren Militärstaaten, vor allem auch bei uns, wird versucht, die Frage in grundsätzlicher Weise zur — theoretischen — Lösung zu bringen.

Wenn wir von der mehr oder weniger tendenziösen Kampfform mancher Gegner einer selbständigen Luftstreitmacht absehen und das Tiefere aus dem Für und Wider einer solchen Organisationsform herausschälen, so sind auf beiden Seiten richtige Begründungen und Irrtümer feststellbar. In nachfolgendem wird versucht, diese Gegensätze abzuwägen und danach Grundsätze für die Organisationsform aufzustellen.

I. Ursache und Wirkung, ein Bild technischer und militärischer Zusammenhänge.

Der Kernpunkt der Streitfragen über das Maß einer Selbständigkeit der Luftstreitmacht liegt in Unterschieden der Bewertung der Waffenwirkung des Luftfahrzeugs.

Die Trennung des Landkrieges vom Seekrieg bei Aufrechterhaltung einer gemeinsamen großen Führung wird traditionell als innerlich berechtigter Grundsatz empfunden. Zu stark sind die innersten Wesensunterschiede zwischen beiden Gebieten, jedes einzelne ist für sich zur entscheidenden Handlung befähigt. Daß zwar gerade der Weltkrieg die untrennbaren Wechselbeziehungen zwischen Land- und Seekrieg unterstrich, beweisen die Erfolge der von der englischen Flotte betriebenen Hungerblockade auf die Moral des deutschen Heeres am Kriegsende ebensosehr, wie die Rückwirkungen unserer Siege zu Lande in Flandern 1914, bei Gallipoli, am Isonzo (Triest-Fiume) und bei Ösel (Ostsee) auf die jeweilige Seekriegslage. Wer würde sich aber aus diesen Zusammenhängen vermessen, einer Vereinigung von See- und Landkrieg in einen gemeinsamen Organisationskörper das Wort zu reden? Die Wesensunterschiede eines Schlachtschiffes mit seiner unmäßigen Konzentration von Kraft und Bewegung gegenüber einer in Waffengruppen, kleinere Verbände und Einzelkämpfer aufgelösten Infanterie-Divison sind für solche Irrtümer wohl zu groß. Die Bedürfnisse der Seefahrt haben mit den Lebens- und Bewegungsformen des Landkrieges wenig oder nichts gemein.

Und doch wird der Luftfahrt von ihren älteren Schwesterwaffen, Armee und Marine, von vornherein gern jede Berechtigung zu einem Eigenleben abgesprochen. Sie aber ist es, das die dritte Element des menschlichen Aufenthalts mit den Zielen des Kampfes um die Macht durchdringt. Die Luftmacht verbindet mit eigenen Kampfmitteln über Land und See in der Luft selbst die verschiedensten Ziele eines solchen Kampfes zu geschlossener Einheit. Im Gegensatz zum Land- und Seekrieg, deren direkte Wirksamkeit sich nur an den gemeinsamen Grenzen, den Küsten, berührt, ist die Luftstreitmacht befähigt, über Land und See mit einigermaßen gleichen technischen Hilfsmitteln (Flugzeugen), die Kriegführung durch die Luft in gemeinsamen Handlungen zu verbinden. Darüber hinaus vermag die gleiche Luftmacht noch weit außerhalb des Armes von Heer und Flotte auf die »Quellen der Kraft« im Rücken des Feindes die Hand zu legen. Die Zufuhren an Kriegs- und Nahrungsmitteln, die Produktion der Waffen und letzten Endes die psychischen Werte eines Volkes sind von der neuen furchtbaren Waffe in einem »selbständigen« Luftkrieg bedroht. Es ist die Tragik der jungen Luftmacht, daß der Weltkrieg in einem Stadium beendet wurde, das nur ausnahmsweise eine Verwendung der Luftstreitkräfte außerhalb der Operationsbereiche von Heer und Flotte zuließ. Der niedrige Stand der technischen Entwicklung in dieser Zeitenwende ließ zudem die inneren Bedürfnisse des Luftkrieges in der Luft selbst nur in den Anfängen erkennbar werden.

Militärs aus allen Ländern sind dabei, auf der Grundlage dieses veralteten technischen Standards das Fell des jungen Löwen zu verteilen. Sie vermögen nicht, in die heute noch so flüssigen technischen Grundlagen und operativ-taktischen Folgerungen für den Luftkrieg selbst einzudringen; es übersteigt das ihre von den inneren Aufgaben des Land- oder Seekriegs aufgesogenen Kräfte. Außerhalb der neuen großartigen Technik stehend, ist ihnen waffentechnisch und lufttaktisch die schöpferische Phantasie versagt. Aus den Reihen der Luftstreitkräfte selbst finden die Feinde selbständiger Entwicklung des Luftkriegs ihre wertvollsten Helfer unter all denjenigen, welche, dem innersten Wesen des Luftkriegs fremd, an anfänglichen Mängeln die falsche Gesamteinstellung der Organisation der Luftstreitmacht zu erkennen glauben. Wer die Frage des zweckmäßigsten Aufbaues der Luftstreitmacht zum Nutzen aller Teile am besten zu lösen wünscht, der sollte es vermögen, jenseits von zweifelhaften »Erfahrungswerten« in die gegenwärtigen Bedingtheiten und verborgen liegenden Zukunftsmöglichkeiten der Luftwaffe einzudringen. Dann wird der objektiv Forschende aus einem wahrscheinlich höchst neuartigen Standpunkt heraus der Gesamtheit der Führung des Land-, See- wie Luftkrieges auch subjektiv zu dienen vermögen.

1. Technik des Luftfahrzeugs:

Es scheint der Mühe wert, die Leistungssteigerung des Kriegs-
flugzeuges seit dem Kriegsende nachfolgend graphisch darzustellen:

Zahlentafel 1.

Gebiet der Leistungssteigerung		Leistungssteigerung		
		1918	1925	Steigerung 1925 geg. 1918
1. Flugbereich von Bomben- Großflug-		1000 km	1800 km	80 vH
2. Bombenzuladung zeugen		800 kg	2000 kg	150 »
3. Gipfelhöhe von Jagd-		7,5 km	12 km	60 »
4. Fluggeschwindigkeit flug-		180 km	270 km	50 »
5. Flugbereich zeugen		500 km	800 km	60 »
6. Flugbereich von See-Erkundungsflugzeugen		900 km	2000 km	120 »
7. Flugbereich von Torpedoflugzeugen		700 km	1000 km	40 »

Die Zahlentafel der Abb. 1 beschränkt sich darauf, die für die
Luftkriegführung besonders bezeichnenden Einzeleigenschaften der
wichtigsten Flugzeuggattungen gegenüberzustellen Nur drei Gattungen von in ihren Aufgaben und Leistungen besonders verschiedenen Flugeinheiten wurden angezogen Moderne Armeen unterscheiden 8 bis 12 Gattungen. Diese spiegeln in ihrer Mannigfaltigkeit
am sinnfälligsten das bunte Bild der verschiedenartigen Aufgaben
der Luftwaffe wieder.

Die heftigsten Kämpfe des um das neue Kriegsmittel ringenden
menschlichen Geistes spielen sich in einer Steigerung der technischen
Leistung auf dem Gebiet des Vorwärtstreibens der Gipfelhöhe ab
Ihr gleich an Bedeutung sind die Bestrebungen zur Steigerung des
Flugbereichs (Aktionsbereichs) und mit diesen eng verbunden
der Nutzlast (Waffen, Bomben, Gas) und der Fluggeschwindigkeit. Abb 2 bis 5 geben kennzeichnende Beweise der letzten, nur
selten voll erfaßten Erfolge.

Der Kampf um die Gipfelhöhe bedeutet im dreidimensionalen
Luftraum das technische Ringen um die rein lufttaktische Überlegenheit im reinen Luftkrieg Dem Vorwärtsdrang der Jagdflugzeuge ist dieses Streben oberstes Gesetz. Die Jagdstreitkräfte sind es,
welche in offensiver Kampfführung den defensiven Schutz des eigenen
Luftraumes erstreben So müssen sie auch in den größten Flughöhen
ihren Gegner noch überhöhend angreifen können.

Das technische Ringen um die größten Fluggeschwindigkeiten hat seinem innersten Wesen nach den dreifachen Grund:

Beim Jagdflugzeug zum Einholen aller Feinde,

beim lufttaktisch durch die Zuladung unterlegenen Bombenträger und Aufklärungsflugzeug zur Abwehr feindlicher
Jäger,

bei allen Flugzeuggattungen zur Erweiterung ihres räumlichen
Wirkungsbereiches durch Steigerung des Flugbereichs.

Dieser Wettlauf um die höhere Fluggeschwindigkeit kommt also
mittelbar auch im schnellen Wachsen des Flugbereichs zum Ausdruck. Neben dem Geschwindigkeitsfaktor ist es auch die wachsende Größe der Flugeinheiten, die bei Vermehrung der mit-
führbaren Brennstoffmengen die Flugdauer und damit wieder den
Flugweg selbst verlängern. Die Luftwaffe rückt nach dem
Kriege damit in ihrer Wirksamkeit aus den engen
Grenzen der Operationen der Heere und aus dem weiteren
gegen Kontinente und Länder wirkenden Rahmen der
Flotten in die weiten Räume einer Land und See gleichmäßig umspannenden selbständigen Wirksamkeit.

Die zur Erhöhung des Flugbereichs notwendige Größensteigerung der modernen Flugeinheit hat aber auch die Erhöhung der
Nutzlast (Bemannung, Waffen, Bomben, Gas) zur Folge gehabt.
Die Erhöhung der Wirksamkeit dieser Waffen gegen Land und See
ist die Folge

So ist der Kampf um die technische Überlegenheit der Luftmacht der letzte Urgrund für alles taktische Sein Mit jedem
Fortschritt auf einem Gebiet, mit dem Stillstand auf einem anderen
Gebiet ändern sich die Grundsätze der Luftkriegführung Neue
Flugzeuggattungen tauchen auf, altbewährte verschwinden. Alles
ist mit dieser vorwärtsstürmenden Technik in stetem Fluß, und selbst
die festesten Bollwerke, die allgemeinsten Grundsätze der Luftkriegführung erliegen in diesem flutenden Leben schnellstem Wandel
ihrer innersten Grundlagen.

2. Waffentechnik des Luftfahrzeugs.

a) Bordwaffen.

Mit Pistole und Karabiner begann am Kriegsanfang der Luftkampf. Das Maschinengewehr der Armeen kam später abgeändert
ins Flugzeug Das Kriegsende sah den Anfang einer geringen
Kalibersteigerung und einer geringen Erhöhung der Feuergeschwin-
digkeiten.

Die Ballistik der Luftwaffe war und ist unbetretenes Neuland
Der mit Leuchtspurgeschossen sichtbar gemachte Geschoßweg und
eine primitive auf Massenwirkung gerichtete Feuertaktik war und
ist der mangelhafte Ersatz einer auf dem neuen Gebiete fast ver-
sagenden Bordwaffentechnik. Der Heldenmut und das hohe
fliegerische Können unserer Flugzeugbesatzungen mußte im
Verein mit einer als »Gießkanne« zu bezeichnenden primitiven
Feuertechnik der Bordmaschinengewehre die Schwächen eines
veralteten Systems abfangen. Das gedankenlose Übertragen von
»Erfahrungen« der Waffentechnik auf dem Lande in die Luft
verhinderte kleinlicherweise ein Schritthalten der Bordwaffentechnik mit dem stürmenden Fortschritt des Luftfahrzeugs selbst.
Damals lag die Schuld zu gleichen Teilen bei Armee und Luftstreitmacht.

Die dreidimensionalen Bewegungen kämpfender Luftfahrzeuge,
von denen die Vorwärtsbewegung die größte ist, sind mit der
Vorwärtsentwicklung der Technik in ihrer Schnelligkeit in unab-
lässigem Steigen Nur die gleichzeitige Größensteigerung der
Flugzeugeinheiten selbst gibt wieder der Erfolgsaussichten der Bordwaffen einen gewissen Ausgleich gegen die dauernde Verschlechterung
ihrer ballistischen Wirksamkeit. Die Hauptkampfentfernungen der
Luftfahrzeuge liegen trotz einer Schußweite ihrer Maschinengewehre
von 2 km heute noch unter 400 m. Der Raum von 400 m aufwärts
bis zur äußeren Grenze des Schußbereichs geht mangels ausreichender
Treffwahrscheinlichkeiten ungenutzt verloren Das fliegerische
Element, die Beweglichkeit der Flugzeuge im Luftkampf geht mit
der unablässig wachsenden Steigerung der Motorkraft immer mehr
zurück. Die Waffenwirkung muß als Ersatz mithin gesteigert
werden, und zwar in bezug auf Erhöhung des Schußbereichs, der
Treffsicherheit, der Einzelwirkung (Durchschlagskraft, Brand-
wirkung) und der Massenwirkung.

Die Steigerung der Flugeinheitsgrößen begünstigt diese Entwicklung. Einer völligen Motorisierung der Feuer- und Lade-
vorgänge und des Munitionsnachschubs bei den Flugzeugbord-
waffen steht — im Gegensatz zum Waffenwesen der Armee und
Marine — nichts im Wege

Die Frage des Panzerschutzes steht im engen Zusammenhang
mit dem statischen Aufbau und den fliegerischen Leistungen des
Flugzeugs.

Die Bedeutung der Brandgefahr der Betriebsstoffe bei Verwendung von Brandgeschossen im Luftkampf ist so einschneidend,
daß sie eine Krise der Leistungssteigerung aller Arten von Luftfahrzeugen herbeiführt Der vom Brennstoff beanspruchte Raum
wächst mit der Vergrößerung der Flugeinheiten und ihrer Triebwerke
ins Riesenhafte Nur eine Anwendung der vielseitigsten Maßnahmen
kann Schutz gegen diese Gefahren geben, und den weiteren flugtechnischen Fortschritt ermöglichen. Die Folgen dieser Forderung
wirken sich vom allgemeinen Flugzeugbau bis in die Grundlagen der
Motorentechnik aus! Alle Grundsätze des Fortschritts der Lufttaktik geraten schon von dieser einen Frage aus erneut völlig ins
Wanken.

b) Bomben, Gas, Torpedo

Wenn auch im Bombenwesen über Land ein gewisser technischer Erfahrungssatz heute erkennbar wird, die unaufhaltsame
Größen- und Flugleistungssteigerung der Bombenträger selbst
hält wieder die Auffassung über den wirksamsten taktischen Einsatz im steten Fluß.

Die neue furchtbare Waffe des Gaskrieges aus der Luft
ist zusammen mit dem Bombenwesen das schrecklichste Kampfmittel einer wahrhaft »selbständigen« Luftkriegsführung gegen die
tiefsten Wurzeln des feindlichen Widerstandes in- und außerhalb
der Operationen von Heer und Flotte. Die Technik und Taktik des
Luft-Gaskrieges steckt in den Kinderschuhen — zum Glück für
unser wehrloses Reich. Daß aber hier die Entwicklung — »Fortschritt« wagt man es nicht zu nennen — soweit zurückblieb, ist die
Folge des Klebens an den Erfahrungswerten des Land- und Seekrieges in der Waffentechnik des Kriegsflugwesens. Auch hier sind
doch die lufttaktischen wie besonderen gastechnischen Forderungen
in ihren einschneidenden Rückwirkungen auf den allgemeinen
Flugzeugbau noch gar nicht abzusehen. Nur eine lebendige Wechselwirkung zwischen technischer wie fliegerischer und militärischer

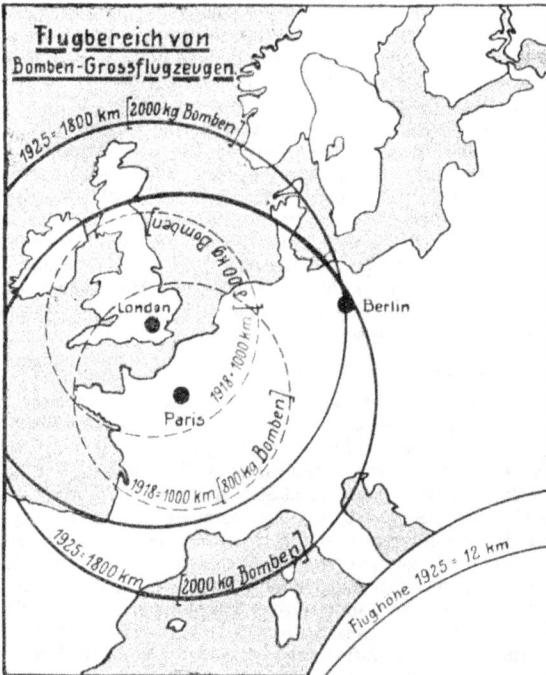

Abbild. 1

Flugbereich von Bomben-Grossflugzeugen.

1925 = 1800 km [2000 kg Bomben]
1918 = 1000 km [800 kg Bomben]
London
Berlin
Paris
1925 = 1800 km [2000 kg Bomben]
1918 = 1000 km [800 kg Bomben]

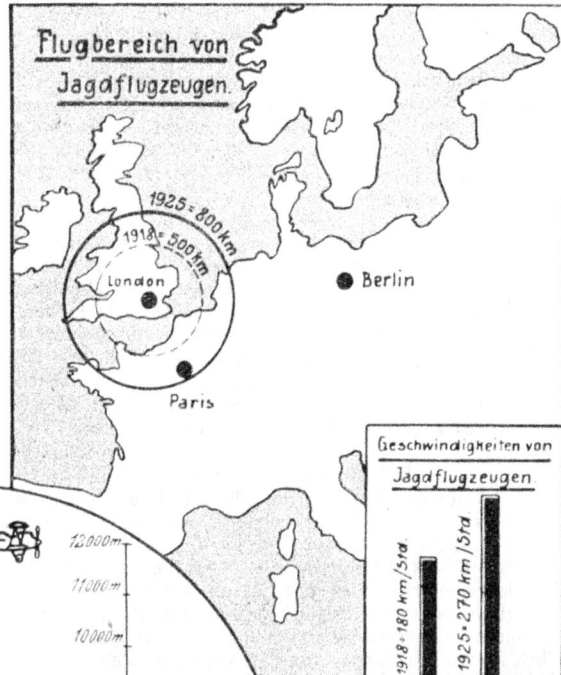

Abbild. 2

Flugbereich von Jagdflugzeugen.

1925 = 800 km
1918 = 500 km
London
Berlin
Paris

Geschwindigkeiten von Jagdflugzeugen
1918 = 180 km/Std.
1925 = 270 km/Std.

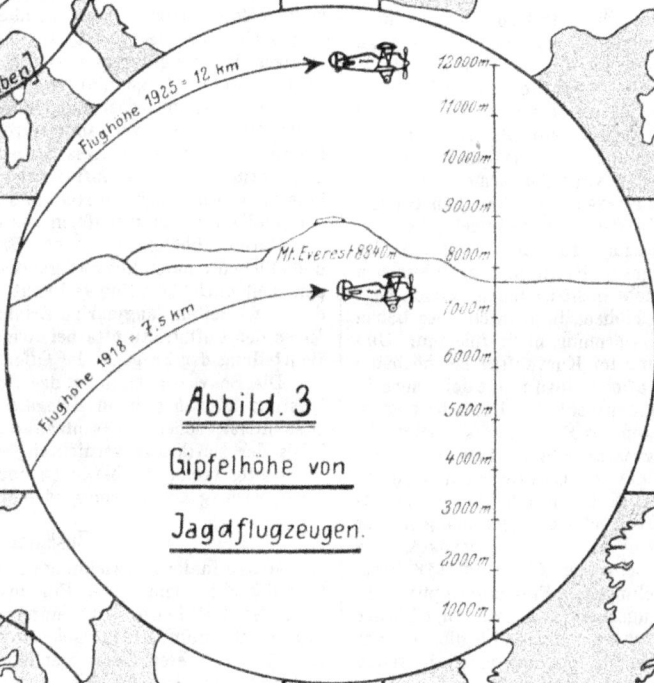

Abbild. 3

Gipfelhöhe von Jagdflugzeugen.

Flughöhe 1925 = 12 km
Mt. Everest 8840 m
Flughöhe 1918 = 7.5 km

12000 m
11000 m
10000 m
9000 m
8000 m
7000 m
6000 m
5000 m
4000 m
3000 m
2000 m
1000 m

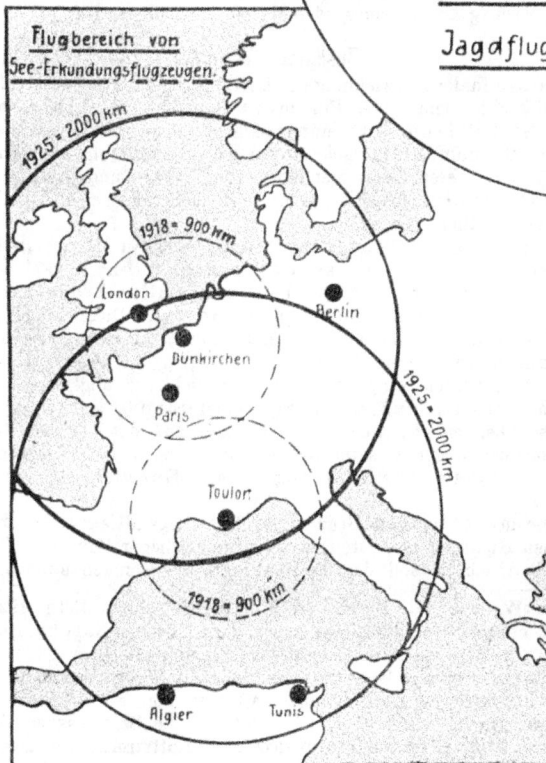

Abbild. 4

Flugbereich von See-Erkundungsflugzeugen.

1925 = 2000 km
1918 = 900 km
London
Berlin
Dunkirchen
Paris
Toulon
1925 = 2000 km
1918 = 900 km
Algier
Tunis

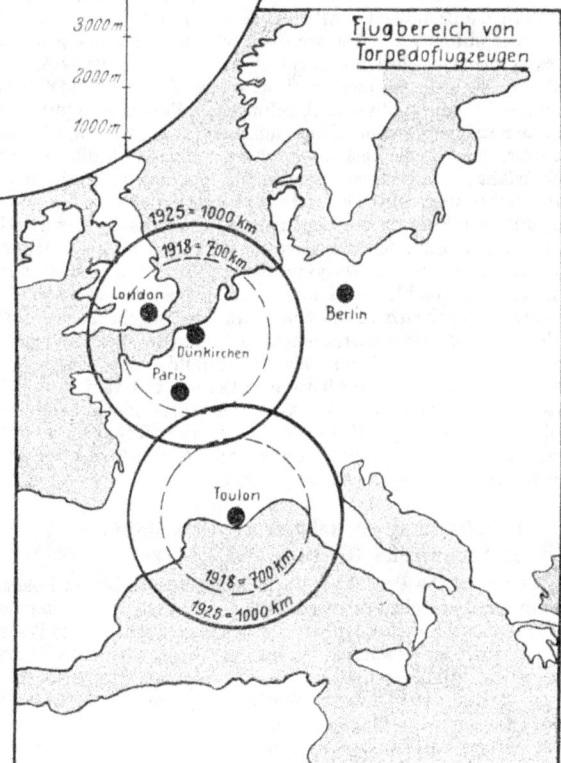

Abbild. 5

Flugbereich von Torpedoflugzeugen

1925 = 1000 km
1918 = 700 km
London
Berlin
Dunkirchen
Paris
Toulon
1918 = 700 km
1925 = 1000 km

18*

Erfahrung kann in der Zukunft die tieferen Möglichkeiten ausschöpfen.

Bomben und Torpedos, Gas und Nebel sind auch im Seekrieg wirkungsvolle Waffen. Die seetaktische und materielle Wirkung dieser Kampfmittel im Frieden zu bestimmen, ist eine schwere Aufgabe der Gegenwart und Zukunft. Die ohne kluges Maß fliegerischerseits aufgestellten waffentechnischen Utopien über kommende Umwälzungen im Seekrieg sind der Erreichung einer Höchstleistung von Waffenwirkung bei diesen Seekriegsmitteln bisher ebenso abträglich gewesen, wie die gefühlsmäßige innerlich nicht stichhaltige Abwehrstellung großer Teile der Marinen aller Länder gegen den neu eindringenden Gast.

Die Technik der vom Luftfahrzeug auf Land und See gerichteten Waffen ist noch nicht an ihren Grenzen angelangt. Was ehedem als üppige Phantasie erschien, ist heute im drahtlos ferngelenkten Bombenträger in Frankreich und den Vereinigten Staaten zur Wahrheit geworden. Eine Umwälzung im erstarrten Aufbau des Luftfahrzeugs der Gegenwart und seines Antriebs würde sofort auch auf die gesamte Flugwaffentechnik revolutionierend wirken. Schon um des Waffenwesens willen darf hier kein Mittel unversucht bleiben. Wird sich die heutige Zeit dem Vorbilde eines Lilienthal, Zeppelin und der Gebrüder Wright hierin würdig erweisen?

3. Vom „Fliegen" selbst.

Bisher ist nur die Materie, das Flugmittel zur Beherrschung des Luftraums mit seinen Waffen behandelt worden. Ihr gleich an praktischer Bedeutung und überlegen an innerer Wirksamkeit für den Gesamtfortschritt ist das Physisch-Psychische des Fliegens.

Wie klein und primitiv ist unser Können hierin noch geblieben! Noch hängt die wertvolle Flugeinheit in ihrem Gleichgewicht zur Luft, in ihrem Verhalten bei Start und Landung ganz und ausschließlich ab von den Augen, von der Kraft der Arme und Beine, vom Gleichgewichtsgefühl und den Nerven des schwachen Steuermannes. Noch ist bei den Mängeln der Antriebsmittel (Motoren) die Betriebssicherheit der Luftfahrzeuge zu Lande und zur See begrenzt; von den Gefahren des Fluges im Nebel, über geschlossenen Wolkendecken und bei lichtloser Nacht nicht zu reden. Schon liegt die Gipfelhöhe der Flugeinheiten in Höhen, die menschliches Leben nur in künstlicher Atmung und Erwärmung noch zulassen. Und die Gewalt der Massenbeschleunigung im Kurvenflug bei höchsten Geschwindigkeiten modernster Kampfmaschinen raubt dem menschlichen Organismus die Kraft, den Körper psychisch voll zu beherrschen. Das Bewußtsein wird durch Störungen des Blutumlaufs geschwächt oder unterbrochen. Die mit der Fluggeschwindigkeit fast unabwendbar gesteigerten Landegeschwindigkeiten beanspruchen menschliches Können aufs äußerste. All diese Lasten muß heute der menschliche Körper auf sich nehmen, wo die Technik infolge mangelhafter Förderung mechanischer Steuermittel noch kläglich versagt. Die furchtbaren Verluste der London-Geschwaders 1917 und 1918 durch Todesstürze bei der Landung nach gelungenem Flug infolge physisch-psychischer Erschöpfung der Flugzeugführer ist noch in aller Flieger Gedächtnis. Hier ist die Technik durch den Stillstand jeglicher neuer Betriebserfahrung mit der wachsenden Erschwerung der fliegerischen Aufgabe selbst insgesamt also zurückgeschritten!

Es gilt, den Flug im großen Ausmaß zu mechanisieren, die Betriebssicherheit der Flugzeuge auf ein Vielfaches zu steigern und die gesamte schon heute verwickelte Technik der künstlichen Navigation in Nacht, Nebel und über Wolken zu höchster Zuverlässigkeit durchzubilden. Nur so wird der ungeheure Personalverschleiß in erträglichen Grenzen zu halten sein. Die taktische Leistungssteigerung wird nur ein Spiegelbild, eine Folge des vorausgegangenen technischen Fortschritts sein.

Stets ist für die Entwicklung des Luftkrieges wie beim Seekrieg die Technik des Kriegsmittels das Bresche schlagende, die Taktik und Operation das hierauf Fortbauende gewesen. — Nicht umgekehrt.

4. Luftrüstung im Rahmen der Gesamtrüstung.
a) Technische Rüstung des Luftkrieges.

Jedes technische Produkt stellt in seiner konstruktiven Lösung ein Kompromiß zwischen den verschiedenen in- und gegeneinander laufenden inneren Zweckgedanken und den Eigenschaften des Werkstoffes dar. In der gewählten Ausführungsform sollen die Nachteile in einem Mindestverhältnis gegenüber einem Höchstmaß an Vorteilen stehen. Mit anderen Worten: Bestmögliche Gesamtleistung. So auch im Flugzeugbau.

Das Kriegsflugzeug muß neben fliegerischer und militärischer Leistung auch fabrikatorischen Erwägungen gerecht

werden. Die Rohstoffbeschaffungsfrage ist hier von der gleichen auf die Konstruktion rückwirkenden Bedeutung wie die Forderung auf Erleichterung der Massenfabrikation und auf äußerste Herabsetzung der Herstellungskosten. Der Flugmotorenbau muß seine Konstruktion neben der lufttaktischen und fliegerisch-technischen Grundforderung den allenthalben verschiedenen Bedingungen der Brennstoffversorgung anpassen. Die Bordwaffen werden, solange dies durch die Art der Ausstattung möglich ist, im Interesse des leichten Nachschubes dem Munitionsnachschub von Heer und Marine anzuschließen sein.

Die tiefen Rückwirkungen solcher für den Kriegsfall entscheidend wichtigen Betrachtungen einer durchdachten Kriegsvorbereitung sind in wenigen Zeilen nicht zu schildern. Nur in engsten Wechselbeziehungen zum praktischen Arbeiten des Konstrukteurs und zur Betriebserfahrung des Fliegers kann hier derjenige höchstmögliche Wirkungsgrad erreicht werden, der eingangs für jede hochwertige Konstruktion gefordert wurde. Man kann nicht ein Rad aus diesem Uhrwerk nehmen, kann nicht natürlichen Wechselbeziehungen organisatorisch Zwang antun.

b) Personelle Rüstung des Luftkriegs.

Ihre Bedeutung wird von den Angehörigen der Armeen und Marinen völlig verkannt. Der ungeheure Personalverschleiß der Luftstreitkräfte lediglich durch den Flugdienst, auch ohne feindliche Einwirkung steht schon rein zahlenmäßig in keinem Verhältnis zu dem Ersatzbedarf auf Land und See. Man rechnet im Ausland mit 20 000 Gold-Fr. Gesamtkosten für einmalige Ausbildung eines einzigen Flugzeugführers und für Erhaltung seiner Flugerfahrung über 3 Jahre (Ausbildungskosten ausschließlich Unterhalt). Da beim Wert moderner Flugeinheiten nur erstklassiges, schwer zu findendes Personal verwandt werden kann, steigen die Schwierigkeiten des Personalersatzes auch qualitativ. Bei den Armeen und Marinen aller eine Luftmacht besitzenden Länder wird die Stellung dieser Luftmacht zu Heer und Flotte immer mit größter Selbstverständlichkeit ausschließlich von den Bedürfnissen der Armee und der Marine abhängig gemacht. Es ist nicht böser Wille, daß die unendlichen inneren Schwierigkeiten der Luftmacht selbst schon auf personellem Gebiet völlig verkannt werden. Die mangelnde Kenntnis des verwickelten, langjährige Erfahrung voraussetzenden Aufgabenfeldes der Luftstreitkräfte bei Armee und Marine ist der gerechten Beurteilung der Frage in der Öffentlichkeit aber schädlich[1]).

Die Schwierigkeiten in der Aufrechterhaltung der personellen Rüstung können sich im Kriege schon beim Eintreten technischer oder lufttaktischer Rückschläge in kürzester Frist zu einer Gesamtkrisis der Luftkriegs verdichten. All diese verwickelten Faktoren rechtzeitig voraus zu bewerten und in Maßnahmen zu berücksichtigen, vermag keine Armee oder Marine aus sich heraus.

5. Zusammenfassung.

Mitten in der Entwicklung des Luftfahrzeugs und seiner Waffen fand der Krieg sein Ende. Für uns ist damit die praktische Erfahrung des Luftdienstes jäh unterbrochen. Aber schon das theoretische Studium der Fortschritte im Ausland läßt uns die unzertrennlichen inneren Zusammenhänge von Technik und Lufttaktik, sowie von praktisch fliegerischen und personellen Fragen mit greller Klarheit deutlich erleben.

Die Frage ist zu entscheiden, ob der fliegerische Fortschritt schon in festumrissenen Bahnen verläuft und ob ein inneres Kräfteverhältnis in allen Zweigen des Luftdienstes damit heute gegeben ist. Diese Frage ist grundsätzlicher Art. Sie ist in allererster Linie vom Flieger selbst zu beantworten. Der in den Entwicklungsgang, in Wesensart und Zukunftsaussichten Eingedrungene, technisch wie allgemein-militärisch Geschulte muß die Frage verneinen.

Ist aber ein festumrissener Rahmen auf den verwickelten Fragegebieten der Gesamtluftfahrt heute noch nicht gegeben, dann ist einheitliche Führung dieser Entwicklung vonnöten.

Die militärischen Grundlagen des Kriegsluftfahrwesens bestimmen Richtung und Grenzen solch einheitlicher Führung. Der nächste Abschnitt soll den militärischen Gedanken umreißen.

---

[1]) »Wissen und Wehr« (E. S. Mittler & Sohn), Jahrg. 1925, Heft 2, bringt die preisgekrönte Arbeit des englischen Kapitäns Norman: »Vor- und Nachteile einer besonderen Luftstreitmacht für die Kgl. Marine«. — Auf Seite 110 des Heftes stellt der Verfasser die bemerkenswerte Behauptung auf, daß man (heute!) »in wenigen Monaten fliegen lernen könne«. — Ihm ist die Schwierigkeit des modernen Flugwesens für Masseneinsatz von Luftstreitkräften gewiß nicht aufgegangen!

II. Vom militärischen Wirken des Luftfahrzeugs.

Man kann den Luftkrieg nicht zur näheren Untersuchung in drei Teile zerspalten: Den Krieg über den Armeen, über den Seestreitkräften und den Krieg außerhalb der Operationsgebiete von Heer und Flotte Man würde dem innersten, alle drei Gebiete flüssig verbindenden Wesen des Luftkrieges Gewalt antun. Man würde stets aus dem Irrgarten der Erwägungen zur großen Grundlinie der gemeinsamen Wechselbeziehungen zurückgeleitet werden.

Zunächst seien einzeln die Wesenszüge jedes der drei Gebiete behandelt. Die Brücke der vergleichenden Betrachtung folge diesen Einzeluntersuchungen nach:

1. Vom Luftkrieg über dem Operationsraum des Heeres.

Erkundung und Kampf heißen hier die zwei Aufgabengebiete der Luftstreitkräfte. Die Grenzen beider Gebiete sind teils klar umschrieben, teils verwischt, je nachdem, ob die Erd- und Luftlage die Erkundungsaufgabe selbständig sich auswirken läßt oder nur zur neben dem Kampf einherlaufenden Nebenlösung herabsetzt.

Je stärker der Kampf in der Luft in den Vordergrund tritt, um so mehr macht sich der Zwang geltend, die Erkundungsaufgaben zugunsten der Luft-Kampfziele zu vermindern. Uferlos ist auch heute keines Landes Rüstung. Das Streben um die »Luftherrschaft« führt im Frieden wie im Krieg leicht zu einem Wettlauf in der Steigerung der Fliegerkampfkräfte, insbesondere der Jagdkräfte. Die Einschränkung der Flieger-Erkundungskräfte ist die zwangsläufige Folge. Es gibt hierbei keine technischen und organisatorischen Grenzen für die Vermehrung der Kampfkräfte, es sei denn, daß diese in dem personellen und industriellen Kraft des betreffenden Landes zu finden wären. Die Grenze der Vermehrung der Erkundungskräfte ist in deren operativer und taktischer Wirksamkeit gezogen. Die Erdlage ist für ihre Bemessungen ausschließlich das Ausschlaggebende Derjenige Teil der Fliegerkampfkräfte, der gegen Erdziele wirkt (Bombenträger, Gasflugzeuge, Infanterieflieger) wird wie das Erkundungsflugzeug in gewissem Maße auch von der Erdlage abhängen. Die Grenzen des Bedürfnisses sind bei diesem Teil der Luftkampfkräfte aber dehnbarer, als bei den Erkundungskräften. Das Bedürfnis auf Erhöhung der Waffenwirkung gegen alle erdenklichen Erdziele ist beim Heer außerordentlich, auch fast unbegrenzt. Es kommt hinzu, daß Kampfkräfte, insbesondere Jagdkräfte, mit Hilfe des Luftbildgerätes im Nebensinne sehr wohl Erkundungsaufgaben lösen können, wogegen das Erkundungsflugzeug zum offensiven Luftkampf ungeeignet bleibt.

Die Luftjagd hat trotz offensiver Einzelhandlung defensive Luftkampfziele. Sie bleibt allgemein im Bereich der eigenen Erdwaffen, deren Deckung gegen die Luft sie bezweckt. Die Luftjagd wird nie absolut wirksam. Die Beherrschung des Raumes und der Zeit durch den überraschend angreifenden Gegner — und er kommt stets überraschend — begrenzt ihre Erfolgsmöglichkeit. Um fliegerisch überlegen zu bleiben, können die Jagdflugzeuge, technisch gesehen, die eigenen Bombenkräfte beim Feindflug nicht vollauf decken. Der Flugbereich des Jagdflugzeuges ist zu begrenzt, seine Geschwindigkeit zu groß.

Den Ausgleich gegen diese Leistungsgrenzen der Jagdkräfte geben die Bombenkräfte. Sie sind lufttaktisch defensiv bei offensivem Einsatz gegen die Erde. Wenn sie gegen Flughäfen zum Einsatz kommen, wirken sie mittelbar auch auf die Luftlage ein.

Es liegt ein Wechselspiel zwischen Jagd- und Bombenkräften bei ihrer Einwirkung auf Luft- und Erdlage vor. Eine jede Gattung findet Grenzen ihrer Kraft, welche die Schwestergattung wiederum ergänzen muß. Keine dieser Gattungen kann mit ihrer Kraft in den Himmel wachsen. Es scheint sogar, als solle im Wettlauf um den Erfolg der Bombenkräfte siegen. Ihm steht die Nacht schützend zur Seite, wiewohl er auch tagsüber offensiv verwendbar bleibt. Die Wirksamkeit der Nachtjagd aber bleibt eng begrenzt. Der die Bombenträger schützende Schleier der Nacht nimmt dem Jäger den Vorteil guter Sicht.

a) Die Taktik der Jagdkräfte

kann auf besondere Aufgaben des Luftschutzes eingestellt werden. Die Begleitung der eigenen Bombengeschwader und ihre Aufnahme bei der Rückkehr in den Grenzen des Flugbereiches der Jagdflugzeuge setzt Beherrschung des Luftraumes auf den Grundlagen einer schwierigen Flugdisziplin voraus. Wie groß die Verbände vom Gesichtspunkt geschlossener Führung zur Luftschlacht räumlich werden dürfen, ist theoretisch nicht unbedingt vorauszusagen. Man nimmt im Ausland zurzeit als Äußerstes 2 bis 3 Jagdgeschwader zu je 3 Staffeln (je 15 Flugzeuge), als 90 bis 140 Flugzeuge an. Der

»Bord-zu-Bord-Fernsprecher« (Interairplane-Telephone) wird die Führung der niederen Verbände (Geschwader, Staffeln) aus der Luft künftig erleichtern.

Wenn die Jagdkräfte den defensiven Luftschutz eines bestimmten Raumes erstreben, so werden sie, unterstützt durch die verschiedensten Meldemittel eines auf der Erde befindlichen Flugmeldedienstes, diesen Abschnitt zeitlich lückenlos zu decken suchen. Wie im Landkrieg werden Teile der Jagdkräfte mit Ablösung die Deckung des ihnen zugewiesenen Raumes in der Luft selbst übernehmen. Ein zweiter Teil wird zum Eingreifen in entstehende Kämpfe abrufbereit am Startplatze warten. Ein dritter Teil steht als Reserve zu unvorhergesehenen Aufgaben zur Verfügung. Die räumliche Ausdehnung des Flugbereiches dieser Gattung führt dazu, sie höchstens den Armeekorps, besser den Armeen selbst unmittelbar zu unterstellen.

Die Möglichkeit mit den Bordwaffen auf den Kampf der Erdtruppen zu wirken, verlockt dazu, das Jagdflugzeug als »Schlachtflugzeug« auf die Brennpunkte des Erdkampfes zu werfen Die Hochwertigkeit des Personals und des Fluggerätes läßt solche Maßnahmen nur in Ausnahmefällen gerechtfertigt erscheinen

Die Schilderung der Jagdaufgaben wäre ohne Berührung der Nacht-Luftjagd unvollständig. Sie ist ein schweres, mühevolles Handwerk. Die Gefährlichkeit des Tagfluges jenseits seiner eigenen Linien wird die Erkundung wie den Bombenwurf des Gegners häufig in die Nacht verlegen. An Gefahrpunkten der eigenen Erdtruppen vor feindlichen Bombenwürfen (Straßen, Verkehrsknotenpunkten usw.) wird das eigene Nacht-Jagdflugzeug seinem Feinde auflauern. Über den Flughäfen feindlicher Bombenkräfte werden andere Nachtjäger auf der Jagd nach heimkehrenden Gegnern warten.

b) Die Taktik der Bombenkräfte

hängt in erster Linie von der Luftlage ab. Der zweite Faktor, der das taktische Verhalten beeinflußt, ist die Wirkungsweise des Bombenwurfs.

Bei taktischem Gleichgewicht zur Luft oder bei Überlegenheit ist der Tagesbombenwurf in geschlossenen Verbänden, vielleicht zeitweilig von eigenen Jagdkräften gedeckt, der Treffgenauigkeit dienlich. Dieses Gleichgewicht zur Luft kann bei eigener Luftunterlegenheit auch durch die Wahl der Flugwege in überraschendem Auftreten gesucht werden. Auch die Ausnutzung der Wetterlage (Wolken, Dunst) stellt hierbei ein taktisches Moment dar, welches auf Erde und See nicht annähernd die gleiche praktische Bedeutung hat. Der Tagesbombenabwurf setzt das Vorhandensein einer Sonderflugzeuggattung voraus.

Der Nachtbombenwurf erfolgt im Einzelflug. Der Kampf mit dem lauernden Nachtjäger des Gegners spielt sich blitzschnell mit höchster Feuermassenwirkung zur Abwehr ab. Der Nachtbombenträger steigt nicht so hoch, wie das Tagbombenflugzeug und ist langsamer; aber er schleppt weit schwerere Bombenlasten.

Die Taktik des Bombenwurfs selbst ist verschieden. Der moralische und der materielle Effekt sind äußerst schwer gegeneinander abzuwägen, und doch bilden beide die ganze Grundlage der Abwurftaktik. Von der äußeren Grenze des Schußbereiches der eigenen Geschütze feindwärts bis zu den Etappenendpunkten reicht das Kampfgebiet der Bombenkräfte des Heeres Vom zerstreuten taktischen Einzelwurf auf Ortschaften, Lager, Verkehrsknotenpunkte in weitgehendster Zerteilung auf Raum und Zeit bis zur dichtesten Zusammenfassung aller Angriffskräfte auf einzelne operative Ziele liegen tausend Möglichkeiten. Im Zusammenhang mit den Zielen der Erdkriegführung in Zeiten kritischer Kampfhandlung wird sich stärkste Zusammenfassung zur Erreichung materiellen Erfolges ablösen mit einer »Zermürbungstaktik« eines auf- und abflackernden Bombenwurfs in zersetzender moralischer Wirkung. Es gibt für den Führer solcher Kampftruppen kein Schema, es gibt nur Gefühl für die taktische und technische Möglichkeit.

Die gegnerischen Flughäfen werden ein heißbegehrtes Ziel der eigenen Bombenkräfte sein. Die Schwierigkeiten des Findens und Treffens aber verhüten rechtzeitig ein absolutes Festbeißen der beiderseitigen Bombenkräfte am jenseitigen Gegner. Es ist noch viel Raum zur Betätigung an anderen gleichwichtigen Zielen!

Daß auch die Tagbombenkräfte zum Eingreifen an Brennpunkten des Erdkampfes im »Schlachtflug« in Frage kommen, sei nur nebenbei erwähnt. Die Erfolgsaussicht muß hierbei den hohen Einsatz lohnen!

Tag- und Nachtbombenwurf sind taktisch eine Einheit. Sie ergänzen sich und müssen nach der Art ihres Einsatzes im wechselseitigen Zusammenhange gehalten werden.

Wo die Grenze der wirksamen Massierung des Bombenwurfes liegt, kann nur die versuchsweise festgelegte Waffenwirkung lehren,

Wo die Grenzen eines lufttaktischen Zusammenarbeitens der Tagbombenverbände untereinander in gleichzeitigem Einsatz in der Luft feststellbar werden, unterliegt ähnlichen Erwägungen wie beim Einsatz der Jagdkräfte. Regelung des Zeitablaufs und Flugweges wird ähnliche Entwicklungen gestatten, wie bei gleichartigen Bewegungen der Flotte.

Die Anwendung des Gasabwurfs aus Flugzeugen ist eine noch häßlichere Spielart des Bombenwurfs. Wie stets beim Gas ist hier die Überraschung besonders wirksam. Das im Ausland ausgebildete Gasspritz-Verfahren hat wohl mehr defensiven Sinn. Die Notwendigkeit, dicht über dem Boden zu fliegen, bestimmt die Grenzen seiner taktischen Anwendbarkeit. Zur Sperrung unbesetzter Gebietsteile, zur Vertiefung vorhandener natürlicher Hindernisse könnte dieses Verfahren bei genügender technischer Durchbildung Bedeutung erlangen.

c) Heeresflugzeuge als Verbindungsmittel.

Die allgemeine Motorisierung moderner Armeen hat auch das Flugzeug in weiterem Ausmaß in ihren Dienst gestellt. Verbindungsflugzeuge aller Größen, besonders aber Truppentransportflugzeuge sind erwähnenswert. Die nachhaltigsten Erfolgsaussichten von Überraschungsmanövern, namentlich am Kriegsbeginn, sind keineswegs von der Hand zu weisen. Alle Luftgroßmächte entwickeln Sondertypen für solche Zwecke. Der Luftschutz wird einen schweren Stand gegen solche hochwertigen Gegner haben.

d) Zusammenfassung.

Die Fliegerkampfkräfte des Heeres übertreffen die Erkundungskräfte lufttaktisch an Bedeutung. Der Kampf um die Luftherrschaft, die Grundlage jeden Handelns zur Luft, kommt in erster Linie der Förderung der Kampfkräfte zugute.

Ob in den Fliegerkampfkräften die Jagdkräfte oder die Bombenkräfte lufttaktisch an Bedeutung überwiegen, hängt von wechselnden Umständen ab. Die Bombenkräfte haben allein Tag und Nacht für sich und beherrschen als der offensive Teil durch die Entschlußfreiheit das Feld.

Erdtaktisch muß ein gewisses Gleichgewicht in der Luftlage verlangt werden. Diese Forderung bestimmt den Mindestumfang der Jagdkräfte und macht die Lösung dieser Aufgabe zugleich zur ersten Pflicht der ganzen Luftrüstung.

Die im Gegensatz zur örtlichen Gebundenheit der Verbände des Heeres stehende äußerste Beweglichkeit der Armee-Luftstreitkräfte läßt schnellste Verlegung des Schwerpunktes der Luftoperationen durch Verlegung der Fliegerverbände auf dem Luftwege zu. Mit dieser Tatsache gewinnen die Luftstreitkräfte, und zwar vorzüglich die Fliegerkampfkräfte, bei ausreichender Stärke unmittelbar operative Bedeutung. Dem Angreifer wird diese Beweglichkeit zu einem Mittel, die Luftüberlegenheit beim Beginn des Angriffs durch Überraschung sicherzustellen und, seine Erfolgsaussicht im Erdkampf zu erhöhen. Der Verteidiger wird in jedem Falle seine Unterlegenheit auf der Erde durch äußerste Beweglichkeit im operativen wie taktischen Einsatz seiner Kampfkräfte zur Luft auszugleichen suchen. Es wäre ein schwerer Fehler, sich dieser luftoperativen Vorteile durch eine zu starre Bindung der Luftstreitkräfte an Organisation und Einsatz der Erdtruppen zu begeben.

Die Wechselwirkungen innerhalb des Luftkrieges selbst und zwischen Luft- und Erdtaktik verlangen einheitliche Führung der Heeresluftstreitkräfte nach Gesichtspunkten selbständiger Waffengattungen im allgemeinen Organisationsrahmen der Armee.

2. Vom Luftkrieg über dem Operationsraum der Flotten.

Ist die Heeresluftmacht dem Heere selbst in der Beherrschung des Raumes weitaus überlegen, so muß sich die Luftmacht den Flotten gegenüber hierin geschlagen bekennen. Wohl übertrifft die Geschwindigkeit des Flugzeugs weitaus die der schnellsten Schiffseinheit. Der Flugbereich aber ist beim heutigen technischen Stande dem »Aktionsradius« des modernen Kriegsschiffs noch nicht gefolgt! Er wird die Größe des Fahrbereichs kleinerer Schiffseinheiten technisch noch erreichen können; doch ist seiner Entwicklung dann zunächst eine Grenze gezogen. Diese technischen Feststellungen ergeben taktisch eine größere Abhängigkeit der Flugeinheiten von Flugstützpunkten oder Hilfsschiffen, als sie für die Schiffseinheiten einer modernen Flotte selbst vorliegt. Der zweite wichtige Gesichtspunkt ist die Seefähigkeit der Flugeinheiten. Wohl ist die Forderung nach Seefähigkeit mit der wachsenden Größe der Flugmittel leichter zu lösen. Ob sie aber je den Bedürfnissen einer unabhängigen Seefahrt über die hohe See nur einigermaßen ent-

sprechen wird, ist ungewiß. Den Bedürfnissen der Nord- und Ostsee, des Mittelmeeres, des Schwarzen und Gelben Meeres und der malaiischen Seegebiete werden die Flugzeuge durch die Größe zum mindesten ihres Flugbereiches auch seemännisch einigermaßen gerecht werden können.

Besteht also für eine größere Reihe von Fällen schon heute die Möglichkeit ganz selbständiger Verwendung schwimmender Flugeinheiten, so tritt als Ersatz beim Fehlen solcher Möglichkeiten die Mitführung von kleinen Flugzeugen an Bord von Schiffen in den Vordergrund. Man hat Flugzeuge entwickelt, die auf kurzen Ablaufbahnen verschiedenster Art zum Starten gebracht werden. Solche Ablaufbahnen wurden auf den Geschütztürmen und Rohren der schwersten Kaliber der Großkampfschiffe errichtet. Auch der künstliche Start durch Abschuß des Bordflugzeugs von einer als »Katapult« bezeichneten schwenkbaren Eisenbrücke gewinnt an praktischer Bedeutung. Die größte Schwierigkeit liegt in der Bergung der einmal in die Luft geschickten Bordflugzeuge. Man hat »Flugzeugträger«, Schiffe mit höchsten Fahrgeschwindigkeiten und großem Rauminhalt, entwickelt, deren Oberdeck eine große zusammenhängende Start- und Landebahn ist, deren untere Decks aber die Flugeinheiten bergen und die seemännische Bewaffnung tragen. Neben der Aufgabe des Sammelns in die Luft gesandter fremder Schiffsflugzeuge führt der Flugzeugträger eigene Fliegerkampfkräfte (Jagd-, Bomben- und Torpedoflugzeuge) mit. Es ist eine einfache technische Tatsache, daß Flugzeuge mit Rad-Landegestell den Schwimmerflugzeugen bei sonst gleichen Leistungen fliegerisch überlegen sind. Nur Flugzeugträger gestatten Verwendung des günstigeren Rad-Landegestells durch ihr Landedeck. Im Kampf um die Luftüberlegenheit in der Seeschlacht wird also die Tonnage der mitgeführten Flugzeugträger mit Landedeck einen ausschlaggebenden Einfluß auf die Gestaltung der Luftlage haben.

Die von der Flotte selbst auf Kampfschiffen und Flugzeugträgern mitgeführten Flugeinheiten bilden den Kern der Luftstreitkräfte in der Seeschlacht. Sehr oft wird aber die geographische Lage des Seekriegsschauplatzes den Einsatz von Luftstreitkräften des Luft-Küstenschutzes in den Kampf der Flotten ermöglichen. Im Weltkrieg hatte die deutsche Marine nur Fliegerkräfte im Küstenschutz und Landkrieg. Auf der Hochseeflotte selbst wurden noch keine Flugeinheiten mitgeführt. Der geringe Flugbereich der damaligen von Küstenstützpunkten operierenden Seeflugzeuge verhinderte ihre volle Ausnutzung bei den Kämpfen in der Nordsee. Nur die in ihrer Verwendbarkeit begrenzten Luftschiffe boten bei den Aufklärungsaufgaben einen gewissen Ersatz für diesen Mangel der Flugwaffe.

Die Gliederung der Marineluftstreitkräfte in Flotten- und Küstenluftkräfte unterliegt in ihrem gegenseitigen Stärkeverhältnis also den verschiedensten Erwägungen. Art und Stärke der Flotte begrenzt die Flotten-Luftstreitkräfte. Räumliche Ausdehnung der Verteidigungsaufgaben des Küstenschutzes einerseits und die Möglichkeiten offensiver Unterstützung der Flottenbewegungen vom Lande aus andererseits bestimmen den Rahmen der Küsten-Luftkräfte. Ob beim Kampf um die Kontrolle der Seewege und beim Schutze des eigenen Handels über See (Handelskrieg), sowie im Minen- und U-Bootkrieg die Luftwaffe sich auf Einheiten der Flotte oder auf Küstenstützpunkte stützen wird, hängt ganz von operativ-taktischen und flugtechnischen Erwägungen ab.

Nur engste Einpassung der Luftkriegsaufgaben in den Aufgabenkreis des Seekriegs unter einheitlicher Führung zur Luft kann hier das zu erstrebende Höchstmaß an Erfolg ergeben.

3. Vom Luftkrieg an den Grenzen zwischen Heer und Flotte.

Im vorstehenden wurde der Küstenschutz als etwas der Wirksamkeit der Flotte Nachgeordnetes behandelt. Er wurde in Voraussetzung einer — wenn auch nur örtlich begrenzten — Beherrschung der See damit der Landkriegsleitung entzogen und der Seekriegsleitung unterstellt.

Beim Fehlen einer Seeherrschaft vor den Küsten des eigenen Landes oder bei Rückschlägen in der Seekriegsführung tritt die Bedeutung der Küstenverteidigung vom Lande und aus der Luft verschärft in den Vordergrund.

Hier ist die Frage zu stellen, wieweit der Küstenschutz vom Land und aus der Luft ohne jede Unterstützung von der See her wirksam werden kann.

Die passive Beobachtung der Küsten vom Lande aus gegen feindliche Landungen erfordert neben großen Kräften ein umfangreiches, weitverzweigtes Nachrichtennetz. Aus der Luft ist die Küstenbewachung dagegen mit geringsten Mitteln außerordentlich wirksam durchzuführen Wetter, an dem nicht geflogen werden kann, ist im allgemeinen auch dem Erfolg feindlicher Landungen ungünstig. Die kurzen Unterbrechungen der Beobachtungsmöglichkeiten durch die Nacht wirken zwar erschwerend, haben jedoch keinen entscheidenden Einfluß. Für wirksame Landungsmanöver wird ein längerer Zeitraum, als ihn die Nacht darstellt, benötigt. Immerhin zwingen diese Grenzen der Wirksamkeit die Luftbeobachtung dazu, ein weitmaschiges Netz von Posten zur Küstenbewachung stehen zu lassen. Die Luftbeobachtung wird gleichwohl hier der ausschlaggebende Teil bleiben.

Die Verteidigung langer Küsten mit Landstreitkräften erfordert selbst bei knappster Bemessung erhebliche Kräfte Diese sind der Entscheidung an anderer Stelle entzogen Solche geographische Verhältnisse fordern den Gegner geradezu heraus, durch Scheinangriffe auf die Küste und sonstige Bedrohungen in kritischen Lagen feindliche Landstreitkräfte an den Küsten zu fesseln, die dann der Hauptentscheidung fehlen.

Ein wertvolles Mittel für den aktiven Küstenschutz ist die »selbständige« Luftstreitmacht. Mit Bomben und Torpedos, vor allem aber mit dem ersteren, bedroht sie die feindlichen Transportschiffe und Lager an der eigenen Küste aus der Luft. Erfolge des Bombenwurfs gegen Handelsdampfer sind beim Fehlen ausreichenden Panzer- und Unterwasserschutzes bei jeder größeren Massierung zu erwarten.

Das Heranführen eigener Reserven der Landstreitkräfte auf dem Luftwege zur ersten Verzögerung des Vormarsches gelandeter Feindkräfte fällt einer besonderen Lufttransportflotte zu An wenigen Knotenpunkten können jetzt die Truppenreserven bereitstehen. Zersplitterung wird vermieden Kräfte werden gespart und dem Heere zur Hauptentscheidung zurückgegeben.

Wem ist die Führung solchen Küstenschutzes zu übertragen, hier, an der Grenze der Wirksamkeit von Land-, See- und Luftkrieg? Demjenigen Teil, dessen Wirksamkeit für die Gesamtmaßnahmen am ausschlaggebendsten ist. Beim Fehlen einer aktiv wirksamen Seemacht und dem Vorhandensein starker Luftmachtmittel gebührt die Führung den Luftstreitkräften, beim Fehlen einer Wirksamkeit von der See und aus der Luft — in letzter Linie also erst — den Landstreitkräften. Die Gesamtkriegsleitung hat zu entscheiden, an welcher Stelle der Schwerpunkt und damit die verantwortliche, alle drei Teilgebiete umfassende Führung liegt

4. Vom Luftkrieg außerhalb der Wirksamkeit des Land- und Seekrieges.

Hier liegt das unbegrenzte Kampfgebiet der Luftstreitmacht. Hier öffnen sich dem Luftangriff, wie im Abschnitt I »Ursachen und Wirkung« technisch dargelegt, in unaufhaltsam wachsendem Maße die bisher so engen Schranken des Krieges zu einer Kampfführung, welche an Grausamkeit alles bisher dagewesene übertrifft. Wir Deutschen haben uns abgewöhnt, an ethische Grenzen der Kriegführung durch internationale Konventionen zu glauben. Die Grausamkeit des vierjährigen Hungerkrieges gegen unser Volk trotz der legalen und ethischen Bindungen der Kriegführenden an die Haager Konvention hat uns den Glauben an das Rittertum der Feinde geraubt. Das scheinbar innerste Naturgesetz des Krieges, das die Anwendung der Gewalt zum Äußersten in wechselseitiger Steigerung umfaßt, hat sich im Weltkrieg als unabweisbar gegen menschliche Voraussicht erwiesen[1].

Alle Gegner rechnen mit einer Überschreitung des durch Konventionen eingeschränkten Luftkrieges im Kriegsfall durch bedingungslose Anwendung der neuen Kriegsgewalt. Es ist notwendig, immer hieran zu denken[2].

Die zu den Aufgaben einer Kriegführung außerhalb der Operationsbereiche von Heer und Flotte einzusetzenden Luftstreitkräfte sind mit den Fliegerkampfkräften von Heer und Marine eng verwandt. Bei der Darstellung der Wirkungsweise der Fliegerkampfkräfte über dem Operationsraum des Heeres (Abschnitt II, 1, a und b) sind Grundlagen der Luftkriegführung in allgemeiner Form gegeben,

[1] Clausewitz »Vom Kriege« 1 Buch, I. Kap, Abschn. 1:
Der Krieg ist ein Akt der Gewalt, und es gibt in der Anwendung derselben keine Grenzen; so gibt jeder dem anderen das Gesetz, es entsteht eine Wechselwirkung, die dem Begriff nach zum Äußersten führen muß. . . . .

[2] »Vor- und Nachteile einer besonderen Luftstreitmacht für die Königliche Marine«. Von Kap z See Norman, Wissen u Wehr 1925, Heft 2, S. 101 u. f.

wie sie auch für dieses neue Anwendungsgebiet des Luftkrieges zutreffen Nur mit einem Unterschied. Der Luftkrieg über dem Operationsraum von Heer und Flotte ist Wechselspiel von Angriff und Abwehr zur Luft und gegen die Erde (See). Der unabhängig von Heer und Flotte räumlich in die Tiefe gegen die Heimat geführte Luftkrieg ist in seinem inneren Sinne nach Angriff. Um seiner weitab von den direkten Zielen des Krieges liegenden Kampfaufgaben willen, wird dieser Teil des Luftkrieges gern der »unabhängige« oder »selbständige« Luftkrieg genannt. Als Teil aller Luftstreitkräfte tragen seine Kampfverbände häufig den Namen »Selbständige Luftstreitkräfte«.

Die Kampfmittel des selbständigen Luftkrieges sind schwerste Bombenträger von größtem Flugbereich, großer Nutzlast, großer Fluggeschwindigkeit und größter Flughöhe. (Französische Bezeichnung: »Avion Grosporteur«, amerikanische Bezeichnung: »Night-Bomber long distance«.) Besondere Begleitflugzeuge dieser Bombenschlepper beim Tagesflugzeug sind kleinere Flugeinheiten von höchster Feuerkraft und mit einer fliegerischen Überlegenheit über die von ihnen zu deckenden Einheiten. Der Fortfall der Bombenlast kommt bei dieser Gattung der Verstärkung der Bordwaffen und — durch Verkleinerung der Flugeinheiten selbst — der Flugleistung zugute.

Die Beziehungen des »selbständigen« Luftkrieges zur Gesamtkriegführung.

Die neue Flugwaffe führt den Krieg an die Quellen heran, aus denen er gespeist wird. Es ist von jeher ein Kriegsgrundsatz gewesen, den Feind an seiner verwundbarsten Seite zu fassen. Bald war es die Behinderung des Personalersatzes, bald die Abschnürung der Zufuhren an Lebens- und Kampfmitteln für die Armeen und Flotten, bald die finanzielle Erschöpfung, die neben dem Schlachtenausgang die Kriegsentscheidung selbst ergaben. — Vom Grade des Ausbaues der Verkehrsmittel hing seit Bestehen der Menschheit das Maß der Beteiligung des Volksganzen an den Handlungen der Streitkräfte ab. Ohne die Heerstraßen ist ebensowenig das römische wie das napoleonische Kaiserreich denkbar. Ohne die Kontrolle der Weltschiffahrt zerfällt die heutige Weltmachtstellung des britischen Empire Im Zeitalter der Technik sind die Verkehrswege aufs höchste durchentwickelt. Die aktive Betätigung der ganzen Nation am Ringen ihrer auf breitester Basis aufgebauten Volksheere ist nach Entwicklung der modernen Kriegstechnik auf der Brücke über eine ungeheure Zahl von Front und Heimat verbindenden Verkehrsmitteln erst neuerdings möglich geworden. Die Zeiten Roms in den Punischen Kriegen scheinen wieder aufzuerstehen, wo der einzelne Bürger vom Bestand des Staates das eigene Leben abhängen sah — wo jeder einzelne ausnahmslos am Kampf sein Teil zu tragen hatte Äußerlich unbekämpft, aber hinter kaum zerreißbaren Wällen kämpfender Heere und Flotten gedeckt, ging diese Militarisierung des Volksganzen bislang vor sich. Die Luftwaffe ist es nunmehr, welche künftig der geringen Beweglichkeit kämpfender Heere zum Trotz blitzschnell den modernen, neuartigen Krieg in seiner ganzen Tiefe bis auf die untersten industriellen, politischen und moralischen Quellen der Kraft aufzurollen gestattet.

Wahrlich ein Kampfmittel von fundamentalster, urwüchsigster Kraftleistung, aber von ganz anderer Wesensart als seine beiden Schwesternwaffen auf Land und See! Es lohnt sich, seine Züge zu kennzeichnen ·

Die Flugzeuge dieses »selbständigen« Luftkrieges stellen technische Höchstleistungen dar, die über Land wie See gleichmäßig wirksam gemacht werden können. Personell und technisch entsprechen sie diesem doppelten Erfordernis. Als an den äußersten technischen Möglichkeiten liegende Konstruktionen sind diese Flugzeugarten bei hinreichendem taktischen Schutze auch zum Eingreifen in Kampfhandlungen des Heeres und — in bedingtem Maße — der Flotte wohl geeignet. Der Nachdruck der Betätigung liegt bei der Hochwertigkeit des Fluggerätes jedoch auf den Aufgaben des Kampfes ins feindliche Heimatland. Der dreifache Verwendungszweck — Land-, See-, selbständiger Luftkrieg — hebt die Bedeutung dieser Sonderwaffe der Luft und rechtfertigt den Einsatz größter Mittel auf ihre Entwicklung.

Ihre Hauptwaffen sind Bomben- und Gasabwurf sowie die Propaganda mit Flugschriften. Nachfolgend seien einige Kampfziele angegeben ·

»Selbständiger« Luftkrieg:

Berg- und Hüttenwerke,
Zentren der feindlichen Rüstungsindustrien,

Knotenpunkte der Kraftversorgung (Elektrizitätswerke, Kriegs-
rohstofferzeugung),

Einfuhrhäfen,

Verkehrszentren,

Politische Zentren,

Zentren des Personalnachschubes von Armee und Marine,

Zentren des Waffen- und Gerätenachschubs von Armee und
Marine.

Luftoperationen zur Unterstützung des Landkrieges:

Sperrung operativ wichtiger Verkehrsknotenpunkte des Bahn-
und Straßenverkehrs im Bombenwurf,

Sperrung operativ wichtiger Abschnitte durch Gasabwurf bei
geringer feindlicher Luftabwehr,

Bekämpfung sehr starker feindlicher Truppenmassierungen im
Bomben- und Gasbombenwurf,

Verschiebung von Reserven des Heeres im kleinen Rahmen,
etwa im Küstenschutz, mit Flugzeugen,

Überraschungsmanöver im Rücken des Gegners an unverteidigten Stellen.

Luftoperationen zur Unterstützung des Seekrieges:

Zusammenwirken mit der Flotte bei Verteidigung der Küsten-
gewässer,

Übernahme von gewissen Aufgaben der Flotte, z. B. durch
vorübergehendes Freimachen von im Küstenschutz gebundenen Seestreitkräften für andere Aufgaben des
Seekrieges,

Unter günstigen Umständen Teilnahme an Kampfhandlungen
der Flotte.

Selbständige Angriffe auf feindliche Flottenstützpunkte, auf
Geleitzüge usw. im Rahmen der Seekriegsführung.

Der »selbständige« Luftkrieg ins feindliche unbesetzte Hinter-
land läßt den damit betrauten »selbständigen« Luftstreitkräften
in der Ausnützung lufttaktischer Hilfsmittel zur Verschleierung ihrer
Bewegungen den weitesten Spielraum. Die mit dem Land- und Seekrieg verbundenen Ziele der »selbständigen« Luftstreitkräfte vermindern diese Beweglichkeit im lufttaktischen Verhalten dagegen.
Sie erfordern lufttaktisch sehr viel vorsichtigeres Auftreten angesichts der sich hierbei außerordentlich verschärfenden feindlichen
Luftabwehr. Dieser Teil des Anwendungsgebietes »selbständiger«
Luftstreitkräfte wird sich daher auf krisenhafte Zeitpunkte der Land-
und Seekriegslage beschränken, um die hochwertige, schwer ersetz-
bare Waffe nicht frühzeitig stumpf zu machen. In solchen kritischen
Zeitpunkten wird es dringlich werden, womöglich den taktischen
Schutz der Nacht oder der Witterung (Wolken) zum Fluge besonders
auszunutzen.

Außerordentlich schwierig ist die richtige Einschätzung der
Wirkung des »selbständigen« Luftkrieges ins feindliche Heimatgebiet. Von dieser inneren Bewertung hängt aber schließlich der
ganze Einsatz und, mittelbar, sogar die Technik des Luftfahrzeugbaues selbst ab. Es liegen Angaben aus England und Frankreich vor,
die schon aus der veralteten Kriegserfahrung heraus mit ihrer
geringwertigen Flug- und Waffentechnik den moralischen Erfolg zweifelsfrei sichtbar werden lassen. An operativen Wirkungen großen Stils ist neben der Vernichtung einzelner hochbedeu-
tender Munitionslager die Verlegung der englischen Ausladebasis von
Dünkirchen nach Calais und die unverhältnismäßig große Zahl
der zur Luftabwehr gebundenen Kräfte (in London 30 000 Mann)
bekannt geworden. Bei allem Für und Wider muß, trotz der Unsicherheit in ihrer inneren Bewertung, der neuen Waffe für europäische Verhältnisse eine außerordentliche Bedeutung zu-
gesprochen werden. Die neue Waffe wird viele Kampfmittel des
Land- und Seekrieges an Wirkung übertreffen und wird sich in stei-
gendem Maße daher ihr Betätigungsfeld selbst erobern.

Es ist heute an der Zeit, das innere Leistungsverhältnis zwischen
den bisherigen Kriegsmitteln mit dieser neuen Waffe ernstlich gegeneinander abzuwägen. Das gilt sowohl für Untersuchungen innerhalb
der Luftwaffe selbst (Landluftkrieg, Luftkrieg über See im Vergleich
zum neuen »selbständigen« Luftkrieg), als zwischen dem Luftkrieg
einerseits und Land- wie Seekrieg andererseits. Nie werden die
letzteren Gebiete des Kampfes von der Luftwaffe verdrängt werden.
Das Wesen des Luftkrieges gestattet selbständig keine Ausmünzung
des militärischen Erfolges. Im Rahmen der Gesamtrüstung
werden sich jedoch Wandlungen vollziehen, die dem Luftkrieg und
hierbei vorzüglich dem »selbständigen« anteilmäßig einen wachsenden Einfluß zuweisen.

Zurück zur »selbständigen« Luftstreitmacht. Man wird seitens
des Heeres und der Marine selbstverständlich unterstellen, daß die

vorbezeichneten Land — wie See gleichmäßig umspannenden Aufgabengebiete von Sonder-Land- wie Seeluftstreitkräften getrennt
zu lösen seien. Die Armee erklärt das Heimatgebiet des feindlichen
Landes rückwärts und seitwärts der Operations- und Etappen-
gebiete als ureigenes Revier. Die Marine wiederum lehnt den Flug
von Landflugzeugen über See mangels ausreichender Betriebssicherheit der Flugzeuge und hinreichender seemännischer Erfahrung
des Personals immer ab. Beide Auffassungen sind nicht ernstlich
stichhaltig. Die Land- wie Seerüstung läuft im weiteren Heimatgebiet des Feindes ineinander über. Gerade die Abwägung der
beiderseitigen Gebiete im Rahmen der Gesamtkriegsführung kann
niemals getrennter Entscheidung überlassen bleiben. Das Ziel
dieses in weite Fernen reichenden Kampfes kann nur von der Gesamtkriegsleitung festgelegt werden. Ihr ist die »selbständige« Luftstreitmacht operativ daher zu unterstellen. Die Gesamtkriegsleitung wird sich zu entscheiden haben,
an welchen Schauplätzen der Schwerpunkt des selbständigen
Luftkrieges jeweils liegt. Was die technische Seite des Problems
anlangt, so wird die selbständige Luftstreitmacht Typen verwenden,
deren Betriebssicherheit durch Unterteilen des Triebwerkes auf ein
Höchstmaß gesteigert ist und die damit See wie Land gleichmäßig
sicher überqueren können. Bei Fortentwicklung der Flugeinheitsgrößen nähern sich die Landflugzeuge ihrer Gestalt nach außerordentlich den Seeflugzeugen. Die Schwierigkeit des Landens
größter Riesenflugzeuge auf festem Boden drängt die technische
Entwicklung sogar immer mehr auf den Bau von Wasser-Riesen-
maschinen. Der Start solcher Flugzeuge würde an Seen, Flüssen
und an der Küste erfolgen. Der Wirkungsbereich der riesigen
Kampfmittel wird Land wie See gleichmäßig wirksam umfassen. Daß
die navigatorischen Schwierigkeiten des Fluges über Land mit
solchen Einheiten den Schwierigkeiten über See zum mindesten
künftig gleich werden, steht fest. Dem Mangel an seemännischen-
navigatorischen Kenntnissen kann in der Ausbildung begegnet
werden.

All diese doch überwindbaren Schwierigkeiten
werden voll aufgewogen durch die außerordentliche
Kräfteersparnis beim Einsatz einer geschlossenen
»selbständigen« Luftstreitmacht in einheitlicher Wirk-
samkeit über Land und See! Der Wirkungsgrad der neuen
Waffe wird bei wechselnder stets aber einheitlicher Führung um ein
Vielfaches erhöht. Das Gesamtziel der Kriegführung bleibt der
Leitstern. Rivalisierende Untereinflüsse werden auf organisatorischem
Wege niedergehalten.

Unser Auge schweift in die Zukunft: Außerhalb der Operationsgebiete des Land- und Seekrieges, abseits von den Hauptstraßen des
militärischen und maritimen Verkehrs liegen weitverteilt die Kampfverbände des »selbständigen« Luftkrieges. In kleinen Winkeln
an der Küste die Seeflugzeuge, in stillen ländlichen Gegenden die
Landflugzeuge. Drahtlos erfolgen die Anordnungen zum Einsatz;
ein unsichtbarer Wille führt sie an ihr Ziel. Sie sind der Haß ihrer
Feinde. Aus Menschenkraft geschaffene Maschinen beherrschen den
Raum und die Zeit. Das alte Europa ist zu klein für den Kampf
der Technik gegen sich selbst. Die engen Grenzen der »Staaten«
fallen gegenüber solcher Macht. Für einige hundert Millionen Mark
ist solche Rüstung von Hunderten riesigster Kampfmaschinen zu
schaffen. Was wiegt dieser Betrag beispielsweise gegenüber den
hohen Kosten und der geringen Wirkung einer nicht vollwertigen
Flotte[1]?

Die Luftmacht kann nur in Fernen wirken, ihrem innersten
Wesen nach außerstande, den Erfolg selbst festzuhalten. Sie über-
läßt es ihren älteren Schwestern, den letzten Ausschlag zu geben und
den Sieg äußerlich allein einzuheimsen. Der Kampf aus der Luft
ist wie der Kampf in der Natur und im menschlichen Geistesleben:
Eine Kette von Einzelhandlungen, die ein Geschehen an das andere
reihen, um dann den Boden für Nachkommende zu bereiten, welche
in geschlossenem Ansturm der Umwälzung bringen. In dieser Erkenntnis wehrt sich das Herz des Fliegers mit Leidenschaft dagegen,
das innerste Wesen seines Elements so völlig verkannt zu sehen.
Der klägliche technische Stand von Kriegsende wird in allen Ländern
bei Heer und Marine zur Grundlage oberflächlicher Betrachtungen
gemacht. Das innerste Wesen der werdenden Luftmacht, ihre
schweren inneren Hemmungen, die in der Tiefe schlummernden Werte
werden in unbewußter Eigenliebe von den Führern einer alternden
militärischen Zeit im Keimen schon zum Ersticken gebracht. Wenn
die Flammen des Krieges einst aus der ascheüberlagerten Glut irgendwo in der Welt wieder herausflackern werden, dann wird der Schrei

---

[1] Solche Gedanken mögen die Luftrüstung und ihr Verhältnis
zur Land- und Seerüstung bei manchen Großmächten beherrschen.

nach der »selbständigen« Luftwaffe anheben. Die großen Militärmächte werden diese Sonderstreitkräfte schon besitzen und sie dann blitzschnell noch vermehren. Die kleinen Mächte aber liegen am Boden, durch den Druck der neuen Kriegsmittel von den Großen schon ohne Waffenentscheidung politisch bezwungen, den zufälligen Entwicklungen einer schrecklichen menschlichen Leidenschaft bedingungslos preisgegeben. Daran müssen gerade wir Deutsche denken, ein großes Volk von 60 Millionen mit überall offenen unverteidigten Grenzen und Küsten, schutzlos zur Luft, ein »Staat« dem Namen nach, in Wahrheit nur eine »Kolonie« weißer Rasse.

Wir versagen es uns, auf die tieferen Wesensunterschiede der Taktik und Operationen des Luftkrieges dem Land- und Seekrieg gegenüber einzugehen. Es sind im Ausland einige gute Arbeiten hierüber vorhanden. Der zur Abstraktion neigenden Militärwissenschaft der Nachkriegszeit liegen diese unverbindlichen, wenig verpflichtenden Betrachtungen ja wesentlich näher als die praktische, voller Kritik unterliegende Gegenwartsaufgabe in Technik, Ausbildung und Organisation. Eins sei bei dieser Gelegenheit wie schon im Abschnitt I herausgehoben: Nur ganz wenige Grunderfahrungen des Luftkrieges haben bleibenden Wert. Die meisten »Grundlagen«, namentlich im Taktischen, sind im steten Fluß. Armee und Marine haben die schwere Pflicht, hier einem sehr ernsten neuen Betätigungsfelde der Kriegskunst laufend zu folgen!

* * *

III. Zusammenfassende Schlußfolgerungen für die Regelung der Dienstverhältnisse der »Luftstreitmacht« gegenüber Heer und Flotte.

1. Technik des Luftfahrzeugs.

Die technische Entwicklung der ganzen Luftwaffe ist ein Labyrinth wechselseitiger Bedingtheiten. Das Element der Luft gibt dieser Technik Grundbedingungen und Lebensinhalt. Alle Erfahrungen der Waffentechnik auf Land und See sind nur bedingt anwendbar. Die treibende Kraft der gesamten Luftfahrzeug-Technik muß also bei der Luftwaffe selbst liegen. Haupt- wie Nebengebiete dieser Luft-Technik sind also vom Heeres- und Seekriegswesen abzulösen und einer freien Entwicklung in der Luft selbst zu überantworten.

Die Luftfahrt beim Heere, bei der Marine und bei den »selbständigen« Luftstreitkräften ist untereinander technisch eng verwandt. Die gemeinsamen ersten technischen Grundlagen der drei Teilgebiete sind zusammengefaßt, die besonderen technischen Aufgaben gesondert, aber organisatorisch vereint fortzuentwickeln. Rivalitäten sind von der gemeinsamen Spitze niederzuhalten.

Diese vorbezeichnete Gliederung bezieht sich sowohl auf das Versuchswesen, wie auf das Beschaffungswesen.

In dieser technischen Zusammenfassung liegt der größte Wirkungsgrad der Gesamtarbeit; in der Ablösung der Luftfahrttechnik von der Technik bei Armee und Marine die Befreiung von nur bindenden, nicht fördernden Schranken.

2. Personal der Kriegsluftfahrt.

Die Grundaufgaben der Ausbildung des Flugpersonals sind drei Teilgebieten der Luftfahrt (Heeres-, Marine-, selbständige Luftstreitkräfte) gemeinsam. Die erste Ausbildung liegt also in einer Hand.

Sonderschulen der drei Teilgebiete der Luftmacht (Armee-Luftfahrerschulen, Marine-Luftfahrerschulen, Schulen für die selbständigen Luftstreitkräfte) vertiefen später das Wissen des Personals auf seine Einzelaufgaben. Austausch erweitert das gegenseitige Verständnis. Der Bedarf an fliegendem Personal wird von Heer und Marine und aus der Luftmacht selbst gestellt. Die Ausbildung für den Land- und Seekrieg erfolgt in Anlehnung an die Armee bzw. Marine. Für die Dauer der Angehörigkeit zur Luftwaffe ist die Angehörigkeit zu Armee und Marine unterbrochen. Vorteile für die Luftfahrer sichern Zustrom von Freiwilligen. Beim Bedarf erfolgt Rücktritt des Personals zur Stammwaffe.

Das gesamte militärische Hilfspersonal und Werkspersonal ist fester eigener Stamm der Luftmacht außerhalb von Armee und Marine. Armee und Marine stellen feste Kontingente besonderen militärischen Fachpersonals. Die Kontingentierung richtet sich nach dem Stärkeverhältnis der Streitkräfte an Land und See und nach den Zukunftsaufgaben des Luftkrieges. Die Luftmacht ergänzt diese Kaders weiterhin durch Einstellung und Ausbildung besonderen Luftfahrt-Fachpersonals. Auch hier ist späterer Austausch im Bedarfsfall innerhalb der Gesamtluftfahrt möglich.

Die Unterstellungsverhältnisse des Luftfahrerpersonals bei der Armee sind disziplinar entsprechend den bei einer selbständigen Waffengattung vorliegenden Grundsätzen geregelt. Die obere Spitze läuft außerhalb der Befugnisse der Armee zum Führer der Luftmacht. Die Verhältnisse liegen bei der Marine gleichlaufend.

Die »selbständigen« Luftstreitkräfte sind auch personell voll unabhängig. Ihre obere Spitze mündet in gleicher Weise in die Dienststelle des Führers der Luftmacht.

Nur ein unabhängiges Luftfahrerkorps kann auf den höchsten Stand gleichmäßiger fliegerischer Höhe gebracht werden. Nur ein einheitliches Fliegerkorps entgeht den Gefahren der schnellen Überalterung und inneren Stagnation. Die Leistungsfähigkeit des Personals in der Luft ist das Voranzustellende. Die militärische Wirkungsfähigkeit gegen Land und See schließt hieran an, nicht umgekehrt. Ohne eine gewisse »Luftherrschaft« keine Wirksamkeit aus der Luft gegen Land und See.

3. Äußere militärische Organisation der Luftmacht.

Unter einer gemeinsamen Spitze entwickeln sich bei Großmächten selbständig nebeneinander die Armee-Luftstreitkräfte, die Marine-Luftstreitkräfte, die »selbständigen« Luftstreitkräfte, miteinander eng verbunden durch die gemeinsame Grundlage der fliegerischen, luftoperativen und lufttaktischen Ausbildung, sowie durch den allen drei Gebieten gemeinsamen Teil des technischen Dienstes.

a) Die Armee-Luftstreitkräfte.

Im Aufgabenkreis einer selbständigen Waffengattung des Heeres sind ihre Verbände in den großen Rahmen der allgemeinen Truppengliederung straff eingefügt.

Der auf ausschließlich erdtaktischen Gebieten arbeitende Teil der Armee-Luftstreitkräfte wird den kleineren gemischten Verbänden des Heeres (Divisonen, Armeekorps) angegliedert.

Das Wesen des Jagd- und Bombenkrieges bei den Armee-Luftstreitkräften liegt infolge seiner räumlichen Ausdehnung und weiterer Ziele mehr im Operativen. Die Angliederung der hiermit betrauten Verbände an die selbständigen Armee-Truppen, Heeresgruppen- und O. H. L.-Reserven unter besonderen Fliegerstäben zur Regelung des Gefechtseinsatzes ist hiernach gegeben.

Die Nachschubstellen des Feldflugwesens in Front, Etappe und Heimat bedürfen viel weitgehenderer Selbständigkeit gegenüber der Gesamtleitung des Heeresnachschubs als die der anderen Waffengattungen des Heeres. Nur bei völliger dienstlicher Unterstellung jeder Fliegernachschubstelle (Parks, Personal- und Geräteinspektionen) unter die entsprechende Felddienststelle wird der taktisch unumgängliche Einfluß der Truppe auf die Verwaltung und Durchbildung ihrer Nachschubmittel bewahrt.

Der Dienstweg der Armeeluftstreitkräfte besteht in einem erdtaktischen Unterstellungsverhältnis zur zuständigen Truppenkommandostelle und einem lufttaktischen technischen und personellen Waffendienstweg innerhalb der Luftmacht. Auf diesen Einfluß der Waffenvorgesetzten kann nicht voll verzichtet werden. Die Sonderforderungen der neuen Waffe personell wie technisch und der eigene unmittelbare Aufgabenkreis des Kampfes in der Luft über dem Heere selbst (Luftkampf) sind zu einschneidend, als daß sie im ausschließlichen Truppendienstwege ausreichende Berücksichtigung finden könnten. Der die fliegerisch-technische Leistung erhöhende Waffendienstweg muß die taktische Auswirkung des Truppendienstweges zu einem Höchstmaß an Gesamtleistung ergänzen!

Die innere Kräfteverteilung der Heeres-Luftstreitkräfte ist eine schwierige Aufgabe. Zunächst ist ein notwendiges Mindestmaß an Erkundungs- und Jagdkräften zur Beherrschung des eigenen Luftraumes und zur Erfüllung der wichtigsten Aufklärungsaufgaben notwendig. Je größer die für die Luftlage zu erwartenden Schwierigkeiten sein werden, um so größer ist der Zwang, die Gattung der Erkundungsflugzeuge den Jagdflugzeugen technisch anzunähern, mit anderen Worten die Leistungen dieser Flugzeuggattung in der Erkundung zu verschlechtern und auf den Kampf hin zu verbessern. Nach Deckung des ersten Mindestbedarfs an Erkundern und Jägern geht das Schwergewicht der Luftrüstung auf die Bombenträger über. Die kriegsgliederungsmäßige feste Zusammenfassung der beiden Arten von Fliegerkampfverbänden (Bomben- und Jagdkräfte) darf nicht über gewisse Grenzen hinaus organisatorisch fortgeführt werden. Als größter gemischter Luftverband mit fester Organisation wird z. Z. die Luftdivision angesehen. Über diese hinaus gibt es im Kriege mithin keine festen Großverbände in der Luft, sondern bewegliche Fliegerkommandostellen und diesen im Einzelfalle besonders unterstellte Kampf- und Erkundungskräfte.

Die oberste Waffendienststelle der Heeres-Luftstreitkräfte ist taktisch der Landkriegsleitung, technisch-fliegerisch der Dienststelle des Führers der Luftmacht bei der Gesamtkriegsleitung zu unterstellen. Sonderverbindungsstellen werden vom Führer der Heeres-Luftstreitkräfte beim Führer der See-Luftstreitkräfte und beim Führer der »selbständigen« Luftstreitkräfte und umgekehrt unterhalten. Durch sie soll absolute Übereinstimmung zwischen den 3 Teilgebieten zur Luft sichergestellt werden.

Der Luftschutz des Feldheeres wird beim Führer der Heeres-Luftstreitkräfte bearbeitet.

b) Die Marine-Luftstreitkräfte.

Der Aufbau der Unterstellungsverhältnisse kann sich sinngemäß an die bei den Heeres-Luftstreitkräften vorgeschlagene Regelung anschließen.

Die Ausstattung einer Flotte mit Flugmitteln ist ganz von den strategischen und taktischen Seekriegszielen abhängig. Die hiermit mittelbar und unmittelbar im Zusammenhang stehenden Ziele des Küstenschutzes bestimmen Umfang und Art der hiermit betrauten besonderen Luftstreitkräfte. Das Maß der Selbständigkeit dieser Küstenluftstreitkräfte gegenüber der Flotte wird von der Stellung der Gesamtküstenverteidigung zur Flotte bestimmt. Die Seekriegsleitung hat die Regelung dieser Frage in der Hand.

Für den rein defensiven Küstenschutz ist die Sicherstellung ausreichender Lufterkundungsmittel die erste Aufgabe. Ihr schließt sich nach Deckung des dringlichsten Bedarfs die Notwendigkeit der Bereitstellung ausreichender Fliegerkampfkräfte demnächst an.

Der Küstenschutz gehört zum Bereich des Führers der Luftmacht.

Die Dienststelle des »Führers der See-Luftstreitkräfte« ist seetaktisch-operativ der Seekriegsleitung, lufttaktisch und waffentechnisch dem Führer der Luftmacht bei der Gesamtkriegführung unterstellt.

c) Die »selbständigen« Luftstreitkräfte

Die »selbständigen« Luftstreitkräfte haben wie Armee- und Marineluftstreitkräfte im Gesamtrahmen der Luftmacht einen innerlich geschlossenen organisatorischen Aufbau. Personell wie technisch auf ihre Sonderaufgabe eingestellt, paßt die innere Gliederung dieser »selbständigen« Luftstreitkräfte den für die Armee- und Marineluftstreitkräfte gültigen Organisationsgrundsätzen an.

Die Grundlagen für Umfang und Ausstattung der »selbständigen« Luftstreitkräfte sind mit den Kampfzielen dieser neuen Waffe gegeben. Da diese Ziele Land- wie Seekrieg gleichmäßig umfassen und darüber hinaus noch in kriegswirtschaftliche und kriegspolitische Fragen hinübergreifen, ist die Bestimmung der Kampfziele Sache der Gesamtkriegsleitung. Richtige, die Schaffung »selbständiger« Luftstreitkräfte für den Krieg vorbereitende Friedensmaßnahmen sind daher nur möglich, wenn schon im Frieden eine die Regelung des gegenseitigen Kräfteverhältnisses zwischen Land-, See- und »selbständigem« Luftkrieg bestimmende oberste Dienststelle (etwa ein Landesverteidigungsrat) vorhanden ist. Diese Stelle hätte neben einer solchen Regelung des Stärkeverhältnisses der »selbständigen« Luftstreitkräfte weiterhin auch die Verantwortung für eine richtige Bemessung der Land- wie Seeluftstreitkräfte im Rahmen der Rüstungsmaßnahmen von Armee und Marine (als Kontrollinstanz). Armee und Marine sind beide aus sich heraus nicht in der Lage, die gegenseitigen Wechselbeziehungen zwischen ihren beiderseitigen eigenen Luftstreitkräften und dieser beiden wiederum zum »selbständigen« Luftkrieg (z. B. bei Kämpfen an den Küsten) vom Standpunkt der Gesamtkriegführung voll zu übersehen. Schon die Friedensorganisation der obersten Spitze der gesamten Wehrmacht muß also die Vorbereitung dieser Kriegsaufgaben der Luftrüstung mit Sicherheit gewährleisten. Ein besonderer »Luftstab« bei dem vorgeschlagenen Landesverteidigungsrat würde diesen Zweck erfüllen. Dieser Luftstab wäre zweckmäßigerweise zugleich ein Teil des »Führers der Luftmacht«.

d) Der »Führer der Luftmacht«.

Der »Führer der Luftmacht« hat im Frieden als wichtigste Aufgabe die Vorbereitung des Luftkrieges. Dieses Ziel ist nur in einer auf breitester Basis aufgebauten Wirksamkeit und frei von Bindungen an Armee und Marine zu erreichen.

Die Ausbildung aller Luftstreitkräfte in ihrem fliegerischen Element ist das erste Wirkungsfeld des Führers der Luftmacht. Die Verantwortung für die Ausbildung der Armee- und Marineluftstreitkräfte in den Aufgaben des Land- wie Seekrieges bleibt Armee und Marine dahingegen selbst überlassen.

Die Fortbildung aller Zweige des höchst verwickelten technischen Dienstes der Luftmacht in ihren großen gemeinsamen Grundlagen gehört gleichfalls zum Arbeitsbereich ihres obersten Führers. Die technischen Sonderforderungen des Land- und Seekriegs an die Armee- und Marineluftstreitkräfte bleiben zur Entwicklung auch wieder diesen beiden selbst überlassen. Die Wechselbeziehungen in den Luftkampfaufgaben zwischen Heeres-, Marine- und »selbständigen« Luftstreitkräften machen es erforderlich, dem Führer der Luftmacht die Festlegung der allen drei Gebieten gemeinsamen technischen wie taktischen Grundlagen zu überlassen.

Die gesamten »selbständigen« Luftstreitkräfte sind zusammen mit ihrem »Führer der selbständigen Luftstreitkräfte« in bezug auf Ausbildung, Technik und militärische Verwebung dem Führer der Luftmacht ausschließlich und unmittelbar unterstellt. Dessen Aufgabe wird es sein, das engste Zusammenarbeiten der neuen fremdartigen Waffe mit den operativen Handlungen von Armee und Marine in der Friedensausbildung wie in der Kampfentscheidung des Krieges aus den Gesichtspunkten einer großzügigen Gesamtkriegführung sicherzustellen.

Die vom Staatshaushalt für die Gesamtausrüstung zur Luft aufzubringenden Mittel sind vom Führer der Luftmacht geschlossen anzufordern und nach Bewilligung zu verwalten. Für die besonderen Zwecke der Armee und Marine notwendige Mittel werden vom Führer der Luftmacht auf diese abgezweigt. Armee und Marine werden somit auf ihre eigenen Luftstreitkräfte auch wirtschaftlich den notwendigen Einfluß haben. Dem »Führer der Luftmacht« wäre jedoch dann ein Einspruchsrecht gegen diese selbständige Haushaltführung der Luftstreitkräfte bei Armee und Marine einzuräumen, wenn das Gesamtziel der Luftrüstung durch mangelhafte Berücksichtigung eines Teilgebietes leiden sollte.

Zum »Führer der Luftmacht« gehört unmittelbar die Leitung des Heimatluftschutzes.

e) Zusammenfassend

wird bemerkt, daß der vorstehende, bewußt ins Einzelne gehende Organisationsplan die inneren und äußeren Lebensverhältnisse einer Luftmacht modernster Art im Auge hatte. Die Gesamtrüstung großer Militärmächte war damit die Basis der Betrachtungen. Der Plan wollte hierbei nur die Gesamtgrundlage eines wechselvollen Kräftespiels umfassen. Es ist dem Verfasser klar gewesen, daß im Einzelnen stets eine Veränderung der Leitgedanken dieser Betrachtungen durch bestimmte Rückwirkungen allgemeiner Art nach den verschiedenen Richtungen eintritt. Die schwankenden Werte der Rüstung der Militärmächte in ihrer Gesamtheit, das Verhältnis der Land- zur Seerüstung, die wechselnden kriegswirtschaftlichen und luftpolitischen Elemente lassen eine gemeingültige Bewertung der Frage über die Stellung der Luftrüstung im Gesamtrüstungsplan nicht zu. Eine feste Lösung gibt es hierfür nicht. Jeder Organisationsplan aller drei Kriegsgebiete (Land-, See- und Luftrüstung) soll nur den höchsten Wirkungsgrad jedes einzelnen zulassen und den Endzweck des Krieges, den Gesamterfolg, gewährleisten. Es ist weder gerecht noch zweckmäßig, die Luftwaffe ihres Eigenlebens zu berauben oder sie in ihrer äußersten Anwendung zu beschneiden. Eine Abwandlung der vorstehenden Vorschläge darf daher die freieste Entwicklung des fliegerischen Elements niemals antasten, den Land wie See, Front wie Heimat gleichmäßig umspannenden Kampfgedanken des Luftkriegs durch Bekämpfung der »selbständigen« Elemente niemals gefährden.

Es ist notwendig, mit innerer Freiheit den Gesamtzweck des Krieges zu erkennen!